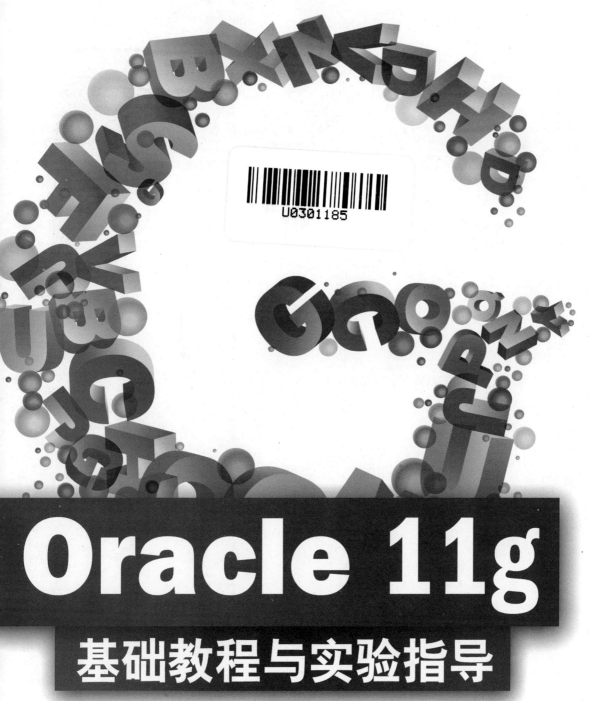

Oracle 11g
基础教程与实验指导

■ 郝安林 康会光 等编著

清华大学出版社
北京

内 容 简 介

本书以 Oracle 11g for Windows XP 为平台,深入浅出、循序渐进地介绍了 Oracle 11g 的基本语法和基本操作。全书内容包括 Oracle 安装配置、Oracle 常用开发工具、SQL*Plus、数据表、视图、约束、函数与存储过程、触发器、序列、索引、用户与角色、内置函数、控制语句、SQL 查询及更新语句、SQL 语句优化、数据库的备份与恢复、数据的传输与加载等,最后还介绍了一个综合案例——ATM 取款机系统。

本书可以作为 Oracle 数据库基础入门学习书籍,也可以帮助中级读者提高使用数据的技能,适合大专院校在校学生、程序开发人员以及编程爱好者学习和参考。

本书封面贴有清华大学出版社防伪标签,无标签者不得销售。
版权所有,侵权必究。侵权举报电话:010-62782989 13701121933

图书在版编目(CIP)数据

Oracle 11g 基础教程与实验指导 / 郝安林等编著. —北京:清华大学出版社,2014(2015.3 重印)
(清华电脑学堂)
ISBN 978-7-302-31797-5

Ⅰ. ①O… Ⅱ. ①郝… Ⅲ. ①关系数据库系统 Ⅳ. ①TP311.138

中国版本图书馆 CIP 数据核字(2013)第 062974 号

责任编辑:夏兆彦
封面设计:龚 珂
责任校对:徐俊伟
责任印制:王静怡

出版发行:清华大学出版社
　　　　网　　址:http://www.tup.com.cn, http://www.wqbook.com
　　　　地　　址:北京清华大学学研大厦 A 座　　邮　　编:100084
　　　　社 总 机:010-62770175　　　　　　　　　邮　　购:010-62786544
　　　　投稿与读者服务:010-62776969,c-service@tup.tsinghua.edu.cn
　　　　质 量 反 馈:010-62772015,zhiliang@tup.tsinghua.edu.cn
印 装 者:北京密云胶印厂
经　　销:全国新华书店
开　　本:185mm×260mm　　印　张:27.75　　字　数:661 千字
　　　　（附光盘 1 张）
版　　次:2014 年 5 月第 1 版　　　　　　　　　印　次:2015 年 3 月第 2 次印刷
印　　数:3001~4600
定　　价:59.00 元

产品编号:042603-01

前言

数据库在如今的各大行业中都有着举足轻重的地位，而 Oracle 数据库则是数据库系统中的佼佼者，其安全性、完整性、一致性等优点深受广大企业的青睐，因此在数据库领域中占据着很重要的地位。

Oracle Database 11g R2 的最大亮点是 RAC（Real Application Clusters，真应用集群）技术，同时它较之前的版本存在 4 个显著的新特性：通过网格整合降低服务器成本、降低存储成本、消除未使用的冗余和提高数据仓库性能。本书针对 Oracle Database 11g R2，以 Oracle 数据库的常用知识点作为主要介绍对象，简化甚至省略生僻的知识，目的就是为了让读者轻松地叩开 Oracle 数据库的大门，为以后更深入的学习打下良好的基础。

本书内容

本书共分为 16 章，主要内容如下：

第 1 章 Oracle 11g 关系数据库：简单介绍关系数据模型与关系数据库的范式理论，并详细介绍数据库的设计、Oracle 11g R2 在 Windows 环境下的安装过程，以及数据库的创建，最后介绍 Oracle 数据库的默认用户和 OEM 的使用。

第 2 章 Oracle 数据库的体系结构：主要介绍 Oracle 数据库体系结构中的物理存储结构和逻辑存储结构，以及 Oracle 的进程结构和内存结构，并简单介绍 Oracle 数据库数据字典的概念及常用数据字典。

第 3 章使用 SQL*Plus 工具：主要介绍 SQL*Plus 命令的使用，包括 DESCRIBE、SAVE、GET、EDIT 和 SPOOL 命令，以及查询结果的格式化等命令，并简单介绍在 SQL*Plus 如何声明和使用变量。

第 4 章管理表空间：主要介绍基本表空间、临时表空间和撤销表空间的管理，包括表空间的创建、重命名、修改、移动和删除等操作。

第 5 章表：主要介绍表的创建和数据表中列的修改等操作，并详细介绍表的完整性约束。

第 6 章控制文件与日志文件的管理：首先介绍控制文件的管理，包括控制文件的创建、备份、恢复、移动、删除和查询；然后介绍日志文件的管理，包括日志文件组及其成员的创建、重定义和删除；最后介绍归档日志的管理，包括归档目标的设置和归档进程的跟踪级别设置。

第 7 章 SQL 基础：主要介绍 Oracle 数据库的 SQL 语言基础，包括 DML 语句的使用和基本函数的使用，并在最后简单介绍 Oracle 事务的管理以及数据的一致性。

第 8 章子查询与高级查询：主要介绍不同类型子查询的应用，以及连接查询和联合语句查询的应用。

第 9 章 PL/SQL 基础：首先介绍 PL/SQL 的语言特点、编写规则以及 PL/SQL 的编程结构，然后介绍 PL/SQL 中的条件选择语句和循环语句的使用，最后介绍游标的创建、使用以及 PL/SQL 中的异常处理机制。

第 10 章 PL/SQL 高级应用：主要介绍 PL/SQL 命名程序块的管理，包括存储过程、自定义函数，以及触发器和程序包的创建、使用、修改和删除等操作。

第 11 章其他模式对象：主要介绍不同类型索引的创建和使用，以及临时表、视图、序列和同义词的创建、修改、删除等操作。

第 12 章用户角色、权限与安全：主要介绍用户的创建和管理，以及系统权限和对象权限的异同，并详细介绍 Oracle 数据库中角色的创建和管理，包括用户默认角色的修改、角色的启用和禁用、角色的修改和删除。

第 13 章 SQL 语句优化：主要介绍一般的 SQL 语句优化技巧、表的合理连接和索引的有效使用。

第 14 章数据加载与传输：首先简单介绍 Data Pump 工具的特点，以及使用该工具前所做的准备，然后详细介绍使用 Data Pump Export 导出数据的具体应用和使用 Data Pump Import 导入数据的具体应用，最后介绍 SQL*Loader 工具的使用。

第 15 章使用 RMAN 工具备份与恢复：主要介绍使用 RMAN 工具实现对数据库进行备份和恢复的操作步骤。

第 16 章 ATM 自动取款机系统数据库设计：通过一个完整的案例介绍 Oracle 在实际开发中的具体应用，从中可以了解 Oracle 数据库在实际开发中的典型应用。

本书特色

本书大量内容来自真实的 Oracle 程序，力求通过实际操作的方法使读者更容易掌握 Oracle 数据库应用。本书还引用了大量来自一线论坛的问题，力求对读者提出的疑难问题给出正确的答案。本书难度适中，内容由浅入深，实用性强，覆盖面广，条理清晰。

❑ 面向职业技术教学

本书是作者在总结了多年开发经验与成果的基础上编写的，以实际项目为中心，全面、翔实地介绍了 Oracle 开发所需的各种知识和技能。通过对本书的学习，读者可以快速、全面地掌握使用 Oracle 进行实际的开发。本书体现了作者"项目驱动、案例教学、理论实践一体化"的教学理念，是一本真正面向职业技术教学的教材。

❑ 合理的知识结构

面向 IT 程序员以及数据库管理员的职业培训市场，结合实际的开发实践介绍了 Oracle 知识，突出了职业的实用性。全书各章都贯穿有示例，带领读者经历 Oracle 数据库的应用，是一本真正的实训性案例教程。

❑ 真实的案例教学

针对每个知识点，本书设计了针对性强的教学案例，这些案例既相对独立，又具有一定的联系，是综合性开发示例的组成部分。学生在实现这些案例的过程中可以掌握每个知识点。

前言

❑ **理论实践一体化**

在每个案例中有机地融合了知识点讲解和技能训练目标，融"教、学、练"于一体。每个案例的讲解都先提出功能目标，然后是示例实现演示，让学生掌握案例的完成过程，体现"在练中学，学以致用"的教学理念。

❑ **阶梯式实践环节**

本书精心设置了3个教学环节：课堂练习、综合实训、扩展练习。让学生通过不断的练习实践，实现Oracle技能的逐步推进，最终实现与职业能力的接轨。

读者对象

本书具有知识全面、示例精彩、指导性强的特点，力求以全面的知识性及丰富的示例来指导读者学习Oracle基础知识。本书可以作为Oracle数据库的入门书籍，也可以帮助中级读者提高技能。

本书适合以下人员阅读学习：

❑ 没有数据库应用基础的Oracle入门人员。

❑ 有一些数据库应用基础，并且希望全面学习Oracle数据库的读者。

❑ 各大中专院校的在校学生和相关授课老师。

❑ 相关社会培训班的学员。

除了封面署名人员之外，参与本书编写的人员还有马海军、李海庆、陶丽、王咏梅、康显丽、郝军启、朱俊成、宋强、孙洪叶、袁江涛、张东平、吴鹏、王新伟、刘青凤、汤莉、冀明、王超英、王丹花、闫琰、张丽莉、李卫平、王慧、牛红惠、丁国庆、黄锦刚、李旎、王中行、李志国等。在编写过程中难免会有漏洞，欢迎读者通过我们的网站www.itzcn.com与我们联系，帮助我们改正提高。

目录

第 1 章 Oracle 11g 关系数据库 …………… 1
- 1.1 关系数据模型 ……………………………… 1
  - 1.1.1 数据结构 ………………………… 1
  - 1.1.2 关系的完整性约束 ……………… 3
  - 1.1.3 关系数据模型的特点 …………… 4
- 1.2 关系数据库的范式理论 …………………… 5
  - 1.2.1 第一范式 ………………………… 5
  - 1.2.2 第二范式 ………………………… 6
  - 1.2.3 第三范式 ………………………… 6
- 1.3 实体-关系模型 ……………………………… 7
  - 1.3.1 E-R 模型的概念 ………………… 7
  - 1.3.2 E-R 图的绘制 …………………… 8
  - 1.3.3 将 E-R 模型转化为关系模型 …………………………… 9
- 1.4 Oracle 11g 的下载和安装 ………………… 11
  - 1.4.1 下载和安装 Oracle 11g ………… 11
  - 1.4.2 Oracle 服务管理 ………………… 13
- 1.5 创建数据库 ………………………………… 14
- 1.6 Oracle 默认用户 …………………………… 18
- 1.7 使用 OEM …………………………………… 19
- 1.8 扩展练习 …………………………………… 21

第 2 章 Oracle 数据库的体系结构 ………… 22
- 2.1 物理存储结构 ……………………………… 22
  - 2.1.1 数据文件 ………………………… 22
  - 2.1.2 控制文件 ………………………… 24
  - 2.1.3 重做日志文件 …………………… 25
  - 2.1.4 其他文件 ………………………… 25
- 2.2 逻辑存储结构 ……………………………… 26
  - 2.2.1 表空间 …………………………… 27
  - 2.2.2 段 ………………………………… 27
  - 2.2.3 区 ………………………………… 29
  - 2.2.4 块 ………………………………… 29
- 2.3 Oracle 数据库的实例结构 ………………… 31
  - 2.3.1 Oracle 进程结构 ………………… 31
  - 2.3.2 Oracle 内存结构 ………………… 36
- 2.4 数据字典 …………………………………… 40
  - 2.4.1 Oracle 数据字典介绍 …………… 40
  - 2.4.2 常用数据字典 …………………… 41
- 2.5 扩展练习 …………………………………… 44

第 3 章 使用 SQL＊Plus 工具 ……………… 46
- 3.1 SQL＊Plus 概述 …………………………… 46
  - 3.1.1 SQL＊Plus 的主要功能 ………… 46
  - 3.1.2 SQL＊Plus 连接与断开数据库 …………………………… 47
- 3.2 使用 SQL＊Plus 命令 ……………………… 49
  - 3.2.1 使用 DESCRIBE 命令查看表结构 …………………………… 49
  - 3.2.2 执行 SQL 脚本 ………………… 50
  - 3.2.3 使用 SAVE 命令保存缓冲区内容到文件 ………………… 51
  - 3.2.4 使用 GET 命令读取脚本文件到缓冲区 …………………… 52
  - 3.2.5 使用 EDIT 命令编辑缓冲区内容或文件 ………………… 52
  - 3.2.6 使用 SPOOL 命令复制输出结果到文件 ………………… 53
- 3.3 变量 ………………………………………… 54
  - 3.3.1 临时变量 ………………………… 54
  - 3.3.2 定义变量 ………………………… 55
- 3.4 练习 3-1：使用多个变量动态获取部门信息 ……………………………… 57
- 3.5 格式化查询结果 …………………………… 58
  - 3.5.1 格式化列 ………………………… 58
  - 3.5.2 设置每页显示的数据行 ………… 59
  - 3.5.3 设置每行显示的字符数 ………… 60
- 3.6 创建简单报表 ……………………………… 61

3.6.1　报表的标题设计 ……………… 61
　　　3.6.2　统计数据 …………………………… 63
　3.7　练习 3-2：使用报表统计各部门的
　　　最高工资 ……………………………………… 64
　3.8　扩展练习 ………………………………………… 65
第 4 章　管理表空间 …………………………………… 66
　4.1　基本表空间 ……………………………………… 66
　　　4.1.1　创建 Oracle 基本表空间 …… 66
　　　4.1.2　使用表空间 …………………………… 69
　　　4.1.3　管理表空间 …………………………… 70
　4.2　练习 4-1：创建并修改表空间
　　　tablespace ………………………………………… 76
　4.3　临时表空间 ……………………………………… 77
　　　4.3.1　创建临时表空间 …………………… 77
　　　4.3.2　修改临时表空间 …………………… 78
　　　4.3.3　临时表空间组 ………………………… 79
　4.4　大文件表空间 ………………………………… 81
　4.5　非标准数据块表空间 …………………… 82
　4.6　撤销表空间 ……………………………………… 83
　　　4.6.1　管理撤销表空间的方式 ……… 84
　　　4.6.2　创建与管理撤销表空间 ……… 85
　4.7　练习 4-2：管理撤销表空间 ………… 89
　4.8　扩展练习 ………………………………………… 90
第 5 章　表 ……………………………………………………… 91
　5.1　创建表 …………………………………………… 91
　　　5.1.1　数据类型 ……………………………… 91
　　　5.1.2　创建 Oracle 数据表 …………… 93
　　　5.1.3　指定表空间 ………………………… 94
　　　5.1.4　指定存储参数 ……………………… 95
　　　5.2.1　指定重做日志 ……………………… 96
　5.2　练习 5-1：创建图书信息表 ………… 97
　5.3　修改数据表 ……………………………………… 97
　　　5.3.1　增加和删除列 ……………………… 98
　　　5.3.2　更新列 …………………………………… 99
　　　5.3.3　重命名表 …………………………… 100
　　　5.3.4　改变表的存储表空间和存储
　　　　　　参数 ………………………………………… 101
　　　5.3.5　删除表定义 ………………………… 102
　5.4　练习 5-2：修改会员信息表 ……… 102
　5.5　表的完整性约束 ………………………… 103
　　　5.5.1　约束的分类和定义 …………… 103
　　　5.5.2　NOT NULL 约束 ……………… 104
　　　5.5.3　PRIMARY KEY 约束 ……… 106
　　　5.5.4　UNIQUE 约束 ……………………… 107
　　　5.5.5　CHECK 约束 ……………………… 109
　　　5.5.6　FOREIGN KEY 约束 ………… 110
　　　5.5.7　DISABLE 和 ENABLE
　　　　　　约束 ………………………………………… 113
　5.6　练习 5-3：创建学生信息表和
　　　班级表 ……………………………………………… 114
　5.7　扩展练习 ……………………………………… 115
第 6 章　控制文件与日志文件的
　　　　　管理 …………………………………………… 116
　6.1　管理控制文件 ……………………………… 116
　　　6.1.1　控制文件概述 …………………… 116
　　　6.1.2　创建控制文件 …………………… 117
　　　6.1.3　备份控制文件 …………………… 121
　　　6.1.4　恢复控制文件 …………………… 122
　　　6.1.5　控制文件的移动与删除 …… 123
　　　6.1.6　查看控制文件信息 …………… 125
　6.2　管理重做日志文件 ……………………… 126
　　　6.2.1　日志文件概述 …………………… 126
　　　6.2.2　创建日志文件组及其成员 … 127
　　　6.2.3　重新定义日志文件成员 …… 129
　　　6.2.4　删除日志文件组及其
　　　　　　成员 ………………………………………… 131
　　　6.2.5　切换日志文件组 ………………… 132
　　　6.2.6　清空日志文件组 ………………… 132
　　　6.2.7　查看日志文件信息 …………… 134
　6.3　管理归档日志 ……………………………… 135
　　　6.3.1　日志操作模式 …………………… 135
　　　6.3.2　归档日志概述 …………………… 136
　　　6.3.3　设置数据库模式 ………………… 137
　　　6.3.4　设置归档目标 …………………… 139
　　　6.3.5　归档文件格式 …………………… 140
　　　6.3.6　设置归档进程的跟踪级别 … 142

目录

6.3.7 查看归档日志信息·············143
6.4 练习 6-1：恢复非归档模式下的
控制文件和日志文件·············145
6.5 练习 6-2：恢复单个控制文件·············147
6.6 扩展练习·············147

第 7 章 SQL 基础·············149
7.1 基本查询·············149
    7.1.1 查询语句——SELECT·············149
    7.1.2 指定过滤条件——WHERE
子句·············151
    7.1.3 获取唯一记录——
DISTINCT·············154
    7.1.4 分组——GROUP BY
子句·············154
    7.1.5 过滤分组——HAVING
子句·············156
    7.1.6 排序——ORDER BY
子句·············156
7.2 其他 DML 语句·············158
    7.2.1 插入数据——INSERT
操作·············158
    7.2.2 更新数据——UPDATE
操作·············160
    7.2.3 删除数据——DELETE
操作·············161
    7.2.4 合并数据——MERGE
操作·············161
7.3 基本函数·············163
    7.3.1 字符串函数·············163
    7.3.2 数值函数·············167
    7.3.3 日期函数·············170
    7.3.4 聚合函数·············172
7.4 数据一致性与事务管理·············174
    7.4.1 Oracle 中的数据一致性与
事务·············174
    7.4.2 Oracle 中的事务处理·············174
    7.4.3 事务处理原则·············176
7.5 练习 7-1：学生信息表的合并·············178
7.6 练习 7-2：统计各个部门最近一个
月的入职人数·············179
7.7 练习 7-3：打印各个部门的员工
工资详情·············179
7.8 练习 7-4：统计各个部门员工的最
高工资·············180
7.9 扩展练习·············180

第 8 章 子查询与高级查询·············182
8.1 子查询·············182
    8.1.1 子查询类型·············182
    8.1.2 实现单行子查询·············183
    8.1.3 实现多列子查询·············185
    8.1.4 实现多行子查询·············187
    8.1.5 实现关联子查询·············189
    8.1.6 实现嵌套子查询·············191
8.2 连接查询·············192
    8.2.1 使用等号（=）实现多个表
的简单连接查询·············193
    8.2.2 使用 INNER JOIN 实现多
个表的内连接·············193
    8.2.3 使用 OUTER JOIN 实现多
个表的外连接·············194
8.3 使用集合操作符·············196
    8.3.1 求并集（记录唯一）——
UNION 运算·············197
    8.3.2 求并集——UNION ALL
运算·············198
    8.3.3 求交集——INTERSECT
运算·············198
    8.3.4 求差集——MINUS
运算·············199
8.4 练习 8-1：统计工资最高的第 6 到
第 10 位之间的员工·············199
8.5 练习 8-2：统计不同工资范围内的
员工人数·············201
8.6 练习 8-3：获取平均工资最高的
部门信息·············201
8.7 练习 8-4：获取部门编号为 100 的

VII

　　　　　所有员工信息……………………202
　8.8　扩展练习…………………………202
第9章　PL/SQL 基础………………………204
　9.1　PL/SQL 概述……………………204
　　　9.1.1　PL/SQL 语言特点……………204
　　　9.1.2　PL/SQL 代码编写规则………205
　9.2　PL/SQL 编程结构…………………206
　　　9.2.1　PL/SQL 程序块的基本
　　　　　　结构………………………206
　　　9.2.2　PL/SQL 数据类型……………207
　　　9.2.3　变量和常量……………………208
　　　9.2.4　复合数据类型…………………209
　　　9.2.5　运算符与表达式………………211
　　　9.2.6　PL/SQL 注释…………………212
　9.3　条件选择语句………………………213
　　　9.3.1　IF 条件选择语句………………213
　　　9.3.2　CASE 表达式…………………215
　9.4　循环语句……………………………219
　　　9.4.1　LOOP 循环语句………………219
　　　9.4.2　WHILE 循环语句……………221
　　　9.4.3　FOR 循环语句…………………222
　9.5　练习 9-1：打印九九乘法口诀表……223
　9.6　游标…………………………………224
　　　9.6.1　声明游标………………………224
　　　9.6.2　打开游标………………………225
　　　9.6.3　检索游标………………………226
　　　9.6.4　关闭游标………………………226
　　　9.6.5　游标属性………………………226
　　　9.6.6　简单游标循环…………………228
　　　9.6.7　游标 FOR 循环…………………228
　　　9.6.8　使用游标更新或删除数据……229
　9.7　异常…………………………………231
　　　9.7.1　异常处理………………………231
　　　9.7.2　预定义异常……………………231
　　　9.7.3　非预定义异常…………………232
　　　9.7.4　自定义异常……………………234
　9.8　练习 9-2：更新员工工资……………235
　9.9　练习 9-3：获取指定部门下的所有

　　　　　员工信息………………………236
　9.10　扩展练习……………………………237
第10章　PL/SQL 高级应用…………………239
　10.1　存储过程……………………………239
　　　10.1.1　创建与调用存储过程………239
　　　10.1.2　存储过程的参数……………241
　　　10.1.3　修改与删除存储过程………244
　　　10.1.4　查看存储过程的定义
　　　　　　　信息……………………245
　10.2　练习 10-1：添加学生………………245
　10.3　函数………………………………246
　　　10.3.1　函数的基本操作……………246
　　　10.3.2　函数的参数…………………248
　10.4　练习 10-2：计算指定部门编号的
　　　　员工平均工资……………………250
　10.5　触发器………………………………252
　　　10.5.1　触发器的类型………………252
　　　10.5.2　创建触发器…………………252
　　　10.5.3　DML 触发器………………253
　　　10.5.4　INSTEAD OF 触发器………257
　　　10.5.5　数据库事件触发器…………259
　　　10.5.6　DDL 触发器…………………262
　　　10.5.7　触发器的基本操作…………263
　10.6　练习 10-3：使用触发器自动为
　　　　主键列赋值………………………264
　10.7　程序包………………………………265
　　　10.7.1　程序包的优点………………266
　　　10.7.2　程序包的定义………………267
　　　10.7.3　调用程序包中的元素………268
　　　10.7.4　删除程序包…………………269
　10.8　练习 10-4：管理员工工资…………269
　10.9　扩展练习……………………………271
第11章　其他模式对象………………………272
　11.1　索引…………………………………272
　　　11.1.1　索引的类型…………………272
　　　11.1.2　指定索引选项………………275
　　　11.1.3　创建 B 树索引………………276
　　　11.1.4　创建位图索引………………277

目录

11.1.5	创建反向键索引……278	12.4.2	对象权限……311
11.1.6	创建基于函数的索引……278	12.5	角色……315
11.1.7	管理索引……279	12.5.1	角色概述……315
11.2	练习 11-1：为产品表创建索引并管理……281	12.5.2	系统预定义角色……316
		12.5.3	创建角色……318
11.3	临时表……282	12.5.4	为角色授予权限……319
11.3.1	临时表的特点……282	12.5.5	修改用户的默认角色……319
11.3.2	创建与使用临时表……283	12.5.6	管理角色……320
11.4	视图……285	12.5.7	查看角色信息……322
11.4.1	创建视图……285	12.6	练习 12-1：创建用户并修改密码……324
11.4.2	可更新的视图……286		
11.4.3	删除视图……287	12.7	练习 12-2：为新用户 newuser 创建配置文件……324
11.5	练习 11-2：为 customer 表创建视图并修改……288		
		12.8	练习 12-3：为新用户 newuser 创建对象权限……324
11.6	序列……289		
11.6.1	创建序列……289	12.9	扩展练习……325
11.6.2	修改序列……290	**第 13 章**	**SQL 语句优化** ……326
11.6.3	删除序列……291	13.1	一般的 SQL 语句优化技巧……326
11.7	练习 11-3：为用户注册表创建序列……291	13.1.1	SELECT 语句中避免使用"*"……326
11.8	同义词……292	13.1.2	WHERE 条件的合理使用……327
11.9	扩展练习……293		
第 12 章	**用户角色、权限与安全** ……295	13.1.3	使用 TRUNCATE 替代 DELETE……329
12.1	用户和模式……295		
12.1.1	用户……295	13.1.4	在确保完整性的情况下多用 COMMIT 语句……330
12.1.2	模式……296		
12.2	管理用户……298	13.1.5	尽量减少表的查询次数……330
12.2.1	创建用户……298	13.1.6	使用 EXISTS 替代 IN……331
12.2.2	修改用户……300	13.1.7	使用 EXISTS 替代 DISTINCT……332
12.2.3	删除用户……301		
12.2.4	管理用户会话……302	13.1.8	使用"<="替代"<"……334
12.3	用户配置文件……303	13.1.9	使用完全限定的列引用……334
12.3.1	创建用户配置文件……303	13.2	合理连接表……335
12.3.2	使用配置文件……305	13.2.1	选择最有效率的表名顺序……336
12.3.3	查看配置文件信息……306	13.2.2	WHERE 子句的条件顺序……337
12.3.4	修改与删除配置文件……306	13.3	有效使用索引……338
12.4	权限……307	13.3.1	使用索引来提高效率……338
12.4.1	系统权限……307	13.3.2	使用索引的基本原则……339

  13.3.3 避免对索引列使用 NOT
    关键字 ································· 339
  13.3.4 避免对唯一索引列使用 IS
    NULL 或 IS NOT NULL ···· 340
  13.3.5 选择复合索引主列 ··········· 342
  13.3.6 监视索引是否被使用 ······· 343
 13.4 扩展练习 ································· 343

第 14 章 数据加载与传输 ············ 345
 14.1 Data Pump 工具 ···················· 345
  14.1.1 Data Pump 工具概述 ······· 345
  14.1.2 与数据泵相关的数据字典
    视图 ····································· 346
  14.1.3 使用 Data Pump 工具前的
    准备 ····································· 346
 14.2 Data Pump Export 工具 ·········· 347
  14.2.1 Data Pump Export 选项 ······ 348
  14.2.2 使用 Data Pump Export ···· 351
 14.3 练习 14-1：导出产品价格表 ····· 356
 14.4 Data Pump Import 工具 ·········· 357
  14.4.1 Data Pump Import 选项 ······ 357
  14.4.2 使用 Data Pump Import ···· 360
 14.5 SQL*Loader ··························· 363
  14.5.1 SQL*Loader 概述 ············ 363
  14.5.2 数据加载示例 ··················· 365
 14.6 练习 14-2：导入用户信息到 user
  表中 ······································· 368
 14.7 扩展练习 ································· 369

第 15 章 使用 RMAN 工具备份与
恢复 ································ 370
 15.1 RMAN 简介 ··························· 370
  15.1.1 RMAN 的特点 ················· 370
  15.1.2 RMAN 组件 ····················· 371
  15.1.3 保存 RMAN 资料档案库 ····· 374
  15.1.4 配置 RMAN ····················· 376
 15.2 RMAN 的基本操作 ················· 380
  15.2.1 RMAN 命令 ····················· 380
  15.2.2 连接到目标数据库 ··········· 381
  15.2.3 取消注册数据库 ··············· 383

 15.3 使用 RMAN 备份数据库 ·········· 384
  15.3.1 RMAN 备份类型 ·············· 384
  15.3.2 BACKUP 命令 ················· 387
  15.3.3 备份数据库 ······················ 388
  15.3.4 多重备份 ·························· 393
  15.3.5 镜像复制 ·························· 393
 15.4 练习 15-1：备份整个数据库 ······· 394
 15.5 RMAN 恢复 ··························· 395
  15.5.1 RMAN 恢复机制 ·············· 395
  15.5.2 数据库非归档恢复 ··········· 397
  15.5.3 数据库归档恢复 ··············· 399
  15.5.4 移动数据文件到新的位置 ···· 401
 15.6 练习 15-2：备份和恢复 userinfo
  表空间 ··································· 402
 15.7 扩展练习 ································· 403

第 16 章 ATM 自动取款机系统数据库
设计 ································ 404
 16.1 系统分析 ································· 404
 16.2 数据库设计 ····························· 405
 16.3 创建系统数据表 ······················ 407
  16.3.1 创建表空间和用户 ··········· 407
  16.3.2 创建用户信息表 ··············· 408
  16.3.3 创建银行卡信息表 ··········· 409
  16.3.4 创建交易信息表 ··············· 411
 16.4 模拟常规业务操作和创建视图 ····· 412
  16.4.1 模拟常规业务操作 ··········· 412
  16.4.2 创建视图 ·························· 415
 16.5 业务办理 ································· 419
  16.5.1 更新账号 ·························· 419
  16.5.2 实现简单的交易操作 ······· 420
  16.5.3 用户开户 ·························· 422
  16.5.4 修改密码 ·························· 424
  16.5.5 账号挂失 ·························· 425
  16.5.6 办理存取款业务 ··············· 426
  16.5.7 余额查询 ·························· 428
  16.5.8 办理转账业务 ··················· 429
  16.5.9 统计银行的资金流通余
    额和盈利结算 ··················· 431
  16.5.10 撤户 ································ 431

第 1 章　Oracle 11g 关系数据库

内容摘要 | Abstract

数据库系统建立在数据模型的基础上。数据模型是对现实世界的抽象，是用来表示实体与实体之间联系的模型。随着数据库技术的发展，数据模型先后出现了层次模型、网状模型和关系数据模型。目前理论最成熟、使用最普及的是关系数据模型，其中 Oracle 就是一个关系数据库系统。

本章首先简单介绍关系数据模型和关系数据库的范式理论，以及数据库的设计；然后介绍在 Windows 平台上安装 Oracle Database 11g 系统和数据库的步骤，以及如何创建 Oracle 数据库；最后介绍 OEM（企业管理器）的使用。

学习目标 | Objective

- 理解关系模型与关系数据库
- 掌握数据库的范式理论
- 掌握数据库的设计
- 熟练掌握 Oracle 11g 的安装步骤
- 熟练掌握数据库的创建
- 掌握 Oracle 的默认用户
- 了解 OEM 工具的使用

1.1　关系数据模型

关系数据库系统（如 Oracle）是目前应用最为广泛的数据库系统，它采用关系数据模型作为数据的组织方式。关系数据模型由关系的数据结构、关系的操作集合和关系的完整性约束 3 部分组成。本节介绍关系数据模型的数据结构以及该模型的特点。

1.1.1　数据结构

关系数据模型是由若干个关系模式组成的集合，关系模式的实例称为关系，每个关系可以看成由行和列交叉组成的二维表格。表中的行称为元组，可以用来标识实体集中的一个实体。表中的列称为属性，列名即属性名，表中的属性名不能相同。列的取值范围称为域，同列具有相同的域，不同的列也可以有相同的域。表中任意两行（元组）不能相同。

尽管关系与传统的二维表格数据文件具有相似之处，但是它们也有区别，可以将关系的数据结构看成是一种规范化的二维表格，具有以下性质：

（1）属性值具有原子性，不可分解。

（2）没有重复的元组。

（3）理论上没有行序，但是有时使用时可以有行序。

例如，表 1-1 所示的二维表，该表是用户信息表，记录了用户的详细信息。

表 1-1 用户信息表

用户编号	用户名	密码	真实姓名	性别	年龄	角色编号
1	maxianglin	maxianglin	马向林	女	22	0
2	yinguopeng	yinguopeng	殷国鹏	男	22	1
3	zhangxiaohui	zhangxiaohui	章小蕙	女	22	1
4	zhanghui	zhanghui	张会	女	22	1
…	…	…	…	…	…	…

在表 1-1 中，每一行标识一个用户（实体）信息，每一列标识用户的某一个属性（如姓名），任意两行都不能完全相同，也就是不能有信息完全相同的两个或多个用户，否则该表失去意义。

在关系数据库中，键是关系模型的一个重要概念，用来标识行（元组）的一个或多列（属性）。

提示：关系数据模型用键导航数据，其表格简单，用户只需用简单的查询语句就可以对数据库进行操作，并不涉及存储结构、访问技术等细节。

键的主要类型如下：

（1）超键：在一个关系中，能唯一标识元组的属性或属性集称为关系的超键。

（2）候选键：如果一个属性集能唯一标识元组，并且不含多余的属性，那么这个属性集称为关系的候选键。

（3）主键：能唯一标识表中不同行的属性或属性组称为主键。如果一个关系中有多个候选键，则选择其中的一个键为关系的主键。用主键可以实现关系定义中"表中任意两行（元组）不能相同"的约束。

（4）外键：如果一个关系 R 中包含另一个关系 S 的主键所对应的属性组 F，则称此属性组 F 为关系 R 的外键，并称关系 S 为参照关系，关系 R 为依赖关系。为了表示关联，可以将一个关系的主键作为属性放入另外一个关系中，第二个关系中的那些属性就称为外键。

例如，表 1-1 所示的用户信息表中，用户名、密码、真实姓名、性别、年龄和角色编号这 6 列都有可能出现相同的值，甚至会出现 6 列的值同时相同的情况。为了达到"表中任意两行不能相同"的约束，用户信息表中有一列与用户实际信息并没有关系的列：用户编号，通常情况下，表的设计者会为每个表设计一个值唯一的列，如这里的用户编号一列，通过编号列可以唯一确定一个用户，所以用户信息表中用户编号一列是作为主键的最佳选择。

而外键则像一个指针，从一个表指向另一个表。例如，用户信息表中的角色编号列，它并没有对角色进行描述，而只是记录了角色的一个编号，具体的角色信息则存放在角色信息表中。角色信息表如表 1-2 所示。

表 1-2 角色信息表

角色编号	角色名称	角色描述
0	管理员	可以对本网站的所有信息进行增、删、改、查操作
1	VIP 会员	可以查看本网站的所有信息，同时也可以下载本网站的视频教学资料，但不能做任何的修改、删除操作
2	普通会员	只能查看本网站的所有信息，不能对其进行更新、删除、下载等操作
…	…	…

1.1.2 关系的完整性约束

关系模型的完整性规则是对关系的某种约束条件。关系模型允许定义 3 类完整性约束：实体完整性（Entity Integrity）、参照完整性（Referential Integrity）和用户定义的完整性（User-defined Integrity）。其中，实体完整性和参照完整性是关系模型必须满足的完整性约束条件，称为关系完整性规则；用户定义的完整性是应用领域需要遵循的约束条件，体现了具体领域中的语义约束。

1. 实体完整性

实体完整性规则：基本关系的所有元组的主键不能取空值，也就是数据库表中任意一行的主键值不能为空。当主键由属性组（多个属性）组成时，属性组中所有的属性均不能取空值，也就是当数据库表采用复合主键时，这些组成主键的所有列的值都不能为空。

提示　由多个属性组成的键称为复合主键。

例如，当以表 1-1 中的用户编号为主键时，则用户编号属性不能取空值。

实体完整性规则说明如下：

（1）实体完整性是针对基本关系的，一个基本表通常对应于现实世界中一个实体集。例如，用户关系对应于所有在网站注册的人员。

（2）现实世界中的实体是可区分的，即它们具有某种唯一性标识。例如，每个用户都是一个独立的个体，是不一样的。

（3）关系模型中以主键作为唯一标识。

（4）主键中的属性即主属性不能取空值。如果主属性取空值，则存在某个不可标识的实体。

2. 参照完整性

现实世界中，实体之间往往存在某种联系，在关系模型中实体及实体间的联系都用关系来描述，这样就存在着关系与关系间的引用。在关系数据库系统中，引入外键概念来表达实体之间关系的相互引用。

如果 F 是基本关系 R 的一个或一组属性，但不是关系 R 的主键，而 K 是基本关系 S 的主键，那么如果 F 与 K 相对应，则称 F 是 R 的外键（Foreign Key），并称基本关系 R 为参照关系（Referencing Relation），基本关系 S 为被参照关系（Referenced Relation）或目标关系（Target Relation）。

例如，在表 1-2 中包含了角色编号、角色名称、角色描述的信息。角色编号是唯一的，因此可以将角色编号作为角色信息表的主键，该属性同时也是用户信息表（表 1-1）中的一个属性，所以用户信息表中的角色编号一列可以描述为：用户信息表参照角色信息表，用户信息表中的角色编号是角色信息表的外键。

参照完整性规则：若属性（或属性组）F 是基本关系 R 的外键，它与基本关系 S 的主键 K 相对应（基本关系 R 和 S 不一定是不同的关系），则对于 R 中每个元组在 F 上的值必须为以下两种情况之一：空值（F 的每个属性值均为空值）、等于 S 中某个元组的主键值。

例如，用户信息表中，每个元组的角色编号属性值只能取以下两类值：
（1）空值：表示尚未为该用户分配角色。
（2）非空值：这个值必须存在于角色信息表中，也就是说这个值必须在角色信息表的角色编号属性的值范围中。

3. 用户定义的完整性

实体完整性和参照完整性是任何关系数据库系统都必须支持的完整性约束条件。除此之外，不同的关系数据库系统根据其应用环境的不同，往往还需要一些特殊的约束条件，用户定义的完整性就是针对某一具体关系数据库的约束条件，它反映某一具体应用所涉及的数据必须满足的语义要求。

例如，在用户信息表中，用户可以根据具体的情况规定担任管理员角色的用户必须是年龄超过 20 岁以上的。

1.1.3 关系数据模型的特点

关系数据模型具有以下特点：
（1）关系必须规范化：关系模型中的每一个关系模式都必须满足一定的要求。
（2）模型概念单一：也是关系数据模型的优点。无论实体还是实体之间的联系都用关系来表示，对数据的检索和更新结果也是关系（即表），所以其数据结构简单、清晰、易于理解和使用。
（3）集合操作：在关系模型中，操作的对象和结果都是元组的集合，即关系。
关系数据模型还具有下列优点：

（4）关系模型与非关系模型不同，它是建立在严格的数学概念的基础上的。

（5）关系模型的存取路径对用户透明，从而具有更高的数据独立性、更好的安全保密性，也简化了程序员的工作和数据库开发建立的工作。

（6）关系模型的概念单一。

> **提示**
> 关系数据模型虽然优点突出，是非常流行的数据库模型，但是关系数据模型也有缺点，由于存取路径对用户透明，查询效率往往不如非关系数据模型。因此，为了提高性能，必须对用户的查询请求进行优化，这增加了开发数据库管理系统的难度。

1.2 关系数据库的范式理论

关系模型最终要转换为真实的数据表。数据表的设计除了要综合考虑整个数据库布局，还需要遵循数据库设计的范式要求。范式主要用于消除数据库表中的冗余数据，改进数据库整体组织，增强数据的一致性，增加数据库设计的灵活性。

目前，数据库的范式主要可以分为 6 种：第一范式（1NF）、第二范式（2NF）、第三范式（3NF）、BC 范式（BCNF）、第四范式（4NF）和第五范式（5NF）。其中，最常见的是第一范式、第二范式和第三范式，一般情况下，数据库满足这三种范式即可，下面主要介绍这三种范式。

1.2.1 第一范式

如果关系模式 R 的所有属性都是不可分的基本数据项，即每个属性都只包含单一的值，则称 R 满足第一范式，记为 R1NF。在任何一个关系数据库系统中，所有的关系模式必须是满足第一范式要求的。不满足第一范式要求的数据库模式就不能称为关系数据库模式。第一范式是设计数据库表的最低要求，其最主要的特点就是实体的属性不能再分，映射到表中，就是列（或字段）不能再分。

第一范式是关系模型的最低要求，规则如下：

（1）两个含义重复的属性不能同时存在于一个表中。

（2）一个表中的一列不能是其他列的计算结果。

（3）一个表中某一列的取值不能有多个含义。

例如，表 1-3 不是关系模型，不符合第一范式，因为联系方式还可以再细分为联系电话和家庭住址，而表 1-4 就符合第一范式。

表 1-3 学生信息表

姓名	年龄	性别	联系方式
王丽丽	22	女	电话：13612345678；住址：河南省安阳市
马向林	22	女	电话：13652125232；住址：河南省郑州市
张会	22	女	电话：13548742151；住址：河南省安阳市

表1-4 符合第一范式的学生信息表

姓名	年龄	性别	联系电话	家庭住址
王丽丽	22	女	13612345678	河南省安阳市
马向林	22	女	13652125232	河南省郑州市
张会	22	女	13548742151	河南省安阳市

> **注意**
> 只满足1NF的关系模式不一定是一个好的关系模式，如表1-4介绍的关系模式，学生信息（姓名、年龄、性别、联系电话、家庭住址）就满足1NF，但它对应的关系却存在数据冗余过多、删除异常和插入异常等问题。

1.2.2 第二范式

第二范式是在第一范式的基础上建立起来的，即满足第二范式必须先满足第一范式。2NF要求数据库表中的每一列都与主键相关。为实现第二范式，通常需要为表加上一列，以存储表中每一列的唯一标识。

例如，为学生信息表添加学号一列，因为每个学生的学号是唯一的，所以每个学生可以被唯一区分。这个唯一属性列称为主关键字或主键，如表1-5所示。

表1-5 满足第二范式的学生信息表

学号	姓名	年龄	性别	联系电话	家庭住址
2012030501	王丽丽	22	女	13612345678	河南省安阳市
2012030502	马向林	22	女	13652125232	河南省郑州市
2012030503	张会	22	女	13548742151	河南省安阳市

2NF要求实体的属性完全依赖于主键。所谓完全依赖是指不能存在仅依赖主键一部分的属性，如果存在，那么这个属性和主键的这一部分应该分离出来形成一个新的实体，新实体与原实体之间是一对多的关系。为实现区分通常需要为表加上一列，以存储各个实体的唯一标识。简而言之，第二范式就是非主属性非部分依赖于主键。

1.2.3 第三范式

第三范式建立在第二范式的基础之上。其定义为：数据表中如果不存在非关键列对任一主键的传递函数依赖，则符合第三范式。所谓传递函数依赖，指的是如果存在"A—B—C"的决定关系，则C传递函数依赖于A。

假设学生信息表定义如表1-5所示，毫无疑问，该表符合第二范式，表的主键为学号，其他列均为非主键，并不存在部分依赖。但联系方式表中含有联系电话和家庭住址两个字段，故产生了传递依赖的关系：学号—联系方式—联系电话、家庭住址。

同样，存在传递函数依赖，也会导致数据冗余、更新异常、删除异常和插入异常的问题。将学生信息表拆分为两个表，如表1-6和表1-7所示。

表 1-6 学生信息表

学号	姓名	年龄	性别	联系方式编号
2012030501	王丽丽	22	女	1
2012030502	马向林	22	女	2
2012030503	张会	22	女	3

表 1-7 联系方式表

编号	联系电话	家庭住址
1	13612345678	河南省安阳市
2	13652125232	河南省郑州市
3	13548742151	河南省安阳市

1.3 实体–关系模型

实体-联系模型，即 E-R（Entity-Relationship）模型。E-R 模型的提出基于这样一种认识：数据库总是存储现实世界中有意义的数据，而现实世界是由一组实体和实体的联系组成的。E-R 模型可以成功描述数据库所存储的数据。本节将重点介绍 E-R 模型的概念、E-R 图的绘制以及 E-R 模型与关系模型的转换。

1.3.1 E-R 模型的概念

设计 E-R 模型的出发点是为了更有效和更好地模拟现实世界，而不需要考虑在计算机中如何实现。下面介绍 E-R 模型的 3 个抽象概念。

1．实体

实体（Entity）是 E-R 模型的基本对象，是现实世界中各种事物的抽象。凡是可以相互区别，并可以被识别的事、物、概念等均可认为是实体。

在一个单位中，具有共性的一类实体可以划分为一个实体集。例如，员工司娟、王丽丽等都是实体。为了便于描述，可以定义员工这样一个实体集，所有员工都是这个集合的成员。

2．属性

实体一般具有若干特征，称为实体的属性（Attribute）。例如，员工具有员工编号、姓名、性别等属性。实体的属性值是数据库中存储的主要数据，一个属性实际上相当于关系数据库表中的一列。

能唯一标识实体的属性或属性组称为实体集的实体键。如果一个实体集有多个实体键存在，则可以从中选择一个作为实体主键。

3．联系

实体之间会存在各种关系，如人与人之间可能存在领导与雇员关系等。这种实体与实体之间的关系被抽象为联系（Relationship）。E-R 模型将实体之间的联系区分为一对一（1∶1）、一对多（1∶N）和多对多（M∶N）3 种，并在模型中明确地给出这些联系的语义。

（1）一对一联系：对于实体集 A 和实体集 B 来说，如果对于 A 中的每一个实体 a，B 中至多有一个实体 b 与之联系，而且反过来也是如此，则称实体集 A 与实体集 B 具有一对一联系，表示为 1∶1。

（2）一对多联系：对于实体集 A 中的每一个实体，在实体集 B 中有 N 个实体与之联系，而且对于实体集 B 中的每一个实体，实体集 A 中至多有一个实体与之联系，则称实体集 A 和实体集 B 具有一对多的联系，表示为 1∶N。

（3）多对多联系：如果对于实体集 A 中的每一个实体，实体集 B 中有 N 个实体与之联系，同时对于实体集 B 中的每一个实体，实体集 A 中有 M 个实体与之联系，则称 A 和 B 具有多对多联系，表示为 M∶N。

1.3.2　E-R 图的绘制

E-R 图是表示 E-R 模型的常用手段。在 E-R 图中，实体符号用矩形表示，并标以实体名称；属性用椭圆形表示，并标以属性名称；联系用菱形表示，并标以联系名称，如图 1-1 所示。

图 1-1　E-R 图的基本元素

图 1-2 给出一个表示 1∶1 关系的 E-R 图（一个用户只能有一个角色，一个角色也只能对应一个用户）。

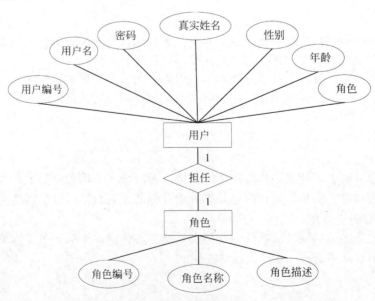

图 1-2　E-R 图示例

由于 E-R 图直观易懂，在概念上表示了一个数据库的信息组织情况，所以如果能够画出数据库系统的 E-R 图，也就意味着弄清楚了应用领域中的问题，此后就可以根据 E-R 图，并结合具体的数据库管理系统（DBMS），将 E-R 模型演变为 DBMS 支持的数据模型。

1.3.3 将 E-R 模型转化为关系模型

关系数据库都采用关系模型。在关系模型中，一张二维表格（行、列）对应一个表格。二维表格中的每行代表一个实体，每个实体的列代表该实体的属性。E-R 图用于描述实体及实体间的联系，E-R 图最终需要转换为关系模型才有意义。本小节将简单介绍如何将 E-R 模型转换为关系模型。

1. 实体转换为关系

实体集转换为关系非常简单，只需将实体的属性作为关系的列即可。当然，这里的属性应该包括实体的所有属性。另外，主键也是必需的，即使这样的主键与业务无关。例如，实体学生与班级的关系如图 1-3 所示。

在学生和班级关系中，分别添加了学号和班级编号作为关系的主键，二者作为关系的唯一标识。

2. 联系转换为关系

相对于实体，联系转换为关系会稍微复杂些，下面将分别介绍一对一、一对多和多对多联系如何转换为关系。

图 1-3 实体转换为关系

1）一对一联系转换为关系

一对一联系需要将其中一个实体的主键作为另一实体的属性。反映到关系中，将一个关系的主键作为另一个关系的普通列。另外，联系本身所具有的属性也应该以列的形式植入。在用户和角色的实体中，可以将角色编号作为用户关系中的一个普通列，如图 1-4 所示。

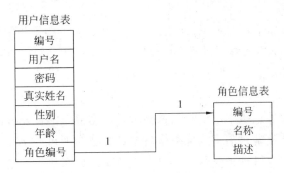

图 1-4 一对一联系转换为关系

对于一对一联系，可以将主从关系进行颠倒，如将用户编号作为角色的一个普通列。无论采用哪种方式，都不会导致信息丢失。

2）一对多联系转换为关系

一对多联系需要将一的一方作为主关系，将多的一方作为从关系，联系的所有属性作为从关系的列，这样才不会导致信息丢失。例如，对于实体学生和实体班级，可以建立如图1-5所示的关系模型。

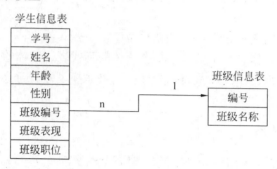

图1-5 一对多联系转换为关系

在该示例中，只能将联系的属性班级表现和班级职位加入到学生关系中才不会导致信息丢失。

3）多对多联系转换为关系

多对多联系中，无论将联系的属性加入到哪一方，都将造成信息的丢失。此时，应当为联系创建独立的关系。在学生与选课联系中，可以以学号、课程ID，以及关系的属性——学生得分作为关系的列，来创建一个新的关系，如图1-6所示。

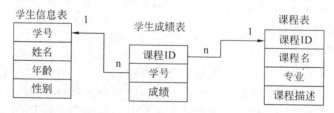

图1-6 多对多联系转换为关系

在该示例中，添加了新的关系"学生成绩"，并建立了学生与学生成绩、课程与学生成绩的一对多联系。学生成绩可以不必再添加额外的主键，课程ID和学号的组合可以唯一标识一条学生成绩记录。

4）全局关系模型

在一个复杂的业务系统中，E-R联系模型是非常复杂的，相应的关系模型也应该具有全局性。全局关系模型只需将局部关系模型进行组合即可。例如，学生与课程产生联系，同时学生与班级也进行了关联，可以将这些局部关系进行组装，相应的关系模型如图1-7所示。

Oracle 11g 关系数据库

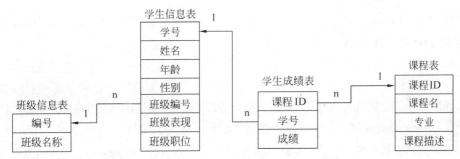

图 1-7　全局关系模型

1.4　Oracle 11g 的下载和安装

Oracle Database 11g 是一个大型数据库，在安装 Oracle Database 11g 前应该检查计算机的配置是否达到要求，同时也应该为将来数据库的扩展预留存储空间。本节将介绍 Oracle Database 11g 在 Windows 环境下的安装过程。

1.4.1　下载和安装 Oracle 11g

服务器的计算机名称对于后期登录到 Oracle 11g 数据库非常重要。如果在安装完数据库后，再修改计算机名称，可能造成无法启动服务，也就不能使用 OEM。如果发现这种情况，只需将计算机名称重新修改回原来的计算机名称便可。因此，在安装 Oracle 数据库前，就应该配置好计算机名称。

（1）从 Oracle 的官网上下载最新版本的 Oracle 11g，目前最新版本为 11.2.0.1.0。将下载下来的两个 ZIP 文件解压，将会得到一个名称为 database 的文件夹。

（2）双击 database 目录下的 setup.exe 执行安装程序。在打开的对话框中禁用【我希望通过 My Oracle Support 接收安全更新】复选框，单击【下一步】按钮，将弹出【未指定电子邮件地址】对话框，如图 1-8 所示。

（3）单击【未指定电子邮件地址】对话框中的【是】按钮，关闭对话框。再次单击窗口中的【下一步】按钮，打开如图 1-9 所示的窗口，设置安装选项。

图 1-8　配置安全更新窗口

图 1-9　安装选项窗口

（4）在安装选项设置中，采用默认设置，然后单击【下一步】按钮，在打开的窗口进行系统类配置，这里选中【桌面类】单选按钮，如图 1-10 所示。

（5）单击【下一步】按钮，在打开的窗口中进行安装配置。在该窗口中，分别为 Oracle 11g 指定基目录、软件位置和数据库文件位置，并指定数据库的版本为企业版、字符集为默认值，最后需要填写全局的数据库名和管理口令，这里的全局数据库名采用默认值 orcl，管理口令为 oracle。Oracle 11g 的安装配置如图 1-11 所示。

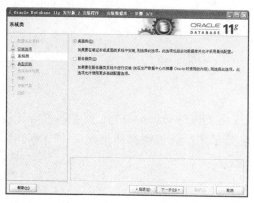 

图 1-10　系统类配置窗口　　　　　　　图 1-11　安装配置窗口

> **注意**
> Oracle 推荐的口令需要同时满足 4 个条件：至少一个大写字母、至少一个小写字母、至少一个数字、至少八位字符。这里为了便于记忆，采用全小写的英文字母来作为管理口令。

（6）在单击【下一步】按钮之前先执行先决条件检查，如图 1-12 所示。在该步骤中检查计算机硬件配置是否满足 Oracle 的安装最低配置，如果不满足，则检查结果为失败。

（7）检查通过后，将打开如图 1-13 所示的窗口。在该窗口中，显示了安装设置，如果需要修改某些设置，则可以单击【后退】按钮，返回进行修改。

图 1-12　执行先决条件检查窗口　　　　　图 1-13　概要显示窗口

（8）确认无误后，单击【完成】按钮，进行安装 Oracle，如图 1-14 所示。

Oracle 11g 关系数据库

（9）安装到 100%之后，将会出现如图 1-15 所示的对话框，对数据库进行复制、创建实例等操作。

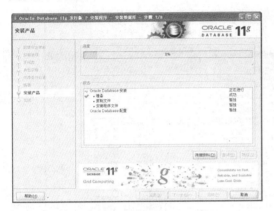

图 1-14　安装 Oracle 窗口

图 1-15　对数据库实例创建操作

（10）完成安装之后，将会出现如图 1-16 所示的界面。单击该窗口中的【口令管理】按钮，在弹出的【口令管理】窗口中，可以锁定、解除数据库用户账户和设置用户账户的口令，这里采用默认设置（默认解锁了 SYS、SYSTEM 两个账户）。

图 1-16　数据库创建完成

（11）单击【确定】按钮，经过短暂处理，将打开安装结束窗口。在该窗口中，单击【关闭】按钮结束安装。

1.4.2　Oracle 服务管理

在 Windows 操作系统环境下，Oracle 数据库服务器以系统服务的方式运行。可以通

过执行【控制面板】|【管理工具】|【服务】命令，打开系统服务窗口，如图 1-17 所示。

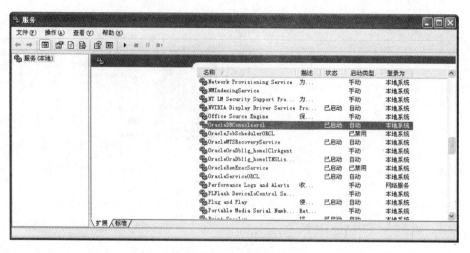

图 1-17 Windows 操作系统的【服务】窗口

在图 1-17 中，所有的 Oracle 服务名称都以 Oracle 开头。其中主要的 Oracle 服务有以下 3 种：

（1）Oracle<ORACLE_HOME_NAME>TNSListener：监听程序服务。
（2）OracleDBConsoleorcl：本地 OEM 控制。
（3）OracleService<SID>：Oracle 数据库实例服务，是 Oracle 数据库的主要服务。

> **注意**
> ORACLE_HOME_NAME 为 Oracle 的主目录；SID 为创建的数据库实例的标识。通过 Windows 操作系统的【服务】窗口，可以看到 Oracle 数据库服务是否正确地安装并启动运行，并且可以对 Oracle 服务进行管理，如启动与关闭服务。

1.5 创建数据库

数据库建模工具 DBCA 是 Oracle 提供的一个具有图形化用户界面的工具，内置了几种典型数据的模板，以帮助数据库管理员快速、直观地创建数据库。通过使用数据库模板，只需要做很少的操作就能够完成数据库创建。使用 DBCA 建库的步骤如下：

（1）执行【开始】|【程序】| Oracle - OraDb11g_home1 |【配置和移置工具】| Database Configuration Assistant 命令，打开【欢迎使用】窗口，在该窗口中单击【下一步】按钮，打开如图 1-18 所示的【操作】窗口。

图 1-18 中各选项的含义如下：
① 创建数据库：创建一个新的数据库。
② 配置数据库选件：用来配置已经存在的数据库。

Oracle 11g 关系数据库

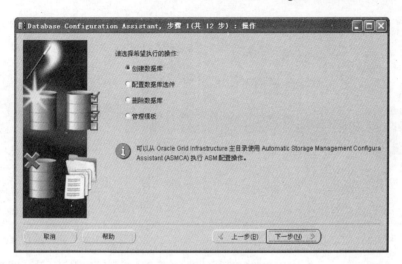

图 1-18　选择创建数据库

③ 删除数据库：从 Oracle 数据库服务器中删除已经存在的数据库。
④ 管理模板：用于创建或者删除数据库模板。

（2）选择【创建数据库】单选按钮，单击【下一步】，打开如图 1-19 所示的【数据库模板】窗口。在该窗口中选择创建数据库时所使用的数据库模板，这里采用默认设置。

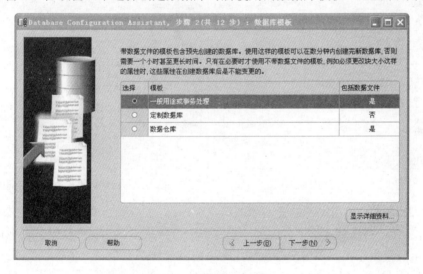

图 1-19　选择数据库模板

> **注意**
> 在图 1-19 中选择某个模板并单击【显示详细资料】按钮，在打开的窗口中，可以查看该数据库模板的各种信息，包括常用选项、初始化参数、字符集、控制文件以及重做日志等。

（3）单击【下一步】按钮，在打开窗口中，打开【数据库标识】窗口，在该窗口中指定数据库的标识，如图 1-20 所示。单击【下一步】按钮，打开【管理选项】窗口，如图 1-21 所示，这里采用默认设置。

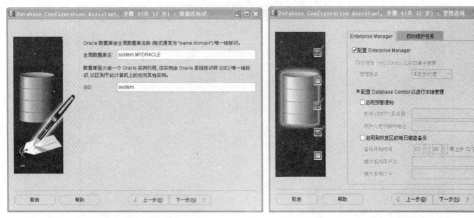

图 1-20　指定数据库标识　　　　　　图 1-21　管理数据库

（4）单击【管理选项】窗口中的【下一步】按钮，打开【数据库身份证明】窗口。在该窗口中，选择【所有账户使用同一管理口令】单选按钮，并设置口令，如图 1-22 所示。

（5）设置好口令后，单击【下一步】按钮，打开【数据库文件所在位置】窗口，在此窗口中指定数据库文件的存储类型和存储位置，如图 1-23 所示。

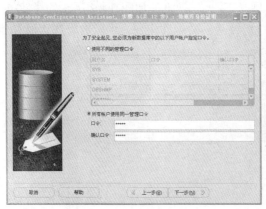

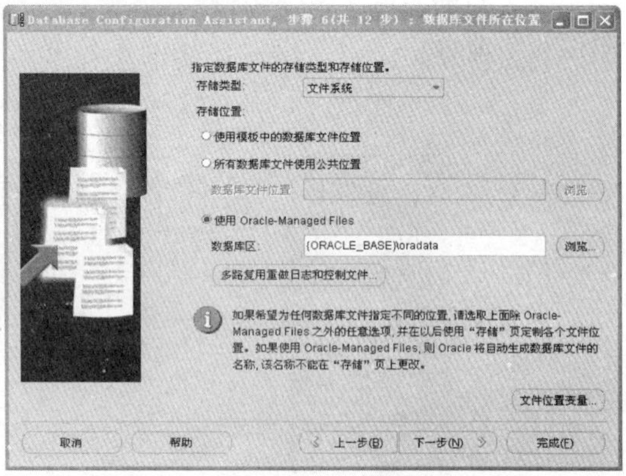

图 1-22　设置数据库口令　　　　　　图 1-23　指定数据库文件的存储位置

图 1-23 中各个可用选项的含义如下：

① 使用模板中的数据库文件位置：使用为此数据库选择的数据库模板中的预定义位置。

② 所有数据库文件使用公共位置：为所有数据库文件指定一个新的公共位置。

③ 使用 Oracle-Managed Files：可以简化 Oracle 数据库的管理。利用由 Oracle 管理的文件，DBA 将不必直接管理构成 Oracle 数据库的操作系统文件。用户只需提供数据库区的路径，该数据库区用作数据库存放其数据库文件的根目录。

> **注意**　若单击【多路复用重做日志和控制文件】按钮，可以标识存储重复文件副本的多个位置，以便在某个目标位置出现故障时为重做日志和控制文件提供更强的容错能力。但是启用该选项后，在后面将无法修改这里设定的存储位置。

Oracle 11g 关系数据库

（6）单击【下一步】按钮，打开【恢复配置】窗口，如图 1-24 所示，这里采用默认配置。

（7）单击【恢复配置】窗口中的【下一步】按钮，打开【数据库内容】窗口，在该窗口中选择数据库创建好后运行的 SQL 脚本，以便运行该脚本来修改数据库。在【定制脚本】选项卡中，可以选择 SQL 脚本。例如，可以运行自定义脚本来创建所需的特定方案或表。由于定制脚本在 Oracle 的开发工具 SQL*Plus 中运行，因此需要确保在脚本开头提供连接字符串。【定制脚本】选项卡如图 1-25 所示。

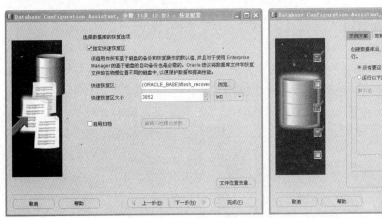
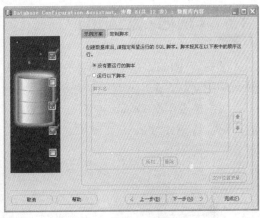

图 1-24　恢复配置　　　　　　　　图 1-25　定制用户自定义脚本

（8）在【数据库内容】窗口中采用默认设置，单击【下一步】按钮，打开【初始化参数】窗口，这里所有的选项都采用默认设置。单击该窗口中的【下一步】按钮，将打开【数据库存储】窗口，如图 1-26 所示。在该步骤中，可以对数据库的控制文件、数据文件和重做日志文件进行设置。

（9）单击【数据库存储】窗口中的【下一步】按钮，打开如图 1-27 所示的【创建选项】窗口。

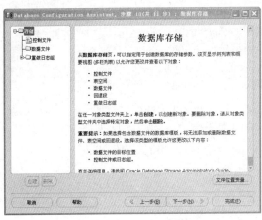
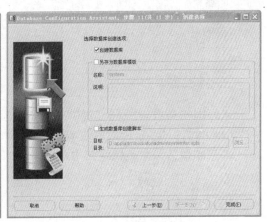

图 1-26　数据库存储　　　　　　　　图 1-27　数据库创建选项

> **提示**
> 启用【创建选项】窗口中的【另存为数据库模板】复选框,表示将前面对创建数据库的参数配置另存为模板;启用【生成数据库创建脚本】复选框,表示将前面所做的配置以创建数据库脚本的形式保存起来,当需要创建数据库时,可以通过运行该脚本进行创建。

(10)单击【创建选项】窗口中的【完成】按钮,开始数据库的创建工作。下面的步骤比较简单,这里不再赘述。

1.6 Oracle 默认用户

在安装 Oracle 时,大部分用户都被锁定,只有 sys、system、dbsnmp、sysman 和 mgmt_view 这 5 个用户默认为解锁状态,可以使用。

如果想要了解 Oracle 中的用户信息,可以查询数据字典 dba_users。例如,在 Oracle 的开发工具 SQL*Plus 中,使用 system 用户登录数据库,然后使用 SQL 语言查询该数据字典,语句如下:

```
请输入用户名: system
输入口令:
连接到:
Oracle Database 11g Enterprise Edition Release 11.2.0.1.0 - Production
With the Partitioning, OLAP, Data Mining and Real Application Testing
options
SQL> SELECT username,account_status FROM dba_users;

USERNAME                       ACCOUNT_STATUS
------------------------------ --------------------------------
MGMT_VIEW                      OPEN
SYS                            OPEN
SYSTEM                         OPEN
DBSNMP                         OPEN
SYSMAN                         OPEN
OUTLN                          EXPIRED & LOCKED
FLOWS_FILES                    EXPIRED & LOCKED
...
已选择 36 行。
```

上面的查询语句中,username 字段表示用户名,account_status 字段表示用户的状态。如果 account_status 字段的值为 OPEN,则表示用户为解锁状态,否则为锁定状态。

如果想要为某个被锁定的用户解锁,如为 hr 用户解锁,可以使用以下命令:

```
SQL> ALTER USER hr ACCOUNT UNLOCK;
用户已更改。
```

为解锁后的 hr 用户设置口令为 tiger,可以使用以下命令:

```
SQL> ALTER USER hr IDENTIFIED BY tiger;
用户已更改。
```

Oracle 11g 关系数据库

> **提示** 关于 SQL*Plus 工具以及 SQL 语言的使用，将在第 3 章和第 7 章详细介绍。

1.7 使用 OEM

Oracle 企业管理器（Oracle Enterprise Manager，OEM）是 Oracle 提供了基于 Web 界面的、可用于管理单个 Oracle 数据库的工具。通过 OEM，用户可以完成几乎所有的原来只能通过命令行方式完成的工作，包括数据库对象、用户权限、数据文本、定时任务的管理，数据库参数的配置、备份与恢复、性能的检查与调优等。

> **注意** 由于 OEM 采用基于 Web 的应用，它对数据库的访问也采用 HTTP/HTTPS 协议，即使用 3 层结构访问 Oracle 数据库系统。

在成功安装 Oracle 后，OEM 也就被安装完毕了。下面就来介绍启动和使用 OEM。

（1）启动 OEM。如果用户环境是 Windows 操作系统，则除了需要从控制面板上启动 Oracle 监听和 Oracle 服务外，还必须启动本地 OEM 控制 OracleDBConsoleorcl。

（2）在浏览器地址栏中请求 OEM 的 URL 地址，即 https://<machine_name>:1158/em，其中<machine_name>为计算机名，如果是本机也可以使用 localhost。如果是第一次请求 OEM 的 URL 地址，浏览器页面会提示证书错误，如图 1-28 所示。此时可以单击页面中的【继续浏览此网站（不推荐）】链接，在打开的页面中，浏览器在地址栏后面依然提示证书错误，如图 1-29 所示。

图 1-28 访问被阻止

图 1-29 证书错误

单击【证书错误】按钮，在弹出的悬浮面板中选择【查看证书】链接，将打开【证书】对话框，在该对话框中单击【安装证书】按钮，然后在证书导入向导中选择【将所有的证书放入下列存储区】单选按钮，并设置证书存储位置为受信任的根证书颁发机构。当提示"导入成功"时，表示证书已经安装成功。

（3）当证书安装成功之后，将会出现 OEM 的登录页面，在该页面中输入登录用户名（如 SYSTEM）和该用户对应的口令，然后使用默认的连接身份（Normal），如图 1-30 所示。

（4）单击 OEM 登录页面中的【登录】按钮，将进入数据库实例：orcl 主页的主目录属性页，如图 1-31 所示。

图 1-30　OEM 登录页面

图 1-31　数据库实例：orcl 主页

技巧

在数据库实例：orcl 主页中，可以对 Oracle 系统进行一系列的管理操作，包括性能、可用性、服务器、方案、数据移动，以及软件和支持。

（5）在数据库实例：orcl 页面中，单击菜单栏一行中的链接，可以进入到相应的操作页面。例如，单击【服务器】链接，进入到服务器管理页面，如图 1-32 所示。

（6）在【数据库配置】一档中，有数据库配置方面相关的内容，以链接的形式存在。例如，单击【初始化参数】链接，可以查看数据库 orcl 的所有初始化参数信息，如图 1-33 所示。单击页面中的【显示 SQL】按钮，可以查看操作生成的 SQL 语句，从而与 Oracle 操作命令结合起来。

图 1-32　服务器页面

图 1-33　初始化参数页面

> **技巧** 在服务器页面中，有常见的一些分类：存储、数据库配置、Oracle Scheduler、统计信息管理、资源管理器、安全性、查询优化程序以及更改数据库。每个分类属于一个单独的档。

Oracle 11g OEM 是初学者和最终用户管理数据库最方便的工具。使用 OEM 可以很容易地对 Oracle 系统进行管理，免除了记忆大量的管理命令。

1.8 扩展练习

1. 对 scott 用户进行解锁

在创建数据库时，已经为 sys 等 5 个用户设置了口令，其中 sys 与 system 具有管理员权限。下面在 SQL*Plus 工具中使用管理员（sys、system）账户登录 Oracle 数据库，对 scott 用户进行解锁，并设置该用户的口令为 tiger。

当解锁后，通过数据字典 dba_users 查看现在 scott 账户的状态，语句如下：

```
SQL> SELECT username,account_status FROM dba_users
  2  WHERE username='SCOTT';
USERNAME                       ACCOUNT_STATUS
------------------------------ --------------------------------
SCOTT                          OPEN
```

2. 创建满足第三范式的学生信息表

假设有如表 1-8 所示的 student 表。

表 1-8 student 表

学号	姓名	班级	系别
10001	王丽丽	Oracle 1 班	计算机系
10002	马向林	Oracle 2 班	计算机系
10003	殷国朋	英语 1 班	外语系
10004	张芳	电子电器 1 班	电子系

下面请按第三范式对 student 表进行改进，将产生传递依赖的非主属性与其依赖的非主属性单独存放到一个表（如 classes 表）中。

第 2 章　Oracle 数据库的体系结构

内容摘要 | Abstract

　　Oracle 数据库的体系结构主要有 4 种：物理存储结构、逻辑存储结构、内存结构和进程结构。通过学习 Oracle 数据库的体系结构，可以清楚地理解 Oracle 数据库的工作过程。
　　本章除了对 Oracle 体系中的各个结构进行讲解以外，还介绍了 Oracle 数据字典。通过对本章的学习，可以很清楚地认识 Oracle 数据库的体系结构并了解数据库中的很多信息，为以后学习 Oracle 数据库打下良好的基础。

学习目标 | Objective

- 了解物理存储结构的相关知识
- 了解逻辑存储结构的相关知识
- 理解物理存储结构与逻辑存储结构之间的关系
- 了解实例的进程结构
- 了解实例的内存结构
- 熟练掌握数据字典的使用

2.1　物理存储结构

　　Oracle 数据库在物理上是由存储在磁盘中的操作系统文件所组成的，这些文件就是 Oracle 的物理存储结构。物理存储结构主要用于描述 Oracle 数据库外部数据的存储，即在操作系统中如何组织和管理数据，与具体的操作系统有关。物理存储结构主要由数据文件、控制文件和重做日志文件组成，除此之外还包括一些其他文件（参数文件、备份文件、归档重做日志文件，以及警告、跟踪日志文件）。本节将主要介绍这几种文件。

2.1.1　数据文件

　　数据文件（Data File）是指存储数据库中数据的文件，通常是*.dbf 格式。例如，系统数据、数据字典数据、索引数据等都是存放在数据文件中的。数据文件可以通过设置其参数，实现其自动扩展的功能。数据文件与表空间的关系：一个表空间在物理上可以对应一个或多个数据文件，而一个数据文件只能属于一个表空间。

> **提示**
> 　　表空间是数据库存储的逻辑单位。数据文件如果离开了表空间将失去意义，而表空间如果离开了数据文件将失去物理基础。

Oracle 数据库的体系结构

在读取数据时，如果用户要读取的数据不在内存的数据缓冲区中，那么 Oracle 就从数据文件中把数据读取出来，放到内存的缓冲区中，供用户查询；在存储数据时，用户修改或添加的数据会先保存在数据缓冲区中，然后由 Oracle 的后台进程 DBWn 将数据写入数据文件。

提示 这样的数据存取方式，可减少磁盘的 I/O 操作，提高系统的响应性能。

若要了解数据文件的名称、大小以及标识等基本信息，可以通过数据字典视图 dba_data_files 来查询。首先使用 DESC 命令了解 dba_data_files 的结构，代码如下：

```
SQL> DESC dba_data_files;
名称                          是否为空?          类型
-----------------------      ------------      -------------------
FILE_NAME                                      VARCHAR2(513)
FILE_ID                                        NUMBER
TABLESPACE_NAME                                VARCHAR2(30)
BYTES                                          NUMBER
BLOCKS                                         NUMBER
STATUS                                         VARCHAR2(9)
RELATIVE_FNO                                   NUMBER
AUTOEXTENSIBLE                                 VARCHAR2(3)
MAXBYTES                                       NUMBER
MAXBLOCKS                                      NUMBER
INCREMENT_BY                                   NUMBER
USER_BYTES                                     NUMBER
USER_BLOCKS                                    NUMBER
ONLINE_STATUS                                  VARCHAR2(7)
```

在上述代码中，部分字段含义如下：

（1）FILE_NAME：数据文件的名称以及存放路径。

（2）FILE_ID：数据文件在数据库中的 ID 号。

（3）TABLESPACE_NAME：数据文件对应的表空间名。

（4）BYTES：数据文件的大小。

（5）BLOCKS：数据文件所占用的数据块数。

（6）STATUS：数据文件的状态。

（7）AUTOEXTENSIBLE：数据文件是否可扩展。

例如，查询一个名为 system 的表空间所对应的数据文件的部分信息。其代码如下：

```
SQL>SELECT file_name,bytes,status FROM dba_data_files WHERE tablespace_
name ='SYSTEM';
FILE_NAME                                           BYTES         STATUS
-----------------------------------------          ---------     ---------
I:\APP\ADMINISTRATOR\ORADATA\ORCL\SYSTEM01.DBF     734003200     AVAILABLE
```

若要了解数据文件的动态信息，可以通过数据字典视图 v$datafile 来查询。其代码如下：

```
SQL> SELECT creation_change#,creation_time,rfile#,status FROM v$datafile;
CREATION_CHANGE#     CREATION_TIME         RFILE#    STATUS
----------------     -----------------     ------    ----------------
               7     02-4月 -10                 1    SYSTEM
            2161     02-4月 -10                 2    ONLINE
          938215     02-4月 -10                 3    ONLINE
           18017     02-4月 -10                 4    ONLINE
          969790     21-6月 -12                 5    ONLINE
         1411822     29-6月 -12                 6    ONLINE
         1468280     30-6月 -12                 7    ONLINE
         2230936     27-8月 -12                 8    ONLINE
         2230939     27-8月 -12                 9    ONLINE
         2230942     27-8月 -12                10    ONLINE

已选择 10 行。
```

2.1.2 控制文件

控制文件（Control File）是一个很小的二进制文件，通常是*.CTL 格式，用于记录数据库的物理结构。例如，数据库的名称、数据文件和日志文件等信息都存储在控制文件中。一个 Oracle 数据库通常包含多个控制文件，而一个控制文件只属于一个数据库。

数据库的启动和正常运行都离不开控制文件。启动数据库时，需要访问控制文件，从中读取数据文件和日志文件的信息，最后打开数据库。数据库运行时，Oracle 会不断更新控制文件，因此，一旦控制文件损坏，数据库将不能正常运行。

用户不能编辑控制文件，控制文件的修改由 Oracle 完成。

若要了解控制文件的信息，可以通过数据字典 v$controlfile 来查询。其代码如下：

```
SQL> SELECT name,block_size,file_size_blks FROM v$controlfile;
NAME                              BLOCK_SIZE        FILE_SIZE_BLKS
------------------------------    ----------        --------------
I:\APP\CONT\CONTROL_01.CTL             16384                   594
I:\APP\CONT\CONTROL_02.CTL             16384                   594
I:\APP\CONT\CONTROL_03.CTL             16384                   594
```

在数据库的结构发生变化时，要备份控制文件。

2.1.3 重做日志文件

重做日志文件（Redo Log File）是用于记录数据库中所有修改信息的文件，简称日志文件，通常是*.LOG 格式。不同的日志文件记载不同的信息。日志文件既可以保证数据库的安全，又可以实现数据库的备份与恢复。

在对数据库的操作中，为确保日志文件的安全，允许对日志文件进行镜像。一个日志文件和其所有的镜像文件构成一个日志文件组，它们包含相同的信息。同一个组的日志文件尽量保存在不同的磁盘中，这样可以避免物理损坏造成的麻烦。在一个日志文件组中，日志文件的镜像个数受参数 MAXLOGMEMBERS 限制，最多有 5 个。

若要了解系统当前正在使用哪个日志文件组，可以通过数据字典 v$log 来查询。其代码如下：

```
SQL> SELECT group#,sequence#,bytes,members,status FROM v$log;
GROUP#      SEQUENCE#       BYTES           MEMBERS         STATUS
---------- --------------- --------------- --------------- ---------------
         1              52        52428800               1         CURRENT
         2              50        52428800               1        INACTIVE
         3              51        52428800               1        INACTIVE
```

结果显示，若 STATUS 字段值为 CURRENT，则表示系统目前正在使用该字段对应的日志文件组。这样就可以确定，系统正在使用的是第 1 组的日志文件。

> **提示** 若一个日志文件组的空间被占用完后，Oracle 数据库会自动转换到另一个日志文件组中，日志文件组的切换将在 6.2.5 节进行详细介绍。

2.1.4 其他文件

在 Oracle 数据库中，除了上述的数据文件、控制文件和重做日志文件之外，还包含初始化参数文件、备份文件、归档重做日志文件，以及警告、跟踪日志文件等。

1．参数文件

参数文件用来记录 Oracle 数据库的基本参数信息，主要包括数据库名和控制文件所在路径等。参数文件包括文本参数文件（Parameter File，PFILE）和服务器参数文件（Server Parameter File，SPFILE）。前者为 init<SID>.ora，可以用记事本查看；后者为 spfile<SID>.ora 或 spfile.ora，是二进制的，无法用记事本查看。

启动数据库实例，Oracle 先找 spfile<SID>.ora，若存在该文件，则按照此文件中的参数设置，启动实例；若不存在，则继续找全局的 spfile.ora，存在则按照文件配置启动，若也不存在，就找文本参数文件，即 init<SID>.ora，存在则启动，否则启动失败。

2. 备份文件

备份文件用来对受损文件进行恢复。对文件进行还原,就是用备份文件替换该文件。

3. 归档重做日志文件

归档重做日志文件用来对写满的日志文件进行复制并保存,它的功能由归档进程 ARCn 实现,该进程负责将写满的重做日志复制到归档日志目标中。

4. 警告、跟踪日志文件

当一个进程发现一个内部错误时,它可以将关于错误的信息存储到它的跟踪文件中。而警告文件则是一种特殊的跟踪文件,它包含错误事件的说明,而随之产生的跟踪文件则记录该错误的详细信息。

2.2 逻辑存储结构

在 Oracle 数据库中,对数据库的操作都会涉及逻辑存储结构,故可以说逻辑存储结构是 Oracle 数据库存储结构的核心内容。逻辑结构是从逻辑角度分析数据库的构成,主要描述 Oracle 数据库的内部数据的组织和管理方式,与操作系统没有关系。

逻辑存储结构主要包括表空间、段、区和数据块。它们之间的关系:一个表空间由多个段组成,一个段由多个区组成,一个区由多个数据块组成。一个数据库又是由多个表空间组成的,所以 Oracle 数据库的逻辑存储结构从大到小依次为表空间、段、区和数据块,具体结构如图 2-1 所示。

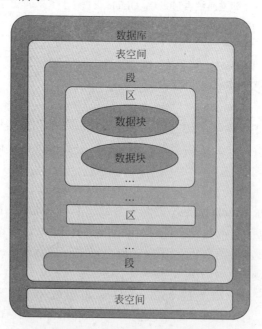

图 2-1 Oracle 数据库逻辑结构图

2.2.1 表空间

表空间是 Oracle 中最大的逻辑存储结构，与物理上的数据文件相对应。一个 Oracle 数据库至少有一个表空间，一个表空间可以对应多个数据文件，但是一个数据文件只能对应一个表空间。表空间的大小等于构成该表空间的所有数据文件大小的总和。

> **提示**　用户在数据库中创建的所有内容都被存放在表空间中，如果用户没有指定表空间，那么 Oracle 会将用户创建的内容存放到默认的表空间中。

在安装 Oracle 时，系统会自动创建一系列的表空间。若想了解这些表空间的信息，可以通过数据字典视图 dba_tablespaces 来查询。其代码如下：

```
SQL> SELECT tablespace_name,block_size FROM dba_tablespaces;
TABLESPACE_NAME                BLOCK_SIZE
------------------------------ ----------
SYSTEM                               8192
SYSAUX                               8192
UNDOTBS1                             8192
TEMP                                 8192
USERS                                8192
EXAMPLE                              8192
TEMP1401                             8192
TEMP1402                             8192
USERTBS                              8192
已选择 9 行。
```

在上述代码中，对系统自动创建的一部分表空间说明如下：

（1）SYSTEM：系统表空间，用于存储系统的数据字典、系统的管理信息和用户数据表等。

（2）SYSAUX：辅助系统表空间，用于减少系统表空间的负荷，提高系统的作业效率。

（3）UNDOTBS1：撤销表空间，用于在自动撤销管理方式下存储撤销信息。

（4）TEMP：临时表空间，用于存储临时的数据，如排序时产生的临时数据。

（5）USERS：用户表空间，用于存储永久性用户对象和私有信息。

（6）EXAMPLE：实例表空间，用于存放实例数据库的模式对象信息等。

2.2.2 段

段（Segment）是一组盘区，它是一个独立的逻辑存储结构，用于存储具有独立存储结构对象的全部数据。段一般是数据库终端用户将处理的最小存储单位。一个段只属于一个特定的数据库对象。Oracle 为段分配的空间是以数据区为单位的，当段的数据区已满时，Oracle 为其分配另一个数据区，段的数据区在磁盘上可能是不连续的。

根据段中所存储数据的特征，可将段分为 5 种类型，如图 2-2 所示。

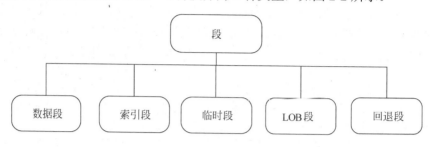

图 2-2　段的 5 种类型

1．数据段

数据段用于存储表中的所有数据。在 Oracle 数据库中，当某个用户创建一个表时，系统会自动在该用户默认的表空间中为该表分配一个与表名称相同的数据段，以便将来存储该表的所有数据。

 提 示　在一个表空间创建几个表，该表空间就有几个数据段。

数据段随着数据的增加而逐渐变大。段的增大过程是通过增加区的个数而实现的，每次增加一个区，每个区的大小是块的整数倍。

2．索引段

索引段用于存储表中索引的所有数据。在 Oracle 数据库中，当用户用 CREATE INDEX 语句创建一个索引，或在定义约束（如主键）而自动创建索引时，系统会在该用户默认的表空间中创建一个与该索引名称相同的索引段，以便将来存储该索引的所有数据。

3．临时段

临时段用于存储排序或汇总时产生的临时数据。在 Oracle 数据库中，当用户使用 ORDER BY 语句进行排序或汇总时，在该用户的临时表空间中自动创建一个临时段，并在排序或汇总结束时自动消除。

4．LOB 段

LOB 段用于存储表中的大型数据对象。在 Oracle 数据库中，大型的数据对象类型主要有 CLOB 和 BLOB。

5．回退段

回退段用于存储用户数据被修改之前的位置和值。在 Oracle 数据库中，当需要对用

Oracle 数据库的体系结构

户的数据进行回退操作时,也就是恢复操作,就要使用回退段。利用回退段的信息,可以回退未提交的事务,维护数据库的读一致性,并能从实例的崩溃中进行恢复。

> **注意** 每个数据库都应该至少拥有一个回退段,供数据恢复时使用。

2.2.3 区

区(Extent)是 Oracle 存储分配的最小单位,它是由一个或多个数据块组成的。而一个或多个区又组成一个段,即段的大小由区的个数决定。但一个数据段中可以包含的区的个数不是无限制的。

当在数据库中创建带有实际存储结构的方案对象时,Oracle 将为该方案对象分配若干个区,以便组成一个对应的段来为该方案对象提供初始的存储空间。当段中已分配的区都写满后,Oracle 就为该段分配一个新的区,以便存储更多的数据。

> **提示** 当一个段中的所有空间被使用完后,系统将自动为该段分配一个新的区。

在创建段时可以由以下两个参数决定区的个数:

(1) MIN_EXTENTS:用于定义段创建好后初始分配的区的个数,即段最少可分配的区的个数。

(2) MAX_EXTENTS:用于定义一个段最多可以分配的区的个数。

若要了解表空间的信息,以及表空间的最小与最大区个数,可以通过数据字典视图 dba_tablespace 来查询。其代码如下:

```
SQL> SELECT tablespace_name,min_extents,max_extents FROM dba_tablespaces;
TABLESPACE_NAME            MIN_EXTENTS           MAX_EXTENTS
-----------------------    -----------------    -----------------
SYSTEM                     1                     2147483645
SYSAUX                     1                     2147483645
UNDOTBS1                   1                     2147483645
TEMP                       1
USERS                      1                     2147483645
EXAMPLE                    1                     2147483645
TEMP1401                   1                     2147483645
TEMP1402                   1                     2147483645
USERTBS                    1                     2147483645
已选择 9 行。
```

2.2.4 块

块(Block)是用于管理存储空间的最基本单位,也是最小的逻辑存储单位。Oracle

数据库是以数据块为单位进行逻辑读写操作的。

一旦数据库创建之后，将无法再修改数据块的大小。

数据块的大小由初始化参数 db_block_size 来决定，若要了解该参数的信息，可以执行 SHOW PARAMETER db_block_size 命令来查询。其代码如下：

```
SQL> SHOW PARAMETER db_block_size;
NAME                                 TYPE        VALUE
------------------------------------ ----------- ----------------
db_block_size                        integer     8192
```

在数据块中可以存储不同类型的数据，包括表数据、索引数据以及簇数据等。但是每个数据块都有相同的结构，其结构如图 2-3 所示。

由图 2-3 可以看出，一个数据块主要由块头部、表目录、行目录、空闲空间和行空间组成。

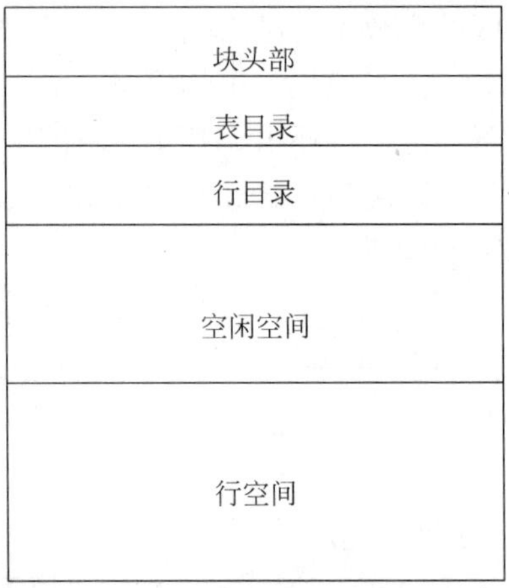

1．块头部

块头部包含了该数据块一般的属性信息，如数据块的物理地址、所属段的类型等。

2．表目录

如果数据块中存储的数据是某个表的数据（表中一行或多行记录），则关于该表的信息将存放在表目录中。

图 2-3　数据块结构

3．行目录

行目录用来存储数据块中有效的行信息。

注意
块头部、表目录和行目录组成数据块的头部信息区。但是头部信息区中并没有存储实际的数据库数据，它只用来引导 Oracle 系统读取数据。一旦头部信息区受损，则该数据块将失效，块中所存储的数据也将丢失。

4．空闲空间

空闲空间是指数据块中还没有使用的存储空间。

5．行空间

表或者索引的数据存储在行空间中，故行空间是数据块中已经使用的存储空间。

Oracle 数据库的体系结构

> **注意**　由于头部信息区并不存储实际数据，所以一个数据块的容量实际上是空闲空间与行空间容量的总和。

2.3　Oracle 数据库的实例结构

系统全局区（System Global Area，SGA）是 Oracle 为一个实例分配的一组共享内存区域。Oracle 进程是在系统启动后异步地为所有数据库用户执行不同的任务。系统全局区与 Oracle 进程的组合称为 Oracle 数据库实例。

Oracle 数据库的实例结构主要包括 Oracle 进程结构和 Oracle 内存结构两种。

2.3.1　Oracle 进程结构

进程又称任务，是操作系统中极为重要的一个概念，一个进程执行一组操作，完成一个特定的任务。

进程与程序的区别如下：

（1）进程是动态的概念，即动态地创建、完成任务后立即消亡；程序是静态的实体，可以复制、编辑。

（2）进程强调执行过程，程序仅仅是指令的有序集合。

（3）进程在内存中，程序在外存中。

对 Oracle 数据库管理系统来说，进程由用户进程、服务进程和后台进程组成。在本小节中，主要介绍后台进程。当 Oracle 数据库启动时，首先启动 Oracle 实例，系统将自动分配 SGA，并启动多个后台进程。Oracle 数据库的实例进程有两种类型，其关系如图 2-4 所示。

图 2-4　Oracle 数据库的实例进程

在单进程 Oracle 实例中，一个进程执行全部的 Oracle 代码，并且只允许一个用户存取。实际上就是服务器进程与用户进程紧密联系在一起，无法分开执行。这种方式不支持网络连接，不可以进行数据复制，一般用于单任务操作系统。

而在多进程 Oracle 实例中，由多个进程执行 Oracle 代码的不同部分，允许多个用户同时使用，对于每一个连接的用户都有一个进程。在多进程系统中，进程可以分为服务器进程、用户进程以及后台进程。其中，服务器进程用于处理连接到 Oracle 实例的用户进程的请求，可以执行以下几种任务：

（1）对 SQL 语句进行语法分析并执行。

（2）从磁盘的数据文件中读取必要的数据块到 SGA 的共享数据缓冲区中。

（3）将结果返回给用户进程。

Oracle 数据库实例的后台进程的作用是提高系统的性能和协调多个用户。它主要包括 DBWn 进程、LGWR 进程、SMON 进程、PMON 进程、ARCn 进程、RECO 进程、LCKn 进程、Dnnn 进程以及 SNPn 进程。

若要了解数据库中启动的后台进程信息，可以通过数据字典 v$bgprocess 来查询。其代码如下：

```
SQL> DESC v$bgprocess;
 名称                      是否为空?           类型
 ----------------------- ------------------ ----------------
 PADDR                                       RAW(4)
 PSERIAL#                                    NUMBER
 NAME                                        VARCHAR2(5)
 DESCRIPTION                                 VARCHAR2(64)
 ERROR                                       NUMBER
```

1. DBWn 进程

DBWn（Database Writer，数据库写入）进程，是将缓冲区中的数据写入数据文件的后台进程。在一个数据库实例中，DBWn 进程最多可以启动 20 个，进程名称分别为 DBW0、DBW1、DBW2、…、DBW9、DBWa、DBWb、…、DBWj。

注意　通常 Oracle 只启动一个 DBW0 的数据库写入进程。

在学习 DBWn 进程之前，先了解 LRU 和 DIRTY 这两个概念。

（1）LRU（Least Recently Used，最近很少使用）：数据缓冲区的一种管理机制，只保留最近数据，不保留旧数据。

（2）DIRTY：表示"脏列"或者"弄脏了的数据"，实际上就是指被修改但还没有被写入数据文件的数据。

DBWn 进程的主要作用：管理数据缓冲区，便于用户进程能找到空闲的缓冲区；将所有修改后的缓冲区数据写入数据文件；使用 LRU 算法将最近使用过的块保留在内存中；通过延迟写来优化磁盘 I/O 读写。

DBWn 进程的工作过程如下：

（1）当一个用户进程产生后，服务器进程查找内存缓冲区中是否存在用户进程所需要的数据。

（2）如果内存中没有需要的数据，服务器进程会从数据文件中读取数据。这时，服务器进程会首先从 LRU 中查找是否有存放数据的空闲块。

（3）如果 LRU 中没有空闲块，则将 LRU 中的 DIRTY 数据块移入 DIRTY LIST（弄脏表）中。

（4）如果 DIRTY LIST 超长，则服务器进程通知 DBWn 进程将数据写入磁盘，刷新缓冲区。

（5）当 LRU 中有空闲块后，服务器进程从磁盘的数据文件中读取数据并存放到数据缓冲区中。

以下几种情况都需要 DBWn 进程将修改后的缓冲区数据写入磁盘数据文件。

（1）当服务器进程将缓冲区数据移入 DIRTY LIST，而 DIRTY LIST 超长时，服务器进程会通知 DBWn 进程将数据写入磁盘，刷新缓冲区。

（2）当服务器进程在 LRU 中查找 DB_BLOCK_MAX_SCAN_CNT 缓冲区时，如果没有空闲的缓冲区，将会停止查找并启动 DBWn 进程将数据写入磁盘。

（3）当出现超时（每次 3s）时，DBWn 进程对 LRU 表查找指定数目的缓冲区，将所有找到的弄脏缓冲区写入磁盘。

（4）当出现检查点时，LGWR 进程指定修改缓冲区数据，通知 DBWn 进程将其写入磁盘中。

db_writer_processes 参数决定了启动 DBWn 进程的个数，如果要了解这个参数的信息，可以执行 SHOW PARAMETER db_writer_processes 命令来查询。其代码如下：

```
SQL> SHOW PARAMETER db_writer_processes;
NAME                                 TYPE        VALUE
------------------------------------ ----------- ------------------------------
db_writer_processes                  integer     1
```

提示 DBWn 进程最多可以启动 20 个，故 db_writer_processes 参数的取值范围是 1～20。

2．LGWR 进程

LGWR（Log Writer，日志写入）进程，是负责管理日志缓冲区的一个后台进程，它将日志文件缓冲区中的日志数据写入磁盘的日志文件中。在 Oracle 数据库运行时，对数据库的修改操作将被记录到日志信息中，而这些日志信息首先保存在日志缓冲区中。当日志缓冲信息达到一定数量时，由 LGWR 进程将日志数据写入日志文件中。

以下几种情况都需要 LGWR 进程将缓冲区的日志数据写入磁盘的日志文件中。

（1）用户进程通过 COMMIT 语句提交事务。

（2）重做日志高速缓冲区已满 1/3。

（3）出现超时。

（4）DBWn 进程为检查点清除缓冲区块。

(5)一个实例只有一个日志写入进程。

(6)事务被写入日志文件,并确认提交。

> **技巧**
>
> 日志缓冲区是一个循环缓冲区,当 LGWR 进程将日志缓冲区中的日志数据写入磁盘日志文件中后,服务器进程又可以将新的日志数据保存到日志缓冲区中。

当系统要清除日志缓冲区时,LGWR 进程在一个事务提交前就将日志信息写出,在用户发出 COMMIT 命令提交事务时将日志信息写入日志缓冲区。但是,相应的数据缓冲区的改变是延迟的,直到更改有效时才能将日志数据写入数据文件。

LGWR 进程将日志信息同步地写入在线日志文件组的多个日志成员文件中,当日志文件组中的某个成员文件被删除或者不可使用时,LGWR 进程可以将日志信息写入该组的其他文件中,从而不影响数据库正常的运行。

> **提示**
>
> 当一个事务提交时,被赋予一个系统改变号(SCN),它与事务日志数据一起被记录到日志文件中。有 SDN 的存在,就可以使用日志对数据库进行数据恢复操作。

3. SMON 进程

SMON(System Monitor,系统监控)进程,当数据库实例出现故障或者系统崩溃时,执行恢复操作。它还定期合并字典管理的表空间中的空闲空间。另外,在系统重新启动期间,它还可以清理所有表空间的临时段。

在具有并行服务器选项的环境下,SMON 对有故障 CPU 或实例进行实例恢复。SMON 进程有规律地被唤醒,检查是否需要使用,其他进程需要时也可以调用此进程。

4. PMON 进程

PMON(Process Monitor,进程监控)进程,是用户进程出现故障时执行恢复的操作,负责清理内存存储区和释放该进程所使用的资源。

PMON 进程还周期地检查调度进程和服务器进程的状态,如果进程已死,则重新启动进程(不包括有意删除的进程)。PMON 进程有规律地被唤醒,检查是否有需要完成的工作,或者其他进程发现需要时也可以调用此进程。

5. ARCn 进程

ARCn(Archive,归档)进程,主要负责将日志文件复制到归档日志文件中,以避免日志文件组的循环使用而覆盖已有的日志文件。只有当数据库运行在 ARCHIVELOG 模式下,且自动归档功能被开启时,系统才会启动 ARCn 进程。在一个 Oracle 实例中,最多可以运行 10 个 ARCn 进程,进程名称分别是 ARC0、ARC1、ARC2、…、ARC9。

ARCn 进程包括归档(ARCHIVELOG)方式和非归档(NOARCHIVELOG)方式。

只有在归档方式下，才会存在 ARCn 进程。当 ARCn 进程对一个日志文件进行归档操作时，其他任何进程都不能访问该日志文件。log_archive_max_processes 参数决定允许启动的 ARCn 进程的个数，若要了解这个参数的信息，可以执行 SHOW PARAMETER log_archive_max_processes 命令来查询。其代码如下：

```
SQL> SHOW PARAMETE log_archive_max_processes;
NAME                              TYPE         VALUE
--------------------------------- ------------ -----------------
log_archive_max_processes         integer      8
```

由查询结果可知，目前最多能启动的 ARCn 进程个数为 8。log_archive_max_processes 参数的取值范围为 1~10。

6. RECO 进程

RECO（Recovery，恢复）进程，存在于分布式数据库系统中，自动地解决在分布式数据库中出现的事务故障。

当一个结点上的 RECO 进程自动地连接到包含相应数据的分布式事务的其他数据库时，RECO 自动地维持分布式环境中数据的一致性，任何在当前已经处理而在其他数据库中还未处理的事务将从每一个数据库的事务表中删去。

当数据库服务器的 RECO 进程试图与一个远程服务器建立通信时，如果远程服务器是不可用的或者网络连接不能建立，RECO 进程会自动地在一个时间间隔之后再次连接。

7. LCKn 进程

LCKn（Lock，封锁）进程，存在于并行服务器系统中，用来实现多个实例间的封锁。在一个数据库实例中，最多可以启动 10 个 LCKn 进程，进程名称分别是 LCK0、LCK1、…、LCK9。

8. Dnnn 进程

Dnnn（Dispatchers，调度）进程，存在于多线程服务器体系结构中，用于将用户进程连接到服务器进程。在一个数据库实例中，Dnnn 进程可以启动多个，进程名称分别是 D001、D002、…、Dnnn。

Dnnn 进程允许用户进程共享有限的服务器进程（Server Process）。没有调度进程时，每个用户进程需要一个专用服务器进程（Dedicatedserver Process）。对于多线索服务器（Multi-Threaded Server）可支持多个用户进程。如果在系统中具有大量用户，多线索服务器可支持大量用户。

在一个数据库实例中，对每种网络协议至少建立一个调度进程。数据库管理员根据操作系统中每个进程可连接数目的限制，决定需要启动的调度进程的个数，在实例运行时可以增加或删除调度进程。

当实例启动时，调度进程为用户进程连接到 Oralce 建立一个通信路径，然后每一个调度进行把连接请求的调度进程的地址给予其他用户。当一个用户进程有连接请求时，网络接收器进程分析请求并决定该用户进程是否可使用一个调度进程。如果可以使用，该网络接收器进程返回该调度进程的地址，把用户进程直接连接到该调度进程，然后由调度进程把用户进程连接到服务器进程。

注意　有些用户进程不能与调度进程通信，网络接收器进程不能将如此用户进程连接到调度进程。在这种情况下，网络接收器建立一个专用服务器进程，建立一种合适的连接。

9. SNPn 进程

SNPn（Snapshot，快照）进程，用于处理数据库快照的自动刷新，并通过 DBMS_JOB 程序包自动运行预定的数据库存储过程、SQL 和 PL\SQL 程序等。

在 Oracle 数据库中，可以通过设置 job_queue_processes 参数来决定快照进程的个数。若要了解该参数的信息，可以执行 SHOW PARAMETER job_queue_processes 命令来查询。其代码如下：

```
SQL> SHOW PARAMETER job_queue_processes;
NAME                                 TYPE         VALUE
------------------------------------ ------------ --------------
job_queue_processes                  integer      1000
```

2.3.2　Oracle 内存结构

内存结构是 Oracle 数据库体系结构中的重要组成部分，是影响 Oracle 数据库整体性能的关键因素之一。在数据库运行时，内存主要存储各种信息，包括以下几种：

（1）执行的程序代码。
（2）连接到数据库的会话信息，包括当前活动及非活动的会话。
（3）数据库共享信息。
（4）程序运行期间所需要的数据。
（5）存储在外存储器上的缓冲信息。

当用户发出一条 SQL 命令时，服务器进程会对这条 SQL 语句进行语法分析并执行它，然后将用户所需要的数据从磁盘的数据文件中读取出来，存放在系统全局区中的数据缓冲区中。如果用户进程对缓冲区中的数据进行了修改，则修改后的数据将由数据库写入进程 DBWn 写入磁盘数据文件。

提示　在数据库中，服务器内存的大小、速度直接影响数据库的运行速度。

Oracle 数据库的体系结构

按照系统对内存的使用方法不同，Oracle 数据库的内存可以分为系统全局区、程序全局区、排序区、大型池、Java 池 5 部分。

1. 系统全局区

系统全局区（System Global Area，SGA）是内存结构的主要组成部分，是 Oracle 为系统分配的一组共享的内存结构，可以包含一个数据库实例的数据或控制信息，以实现对数据库数据的管理和操作。在一个数据库实例中，可以有多个用户进程，这些用户进程可以共享系统全局区中的数据，所以系统全局区又称为共享全局区。

> **提示** 当数据库实例启动时，SGA 被自动分配；当数据库实例关闭时，SGA 被回收。SGA 是占用内存最大的一个区域，同时也是影响数据库性能的重要因素。

系统全局区按照不同的作用可以分为 3 种：数据缓冲区、日志缓冲区、共享池。

1）数据缓冲区

数据缓冲区（Data Buffer）用于存放从磁盘数据文件中读取的信息，供所有用户共享。

当用户向数据库请求数据时，如果所需的数据已经位于数据缓冲区，则 Oracle 直接从数据缓冲区提取数据并返回给用户，而不必再从数据文件中读取数据。如果用户所需的数据不在数据缓冲区中，则服务器进程会首先从磁盘的数据文件中读取数据，并保存到数据缓冲区中。当用户修改数据时，首先从数据文件中取出数据，存储在数据缓冲区中，修改后的数据也是存放在数据缓冲区中，然后由写入进程 DBWn 写入磁盘数据文件。

> **提示** 因为系统读取内存的速度要比读取磁盘的速度快得多，所以数据缓冲区的存在可以提高数据库的内存整体效率。

数据缓冲区的大小由 db_cache_size 参数决定，若要了解该参数的信息，可以执行 SHOW PARAMETER db_cache_size 命令来查询。其代码如下：

```
SQL> SHOW PARAMETER db_cache_size;
NAME                                 TYPE            VALUE
------------------------------------ --------------- --------------
db_cache_size                        big integer     0
```

2）日志缓冲区

日志缓冲区（Log Buffer）用于存储数据库的修改操作信息。相对来说，日志缓冲区对数据库的性能影响较小。

日志文件用于记录对数据库的修改，为了减少磁盘的 I/O 操作，数据库的修改操作信息会首先存储到日志缓冲区中，当日志缓冲区的日志数据达到一定限度时，会被日志写入进程 LGWR 写入磁盘日志文件。

log_buffer 参数决定日志缓冲区的大小，若要了解该参数的信息，可以执行 SHOW PARAMETER log_buffer 命令来查询。其代码如下：

```
SQL> SHOW PARAMETER log_buffer;
NAME                                 TYPE        VALUE
------------------------------------ ----------- ------
log_buffer                           integer     5963776
```

3）共享池

共享池（Shared Pool）用于保存 SQL 语句、PL/SQL 程序的数据字典信息，它是对 SQL 语句及 PL/SQL 程序进行语法分析、编译和执行的内存区域。共享池主要包括以下 3 种缓存：

（1）库缓存区（Library Cache）：保存 SQL 语句的分析码和执行计划。在这里，不同的数据库用户可以共享相同的 SQL 语句。

（2）数据字典缓存区（Data Dictionary Cache）：保存数据字典中得到的表、列定义和权限。

（3）用户全局区（User Global Area）：保存用户的会话信息。

共享池的大小直接影响数据库的性能，shared_pool_size 参数用于确定共享池的容量，若要了解该参数的信息，可以执行 SHOW PARAMETER shared_pool_size 命令来查询。其代码如下：

```
SQL> SHOW PARAMETER shared_pool_size;
NAME                                 TYPE         VALUE
------------------------------------ ------------ ------------
shared_pool_size                     big integer  12M
```

2．程序全局区

程序全局区（Program Global Area，PGA）是 Oracle 系统分配给一个进程的私有内存区域，包含单个用户或服务区数据和控制信息。它在用户进程连接到 Oracle 数据库并创建一个会话时，由 Oracle 自动分配。PGA 不是共享区，只有服务器进程本身才能访问自己的 PGA，它主要用来保存用户在编辑时使用的变量与数组等。

pga_aggregate_target 参数用于确定程序全局区的大小，若要了解该参数的信息，可以执行 SHOW PARAMETER pga_aggregate_target 命令来查询。其代码如下：

```
SQL> SHOW PARAMETER pga_aggregate_target;
NAME                                 TYPE               VALUE
------------------------------------ ------------------ -----------------
pga_aggregate_target                 big integer        0
```

3．排序区

排序区（Sort Area）是 Oracle 系统为排序操作所产生的临时数据提供的内存空间。在 Oracle 数据库中存放用户排序操作所产生的临时数据可使用两个区域，一个是内存排

Oracle 数据库的体系结构

序区，另一个是磁盘临时段。系统优先使用内存排序区进行排序。如果内存空间不够，Oracle 会自动使用磁盘临时段进行排序。

> **提示** 因为内存的操作效率远远高于磁盘的操作效率，所以建议尽量使用内存排序区，数据库内存排序区的大小不应该设置过小。

sort_area_size 参数用来确定排序区的大小，若要了解该参数的信息，可以执行 SHOW PARAMETER sort_area_size 命令来查询。其代码如下：

```
SQL> SHOW PARAMETER sort_area_size;
NAME                        TYPE            VALUE
--------------------------- --------------- -----------
sort_area_size              integer         65536
```

4．大型池

大型池（Large Pool）也叫大池或大区，是系统全局区中可选的一个内存结构，可提供一个大的缓冲区供数据库的备份与恢复操作过程使用。DBA 可以根据实际需要来决定是否在 SGA 区中创建大池。

需要大量内存的操作包括以下 3 种：
（1）数据库备份和恢复。
（2）具有大量排序操作的 SQL 语句。
（3）并行化的数据库操作。

large_pool_size 参数用来决定大型池的大小，若要了解该参数的信息，可以执行 SHOW PARAMETER large_pool_size 命令来查询。其代码如下：

```
SQL> SHOW PARAMETER large_pool_size;
NAME                         TYPE            VALUE
---------------------------- --------------- ---------------
large_pool_size              big integer     8M
```

5．Java 池

Java 池（Java Pool）在数据库中支持 Java 的运行，存放 Java 代码和 Java 语句的语法分析表。例如，使用 Java 编写一个存储过程，这时 Oracle 就会使用 Java 池来处理用户会话中的 Java 存储过程。

java_pool_size 参数用来决定 Java 池的大小，若要了解该参数的信息，可以执行 SHOW PARAMETER java_pool_size 命令来查询。其代码如下：

```
SQL> SHOW PARAMETER java_pool_size;
NAME                       TYPE            VALUE
-------------------------- --------------- ---------------
java_pool_size             big integer     12M
```

> **注 意** Java池的大小一般不小于20MB，以便安装Java虚拟机。

2.4 数据字典

数据字典是Oracle数据库的重要组成部分，是由Oracle自动创建并更新，用来存放数据库实例信息的一组表。为了方便使用，数据字典中的信息通过表和视图的方式组织，它由一些只读的数据字典表和数据字典视图组成。数据字典的所有者为SYS用户，而数据字典表和数据字典视图都被保存在SYSTEM表空间中。本节将详细介绍一些常用的数据字典。

数据字典主要保存有以下信息：

（1）各种方案对象的定义信息。
（2）存储空间的分配信息。
（3）安全信息。
（4）实例运行时的性能和统计信息。
（5）其他数据库本身的基本信息。

2.4.1 Oracle 数据字典介绍

数据字典（Data Dictionary）是存储在数据库中的所有对象信息的知识库。它是只读的，用户不可以手动更改数据信息和结构。终端用户和DBA通常使用的是建立在数据字典表上的数据字典视图。数据字典视图将各种信息分权限、分类存放，便于用户使用。大多数用户可以通过数据字典视图查询到所需要的与数据库相关的系统信息。数据字典视图主要由user视图、all视图、dba视图、v$视图和gv$视图构成。

1. user 视图

user视图的名称以user_为前缀，用来记录用户对象的信息。user视图可以看作是all视图的子集，每个用户都可以查询user视图。例如，user_indexes视图，包含有关为表（IND）创建的索引的所有信息。使用DESC命令可以了解user_indexes视图的结构，代码如下：

```
SQL> DESC user_indexes;
名称                          是否为空?         类型
----------------------------- ---------------- ------------
INDEX_NAME                    NOT NULL         VARCHAR2(30)
INDEX_TYPE                                     VARCHAR2(27)
TABLE_OWNER                   NOT NULL         VARCHAR2(30)
TABLE_NAME                    NOT NULL         VARCHAR2(30)
TABLE_TYPE                                     VARCHAR2(11)
```

Oracle 数据库的体系结构

```
UNIQUENESS                                    VARCHAR2(9)
COMPRESSION                                   VARCHAR2(8)
PREFIX_LENGTH                                 NUMBER
TABLESPACE_NAME                               VARCHAR2(30)
INI_TRANS                                     NUMBER
MAX_TRANS                                     NUMBER
INITIAL_EXTENT                                NUMBER
NEXT_EXTENT                                   NUMBER
MIN_EXTENTS                                   NUMBER
MAX_EXTENTS                                   NUMBER
PCT_INCREASE                                  NUMBER
PCT_THRESHOLD                                 NUMBER
...
```

上述代码显示了 user_indexes 视图的部分结构，其中 index_name 为索引名称，index_type 为索引类型，table_owner 为被索引表的所有者，table_name 为表名称。

2．all 视图

all 视图的名称以 all_为前缀，用来记录用户对象的信息以及可以访问的所有对象信息，包括该用户自己的方案对象，也包括被授权可以访问的其他用户的方案对象。all 视图是 user 视图的扩展。

3．dba 视图

dba 视图的名称以 dba_为前缀，用来记录数据库实例的所有对象的信息。例如，dba_tables 视图，通过它可以访问所有用户的表信息。

> **注意**　一般只有 dba 角色的用户才能访问 dba 视图。另外，被授予 SELECT ANY DICTIONARY 系统权限的用户也可以访问 dba 视图。

4．v$视图

v$视图的名称以 v$为前缀，用来记录与数据库活动有关的性能统计动态信息。例如，v$session 视图，列出当前会话的详细信息。

5．gv$视图

gv$视图的名称以 gv$为前缀，用来记录分布式环境下所有实例的动态信息。例如，gv$lock 视图，记录出现锁的数据库实例的信息。

2.4.2　常用数据字典

Oracle 常用的数据字典主要包括基本的数据字典以及与数据库组件相关的数据字

典。本小节还将介绍 Oracle 中常用的动态性能视图。

技巧 可以使用 DESC 命令了解数据字典中的表或者视图的结构。

1．基本的数据字典

Oracle 中基本的数据字典如表 2-1 所示。

表 2-1 基本的数据字典

字典名称	说明
dba_tables	所有用户的所有表信息
dba_tab_columns	所有用户的表的字段信息
dba_views	所有用户的所有视图信息
dba_synonyms	所有用户的同义词信息
dba_sequences	所有用户的序列信息
dba_constraints	所有用户的表的约束信息
dba_indexes	所有用户的表的索引简要信息
dba_ind_columns	所有用户的索引的字段信息
dba_triggers	所有用户的触发器信息
dba_sources	所有用户的存储过程信息
dba_segments	所有用户的段的使用空间信息
dba_extents	所有用户的段的扩展信息
dba_objects	所有用户对象的基本信息
Cat	当前用户可以访问的所有基表
Tab	当前用户创建的所有基表、视图和同义词等
Dict	构成数据字典的所有表的信息

2．与数据库组件相关的数据字典

Oracle 中与数据库组件相关的数据字典如表 2-2 所示。

表 2-2 与数据库组件相关的数据字典

数据库组件	数据字典中的表或视图	说明
数据库	v$datafile	记录系统的运行情况
表空间	dba_tablespaces	记录系统表空间的基本信息
	dba_free_space	记录系统表空间的空闲空间的信息
控制文件	v$controlfile	记录系统控制文件的基本信息
	v$controlfile_record_section	记录系统控制文件中记录文档段的信息
	v$parameter	记录系统各参数的基本信息
数据文件	dba_data_files	记录系统数据文件及表空间的基本信息
	v$filestat	记录来自控制文件的数据文件信息
	v$datafile_header	记录数据文件头部分的基本信息
段	dba_segments	记录段的基本信息
数据区	dba_extents	记录数据区的基本信息

续表

数据库组件	数据字典中的表或视图	说明
日志	v$thread	记录日志线程的基本信息
	v$log	记录日志文件的基本信息
	v$logfile	记录日志文件的概要信息
归档	v$archived	记录归档日志文件的基本信息
	v$archive_dest	记录归档日志文件的路径信息
数据库实例	v$instance	记录实例的基本信息
	v$system_parameter	记录实例当前有效的参数信息
内存结构	v$sga	记录 SGA 区的大小信息
	v$sgastat	记录 SGA 的使用统计信息
	v$db_object_cache	记录对象缓存的大小信息
	v$sql	记录 SQL 语句的详细信息
	v$sqltext	记录 SQL 语句的语句信息
	v$sqlarea	记录 SQL 区的 SQL 基本信息
后台进程	v$bgprocess	显示后台进程信息
	v$session	显示当前会话信息

通过 v$bgprocess 视图，了解后台进程信息。其代码如下：

```
SQL> SELECT name,description FROM v$bgprocess WHERE name='ARB6';
NAME                    DESCRIPTION
------------------      ------------------------
ARB6                    ASM Rebalance 6
```

3．常用动态性能视图

Oracle 中常用动态性能视图如表 2-3 所示。

表 2-3　常用动态性能视图

视图名称	说明
v$fixed_table	显示当前发行的固定对象的说明
v$instance	显示当前实例的信息
v$latch	显示锁存器的统计数据
v$librarycache	显示有关库缓存性能的统计数据
v$rollstat	显示联机的回滚段的名字
v$rowcache	显示活动数据字典的统计
v$sga	显示有关系统全局区的总结信息
v$sgastat	显示有关系统全局区的详细信息
v$sort_usage	显示临时段的大小及会话
v$sqlarea	显示 SQL 区的 SQL 信息
v$sqltext	显示在 SGA 中属于共享游标的 SQL 语句内容
v$stsstat	显示基本的实例统计数据
v$system_event	显示一个事件的总计等待时间
v$waitstat	显示块竞争统计数据

通过 v$rowcache 视图，了解活动数据字典的统计，如缓存名、缓存项总数、包含有效数据的缓存项数。其代码如下：

```
SQL> SELECT parameter,count,usage FROM v$rowcache;
PARAMETER                        COUNT      USAGE
-------------------------    ----------  ---------
dc_rollback_segments             22         22
dc_free_extents                   0          0
dc_used_extents                   0          0
dc_segments                     735        735
dc_tablespaces                   10         10
dc_tablespace_quotas              0          0
dc_files                         10         10
dc_users                         74         74
dc_objects                     1779       1779
dc_global_oids                   44         44
dc_constraints                    0          0
```

2.5 扩展练习

1. 了解数据字典 dba_constraints 的结构

Oracle 数据字典中 dba_constraints 用于记录用户表的约束信息，本节将使用 Oracle 提供的一个工具程序 SQL*Plus，查看 dba_constraints 视图的结构。其代码执行结果如下：

```
名称                             是否为空?      类型
-----------------------------    ---------   --------------------
OWNER                                        VARCHAR2(30)
CONSTRAINT_NAME                  NOT NULL    VARCHAR2(30)
CONSTRAINT_TYPE                              VARCHAR2(1)
TABLE_NAME                       NOT NULL    VARCHAR2(30)
SEARCH_CONDITION                             LONG
R_OWNER                                      VARCHAR2(30)
R_CONSTRAINT_NAME                            VARCHAR2(30)
DELETE_RULE                                  VARCHAR2(9)
STATUS                                       VARCHAR2(8)
DEFERRABLE                                   VARCHAR2(14)
DEFERRED                                     VARCHAR2(9)
VALIDATED                                    VARCHAR2(13)
GENERATED                                    VARCHAR2(14)
BAD                                          VARCHAR2(3)
RELY                                         VARCHAR2(4)
LAST_CHANGE                                  DATE
INDEX_OWNER                                  VARCHAR2(30)
INDEX_NAME                                   VARCHAR2(30)
INVALID                                      VARCHAR2(7)
VIEW_RELATED                                 VARCHAR2(14)
```

2. 查询表中字段的信息

使用 SELECT 语句查询 system 用户下的 logmnr_parameter$表中的字段信息。
具体实现思路如下：

选择表 logmnr_parameter$，通过数据字典视图 dba_tab_columns 查询此表中的字段 ID、字段名称等信息。

其代码执行结果如下：

```
COLUMN_ID                      COLUMN_NAME
------------------------------ ----------------
         1                     SESSION#
         2                     NAME
         3                     VALUE
         4                     TYPE
         5                     SCN
         6                     SPARE1
         7                     SPARE2
         8                     SPARE3
已选择 8 行。
```

第 3 章　使用 SQL * Plus 工具

内容摘要 | Abstract

SQL*Plus 是 Oracle 系统的支持工具之一，它用于运行 SQL 语句和 PL/SQL 块，并且也用于跟踪调试 SQL 语句和 PL/SQL 块。通过它，用户可以连接位于相同服务器上的数据库，也可以连接位于网络中不同服务器上的数据库。本章将讲述 SQL*Plus 工具的使用以及常用的一些 SQL*Plus 操作命令。

学习目标 | Objective

- 掌握 SQL*Plus 的主要功能
- 熟练使用 SQL*Plus 常用指令
- 掌握变量的声明和使用
- 掌握格式化查询结果命令的使用
- 掌握报表的设计和数据统计

3.1　SQL * Plus 概述

SQL*Plus 工具是随 Oracle 数据库服务器或客户端的安装而自动进行安装的管理与开发工具，Oracle 数据库中所有的管理操作都可以通过 SQL*Plus 工具完成，同时开发人员利用 SQL*Plus 可以测试、运行 SQL 语句和 PL/SQL 程序。本节将简单介绍 SQL*Plus 的主要功能以及连接/断开数据库的方式。

3.1.1　SQL * Plus 的主要功能

SQL*Plus 工具主要用于数据库的查询和数据处理。利用 SQL*Plus 可以将 SQL Server 和 Oracle 专有的 PL/SQL 结合起来进行数据查询和处理。

SQL*Plus 是一个最常用的工具，具有很强的功能，主要有：

（1）数据库的维护，如启动、关闭等，这一般在服务器上操作。
（2）执行 SQL 语句和 PL/SQL 块。
（3）执行 SQL 脚本。
（4）数据的导出、报表。
（5）应用程序开发、测试 SQL 和 PL/SQL。
（6）生成新的 SQL 脚本。
（7）供应用程序调用，如安装程序中进行脚本的安装。

（8）用户管理及权限维护等。

在 SQL*Plus 中可以执行 SQL 语句、PL/SQL 程序和 SQL*Plus 命令。

（1）SQL 语句。SQL 语句是以数据库对象为操作对象的语言，主要包括 DDL、DML、和 DCL。

（2）PL/SQL 程序。PL/SQL 语句同样是以数据库对象为操作对象，但所有的 PL/SQL 语句的解释均由 PL/SQL 引擎来完成。使用 PL/SQL 语句可以编写存储过程、触发器和包等数据库永久对象。

（3）SQL*Plus 命令。SQL*Plus 命令主要用来格式化查询结果，设置选择，编辑以及存储 SQL 命令，设置查询结果的显示格式，并且可以设置环境选项，还可以编辑交互语句，可以与数据库进行"对话"。

3.1.2 SQL*Plus 连接与断开数据库

通过 SQL*Plus 工具可以很方便地连接与断开数据库，下面介绍两种使用 SQL*Plus 连接数据库的方式。

1. 启动 SQL*Plus，命令行方式

要从命令行启动 SQL*Plus，可以使用 sqlplus 命令。sqlplus 命令的语法格式如下：

```
sqlplus [username] | [password][ @connect_identifier] |
[AS { SYSDBA | SYSOPER | SYSASM | [NOLOG]
```

语法说明如下：

（1）username：指定数据库的用户名。

（2）password：指定该数据库用户的密码。

（3）@connect_identifier：指定要连接的数据库。

（4）AS：指定所使用的管理权限，权限的可选值有 SYSDBA、SYSOPER 和 SYSASM。

（5）SYSOPER：具有 SYSOPER 权限的管理员可以启动和关闭数据库，执行联机和脱机备份，归档当前重做日志文件，连接数据库。

（6）SYSDBA：SYSDBA 权限包括 SYSOPER 的所有权限，另外还能够创建数据库，并且授权 SYSDBA 或 SYSOPER 权限给其他数据库用户。

（7）SYSASM： SYSASM 权限是 Oracle Database 11g 的新增特性，是 ASM 实例所特有的，用来管理数据库存储。

（8）NOLOG：不记入日志文件。

下面以 system 用户为例，连接数据库，在 DOS 命令窗口中输入 sqlplus system/oracle，按 Enter 键后提示连接到数据库，如图 3-1 所示。

2. 启动 SQL*Plus，连接到默认数据库

启动 SQL*Plus 连接到默认数据库方法的具体步骤如下：

图 3-1　通过命令行连接数据库

（1）执行【开始】|【程序】| Oracle-oraDb11g_home1 |【应用程序开发】| SQL Plus 命令，出现如图 3-2 所示的登录窗口。

图 3-2　SQL*Plus 登录窗口

（2）在登录窗口中输入用户名（如 system）之后按 Enter 键，登录窗口紧接着会提示"输入口令"信息，输入口令之后按 Enter 键，如果用户名和口令均正确，则显示如图 3-3 所示登录成功的窗口。

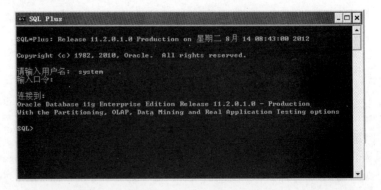

图 3-3　SQL*zlus 登录成功

另外，也可以用户名和口令一起输入，格式为：用户名/口令，如 system/oracle，只是这种方式有一个缺点，就是会显示口令信息。

3. 使用 SQL * Plus 命令连接与断开数据库

在 SQL*Plus 中连接数据库时，可以使用 CONNECT（可简写为 CONN）命令指定不同的登录用户。连接数据库后，SQL*Plus 维持数据库会话。

CONNECT 命令的语法格式如下：

```
CONN[ECT] [{user_name [/password] [@connect_identifier]}
[AS {SYSOPER | SYSDBA | SYSTEM}]]
```

如果需要断开与数据库的连接，可以使用 DISCONNECT（可简写为 DISCONN）命令，该命令可以结束当前会话，但是保持 SQL*Plus 运行。要退出 SQL*Plus，关闭 SQL*Plus 窗口，可以执行 EXIT 或者 QUIT 命令。

3.2 使用 SQL * Plus 命令

通常所说的 DML、DDL、DCL 语句都是 SQL*Plus 语句，它们执行完后，都可以保存在一个称为 SQL BUFFER 的内存区域中，并且只能保存一条最近执行的 SQL 语句。除了 SQL*Plus 语句，在 SQL*Plus 中执行的其他语句称为 SQL*Plus 命令。SQL*Plus 命令执行完后，不保存在 SQL BUFFER 的内存区域中，它们一般用来对输出的结果进行格式化显示，以便于制作报表。

3.2.1 使用 DESCRIBE 命令查看表结构

表结构包括一个数据库表的名称、有哪些字段以及哪些字段是主键等信息。

表结构可以通过使用 DESCRIBE 命令在数据库中查询，该命令的语法格式如下：

```
DESCRIBE {[schema.]object[@connect_identifer]}
```

其中，schema 表示指定对象所属的用户名；object 表示对象的名称，如表名或视图名；@connect_identifer 表示数据库连接字符串。

DESCRIBE 也可以简写为 DESC。

下面使用 DESCRIBE 命令查看 scott 用户下的 emp 表的结构，结果如下：

```
SQL> DESC emp
名称              是否为空?        类型
--------         ----------      ---------
EMPNO            NOT NULL        NUMBER(4)
ENAME                            VARCHAR2(10)
JOB                              VARCHAR2(9)
```

```
MGR                              NUMBER(4)
HIREDATE                         DATE
SAL                              NUMBER(7,2)
COMM                             NUMBER(7,2)
DEPTNO                           NUMBER(2)
```

使用 DESCRIBE 命令查看表结构时，如果指定的表不存在，则提示信息：object tablename（表名）does not exist。如果指定的表存在，则显示该表的结构。如上面的结果所示，显示表结构时，按照"名称"、"是否为空？"、"类型"这三列进行显示。其中，"名称"表示列的名称；"是否为空？"表示对应列的值是否可以为空，如果可以为空，则不显示任何内容，如果不能为空，则为 NOT NULL；"类型"表示该列的数据类型，并且显示其精度。

3.2.2 执行 SQL 脚本

在工作需要的时候，常常会写很多命令，而这些命令如果一条一条的输入再执行，则会降低工作效率，浪费劳力，这时，执行 SQL 脚本文件可以解决这一难题。下面介绍执行 SQL 脚本方法的使用。

使用@执行 SQL 脚本的语法格式如下：

```
SQL>@full_path\file_name
```

其中，full_path 表示脚本文件的路径；file_name 表示脚本文件的文件名。例：

```
SQL>@D:\test.sql
```

在 SQL*Plus 中输入以上命令之后，按 Enter 键，开始执行 SQL 脚本文件。@命令将 test.sql 文件的内容读入 SQL*Plus 缓冲区，然后执行缓冲区中的内容。

下面通过一个示例介绍@命令的使用方法，该命名执行后的结果如下：

```
SQL> @F:\test.sql
名称                              是否为空？         类型
-----------------------------    ------------    ----------------
EMPNO                            NOT NULL        NUMBER(4)
ENAME                                            VARCHAR2(10)
JOB                                              VARCHAR2(9)
MGR                                              NUMBER(4)
HIREDATE                                         DATE
SAL                                              NUMBER(7,2)
COMM                                             NUMBER(7,2)
DEPTNO                                           NUMBER(2)
DEPTNO                           NOT NULL        NUMBER(2)
DNAME                                            VARCHAR2(14)
LOC                                              VARCHAR2(13)
```

其中，test.sql 文件的路径为 F:\test.sql，test.sql 文件的内容为：

```
desc emp;
desc dept;
```

@F:\test.sql 命令分别执行上面两条命令,两条命令的结果均会显示在窗口中。

> **提示**
> 执行 SQL 脚本还可以使用 start 命令,start 命令等同于@命令,如 start F:\test.sql 等同于 @F:\test.sql。

3.2.3 使用 SAVE 命令保存缓冲区内容到文件

当执行完一条 SQL 语句后,该语句就会被存入缓冲区,而把以前存在缓冲区的语句覆盖,也就是说,缓冲区只能存放刚刚执行完的 SQL 语句。

使用 SAVE 命令可以将缓冲区中的内容保存到文件中,SAVE 命令的语法格式如下:

```
SAV[E] [FILE] file_name [CRE[ATE] | REP[LACE] | APP[END]]
```

参数说明如表 3-1 所示。

表 3-1 SAVE 命令参数表

参数	说明
file_name	表示将 SQL*Plus 缓冲区的内容保存到文件名 file_name 的文件中
CREATE	表示创建一个 file_name 文件,该选项为默认值
REPLACE	表示如果 file_name 文件已经存在,则覆盖 file_name 文件的内容;如果该文件不存在,则创建该文件
APPEND	如果 file_name 文件已经存在,则将缓冲区中的内容追加到 file_name 文件的末尾;如果该文件不存在,则创建该文件

下面通过一个示例介绍 SAVE 命令的使用方法。

执行下面的 SQL 语句:

```
SELECT ename FROM emp;
```

此时,缓冲区的内容就是上面的 SQL 语句,使用 SAVE 命令将 SQL*Plus 缓冲区中的 SQL 语句保存到一个名为 test2.sql 的文件中,代码如下:

```
save F:\test2.sql;
```

> **注意**
> 在 SAVE 命令中,如果没有为文件指定路径,则会默认保存到 Oracle 安装路径的 product\11.2.0\dbhome_1\BIN 目录下。

3.2.4 使用 GET 命令读取脚本文件到缓冲区

前面介绍了使用 SAVE 命令将缓冲区的内容保存到一个文件中，而使用 GET 命令可以将文件中的内容读取到缓冲区。

GET 命令的语法格式如下：

```
GET[FILE] file_name[LIST | NOLIST];
```

语法说明如下：

（1）file_name：一个指定文件，将该文件的内容读入 SQL*Plus 缓冲区中。
（2）LIST：列出缓冲区中的语句。
（3）NOLIST：不列出缓冲区中的语句。

下面通过一个示例介绍 GET 命令的具体使用方法。

将 3.2.3 节中保存的 test2.sql 文件的内容读入到缓冲区中，并获取执行结果，代码如下：

```
SQL> GET F:\test2.sql
 1* SELECT ename FROM emp WHERE ename='SMITH'
SQL> RUN
 1* SELECT ename FROM emp WHERE ename='SMITH'
ENAME
----------
SMITH
```

> **注意** 使用 GET 命令时，如果 file_name 指定的文件在 Oracle 的安装目录 product\11.2.0\dbhome_1\BIN 下，则只需要指出文件名；如果不在这个目录下，则必须指定完整的路径名。

3.2.5 使用 EDIT 命令编辑缓冲区内容或文件

使用 EDIT 命令，可以编辑缓冲区的内容。这样，如果语句执行出错，用户可以很方便地进行修改，特别是长的、复杂的 SQL 语句。

EDIT 命令可以将 SQL*Plus 缓冲区中的内容复制到一个文件名为 afied.buf 的文件中，可以使用文本编辑器打开这个文件，该命令的语法格式如下：

```
ED[IT] [file_name]
```

其中，file_name 默认为 afied.buf，也可以指定一个其他的文件。

下面通过一个示例介绍 EDIT 命令的具体使用方法。

在 SQL*Plus 中，使用 EDIT 命令将缓冲区中的内容复制到 afied.buf 文件中。

```
SQL> SELECT ENAME FROM emp WHERE ename='SMITH';
ENAME
----------
SMITH
SQL> EDIT
已写入 file afiedt.buf
```

在 SQL*Plus 中输入 EDIT 命令之后，将打开一个记事本文件 afiedt.buf，在该文件中显示缓冲区中的内容，如图 3-4 所示。

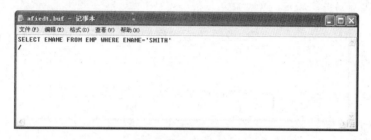

图 3-4 使用 EDIT 命令编辑缓冲区内容

对 afiedt.buf 文件中的内容进行编辑，将文件内容修改为：

```
SELECT ename FROM emp WHERE ename='JONES'
```

当退出编辑器时，该文件的内容将被复制到 SQL*Plus 缓冲区中。这时可以使用斜杠（/）运行刚才修改过的查询语句，代码如下：

```
1* SELECT ename FROM emp WHERE ename='JONES'
SQL> /
ENAME
----------
JONES
```

3.2.6 使用 SPOOL 命令复制输出结果到文件

使用 SPOOL 命令可以将 SQL*Plus 中的输出结果复制到一个指定的文件中，直到使用 SPOOL OFF 命令为止。SPOOL 命令的语法格式如下：

```
SPO[OL] [file_name[CRE[ATE] | REP[LACE] | APP[END]] | OFF | OUT]
```

语法说明如下：

（1）file_name：指定一个操作系统文件。
（2）CREATE：创建一个指定的文件名为 file_name 的文件。
（3）REPLACE：如果指定的文件已经存在，则替换该文件。
（4）APPEND：将内容追加到一个已经存在的文件末尾。
（5）OFF：停止将 SQL*Plus 中的输出结果复制到 file_name 文件中，并关闭该文件。

（6）OUT：启动该功能，将 SQL*Plus 中的输出结果复制到指定的文件名为 file_name 的文件中。

例如，使用 SPOOL 命令将 SQL*Plus 中的输出结果保存到 F:\spool.txt 文件中，代码如下：

```
SQL> SPOOL F: \spool.txt
```

然后执行 SQL 语句：

```
SQL> SELECT * FROM emp;
```

执行 SPOOL OFF 命令，在该命令之后所操作的任何语句，将不再保存其执行结果。

```
SQL> SPOOL OFF;
```

打开 F: \spool.txt 文件，该文件内容是上述 SQL 语句的执行结果。

3.3 变量

在 Oracle 数据库中，可以使用变量来编写通用的 SQL 语句。由于这些变量通常用来替代值，因此称为替代变量。替换变量有以下两种类型：

1. 临时变量

临时变量只在使用它的 SQL 语句中有效，值不能保留。

2. 已定义变量

已定义变量会一直保留到被显示地删除、重定义或退出 SQL*Plus 为止。

3.3.1 临时变量

在 SQL 语句中，可以使用字符&定义临时变量，后面跟要定义的变量名。例如，&v_number 就定义了一个名为 v_number 的变量。

在 SQL*Plus 中输入以下 SQL 语句：

```
SQL> SELECT deptno,dname FROM dept WHERE deptno=&v_deptno;
```

在上面的 SQL 语句中定义了一个名为 v_deptno 的变量，按回车键后将会显示以下信息：

```
输入 v_deptno 的值:
```

SQL*Plus 提示用户为 v_deptno 变量输入一个值，然后在 SELECT 语句的 WHERE 子句中使用这个变量值，代码如下：

```
原值    1: SELECT deptno,dname FROM dept WHERE deptno=&v_deptno
新值    1: SELECT deptno,dname FROM dept WHERE deptno=10
```

```
    DEPTNO      DNAME
---------- --------------
        10  ACCOUNTING
```

由上面的示例可以看出，执行替换的行号为 1，变量 v_deptno 被替换为数字 10。

1. 控制输出行

原值和新值的输出可以使用 SET VERIFY 命令控制。如果输入 SET VERIFY OFF 命令，就会禁止显示原值和新值，下面使用斜杠（/）再次运行上面的 SQL 语句，SQL*Plus 就会提示为变量 v_deptno 输入一个新值，代码如下：

```
SQL> SET VERIFY OFF
SQL> /
输入 v_deptno 的值：10
    DEPTNO      DNAME
---------- --------------
        10  ACCOUNTING
```

如上面代码所示，使用 SET VERIFY OFF 命令之后，执行 SQL 语句时原值和新值行没有输出，直接输出了 SQL 语句的执行结果。如果想重新显示这些行，可以使用 SET VERIFY ON 命令，这里不再详细介绍该命令的使用方法。

2. 修改变量定义字符

在 SQL 语句中，通常使用字符&定义临时变量，也可以指定使用其他字符，这时就需要使用 SET DEFINE 命令，下面的示例显示了如何使用 SET DEFINE 命令将变量定义字符设置为字符#。

```
SQL> SET DEFINE '#'
SQL> SELECT deptno,dname FROM dept WHERE deptno=#v_deptno;
输入 v_deptno 的值：10
    DEPTNO      DNAME
---------- --------------
        10  ACCOUNTING
```

3.3.2 定义变量

已定义变量是指具有明确定义的变量，该变量的值会一直保留到被显式地删除、重定义或退出 SQL*Plus 为止。可以使用 DEFINE 命令定义变量，在使用完变量后，可以使用 UNDEFINE 命令将其删除。

1. 使用 DEFINE 命令定义并查看变量

DEFINE 命令既可以用来定义一个新变量，也可以用来查看已经定义的变量。该命令的语法格式有以下 3 种：

（1）DEF[INE]：显示所有已定义变量。
（2）DEF[INE] variable：显示指定变量的名称、值和数据类型。
（3）DEF[INE] variable=value：创建一个 CHAR 类型的变量，并为该变量赋初始值。

例如，定义一个名为 v_ename 的变量，并为其赋初始值为"SMITH"，代码如下：

```
SQL> DEF v_ename='SMITH'
```

使用 DEFINE 命令加上变量名就可以查看该变量的定义，代码如下：

```
SQL> DEF v_ename
DEFINE v_ename         = "SMITH" (CHAR)
```

 提 示　单独使用 DEFINE 命令，可以查看当前会话的所有变量。

已定义变量可以用来指定一个元素，下面的查询使用到了之前定义的变量 v_ename，并在 WHERE 子句中引用该变量的值。

```
SQL> SELECT ename
  2  FROM emp
  3  WHERE ename='&v_ename';
原值    3: WHERE ename='v_ename'
新值    3: WHERE ename='SMITH'
ENAME
----------
SMITH
```

由上面结果可以看出，这一次并没有提示用户输入 v_ename 的值，而是直接使用了该变量已经设置好的值。

2．使用 ACCEPT 命令定义并设置变量

ACCEPT 命令用于等待用户为变量输入一个值。该命令既可以为现有的变量设置一个新值，也可以定义一个新变量，并使用一个值对该变量进行初始化。ACCEPT 命令还可以为变量指定数据类型。ACCEPT 命令的语法格式如下：

```
ACCEPT variable_name [type] [FOR[MAT]format] [DEF[AULT]default]
[PROMPT text | NOPR[EMPT]] [HIDE]
```

语法说明如下：

（1）variable_name：指定为变量分配的名字。
（2）type：指定变量的数据类型，可以使用的类型有 CHAR、NUMBER 和 DATE。默认情况下，变量的类型为 CHAR。
（3）FORMAT：指定变量的格式，包括 A15（15 个字符）、9999（一个 4 位数字）和 DD-MON-YYYY（日期）。

（4）DEFAULT：为变量指定一个默认值。
（5）PROMPT：在用户输入数据之前显示的文本消息。
（6）HIDE：隐藏用户为变量输入的值。

下面通过一个示例介绍 ACCEPT 命令的使用方法。在该示例中，使用 ACCEPT 命令定义一个名为 v_deptno 的变量，该变量为两位数字，并在查询语句中引用该变量，代码如下：

```
SQL> ACCEPT v_deptno NUMBER FORMAT 99 PROMPT'please insert the deptno:'
please insert the deptno:10
SQL> SELECT *
  2  FROM dept
  3  WHERE deptno=&v_deptno;
原值    3: WHERE deptno =&v_deptno
新值    3: WHERE deptno    10
   DEPTNO       DNAME            LOC
-------------- -------------- ---------
       10       ACCOUNTING      NEW YORK
```

在上面代码中并没有将输入的变量值"10"隐藏，在实际的开发应用中，为了安全起见，通常会隐藏用户输入的值，可以通过在 ACCEPT 命令的末尾加上"HEDE"来实现。

3．使用 UNDEFINE 命令删除变量

UNDEFINE 命令用于删除变量。例如，使用 UNDEFINE 命令删除变量 v_deptno，代码如下：

```
UNDEFINE v_deptno
```

3.4 练习 3-1：使用多个变量动态获取部门信息

在实际应用中变量的使用是很普遍的，例如，当需要查询不同的部门信息时，只需要输入一个新的部门值即可。在 SQL 语句中定义了 3 个变量，分别需要输入一个列名（变量名为 v_deptno）、一个表名（变量名为 v_table）和一个列值（变量名为 v_value）：

```
SQL> SELECT &v_deptno,dname
  2  FROM &v_table
  3  WHERE &v_deptno=&v_value;
输入 v_deptno 的值: deptno
输入 v_table 的值: dept
输入 v_deptno 的值: deptno
输入 v_value 的值: 10
   DEPTNO       DNAME
-------------- ----------
       10       ACCOUNTING
```

由上面的示例可以看出，需要输入两次相同的变量（v_deptno）的值，为了避免重复输入相同的变量，可以使用&&定义变量，上面的示例可以修改为：

```
SQL> SELECT && v_deptno,dname
  2  FROM &v_table
  3  WHERE && v_deptno =&v_value;
输入 v_deptno 的值: deptno
输入 v_table 的值: dept
输入 v_value 的值: 10
  DEPTNO     DNAME
---------- --------------
    10     ACCOUNTING
```

以上介绍了临时变量的使用方法，使用变量为编写其他可以运行的脚本提供了很多灵活性，可以为用户提供一个脚本，用户只需要输入变量值即可。

3.5 格式化查询结果

SQL*Plus 提供了大量的命令用于格式化查询结果，使用这些命令可以格式化列，设置一页显示多少行数据，设置一行显示多少个字符和创建简单报表，并为报表添加标题和底标题，在报表中显示当前日期和页号，也可以为报表添加新的统计数据等。常用的格式化查询结果命令有 COLUMN、COMPUTE、BREAK、BTITLE、TTITLE 等。

3.5.1 格式化列

在 SQL*Plus 中，经常使用 COLUMN 命令对所输出的列进行格式化，即按照一定的格式进行显示。COLUMN 命令的语法格式如下：

```
COLUMN {column | alias} [options]
```

语法说明如下：

（1）column：指定列名。
（2）alias：指定要格式化的列的别名。
（3）options：指定用于格式化列或别名的一个或多个选项。

在 COLUMN 命令中，可以使用很多选项，表 3-2 列出了其中的部分选项。

表 3-2 COLUMN 命令

选项	说明
FOR[MAT] format	将列或列名的显示格式设置为由 format 字符串指定的格式
HEA[DING]heading	将列或列名的标题中的文本设置为由 heading 字符串指定的格式
JUS[TIFY] [{LEFT|CENTER|RIGHT}]	将列输出设置为左对齐、居中或右对齐

续表

选项	说明
WRA[PPED]	在输出结果中将一个字符串的末尾换行显示，该选项可能导致单个单词跨越多行
WOR[D_WRAPPED]	与 WRAPPED 选项类似，不同之处在于单个单词不会跨越多行
CLE[AR]	清除列的任何格式化（将格式设置回默认值）

表 3-2 中的 format 字符串可以使用很多格式化参数，可以指定的参数取决于该列中保存的数据。如果列中包含字符，可以使用 Ax 对字符进行格式化，其中 x 指定了字符宽度，如 A13 就是将宽度设置为 13 个字符；如果列中包含数字，可以使用数字格式，如$99.99 就是在数字前加美元符号；如果列中包含日期，可以使用日期格式，如 MM-DD-YYYY 设置的格式就是一个两位的月份（MM）、一个两位的日（DD）、一个 4 位的年份（YYYY）。

下面通过一个示例介绍 COLUMN 命令的使用方法。该示例查询 emp 表中的 eanme、empno 和 sal 列，并分别对它们进行格式化，代码如下：

```
SQL> COLUMN empno HEADING "员工编号"
SQL> COLUMN ename HEADING "雇员名" FORMAT A13
SQL> COLUMN empno FORMAT 9999
SQL> COLUMN sal HEADING "工资" FORMAT $9999.99
SQL> SELECT empno,ename,sal
  2  FROM emp;
员工编号          雇员名                    工资
--------          -----------------         ------
    7369          SMITH                     $800.00
    7499          ALLEN                     $1600.00
    7521          WARD                      $1250.00
    7566          JONES                     $2975.00
...
    7900          JAMES                     $950.00
    7902          FORD                      $3000.00
    7934          MILLER                    $1300.00
已选择 14 行。
```

由上面的示例可以看出，使用 COLUMN 命令不仅可以对列的值进行格式化，还可以修改列名，使用别名来显示，从而使查询结果更加简明、直观。在该示例中，输出结果中标题显示了两次，为了让结果看起来更美观，只让标题显示一次，可以通过设置页面显示行数据来实现，3.5.2 节将介绍如何设置页面显示行数据。

3.5.2 设置每页显示的数据行

每页中显示的数据可以使用 SET PAGESIZE 命令来设置。这个命令的具体功能是设置 SQL*Plus 输出结果中一页应该显示的行数，超过这个行数之后，SQL*Plus 就会再次显示标题。SET PAGESIZE 命令的语法格式如下：

```
SET PAGESIZE n
```

其中，参数 n 表示每一页显示的行数，最大只可以为 50 000，默认值为 14。

下面使用 SET PAGESIZE 命令将页面大小设置为 20 行，再次执行 3.5.1 节中的示例：

```
SQL> SET PAGESIZE 20
SQL> /
员工编号        雇员名              工资
---------       --------------      ---------
    7369        SMITH               $800.00
    7499        ALLEN               $1600.00
    7521        WARD                $1250.00
    7876        ADAMS               $1100.00
...
    7902        FORD                $3000.00
    7934        MILLER              $1300.00
已选择 14 行。
```

上面示例中，设置了该页显示 20 行数据，故只在顶部显示了一次标题，这样的输出结构看起来更加简明。

> **提示**　SQL*Plus 中的页并不是仅仅由输出数据行构成，而是由 SQL*Plus 显示到屏幕上的所有输出结果构成，包括标题和空行等。

3.5.3　设置每行显示的字符数

一行中显示的字符数可以使用 SET LINESIZE 命令来设置，默认值为 80。如果设置的值比较小，那么表中每行数据有可能在屏幕上需要分多行显示；如果设置的值比较大，则表中每行数据就可以在屏幕的一行中进行显示。LINESIZE 命令的语法格式如下：

```
SET LINESIZE n
```

其中，n 表示屏幕上一行数据中显示的字符数，有效范围是 1～32 767。

下面以设置一行显示 20 个字符为例，查询 emp 表中雇员编号和雇员姓名。示例代码如下：

```
SQL> SET LINESIZE 20
SQL> SELECT empno,ename
  2  FROM emp;
员工编号
---------
雇员名
--------------
```

```
      7369
SMITH
      7499
ALLEN
      7521
WARD
...
      7566
JONES
      7654
MARTIN
```

上面示例中，由于一行显示的字符数为 20，因此所有超出的部分换行显示。

> **提示**：如果不再使用列的格式化，可以使用 COLUMN 命令加上 CLEAR 选项来清除，CLEAR columns 为清除所有列的格式化。

3.6 创建简单报表

所谓报表就是用表格、图表等格式来动态显示数据。计算机上报表的主要特点是数据动态化和格式多样化，并且实现报表数据和报表格式的完全分离，用户可以只修改数据或者只修改格式。

3.6.1 报表的标题设计

报表的标题是利用 SQL*Plus 的两个命令来设计的，即 TTITLE 和 BTITLE。其中，TTITLE 命令用来设计报表的头部标题，而 BTITLE 命令用来设计报表的尾部标题。

TTITLE 命令设计的头部标题显示在报表每页的顶部。设计头部标题时，要指定显示的信息和显示的位置，还可以使标题分布在多行之中。用 TTITLE 命令设计头部标题的操作是比较复杂的，这条命令的语法格式如下：

```
TTI[TLE] [printspec [text | variable]...] | [OFF | ON]
```

语法说明如下：

（1）printspec：指定出现在报表中每一个页面顶端的页眉，其可选值有 LEFT、CENTER、RIGHT、BOLD、FORMAT text、COL n、S[KIP] [n]和 TAB n。

（2）OFF：取消设置。

（3）ON：启用设置。

下面是使用 TTITLE 命令设置页面的示例。

```
SQL>TTITLE RIGHT '日期：'_DATE CENTER '生成报表'SQL.USER'user'
SQL>RIGHT '页：'FORMAT 999 SQL.PNO SKIP 2
```

其中，_DATE 表示当前日期；SQL.USER 表示显示当前用户；SQL.PNO 表示显示当前页（FORMAT 用来格式化数字）；CENTER 和 RIGHT 表示文本的对齐方式；SKIP2 表示跳过两行。

BTITLE 命令的用法与 TTITLE 命令是一样的，区别在于 BTITLE 命令用来设计尾部标题，显示的位置在报表每页的底部。BTITLE 命令的语法格式如下：

```
BTI[TLE] [printspec[text|variable]...] | [OFF|ON]
```

下面的示例演示了 BTITLE 命令的使用。

```
BTITLE CENTER "谢谢使用该表" RIGHT "页："FORMAT 999 SQL.PNO
```

查询 scott 用户下的 emp 表中的数据并以报表的信息显示出来。在设计报表时，需要使用 TTITLE 和 BTITLE 命令设置页眉和页脚信息，其具体的操作步骤如下：

（1）在 F:\SQL 文件夹下创建 report.sql 文件，该脚本中包含了 TTITLE 和 BTITLE 命令，脚本内容如下：

```
TTITLE RIGHT '日期：' _DATE CENTER '生成报表' SQL.USER
BTITLE CENTER '谢谢使用该表' RIGHT '页：' FORMAT 999 SQL.PNO
SET PAGESIZE 20
SET LINESIZE 120
COLUMN ename HEADING "员工姓名" FORMAT A20
COLUMN sal HEADING "工资" FORMAT $9999.99
COLUMN hiredate HEADING "入职时间"
COLUMN empno HEADING "员工编号"
SELECT empno,ename,hiredate sal
FROM emp;
TTITLE OFF
BTITLE OFF
```

（2）运行 F:\SQL\report.sql 文件，生成报表，代码如下：

```
@F:\SQL\report.sql
                                                        生成报表 SCOTT
                       日期：16-8 月 -12
    员工编号      员工姓名              入职时间              工资
    ----------  --------------------  ------------------  --------
      7369      SMITH                 17-12 月-80         $800.00
      7499      ALLEN                 20-2 月 -81         $1600.00
    ...
      7902      FORD                  03-12 月-81         $3000.00
      7934      MILLER                23-1 月 -82         $1300.00
                                                        谢谢使用该表
                              页： 1
已选择 14 行。
```

在上面的示例中，首先使用 TTITLE 和 BTITLE 设置了报表的页眉和页脚，然后使用 COLUMN 格式化列信息，最后使用 TTITLE OFF 和 BTITLE OFF 关闭了设置的页眉和页脚，从而其他报表中不适用该页眉、页脚的设置。

3.6.2 统计数据

BREAK 和 COMPUTE 命令可以结合使用，用来为列添加小计。BREAK 子句可以使 SQL*Plus 根据列值的范围分隔输出结果，COMPUTE 子句可以使 SQL*Plus 计算一列的值。

BREAK 命令的语法格式如下：

```
BRE[AK] [ON column_name] SKIP n
```

语法说明如下：

（1）column_name：对哪一列执行操作。

（2）SKIP n：在指定列的值变化之前插入 n 个空行。

COMPUTE 命令的语法格式如下：

```
COMP[UTE] function LABEL label OF column_name ON break_column_name
```

语法说明如下：

（1）Function：执行的操作，如 SUM（求和）、MAXIMUN（最大值）、MINIMUN（最小值）、AVG（平均值）、COUNT（非空值的列数）、NUMBER（行数）、VARIANCE（方差）以及 STD（均方差）等。

（2）LABEL：指定显示结果时的文本信息。

下面使用 BREAK 命令和 COMPUTE 命令计算不同部门的工资总数。首先在 F:\SQL 文件夹下新建文件 sum.sql，该脚本的内容如下：

```
BREAK ON deptno
COMPUTE SUM OF sal ON deptno
COLUMN deptno HEADING "部门号" FORMAT 99
COLUMN ename HEADING "员工姓名" FORMAT A20
COLUMN sal HEADING "工资"
SELECT deptno,ename,sal
FROM emp
ORDER BY deptno;
```

然后使用@F:\SQL\sum.sql 命令执行 sum.sql 脚本，执行结果如下：

```
SQL> @F:\SQL\sum.sql

部门号    员工姓名                 工资
------  ----------------------  ---------
    10  CLARK                   $2450.00
        KING                    $5000.00
        MILLER                  $1300.00
******                          ---------
sum                             $8750.00
        20 JONES                $2975.00
...
```

```
            30 MARTIN                $1250.00
******                              ---------
sum                                  $9400.00
```
已选择 14 行。

当 deptno 有了新值后，SQL*Plus 会对输出结果重新进行分隔，并对 deptno 相同行的 sal 列进行求和，deptno 列相同的行只会显示一次 deptno 的值。

3.7 练习 3-2：使用报表统计各部门的最高工资

在 3.6 节，介绍了如何使用 TTITLE 和 BTITLE 命令创建报表以及如何使用 BREAK 和 COMPUTE 命令统计数据，下面把这两种命令结合起来使用创建一个报表，并统计各部门的最高工资。

（1）在 F:\SQL 文件夹下创建生成报表的脚本文件 max_sal.sql。

（2）在 max_sal.sql 脚本文件中，首先使用 TTITLE 和 BTITLE 命令设置报表的页眉和页脚信息，并使用 SET PAGESIZE 命令设置每页显示 50 行数据，使用 SET LINESEIZ 命令设置每行显示 100 个字符，代码如下：

```
TTITLE RIGHT '日期：' _DATE CENTER '使用报表统计各部门的最高工资'
BTITLE CENTER '' RIGHT ''FORMAT 999 SKIP 2 SQL.PNO
SET PAGESIZE 50
SET LINESIZE 100
```

（3）使用 COLUMN 命令格式化列的信息，在格式化列之前，需要使用 CLEAR 命令清除列的格式，代码如下：

```
CLEAR COLUMNS
COLUMN empno HEADING '员工编号' FORMAT 9999
COLUMN ename HEADING '员工姓名' FORMAT A10
COLUMN deptno HEADING '部门编号' FORMAT 9999
COLUMN sal HEADIN '工资'FORMAT $999,999.99
```

（4）使用 BREAK 命令根据 deptno 列值的不同分隔输出，并使用 COMPUTE 命令根据 deptno 列统计 sal 的最大值，代码如下：

```
BREAK ON deptno
COMPUTE MAXIMUM OF sal ON deptno
SELECT deptno,empno,ename,sal
FROM emp
ORDER BY deptno;
```

（5）在 SQL*Plus 中使用 scott 用户登录，当连接成功后，使用 START 命令运行 max_sal.sql 文件，运行结果如下：

```
SQL> START F:\SQL\max_sal.sql
                   使用报表统计各部门的最高工资          日期：17-8月 -12
部门编号         员工编号           员工姓名           工资
--------        -----------       -----------       ----------
    10            7782              CLARK            $2,450.00
```

```
                        7839         KING              $5,000.00
                        7934         MILLER            $1,300.00
最高工资                                                $5,000.00
    20              7566         JONES             $2,975.00
                        7902         FORD              $3,000.00
最高工资                                                $3,000.00
    30              7521         WARD              $1,250.00
                        7844         TURNER            $1,500.00
...
最高工资                                                $2,850.00
                        谢谢使用该表                              页：1
已选择 14 行。
```

在上述的输出结果中，输出了页眉和页脚信息，每个数据列的内容都按照指定的格式进行显示，使用 BREAK 命令根据 deptno 列值的不同进行分隔输出，并使用 COMPUTE 命令，从而统计了每个部门的最高工资。

3.8 扩展练习

1. 格式化输出结果

使用 SET PAGESIZE 命令将页面大小设置为 30 行，并使用 SET LINESIZE 命令来设置每行显示的字符数为 20，然后使用这种设置格式化查询当前用户下的所有表并显示出来。

2. 使用报表统计各部门的平均工资

使用报表统计各部门的平均工资，要求在报表中显示当前时间，结果如下：

```
使用报表统计各部门的平均工资              日期：30-8月 -12
部门编号     员工编号    员工姓名         工资
--------     -------    -----------     --------
10           7782       CLARK           $2,450.00
             7839       KING            $5,000.00
             7934       MILLER          $1,300.00
********                                ------------
avg                                     $2,916.67
20           7566       JONES           $2,975.00
             7902       FORD            $3,000.00
********                                ------------
avg                                     $2,175.00
30           7521       WARD            $1,250.00
             7844       TURNER          $1,500.00
             7499       ALLEN           $1,600.00
             7900       JAMES           $950.00
谢谢使用该表                                      页：1
已选择 14 行。
```

第 4 章　管理表空间

内容摘要 | Abstract

Oracle 数据库被划分成称为表空间的逻辑区域——形成 Oracle 数据库的逻辑结构。一个 Oracle 数据库能够有一个或多个表空间，而一个表空间则对应着一个或多个物理的数据库文件。表空间容纳着许多数据库实体，如表、视图、索引、聚簇、回退段和临时段等。

本章主要对不同类型的表空间进行详细介绍，如基本表空间、临时表空间、大文件表空间、非标准数据块表空间以及撤销表空间等，另外还要对表空间的创建、管理和删除操作进行介绍。

学习目标 | Objective

- ➢ 熟练掌握表空间的创建和使用
- ➢ 熟练掌握基本表空间的管理
- ➢ 熟练掌握临时表空间的创建和修改
- ➢ 熟练掌握撤销表空间的创建
- ➢ 掌握撤销表空间的管理

4.1　基本表空间

在 Oracle 数据库中，表空间是最大的逻辑存储单位，也是数据库的存储空间单位，系统通过表空间存储模式对象。

4.1.1　创建 Oracle 基本表空间

在创建表空间时，Oracle 需要完成两个工作：第一，在数据字典和控制文件中，记录新建的表空间信息；第二，在操作系统中，创建指定大小的操作系统文件，并作为与表空间对应的数据文件。

使用脚本创建表空间时，需要使用 CREATE TABLESPACE 语句。该语句的语法格式如下：

```
CREATE [TEMPORARY | UNDO ] TABLESPACE tablespace_name
[ DATAFILE datafile_tempfile_spacification ]
[ BLOCKSIZE number K ]
[ ONLINE | OFFLINE ]
[ LOGGING | NOLOGGING ]
```

```
[ FORCE LOGGING ]
[ DEFAULT STORAGE storage ]
[ COMPRESS | NOCOMPRESS ]
[ PERMANENT | TEMPORARY ]
[ EXTENT MANAGEMENT DICTIONARY | LOCAL [ AUTOALLOCATE | UNIFORM SIZE
number K|M ] ]
[ SEGMENT SPACE MANAGEMENT AUTO | MANAUL ];
```

上述语句部分参数和子句的说明如表 4-1 所示。

表 4-1 创建表空间的部分参数和子句

选项名称	说明
TEMPORARY|UNDO	表示创建的表空间的用途。其中，TEMPORARY 表空间用于存放排序等操作中产生的数据，即表示创建临时表空间；UNDO 表示创建撤销表空间，用于在撤销删除时，能够恢复原来的数据
BLOCKSIZE	表示如果指定的表空间需要另外设置其数据块的大小，而不是采用参数 DB_BLOCK_SIZE 指定数据块的大小，则可以使用此语句进行设置
LOGGING|NOLOGGING	指定存储在表空间中的数据库对象的任何操作是否产生日志。LOGGING 表示产生；NOLOGGING 表示不产生。默认为 LOGGING
ONLINE|OFFLINE	指定表空间的状态为在线（ONLINE）或离线（OFFLINE）。如果为 ONLINE，则表空间可以使用；如果为 OFFLINE，则表空间不可使用。默认为 ONLINE
FORCE LOGGING	用于强制表空间中的数据库对象的任何操作都产生日志
DEFAULT STORAGE storage	用来设置保存在表空间中的数据库对象的默认存储参数。数据库对象也可以指定自己的存储参数
PERMANENT | TEMPORARY	PERMANENT 选项表示将持久保存表空间中的数据库对象；TEMPORARY 选项则表示临时保存数据库对象

下面对创建表空间语句中的其他几个子句进行介绍。

（1）DATEFILE datafile_tempfile_spacification 子句：指定所创建的表空间中相关联的数据文件的位置、名称和大小。该子句完整的语法格式如下：

```
DATAFILE | TEMPFILE file_name SIZE K | M REUSE
[ AUTOEXTEND OFF | ON
[ NEXT number K | M
MAXSIZE UNLIMITED | number K | M ] ];
```

语法说明如下：

① REUSE：如果该文件已经存在，则清除该文件，并重新创建。如果为使用这个关键字，则当数据文件已经存在时将会报错。

② AUTOEXTEND：指定数据文件是否自动扩展。

③ NEXT：如果指定数据文件为自动扩展，使用该参数指定数据文件每次扩展的大小。

④ MAXSIZE：当数据文件为自动扩展时，使用该参数指定数据文件所扩展的最大限度。

> **提示** 由于表空间对应的物理结构是数据文件，所以在创建表空间的过程中，需要设置它所使用的数据文件的位置和名称。

例如，创建一个名为 tablespace1 的表空间，代码如下：

```
SQL> CREATE TABLESPACE tablespace1
  2  DATAFILE 'F:\Oracle11g\tablespace1.dbf' SIZE 20M
  3  AUTOEXTEND ON NEXT 10M MAXSIZE UNLIMITED;
表空间已创建。
```

上例创建了表空间 tablespace1，其中

```
DATAFILE 'F:\Oracle11g\tablespace1.dbf' SIZE 20M
```

指定了数据文件的位置是 F:\Oracle11g\tablespace1.dbf，文件大小为 20MB；

```
AUTOEXTEND ON NEXT 10M MAXSIZE UNLIMITED
```

指定了允许自动扩展，每次扩展大小为 10MB。

（2）EXTENT MANAGEMENT 子句：决定创建表空间是数据字典管理方式还是本地化管理方式。如果使用本地化管理表空间，可以使用 UNIFORM 和 AUTOALLOCATE 关键字。这两个关键字的具体说明如下：

① UNIFORM：表空间中所有盘区的大小相同。

② AUTOALLOCATE：盘区大小由 Oracle 自动分配，该选项为默认值。

下面通过一个示例介绍 EXTENT MANAGEMENT 子句的使用方法。

```
SQL> CREATE TABLESPACE tablespace2
  2  DATAFILE 'F:\Oracle11g\tablespace2.dbf' SIZE 10M
  3  EXTENT MANAGEMENT LOCAL UNIFORM SIZE 800K;
表空间已创建。
```

上面的语句创建了一个名为 tablespace2 的表空间，并且该表空间为本地化管理表空间。

（3）SEGMENT SPACE MANAGEMENT AUTO | MANUAL 子句：表示表空间中段的管理方式是自动管理方式还是手动管理方式。下面简单介绍这两种方式：

① MANUAL：段的存储管理方式为手动方式，这时 Oracle 将使用可用列表来管理段中的已用数据块和空闲数据块。

② AUTO：段的存储管理方式为自动方式，这时 Oracle 将使用位图来管理段中的已

用数据块和空闲数据库。

例如,创建一个使用手动方式管理段的表空间,代码如下:

```
SQL> CREATE TABLESPACE tablespace3
  2  DATAFILE 'F:\Oracle11g\tablespace3.dbf' SIZE 10M
  3  SEGMENT SPACE MANAGEMENT MANUAL;
表空间已创建。
```

4.1.2 使用表空间

表空间创建后,可以对表空间进行以下操作:指定表空间、查询所有表空间名称及其支持的对象类型、查询默认表空间和临时表空间名称。

1. 指定表空间

在创建表时指定所使用的表空间需要使用 CREATE TABLE...TABLESPACE 语句,该语句的语法格式如下:

```
CREATE TABLE table_name TABLESPACE tablespace_name;
```

其中,table_name 表示所创建的表名;tablespace_name 表示所指定的表空间名称。

例如,创建表 myinfo 时指定所使用的表空间为 tablespace,代码如下:

```
SQL> CREATE TABLE myinfo(
  2  id NUMBER(4),
  3  name VARCHAR2(10))
  4  TABLESPACE tablespace;
表已创建。
```

创建表时也可以不指定表空间,这时将会使用默认表空间 system,每个 Oracle 数据库都包含一个名为 system 的表空间,它在数据库创建时由 Oracle 自动创建。

2. 查询所有表空间名称及其支持的对象类型

查询所有表空间名称及其支持的对象类型的语法格式如下:

```
SQL> SELECT tablespace_name,contents
  2  FROM user_tablespaces;
TABLESPACE_NAME              CONTENTS
---------------------------  ---------------
SYSTEM                       PERMANENT
SYSAUX                       PERMANENT
UNDOTBS1                     UNDO
TEMP                         TEMPORARY
TABLESPACE1                  PERMANENT
BIGBLOCK                     PERMANENT
UNDOTS01                     UNDO
```

```
UNDOTS02                    UNDO
UNDOTS03                    UNDO
TABLESPACE01                PERMANENT
TABLESPACE0102              PERMANENT
UNDO0101                    UNDO
已选择 21 行。
```

上述语句显示数据库实例中每个表空间名称及其所支持的对象类型，contents 列中：

（1）permanent 表示支持永久对象，即表、索引和其他用户对象。

（2）temporary 表示只支持临时的段，这些段由 Oracle 创建并管理且支持排序操作。

（3）undo 表示支持撤销段管理。

3．查询默认表空间、临时表空间名称

查询默认表空间、临时表空间（在 4.3 节详细讲述）名称需要在 user_users 表中查询，代码如下：

```
SQL> SELECT default_tablespace,temporary_tablespace
  2  FROM user_users;
DEFAULT_TABLESPACE              TEMPORARY_TABLESPACE
------------------------------  ------------------------------
SYSTEM                          TEMP
```

由以上查询结果看出，默认表空间为 system，临时表空间为 temp。

4.1.3 管理表空间

创建表空间后，可以对表空间的一些属性以及数据文件进行相关的操作，主要包括为表空间增加新的数据文件、修改数据文件的大小、修改数据文件的自动扩展属性、修改表空间的状态、移动数据文件、删除表空间。

1．为表空间增加新的数据文件

创建表空间时，需要创建指定的数据文件。在 Oracle 中，数据文件的大小决定表空间的大小。如果在使用表空间的过程中，出现表空间不足的情况，可以采用增加一个数据文件的方式增大表空间。

> **提示** 构成表空间的数据文件可以有多个，并且可以放在不同的目录下，表空间的大小，就是这些数据文件大小的和。

为表空间增加数据文件，需要使用 ALTER TABLESPACE 和 ADD DATAFILE 命令。例如，为表空间 tablespace01 增加一个数据文件，代码如下：

```
SQL> ALTER TABLESPACE tablespace01
  2  ADD DATAFILE 'F:\Oracle11g\tablespace0101.dbf' SIZE 10M;
```

表空间已更改。

 在添加数据文件时，如果该文件已经存在，则上述操作将失败，不过可以使用 RESUE 命令，以覆盖同名文件的方式解决。

2. 修改数据文件的大小

增大表空间还有另外一个方法，就是增大表空间中已有数据文件的大小。对于新创建的表空间而言，其数据文件中没有数据，但是在数据存储之前，数据文件必须有足够的空间，如果数据文件的空闲空间不足，则试图向表空间添加数据时，Oracle 将会报错。

通过查询数据字典视图 dba_free_space，可以了解表空间的空闲分区情况，代码如下：

```
SQL> SELECT tablespace_name,file_id,block_id,bytes,blocks
  2  FROM dba_free_space;
TABLESPACE_NAME      FILE_ID      BLOCK_ID      BYTES         BLOCKS
---------------      -------      --------      -------       ------
SYSTEM               1            86600         3604480       440
SYSAUX               2            65520         131072        16
SYSAUX               2            65664         28311552      3456
UNDOTBS1             3            432           1703936       208
UNDOTBS1             3            896           2031616       248
UNDOTBS1             3            1152          327680        40
UNDOTBS1             3            1200          1703936       208
USERS                4            528           917504        112
EXAMPLE              5            480           2031616       248
EXAMPLE              5            1416          589824        72
TABLESPACE           12           8             9830400       1200
BIGSPACE1            13           128           4194304       512
BIGBLOCK             14           64            9437184       576
UNDOTS01             15           288           18612224      2272
UNDOTS02             16           288           18612224      2272
UNDOTS03             17           304           131072        16
TABLESPACE01         19           128           9437184       1152
已选择 25 行。
```

其中，bytes 列表示以字节的形式列出该表空间中空闲空间的大小；blocks 列则以数据块数目的形式列出空闲空间的大小。

在修改数据文件的大小时，需要先通过查询数据字典视图 dba_data_files 来了解数据文件的名称、大小和路径等信息，代码如下：

```
SQL> SELECT file_id,file_name,bytes from dba_data_files;
   FILE_ID        FILE_NAME                              BYTES
   -------        ---------                              -----
         4        D:\ORACLE\ORADATA\ORCL\USERS01.DBF     5242880
```

```
        3         D:\ORACLE\ORADATA\ORCL\UNDOTBS01.DBF        99614720
        2         D:\ORACLE\ORADATA\ORCL\SYSAUX01.DBF         576716800
        1         D:\ORACLE\ORADATA\ORCL\SYSTEM01.DBF         713031680
        5         D:\ORACLE\ORADATA\ORCL\EXAMPLE01.DBF        104857600
       ...
       15         F:\ORACLE11G\UNDOTS01.DBF                   20971520
       16         F:\ORACLE11G\UNDOTS02.DBF                   20971520
       17         F:\ORACLE11G\UNDOTS03.DBF                   10485760
       18         F:\ORACLE11G\TABLESPACE01.DBF               20971520
       19         F:\ORACLE11G\TABLESPACE0101.DBF             10485760
已选择 19 行。
```

在修改数据文件时，需要 RESIZE 关键字，代码如下：

```
SQL> ALTER DATABASE DATAFILE 'F:\Oracle11g\tablespace01.dbf'
  2  RESIZE 100M;
数据库已更改。
```

通过执行上面的命令，将 F:\Oracle11g 目录下的 tablespace01.dbf 文件的大小修改为 100MB，修改数据文件后，再通过数据字典视图查看修改后的结果，代码如下：

```
SQL> SELECT file_id,file_name,bytes from dba_data_files;
   FILE_ID              FILE_NAME                              BYTES
-------------  ----------------------------------------    ----------
        4         D:\ORACLE\ORADATA\ORCL\USERS01.DBF           5242880
        3         D:\ORACLE\ORADATA\ORCL\UNDOTBS01.DBF        99614720
        2         D:\ORACLE\ORADATA\ORCL\SYSAUX01.DBF         576716800
        1         D:\ORACLE\ORADATA\ORCL\SYSTEM01.DBF         713031680
        5         D:\ORACLE\ORADATA\ORCL\EXAMPLE01.DBF        104857600
       ...
        8         F:\ORACLE11G\ TABLESPACE3.DBF               10485760
       16         F:\ORACLE11G\UNDOTS02.DBF                   20971520
       17         F:\ORACLE11G\UNDOTS03.DBF                   10485760
       18         F:\ORACLE11G\TABLESPACE01.DBF               104857600
       19         F:\ORACLE11G\TABLESPACE0101.DBF             10485760
已选择 19 行。
```

> **提示** 使用 RESIZE 关键字时，如果指定的空间大于数据文件原来的空间，将增大该数据文件的大小；如果指定的空间小于数据文件原来的空间，将压缩该数据文件，但是压缩后的空间大小，不能小于已使用空间，否则将产生错误。

3. 修改数据文件的自动扩展属性

实际上，Oracle 允许数据文件具有自动扩展功能，自动扩展功能表示分配的空间使用完后，数据文件将自动增加大小，这时需要使用 AUTOEXTEND 关键字。

首先查询数据字典，查看数据文件是否具有自动扩展功能，查询命令和结果如下：

```
SQL> SELECT file_id,file_name,autoextensible
  2  FROM dba_data_files;
   FILE_ID    FILE_NAME                                          AUT
----------    -----------------------------------------------    ---
         4    D:\ORACLE\ORADATA\ORCL\USERS01.DBF                 YES
        10    F:\ORACLE11G\ TABLESPACE6.DBF                      NO
        11    F:\ORACLE11G\ TABLESPACE7.DBF                      NO
        12    F:\ORACLE11G\ TABLESPACE.DBF                       YES
        13    F:\ORACLE11G\BIGSPACE1.DBF                         NO
        14    F:\ORACLE11G\BIGBLOCK.DBF                          YES
        18    F:\ORACLE11G\TABLESPACE01.DBF                      YES
        19    F:\ORACLE11G\TABLESPACE0101.DBF                    NO
已选择19行。
```

其中，autoextensible 列表示数据文件是否具有自动扩展功能，属性值为 YES，表示可以自动扩展；属性值为 NO，则表示不可以自动扩展。

在使用 ALTER TABLESPACE...ADD DATAFILE 和 ALTER DATABASE... DATAFILE 语句增加或者修改数据文件时，都可以显示使用 AUTOEXTEND ON 子句设置数据文件为自动扩展。

例如，使用 ALTER TABLESPACE...ADD DATAFILE 语句增加数据文件 tablespace6.dbf，指定自动扩展属性，代码如下：

```
SQL> ALTER TABLESPACE tablespace6
  2  ADD DATAFILE 'F:\Oracle11g\tablespace6.dbf' SIZE 20M
  3  AUTOEXTEND ON
  4  NEXT 5M;
表空间已更改。
```

修改 tablespace6.dbf 文件后，再查看该文件的自动扩展状态，可以发现该文件的自动扩展属性值为 YES，代码如下：

```
SQL> SELECT file_id,file_name,autoextensible
  2  FROM dba_data_files;
   FILE_ID    FILE_NAME                                          AUT
----------    -----------------------------------------------    -------
         4    D:\ORACLE\ORADATA\ORCL\USERS01.DBF                 YES
         3    D:\ORACLE\ORADATA\ORCL\UNDOTBS01.DBF               YES
         2    D:\ORACLE\ORADATA\ORCL\SYSAUX01.DBF                YES
         1    D:\ORACLE\ORADATA\ORCL\SYSTEM01.DBF                YES
         5    D:\ORACLE\ORADATA\ORCL\EXAMPLE01.DBF               YES
         8    F:\ORACLE11G\ TABLESPACE3.DBF                      NO
         9    F:\ORACLE11G\TABLESPACE4                           NO
        10    F:\ORACLE11G\ TABLESPACE6.DBF                      YES
...
        18    F:\ORACLE11G\TABLESPACE01.DBF                      YES
        19    F:\ORACLE11G\TABLESPACE0101.DBF                    NO
已选择19行。
```

> **注意** 数据文件的自动扩展属性默认值为 YES，在安装数据库后，建议关闭数据文件的自动扩展属性，或者为数据文件设置 MAXSIZE 属性，以免数据文件的大小无限制扩展。

4. 修改表空间的状态

表空间的状态有离线（OFFLINE）、在线（ONLINE）、只读（READ ONLY）和读写（READ WRITE）4 种，通过设置表空间的状态，可以对数据的可用性进行限制。

> **提示** 表空间的正常状态为 ONLINE、READ WRITE，而非正常状态为 OFFLINE、READ ONLY。

通过查询数据字典可以了解表空间的状态，代码如下：

```
SQL> SELECT tablespace_name,status
  2  FROM dba_tablespaces;
TABLESPACE_NAME                STATUS
------------------------------ ---------------
SYSTEM                         ONLINE
SYSAUX                         ONLINE
UNDOTBS1                       ONLINE
...
EXAMPLE                        ONLINE
TABLESPACE6                    ONLINE
TABLESPACE7                    ONLINE
TABLESPACE                     ONLINE
TABLESPACE01                   ONLINE
已选择 20 行。
```

> **注意** 系统表空间 system、sysaux、undotbs1 和 temp 都不能设置为 OFFLINE 或者 READ ONLY 状态。

如果将表空间的状态修改为 OFFLINE，可以将表空间设置为不可用，代码如下：

```
SQL> ALTER TABLESPACE tablespace6 OFFLINE;
表空间已更改。
```

这时，若在该表空间上创建表，将出现错误，代码如下：

```
SQL> CREATE TABLE student(
  2  id number(4),
  3  name varchar2(20))
  4  tablespace tablespace6;
CREATE TABLE student(
```

```
*
第 1 行出现错误：
ORA-01542：表空间 'TABLESPACE6' 脱机，无法在其中分配空间
```

如果将表空间的状态修改为只读，这时，若在该表空间上创建表，也会出现错误。将表空间的状态修改为在线和读写，使用以下语句：

```
ALTER TABLESPACE tablespace6 ONLINE;
ALTER TABLESPACE tablespace6 READ WRITE;
```

5．移动数据文件

在增加表空间时，如果数据文件所在的磁盘没有足够的空间，可以将数据文件移动到另一个磁盘上。

移动数据文件的步骤如下：

（1）修改表空间为 OFFLINE 状态，以防止其他用户进行操作。
（2）复制数据文件到另一个磁盘上。
（3）使用 ALTER TABLESPACE RENAME 语句修改数据文件的名称。
（4）将表空间的状态重新修改为 ONLINE。

下面以将数据文件 F:\Oracle11g\tablespace7.dbf 保存到另外一个磁盘为例介绍移动数据文件的具体方法。

（1）将数据文件所在表空间的状态修改为 OFFLINE，代码如下：

```
SQL> ALTER TABLESPACE tablespace7 OFFLINE;
表空间已更改。
```

（2）使用 RENAME 关键字，重命名数据文件，代码如下：

```
SQL> ALTER TABLESPACE  tablespace7
2  RENAME DATAFILE 'F:\Oracle11g\tablespace7.dbf'
3  TO 'E:\Oracle\tablespace7.dbf';
表空间已更改。
```

提 示　使用 RENAME 关键字重命名数据文件，实际上是重命名数据文件的存储目录，而文件名不变。

（3）将表空间的状态修改为 ONLINE，代码如下：

```
SQL> ALTER TABLESPACE tablespace7 ONLINE;
表空间已更改。
```

移动数据文件后，查询数据字典，确认数据文件是否移动正确，代码如下：

```
SQL> SELECT file_id,file_name from dba_data_files;
   FILE_ID          FILE_NAME
---------- ------------------------------------------------
```

```
    4           D:\ORACLE\ORADATA\ORCL\USERS01.DBF
    3           D:\ORACLE\ORADATA\ORCL\UNDOTBS01.DBF
    9           F:\ORACLE11G\TABLESPACE4
   10           F:\ORACLE11G\ TABLESPACE6.DBF
   11           E:\ORACLE\ TABLESPACE7.DBF
   ...
   17           F:\ORACLE11G\UNDOTS03.DBF
   18           F:\ORACLE11G\TABLESPACE01.DBF
   19           F:\ORACLE11G\TABLESPACE0101.DBF
   20           F:\ORACLE11G\TABLESPACE6.DBF
已选择20行。
```

6．删除表空间

删除某个表空间需要使用 DROP TABLESPACE 语句，该语句的语法格式如下：

```
DROP TABLESPACE table_name
| [ INCLUDING  CONTENTS ]
| [ INCLUDING  CONTENTS  AND  DATAFILES ];
```

如果使用 INCLUDING CONTENTS 选项，表示删除表空间，但是保留该空间中的数据文件；如果使用 INCLUDING CONTENTS AND DATAFILES 选项，表示删除表空间以及表空间中的全部内容和数据文件。

以下语句删除表空间 tablespace7，并且将该空间中所有内容和数据文件都删除：

```
SQL> DROP TABLESPACE tablespace7
  2  INCLUDING CONTENTS AND DATAFILES;
表空间已删除。
```

表空间被删除后，即使保留其数据文件，这些文件也不再起作用。

4.2　练习 4-1：创建并修改表空间 tablespace

创建表空间 tablespace，数据文件的位置为 F:\Oracle11g\tablesapce.dbf，文件大小为 10MB，并且允许自动扩展，每次扩展大小为 10MB，对盘区的管理方式为本地化管理表空间，段的管理方式为手动管理，然后为表空间 tablespace 增加一个新的数据文件，最后将该数据文件移动到另外一个磁盘上。下面详细介绍实现步骤。

（1）创建表空间 tablespace，数据文件的位置为 F:\Oracle11g\tablesapce.dbf，文件大小为 10MB，允许自动扩展，每次扩展大小为 10MB，SQL 语句如下：

```
SQL> CREATE TABLESPACE tablespace
  2  DATAFILE 'F:\Oracle11g\ tablespace.dbf' SIZE 10M
  3  AUTOEXTEND ON NEXT 10M MAXSIZE UNLIMITED
```

（2）指定对盘区的管理方式为本地化管理表空间，SQL 语句如下：

```
4   EXTENT MANAGEMENT LOCAL UNIFORM SIZE 800K
```

（3）指定段的管理方式为手动管理，SQL 语句如下：

```
5   SEGMENT SPACE MANAGEMENT MANUAL;
```

（4）为表空间增加一个新的数据文件需要使用 ALTER TABLESPACE...ADD DATAFILE 语句，代码如下：

```
SQL> ALTER TABLESPACE  tablespace
  2   ADD DATAFILE 'F:\Oracle11g tablespace0104.dbf' SIZE 20M
  3   AUTOEXTEND ON
  4   NEXT 5M;
表空间已更改。
```

上面语句为表空间 tablespace 增加了数据文件 tablespace0104.dbf，该文件大小为 20MB，允许自动扩展，每次扩展大小为 5MB。

（5）把 tablespace0104.dbf 移动到另外一个磁盘上之前，需要将表空间 tablespace 状态设置为 OFFLINE，SQL 语句如下：

```
SQL> ALTER TABLESPACE  tablespace OFFLINE;
表空间已更改。
```

（6）将表空间 tablespace 的状态设置为 OFFLINE 后，就可以将 F:\Oracle11g 文件夹下的 tablespace0104.dbf 文件复制到目标目录 E:\Oracle 文件夹下，然后使用 RENAME 关键字，重命名数据文件，SQL 语句如下：

```
SQL> ALTER TABLESPACE tablespace
  2   RENAME DATAFILE 'F:\Oracle11g\tablespace0104.dbf'
  3   TO 'E:\Oracle\tablespace0104.dbf';
表空间已更改。
```

（7）将表空间的状态修改回 ONLINE，SQL 语句如下：

```
SQL> ALTER TABLESPACE tablespace ONLINE;
表空间已更改。
```

4.3 临时表空间

由于 Oracle 工作时经常需要一些临时的磁盘空间，这些空间主要为查询时带有排序（GROUP BY、ORDER BY 等）的算法所用，当用完后就立即释放，对记录在磁盘区的信息不再使用，因此叫临时表空间。一般安装之后只有一个 TEMP 临时表空间。

4.3.1 创建临时表空间

创建表空间需要使用 CREATE TEMPORARY TABLESPACE 语句，该语句的语法格式如下：

```
CREATE TEMPORARY TABLESPACE tablespace_name
TEMPFILE datafile_tempfile_spacification;
```

参数说明如下：
（1）tablespace_name：创建表空间的名称。
（2）datafile_tempfile_spacification：与表空间相关联数据文件的位置、名称和大小。

下面通过一个示例介绍创建临时表空间的方法。创建一个临时表空间 tempspace，代码如下：

```
SQL> CREATE TEMPORARY TABLESPACE tempspace
  2  TEMPFILE 'F:\Oracle11g\tempspace.dbf' SIZE 10M
  3  AUTOEXTEND ON;
表空间已创建。
```

由上面的命令可以看出，创建临时表空间与创建基本表空间的不同，创建基本表空间使用的是数据文件，而创建临时表空间使用的是临时文件。相对于基本表空间来说，临时表空间具有以下几个特点：

（1）临时表空间只能用于存储临时数据，不能存储永久性数据。
（2）临时文件被存储在数据字典视图 v$tempfile 中，而不是数据字典视图 dba_date_files 中。
（3）临时表空间的盘区管理方式是 UNIFORM。在创建临时表空间时，不能使用 AUTOALLOCATE 关键字指定盘区的管理方式。

4.3.2 修改临时表空间

创建临时表空间后，可以对该表空间进行修改，修改表空间的操作主要有 3 种：增加临时表空间、修改临时文件的大小和修改临时文件的状态。

1．增加临时文件

在使用表空间时，可能会发生临时表空间不足的现象，这时可以通过增加临时文件来增大临时表空间。增加临时文件需要使用 ALTER TABLESPACE ADD TEMPFILE 子句，该语句的语法格式如下：

```
ALTER TABLESPACE tablespace_name
ADD TEMPFILE datafile_tempfile_spacification;
```

其中，tablespace_name 表示创建表空间的名称；datafile_tempfile_spacification 表示与表空间相关联的数据文件的位置、名称和大小。

2．修改临时文件的大小

增加临时表空间的另一种方式是修改临时文件的大小。修改临时文件的大小需要使用 RESIZE 关键字，其语法格式如下：

```
ALTER DATEBASE TEMPFILE
datafilePath RESIZE number;
```

其中，datafilePath 代表临时文件的路径；number 代表修改临时文件的大小。

> **技巧** 由于临时文件中只存储临时数据，并且在用户操作结束后，系统将删除临时文件中存储的数据，所以在一般情况下，不需要修改临时表空间的大小。

3．修改临时文件的状态

临时文件的状态分为 OFFLINE 和 ONLINE 两种。修改临时文件的语法格式如下：

```
ALTER DATABASE TEMPFILE
datafilePath OFFLINE | ONLINE;
```

例如，将 F:\Oracle11g\tempspace.dbf 的状态修改为 OFFLINE，SQL 语句如下：

```
SQL> ALTER DATABASE TEMPFILE
  2  'F:\Oracle11g\tempspace.dbf' offline;
数据库已更改。
```

4.3.3　临时表空间组

Oracle 11g 中提供了临时表空间组的功能，允许将多个临时表空间打包成一个组，然后指定用户的默认临时表空间为该临时表空间组，从而达到一个用户可以使用多个临时表空间的目的。

1．主要特征

临时表空间组的主要特征如下：

（1）一个临时表空间组必须由至少一个临时表空间组成，并且无明确的最大数量限制。

（2）如果删除一个临时表空间组的所有成员，该组也自动被删除。

（3）临时表空间的名字不能与临时表空间组的名字相同。

（4）在给用户分配一个临时表空间时，可以使用临时表空间组的名字代替实际的临时表空间名；在给数据库分配默认临时表空间时，也可以使用临时表空间组的名字。

2．优点

使用临时表空间组有以下优点：

（1）由于 SQL 查询可以并发使用几个临时表空间进行排序操作，因此 SQL 查询很少会出现排序空间超出，避免临时表空间不足引起的磁盘排序问题。

（2）可以在数据库级指定多个默认临时表空间。

（3）一个并行操作的并行服务器将有效地利用多个临时表空间。

（4）一个用户在不同会话中可以同时使用多个临时表空间。

3．操作

对临时表空间组的操作包括创建临时表空间组、添加临时表空间、移动临时表空间以及删除临时表空间组，下面详细介绍这些操作。

1）创建临时表空间组

创建一个临时表空间组，需要使用 TABLESPACE GROUP 语句，该语句的语法格式如下：

```
CREATE TEMPORARY TABLESPACE tablespace_name
TEMPFILE datafile_tempfile_spacification
TABLESPACE GROUP group_name;
```

其中，tablespace_name 表示创建的表空间名称；datafile_tempfile_spacification 表示与表空间相关联的数据文件的位置、名称和大小；group_name 表示创建的临时表空间组的名称。

2）添加临时表空间

向临时表空间组中添加临时表空间的语法格式如下：

```
CREATE TEMPORARY TABLESPACE tablespace_name
TEMPFILE datafile_tempfile_spacification
TABLESPACE GROUP group_name;
```

其中各参数的含义，与常见临时表空间组类似，不同的是 group_name 代表已经创建好的临时表空间组的名称。

3）移动临时表空间

移动临时表空间，即将临时表空间移动到一个临时表空间组中。其语法格式如下：

```
ALTER TABLESPACE tablespace_name
TABLESPACE GROUP group_name;
```

其中，table_name 和 group_name 分别代表需要移动的临时表空间名称和需要移入的临时表空间组名称。

4）删除临时表空间组

删除临时表空间组，就是删除组成临时表空间组的所有临时表空间以及临时文件。其语法格式如下：

```
DROP TABLESPACE tablespace_name INCLUDING CONTENTS AND DATAFILES;
```

其中，tablespace_name 代表需要删除临时表空间的名称。

4.4 大文件表空间

为了增加表空间的存储能力，从 Oracle 10g 开始，增加了一个新的表空间类型，即大文件（BIGFILE）表空间。本节将主要介绍如何创建大文件表空间、查看当前默认表空间的类型以及修改表空间的默认类型。

> **技巧** 一个大文件表空间是由唯一的一个数据文件或者临时文件组成的，但是该文件的数据大小，最大可以是 4GB 个数据块大小。

1．创建大文件表空间

创建大文件表空间需要使用 BIGFILE 关键字，其语法格式如下：

```
CREATE BIGFILE TABLESPACE tablespace_name
DATAFILE datafile_tempfile_spacification;
```

语法说明如下：

（1）tablespace_name：大文件表空间的名称。

（2）datafile_tempfile_spacification：与大文件表空间相关联的数据文件的位置、名称和大小。

例如，创建一个名为 bigspace1 的大文件表空间，代码如下：

```
SQL> CREATE BIGFILE TABLESPACE bigspace1
  2  DATAFILE 'F:\Oracle11g\bigspace1.dbf' SIZE 5M;
表空间已创建。
```

2．查看当前默认表空间的类型

可以通过数据字典 DATABASE_PROPERTIES 查看默认表空间的类型，语句如下：

```
SQL> SELECT *
  2  FROM DATABASE_PROPERTIES
  3  WHERE PROPERTY_NAME='DEFAULT_TBS_TYPE';
PROPERTY_NAME          PROPERTY_VALUE          DESCRIPTION
--------------------   --------------------    --------------------------
DEFAULT_TBS_TYPE       SMALLFILE               Default tablespace type
```

> **提示** 创建表空间时，默认的表空间类型是普通表空间，即 SMALLFILE。

3．修改默认表空间的类型

修改默认表空间的类型需要使用 ALTER DATABASE 语句，其语法格式如下：

ALTER DATABASE SET DEFAULT BIGFILE TABLESPACE

在修改默认表空间的类型之后,可以通过数据字典 DATABASE_PROPERTIES 查看修改的结果。例如,将默认表空间的类型修改为大文件表空间的类型并查看修改的结果,代码如下:

```
SQL> ALTER DATABASE SET DEFAULT BIGFILE TABLESPACE;
数据库已更改。
SQL> SELECT *
  2  FROM DATABASE_PROPERTIES
  3  WHERE PROPERTY_NAME='DEFAULT_TBS_TYPE';
PROPERTY_NAME            PROPERTY_VALUE              DESCRIPTION
------------------       ------------------------    ------------------------
DEFAULT_TBS_TYPE         BIGFILE                     Default tablespace type
```

4.5 非标准数据块表空间

非标准数据块表空间,是指组成表空间的数据块的大小可以不相同。通过使用这种表空间,可以使数据量小的表存储在小数据块组成的表空间中,数据量大的表则存储在大数据块组成的表空间中,从而优化了系统的 I/O 性能。

 数据块的大小是由参数 DB_BLOCK_SIZE 决定的,并且在创建数据库后不能再进行修改。

创建非标准数据块表空间的语法格式如下:

```
CREATE TABLESPACE tablespace_name
DATAFILE datafile_tempfile_spacification
BLOCKSIZE number(K|M);
```

语法说明如下:

(1) tablespace_name:非标准数据块表空间的名称。

(2) Datafile_tempfile_spacification:与非标准数据块表空间相关联的数据文件的位置、名称和大小。

(3) number:指定非标准数据块表空间的大小。

BLOCKSIZE 指定的值和缓冲区参数(DB_nk_CACHE_SIZE)相对应,两者的对应关系如表 4-2 所示。

表 4-2 BLOCKSIZE 和 DB_nK_CACHE_SIZE 的对应关系

BLOCKSIBLOCKSIZEZE	DDB_Nk_CACHE_SIZEB_nk_CACHE_S
2KB	DB_2k_CACHE_SIZE
4KB	DB_4k_CACHE_SIZE
8KB	DB_8k_CACHE_SIZE
16KB	DB_16k_CACHE_SIZE
32KB	DB_32k_CACHE_SIZE

例如，设置数据缓冲区参数 DB_16k_CACHE_SIZE 为 16MB，代码如下：

```
SQL> ALTER SYSTEM SET DB_16K_CACHE_SIZE=16M;
系统已更改。
```

设置缓冲区参数后，创建数据块大小为 16KB 的非标准数据块表空间，代码如下：

```
SQL> CREATE TABLESPACE bigblock
  2  DATAFILE 'F:\Oracle11g\bigblock.dbf' SIZE 10M
  3  AUTOEXTEND ON NEXT 10M
  4  BLOCKSIZE 16K;
表空间已创建。
```

创建非标准数据块表空间时，查询数据字典视图 dba_tablespaces 的 BLOCK_SIZE 字段，可以查看表空间的数据块大小，代码如下：

```
SQL> SELECT TABLESPACE_NAME,BLOCK_SIZE
  2  FROM dba_tablespaces;
TABLESPACE_NAME                BLOCK_SIZE
------------------------------ ----------
SYSTEM                         8192
SYSAUX                         8192
UNDOTBS1                       8192
TEMP                           8192
USERS                          8192
EXAMPLE                        8192
TABLESPACE1                    8192
TABLESPACE2                    8192
TEMPSPACE                      8192
BIGSPACE1                      8192
...
BIGBLOCK                       16384
已选择 16 行。
```

4.6 撤销表空间

运行在自动撤销管理模式的数据库，用撤销表空间来存储、管理撤销数据。Oracle 使用撤销数据来隐式或显式地回退事务、提供数据的读一致性，帮助数据库从逻辑错误中恢复、实现闪回查询（Flashback Query）。

在 Oracle 中可以创建多个撤销表空间，但同一时刻只允许激活一个撤销表空间。在初始化参数文件中用 UNDO_TABLESPACE 指出要激活的撤销表空间。不使用的撤销表空间可以删除。撤销表空间的组织与管理是由 Oracle 内部自动完成的。当回退段不足时，一个事务可以使用多个回退段，不会终止事务的运行。DBA 只需要知道撤销表空间是否有足够的空间，而不必为每个事务设置回退段。

4.6.1 管理撤销表空间的方式

在 Oracle 11g 中，对撤销表空间的管理方式有以下两种：

（1）回退撤销管理（Rollback Segments Undo，RSU），也称为手工撤销管理。

（2）自动撤销管理（System Managed Undo，SMU）。

其中，回退撤销管理方式是 Oracle 的一种传统管理方式，在该方式下撤销表空间通过回退段管理，此种方式程序复杂且效率低。自 Oracle 9i 之后，Oracle 提供了另一种新的管理撤销表空间的方式——自动撤销管理：Oracle 系统自动管理撤销表空间。

数据采用哪种撤销管理方式，是由参数 UNDO_MANAGEMENT 确定的。如果该参数的值设置为 AUTO，表示在启动数据库时将使用 SMU 方式；如果设置为 MANUAL，则使用 RSU 方式。通过 SHOW PARAMETER 语句可以查看该参数的信息，代码如下：

```
SQL> SHOW PARAMETER UNDO_MANAGEMENT;
NAME                     TYPE         VALUE
------------------------ ------------ --------------------
undo_management          string       AUTO
```

在上述示例中，参数 UNDO_MANAGEMENT 的值为 AUTO，表示撤销表空间的管理方式为自动撤销管理。

下面详细介绍这两种管理方式。

1．回退撤销管理

回退撤销表空间是通过创建回退段来提供存储空间的。在回退撤销管理方式中，必须为数据库创建多个回退段。数据库所需回退段的数量，由以下初始化参数决定。

（1）ROLLBACK_SEGMENTS：设置数据库所使用的回退段名称。

（2）TRANSACTIONS：设置系统中的事务总数。

（3）TRANSACTIONS_PER_ROLLBACK_SEGMENT：指定回退段可以服务的事务个数。

（4）MAX_ROLLBACK_SEGMENTS：设置回退段的最大个数。

> **提示**
> 在回退撤销管理方式中，DBA 需要对复杂的回退段进行管理，所以推荐使用自动撤销管理方式。

2．自动撤销管理

Oracle 系统在安装时会自动创建一个撤销表空间 UNDOTBS1。为 Oracle 实例指定撤销表空间时，需要使用 UNDO_TABLESPACE 关键字。例如，将 tablespace1 指定为撤销表空间，代码如下：

```
UNDO_TABLESPACE=tablespace1;
```

在设置自动撤销管理方式时，可以指定以下几个参数：

（1）UNDO_MANAGEMENT：如果该参数值为 AUTO，则表示使用自动撤销管理方式。

（2）UNDO_TABLESPACE：为数据库指定所使用的撤销表空间名称。

（3）UNDO_RETENTION：设置撤销数据的保留时间，即用户事务结束后，在撤销表空间中保留撤销记录的时间。

使用 SHOW PARAMETER UNDO 语句，可以查看系统 UNDO 参数的设置信息，代码如下：

```
SQL> SHOW PARAMETER UNDO;
NAME                                 TYPE        VALUE
------------------------------------ ----------- ------------------------------
undo_management                      string      AUTO
undo_retention                       integer     900
undo_tablespace                      string      UNDOTBS1
```

在 Oracle 11g 中，系统会自动调节撤销表空间的大小，用户也可以通过设置参数 UNDO_RETENTION 的值，为保留撤销记录的时间设置一个最小值。这样，系统如果发现 UNDO 表空间中有足够的空间，则保留设置的这个最小值；如果 UNDO 表空间不足，则系统将保留一个较短的时间。

4.6.2 创建与管理撤销表空间

为了更有效地对撤销表空间进行管理，Oracle 11g 默认采用自动撤销管理方式。DBA 不需要考虑回退段的数量和大小，只需要创建一个表空间，然后为该表空间分配足够的存储量即可。对撤销表空间，主要有以下几个操作：

1．创建撤销表空间

创建撤销表空间与创建普通表空间类似，但也有以下区别：

（1）撤销表空间只能使用本地化管理空间类型，即 EXTENT MANAGEMENT 子句只能设置为 LOCAL（默认值）。

（2）撤销表空间的盘区管理方式只能使用 AUTOALLCOCATE，即由 Oracle 系统自动分配盘区大小。

（3）撤销表空间的段的管理方式只能为手动管理方式，即 SEGMENT SPACE MANAGEMENT 只能设置为 MANUAL。

在自动撤销方式下，必须在数据库中创建一个撤销表空间，Oracle 数据库将使用该表空间保存撤销记录。创建撤销表空间主要有以下两种方式：

（1）在创建数据库的同时新建一个撤销表空间。这时，需要使用 UNDO_TABLESPACE 语句，并指定一个默认的撤销表空间。

（2）在数据库创建完成后，创建新的撤销表空间。这时，需要使用 CREATE UNDO TABLESPACE 语句。

> **技巧**
>
> 在创建撤销表空间时,建议用户采用第二种方式,可以使用 CREATE UNDO TABLESPACE 语句的方式,也可以使用 OEM 图形界面的方式。

例如,使用 CREATE UNDO TABLESPACE 语句创建一个名为 undots01 的撤销表空间,代码如下:

```
SQL> CREATE UNDO TABLESPACE undots01
  2  DATAFILE 'F:\Oracle11g\undots01.dbf' SIZE 20M
  3  AUTOEXTEND ON;
表空间已创建。
```

2. 修改撤销表空间

修改撤销表空间,需要使用 ALTER TABLESPACE 语句。对撤销表空间可以进行以下一些修改操作:

1) 添加新的数据文件

如果撤销表空间的存储空间不足,需要增加新的数据文件时,可以使用 ALTER TABLESPACE 语句来实现,代码如下:

```
SQL>alter tablespace undotbs0302
  2  add datafile'f:\Oracle11g\use\undo02.dbf' size 10m
  3  autoextend on;
表空间已更改。
```

2) 修改数据文件

如果需要增加撤销表空间的存储空间,可以对数据文件的大小进行修改,这时需要使用 RESIZE 关键字,代码如下:

```
SQL> ALTER DATABASE
  2  DATAFILE 'F:\Oracle11g\undots04.dbf' RESIZE 15M;
数据库已更改。
```

3) 修改数据文件的状态

可以对撤销表空间的状态进行修改,将状态修改为 OFFLINE 或者 ONLINE。例如,将撤销表空间 undots04 的状态修改为 OFFLINE,代码如下:

```
SQL> ALTER TABLESPACE undots04 OFFLINE;
表空间已更改。
```

3. 删除撤销表空间

对撤销表空间进行删除操作可以使用 DROP 关键字,代码如下:

```
SQL> DROP TABLESPACE undots04;
表空间已删除。
```

注意：如果撤销表空间正在被使用，则执行删除操作会发生错误。

4．切换撤销表空间

一个数据库中可以有多个撤销表空间，但数据库一次只能使用一个撤销表空间。在数据库运行过程中，如果需要使用另一个撤销表空间，可以通过执行切换撤销表空间操作来实现，而不需要重启数据库。

切换撤销表空间，需要使用 ALTER SYSTEM 语句，改变 UNDO_TABLESPACE 参数的值即可。例如，要将数据库所使用的撤销表空间切换为 undots03，代码如下：

```
SQL> ALTER SYSTEM SET UNDO_TABLESPACE=undots03;
系统已更改。
```

注意：在切换撤销表空间时，如果指定的表空间不是一个撤销表空间，或者指定的撤销表空间正在被其他实例使用，将会出现错误。

使用 SHOW PARAMETER UNDO 语句，可以查看切换后的结果，代码如下：

```
SQL> SHOW PARAMETER UNDO;
NAME                                 TYPE                   VALUE
------------------------------------ ---------------------- ----------------------
undo_management                      string                 AUTO
undo_retention                       integer                900
undo_tablespace                      string                 UNDOTS03
```

如果切换撤销表空间成功，那么任何新开始的事务，都将在新撤销表空间中存储相应的记录。如果一些撤销记录还保留在旧的撤销表空间中，那么当前事务仍旧对旧的撤销表空间进行操作，直到该事务操作结束后，才使用新的撤销表空间。

5．修改撤销记录保留的时间

在自动撤销记录管理方式中，可以指定撤销信息在提交之后需要保留的时间，以防止在长时间的查询过程中出现 snapshot too old 错误。

在自动撤销管理方式下，DBA 使用 UNDO_RETENTION 参数指定撤销记录的保留时间。由于 UNDO_RETENTION 参数是一个动态参数，在 Oracle 实例的运行中，可以通过 ALTER SYSTEM SET UNDO_RETENTION 语句来修改撤销记录保留的时间。

提示：撤销记录保留时间的单位是秒，默认值为 900，即 15min。

例如，将撤销记录的保留时间修改为 10min，然后再使用 SHOW PARAMETER UNDO 语句查询撤销记录保留时间，代码如下：

```
SQL> ALTER SYSTEM SET UNDO_RETENTION=600;
系统已更改。
SQL> SHOW PARAMETER UNDO;
NAME                    TYPE            VALUE
----------------------- --------------- ----------------
undo_management         string          AUTO
undo_retention          integer         600
undo_tablespace         string          UNDOTS03
```

> **注意** 如果新的事务开始时，撤销空间已经写满，则新事务的撤销记录将会覆盖已经提交事务的撤销记录。因此，如果将 UNDO_RETENTION 参数值设置较大，那么就必须保证撤销表空间具有足够的存储空间。

6. 查看撤销表空间

为了方便查看撤销表空间的信息，Oracle 数据库提供了几个数据字典视图，如表 4-3 所示。

表 4-3 查看撤销表空间的数据字典视图

名称	说明
v$undostat	记录撤销表空间的统计信息。DBA 经常利用这个数据字典来监视撤销表空间的使用情况
v$rollstat	记录撤销表空间中各个撤销段的信息，一般是在自动撤销管理方式下使用
v$transaction	记录各个事务所使用的撤销段的信息
dba_undo_extents	记录撤销表空间中每个区所对应的事务的提交时间

> **技巧** 每间隔 10min，Oracle 将收集到的撤销表空间信息作为一条记录，添加到撤销数据表空间。v$undostat 数据字典视图可以记录 24h 内的撤销表空间的统计信息。

例如，使用 v$undostat 数据字典视图查询撤销表空间中的内容，结果如下：

```
SQL> SELECT TO_CHAR(begin_time,'yyyy-mm-dd hh24:mi:ss'),
  2  TO_CHAR(end_time,'yyyy-mm-dd hh24:mi:ss'),
  3  UNDOTSN,UNDOBLKS
  4  FROM v$undostat;
TO_CHAR(BEGIN_TIME,    TO_CHAR(END_TIME, 'Y    UNDOTSN      UNDOBLKS
-------------------    -------------------    -------      --------
2012-08-22 10:51:25    2012-08-22 10:55:11       22              0
2012-08-22 10:41:25    2012-08-22 10:51:25       22              5
2012-08-22 10:31:25    2012-08-22 10:41:25       22              7
...
2012-08-22 10:01:25    2012-08-22 10:11:25        2              9
```

2012-08-22 09:51:25	2012-08-22 10:01:25	2	57
2012-08-22 09:41:25	2012-08-22 09:51:25	2	71
2012-08-22 09:31:25	2012-08-22 09:41:25	2	21

已选择 9 行。

其中，UNDOBLKS 列表示在 10min 内产生的撤销记录占用 Oracle 数据块的个数。如果需要计算撤销表空间的大小，可以使用以下公式：

```
UNDOSPACE = UR * UPS + OVERHEAD
```

其中，UR 表示撤销记录的保留时间；UPS 表示每秒钟产生的撤销记录所占用的数据块数；OVERHEAD 表示保存系统信息的额外开销。

> **技巧**
> UR 值是 UNDO_RETENTION 的参数值；UPS 值可以通过数据字典视图 v$undostat 对列 UNDOBLKS 求取平均值得到。

4.7 练习 4-2：管理撤销表空间

首先创建一个撤销表空间，名为 undo0101，然后为该表空间添加新的数据文件，最后将数据库所使用的撤销表空间切换为 undo0101，具体步骤如下：

（1）使用 CREATE UNDO TABLESPACE 语句，创建一个名为 undo0101 的撤销表空间，代码如下：

```
SQL> CREATE UNDO TABLESPACE undo0101
  2  DATAFILE 'F:\ Oracle11g\undo0101.dbf' SIZE 20M
  3  AUTOEXTEND ON;
表空间已创建。
```

（2）表空间创建成功后，使用 ALTER TABLESPACE 语句为该表空间添加一个新的数据文件 undo0102.dbf，代码如下：

```
SQL> ALTER TABLESPACE undo0101
  2  ADD DATAFILE 'F:\Oracle11g\undo0102.dbf' SIZE 10M
  3  AUTOEXTEND ON;
表空间已更改。
```

（3）将数据库所使用的撤销表空间切换为 undo0101，代码如下：

```
SQL> ALTER SYSTEM SET undo_tablespace=undo0101;
系统已更改。
```

（4）使用 SHOW PARAMETER UNDO 语句，查看切换后的结果，代码如下：

```
SQL> SHOW PARAMETER UNDO;
NAME                    TYPE            VALUE
```

```
----------------------    --------------    ----------
undo_management           string            AUTO
undo_retention            integer           600
undo_tablespace           string            UNDO0101
```

由上面查询结果看出,成功将数据库表空间切换为 undo0101。

4.8 扩展练习

1. 创建表空间

创建表空间 tablespace,并制定数据文件,文件大小为 20MB,允许自动扩展,每次扩展大小为 5MB,对盘区的管理方式为本地化管理表空间,段的管理方式为手动管理。创建成功后,为该表空间新增一个数据文件,并将其移动到另外一个磁盘上。

2. 创建撤销表空间

使用 CREATE UNDO TABLESPACE 语句创建一个名为 undotablespace 的撤销表空间,然后为该表空间添加一个数据文件,并将该数据文件的大小修改为 20MB,最后将该表空间的状态修改为 OFFLINE。

第 5 章 表

内容摘要 | Abstract

表是最常用的模式对象,也是最重要的数据库对象之一。为了能够保证数据库内数据的有效性和完整性,在使用表时,需要掌握表的一些最基本的操作,包括表的创建、修改以及对于表的完整性进行约束等,本章将逐一介绍这些内容。

学习目标 | Objective

- ➢ 熟练掌握表的创建
- ➢ 熟练掌握增加和删除表中的列
- ➢ 熟练掌握更新表中的列
- ➢ 了解表的重命名操作
- ➢ 熟练掌握对表中各个参数的更改
- ➢ 熟练掌握对表添加完整性约束
- ➢ 了解对表的分析实现

5.1 创建表

在 Oracle 数据库中,表是基本的数据存储结构。表是由行和列组合而成的。其中,行表示表中的数据记录信息,列则是表的字段信息,这些字段是由类型、主键、外键、索引等属性组成的。本节将详细介绍如何在 Oracle 中创建表。在介绍如何创建表之前,首先需要了解 Oracle 数据库中有哪些数据类型。

5.1.1 数据类型

在创建表时,可以包含一列或者多个列,每一列都有一种数据类型和一个长度。Oracle 数据库中的数据类型如表 5-1 所示。

表 5-1 Oracle 数据库中的数据类型

Oracle 内置数据类型	说明
NUMBER(precision,scale)和 NUMERIC(precision,scale)	可变长度的数字,precision 是数字可用的最大位数(如果有小数点,是小数点前后位数之和),支持的最大精度为 38 位;如果有小数点,scale 是小数点右边的最大位数。如果 precision 和 scale 都没有指定,可以提供 precision 和 scale 为 38 位的数字
DEC 和 DECIMAL	NUMBER 的子类型。小数点固定的数字,小数精度为 38 位
DOUBLE PRECISION 和 FLOAT	NUMBER 的子类型。38 位精度的浮点数

续表

Oracle 内置数据类型	说明
REAL	NUMBER 的子类型。18 位精度的浮点数
INT、INTEGER 和 SMALLINT	NUMBER 的子类型。38 位小数精度的整数
REF object_type	对对象类型的引用。与 C++程序设计语言中的指针类似
VARRAY	变长数组。它是一个组合类型，存储有序的元素集合
NESTED TABLE	嵌套表。它是一个组合类型，存储无序的元素集合
XML Type	存储 XML 数据
LONG	变长字符数据，最大长度为 2GB
NVARCHAR2(size)	变长字符串，最大长度为 4000B
VARCHAR2(size)[BYTE|CHAR]	变长字符串，最大长度为 4000B，最小为 1B。BYTE 表示使用字节语义的变长字符串，最大长度为 4000B；CHAR 表示使用字符语义计算字符串的长度
NCHAR(size)	定长字符串，其长度为 size，最大为 2000B，默认为 1B
CHAR(size)[BYTE | CHAR]	定长字符串，其长度为 size，最小为 1B，最大为 2000B。BYTE 表示使用字节语义的定长字符串；CHAR 表示使用字符语义的定长字符串
BINARY_FLOAT	32 位浮点数
BINARY_DOUBLE	64 位浮点数
DATE	日期值，从公元前 4712 年 1 月 1 日到公元 9999 年 12 月 31 日
TIMESTAMP(fractional_seconds)	年、月、日、小时、分钟、秒和秒的小数部分。fractional_seconds 的值为 0~9，也就是说，最多为十亿分之一秒的精度，默认值为 6（百万分之一）
TIMESTAMP(fractional_seconds) WITH TIME ZONE	包含一个 TIMESTAMP 值，此外还有一个时区置换值。时区置换可以是到 UTC（如-06：00）或区域名（如 US/Central）的偏移量
TIMESTAMP(fractional_seconds) WITH LOCAL TIME ZONE	类似于 TIMESTAMP WITH TIMEZONE，但是有两点区别：①在存储数据时，数据被规范化为数据库时区；②在检索具有这种数据类型的列时，用户可以看到以会话的时区表示的数据
INTERVALYEAR(year_precision) TO MONTH	以年和月的方式存储时间段，year_precision 的值是 YEAR 字段中数字的位数
INTERVAL DAY(year_precision) TO ECOND (fractional_seconds_precision)	以日、小时、分钟、秒、小数秒的形式存储一段时间。year_precision 的值为 0~9，默认值为 2；fractional_seconds_precision 的值类似于 TIMESTAMP 值中的小数位，范围为 0~9，默认值为 6
RAW(size)	原始二进制数据，最大尺寸为 2000B
LOGN RAW	原始二进制数据，变长，最大尺寸为 2GB
ROWID	以 64 为基数的串，表示对应表中某一行的唯一地址，该地址在整个数据库中是唯一的
UROWID[(size)]	以 64 为基数的串，表示按索引组织的表中某一行的逻辑地址。size 的最大值为 4000B
CLOB	字符大型对象，包含单字节或多字节字符，支持定宽和变宽的字符集，最大尺寸为(4GB – 1)*DB_BLOCK_SIZE

续表

Oracle 内置数据类型	说明
NCLOB	类似于 CLOB，除了存储来自于定宽和变宽的 Unicode 字符。最大尺寸为(4GB – 1)*DB_BLOCK_SIZE
BLOB	二进制大型对象，最大尺寸为(4GB – 1)*DB_BLOCK_SIZE
BFILE	指针，指向存储在数据库外部的大型二进制文件。必须能够从运行 Oracle 实例的服务器访问二进制文件。最大尺寸为 4GB
用户定义的对象类型	可以定义自己的对象类型，并创建该类型的对象

5.1.2 创建 Oracle 数据表

在 Oracle 系统中可以使用 CREATE TABLE 语句来创建数据表，其语法格式如下：

```
CREATE TABLE [schema.] table_name(
    column_name data_type [DEFAULT expression] [constraint]
    [,column_name data_type [DEFAULT expression] [constraint]]
    [,column_name data_type [DEFAULT expression] [constraint]]
    [,…]
);
```

语法说明如下：

（1）schema：指定表所属的用户名，或者所属的用户模式名。

（2）table_name：所要创建的表的名称。

（3）column_name：列的名称。列名在一个表中必须具有唯一性。

（4）data_type：列的数据类型。

（5）DEFAULT expression：列的默认值。

（6）constraint：为列添加的约束，表示该列的值必须满足的规则。

例如，在 scott 用户下创建一个学生信息表 student，该表包括学生编号、姓名、年龄、联系电话、家庭住址 5 个字段。创建该表的 SQL 语句如下：

```
SQL> CREATE TABLE scott.student(
  2  stu_id NUMBER(5) NOT NULL,
  3  name VARCHAR2(20),
  4  age NUMBER(3),
  5  phone VARCHAR2(20),
  6  address VARCHAR2(50),
  7  CONSTRAINT stu_id PRIMARY KEY(stu_id)
  8  );
表已创建。
```

在创建表 student 的语句中，stu_id 列的数据类型为 NUMBER，表示整型，关键字 NOT NULL 表示该列的值非空；name 字段的数据类型为 VARCHAR2(20)，表示该字段的值为字符串类型，字符串的字符长度在 1～20 之间；CONSTRAINT 表示为 student 表增加一个主键约束，主键列为 stu_id，主键名为 stu_pk。

> **提示**
> 主键是一个逻辑上的概念，主要提供数据在实体完整性和引用完整性上的保障。主键的目的是保证表内数据的唯一性，避免重复；另一方面应用于"主键-外键"对上，用来与其他表进行关联。

表创建成功后，可以使用 DESCRIBE（可以简写为 DESC）命令查看表的结构。例如，查看 student 表的结构，结果如下：

```
SQL> DESC student
 名称                    是否为空?      类型
 -----------            ----------    -------
 STU_ID                 NOT NULL      NUMBER(5)
 NAME                                 VARCHAR2(20)
 AGE                                  NUMBER(3)
 PHONE                                VARCHAR2(20)
 ADDRESS                              VARCHAR2(50)
```

上述表结构信息中，如果"是否为空?"列没有值，则表明该列可以为空，默认情况下为空。

5.1.3 指定表空间

在 Oracle 数据库中，通常情况下创建的表都是保存在表空间中的，所以在创建表时，可以使用 TABLESPACE 关键字指定该表存放于哪个表空间。

创建表时指定表空间的语法格式如下：

```
TABLESPACE tablespace_name
```

例如，创建表 student1，并将该表创建在 tablespacestu 表空间中，代码如下：

```
SQL> CREATE TABLE scott.student1(
  2  stu_id NUMBER(5) NOT NULL PRIMARY KEY,
  3  name VARCHAR2(20),
  4  age NUMBER(3),
  5  phone VARCHAR2(20),
  6  address VARCHAR2(50)
  7  ) TABLESPACE tablespacestu;
表已创建。
```

上述语句中，将 student1 表创建在 talespacestu 表空间中，如果在创建表时没有指定表空间，那么在默认情况下，系统将创建的表建立在默认表空间中。可以通过 user_users 视图的 default_tablespace 字段，查看系统的默认表空间名称。例如，以 system 的身份登录数据库，查看默认表空间，代码如下：

```
SQL> SELECT default_tablespace
  2  FROM user_users;
DEFAULT_TABLESPACE
```

```
------------------------------
SYSTEM
```

通过 user_tables 视图可以查看表和表空间的对应关系，代码如下：

```
SQL> SELECT table_name,tablespace_name
  2  FROM user_tables;
TABLE_NAME                      TABLESPACE_NAME
-----------                     -------------------
LOGMNR_PARAMETER$               SYSTEM
LOGMNR_SESSION$                 SYSTEM
MVIEW$_ADV_WORKLOAD             SYSTEM
...
STUDENT1                        TABLESPACESTU
已选择 157 行。
```

如果需要查看某个表属于哪个表空间，或者某个表空间中存在哪些表，可以使用 WHERE 子句。例如，查看 student1 表所在的表空间，代码如下：

```
SQL> SELECT table_name,tablespace_name
  2  FROM user_tables
  3  WHERE table_name='STUDENT1';
TABLE_NAME                      TABLESPACE_NAME
-------------------             -------------------
STUDENT1                        TABLESPACESTU
```

注意

在 WHERE 子句中，单引号中的内容必须全部大写，否则将查找不到相应的内容。

5.1.4 指定存储参数

在使用 SQL 语句创建表时，Oracle 允许用户对存储空间的使用参数进行自定义。这时，需要使用 STORAGE 关键字来指定存储参数信息，其语法格式如下：

```
STORAGE(INITIAL n k|M PCTINCREASE n)
```

语法说明如下：

（1）INITIAL：指定表中的数据分配的第一个盘区大小，以 KB 或者 MB 为单位，默认值为 5 个 Oracle 数据块的大小。

（2）NEXT：指定表中的数据分配的第二个盘区大小。该参数只有在字典管理的表空间中起作用，在本地化管理表空间中，该盘区大小将由 Oracle 自动决定。

（3）MINEXTENTS：指定允许为表中的数据所分配的最小盘区数量。同样，在本地化管理表空间的方式中，该参数不再起作用。

注意

如果指定的盘区管理方式为 UNIFORM，则不能使用 STORAGE 子句，盘区的大小将是固定统一的。

以下示例在创建 student2 表时,使用 STORAGE 子句来设置存储空间的参数,如果不指定这些存储参数,那么系统将采用该表所在表空间的默认存储参数信息。

```
SQL> CREATE TABLE student2(
  2  stu_id NUMBER(5) NOT NULL PRIMARY KEY,
  3  name VARCHAR2(20),
  4  age NUMBER(3),
  5  phone VARCHAR2(20),
  6  address VARCHAR2(50)
  7  )tablespace  tablespacestu STORAGE(INITIAL 128K);
表已创建。
```

如果需要查询表的存储参数信息,可以使用以下语句:

```
SQL> SELECT table_name ,tablespace_name,initial_extent
  2  FROM user_tables;
TABLE_NAME                      TABLESPACE_NAME           INITIAL_EXTENT
--------------                  -----------------         --------------
LOGMNR_ERROR$                   SYSAUX                    65536
LOGMNR_LOG$                     SYSAUX                    65536
LOGMNR_RESTART_CKPT_TXINFO$     SYSAUX                    65536
LOGMNR_GLOBAL$                  SYSAUX                    65536
LOGMNR_PROCESSED_LOG$           SYSAUX                    65536
...
STUDENT2                        TABLESPACESTU             131072
已选择 158 行。
```

5.1.5 指定重做日志

在创建表时,如果使用 LOGGING 子句,则表示对表的所有操作都将记录到重做日志中。重做日志由两个以上的文件组成,用于保存数据库的所有变化信息。Oracle 数据库的每个实例都有一个相关的重做日志,从而保护数据库的安全。

如果由于某些原因,使数据不能从内存保存到数据文件,这时就可以从重做日志中获得这些改变。使用重做日志,可以防止数据丢失,提高数据的可靠性。

例如,创建表 student3,使用 LOGGING 子句把对该表的操作都记录到重做日志文件中,代码如下:

```
SQL> CREATE TABLE student3(
  2  stu_id NUMBER(5) NOT NULL PRIMARY KEY,
  3  name VARCHAR2(20),
  4  age NUMBER(3),
  5  phone VARCHAR2(20),
  6  address VARCHAR2(50)
  7  )TABLESPACE  tablespacestu
  8  LOGGING;
表已创建。
```

> **提示** 在创建表时，如果没有使用 LOGGING 或者 NOLOGGING 子句，则 Oracle 会默认使用 LOGGING 子句。

在创建表时，如果使用 NOLOGGING 子句，则对该表的操作不会保存到重做日志中。使用这种方式，可以节省重做日志文件的存储空间。但是，某些情况下将无法使用数据库的恢复操作，从而无法防止数据的丢失。

5.2 练习 5-1：创建图书信息表

在 5.1 节中介绍了 Oracle 的数据类型、创建数据表的方法以及如何指定表空间，本节将综合运用这些知识来创建图书信息表。

在图书信息表中，有图书编号、图书名、作者、出版社 4 个字段，创建该表的数据结构和字段类型等内容如表 5-2 所示。

表 5-2　图书信息表结构

名称	类型	是否为空
图书编号	NUMBER(10)	否
图书名	VARCHAR2(30)	否
作者	VARCHAR2(20)	是
出版社	VARCHAR(30)	是

创建图书信息表的 SQL 语句如下：

```
SQL> CREATE TABLE bookinfo(
  2   id NUMBER(10) NOT NULL PRIMARY KEY,
  3   name VARCHAR2(30) NOT NULL,
  4   author VARCHAR2(20),
  5   publisher VARCHAR2(30)
  6  )TABLESPACE  tablespacestu
  7  STORAGE(INITIAL 128K)
  8  LOGGING;
表已创建。
```

上述语句中，第 6 行指定 bookinfo 表空间为 tablespacestu；第 7 行指定存储参数，表示表中的数据分配的第一个盘区大小为 128KB；第 8 行使用 LOGGING 子句把对该表的操作都记录到重做日志文件中，可以防止数据丢失，提高数据的可靠性。

5.3 修改数据表

在创建一个表后，可以对表进行修改操作，包括增加和删除列、更新列、重命名表、改变表的存储表空间和存储参数，以及删除表定义等。本节将对这些操作进行详细介绍。

5.3.1 增加和删除列

在创建表后，由于需求或者其他的某些原因不得不增加或者删除表中的列，这两个操作都需要使用 ALTER TABLSE 语句。

1. 增加列

在一个已经存在的表中添加新的列时，一般使用 ALTER TABLE…ADD 语句。例如，向表 student1 中增加列 message，该列的属性类型为 VARCHAR2，代码如下：

```
SQL> ALTER TABLE student1 ADD message VARCHAR2(50);
表已更改。
```

上述代码中，ADD 关键字后面是添加的新列的名称。表更改成功后，使用 DESC 命令查看表 student1 的列的属性，结果如下：

```
SQL> DESC student1
名称                         是否为空?        类型
-----------------            ------------    ---------------
STU_ID                       NOT NULL        NUMBER(5)
NAME                                         VARCHAR2(20)
AGE                                          NUMBER(3)
PHONE                                        VARCHAR2(20)
ADDRESS                                      VARCHAR2(50)
MESSAGE                                      VARCHAR2(50)
```

注意：如果要添加的列已经存在，再执行添加命令，将出现错误。

2. 删除列

在表中删除已经存在的列，需使用 ALTER TABLE…DROP COLUMN 语句。例如，使用该语句删除 student1 表中的 message 列，代码如下：

```
SQL> ALTER TABLE student1 DROP COLUMN message;
表已更改。
```

如果需要使用这条语句删除多个列，则可以将要删除的列名放在一个括号内，多个列名之间使用英文逗号（,）隔开，并且不能使用关键字 COLUMN。例如，将表 student1 中的 phone 和 address 列删除，代码如下：

```
SQL> ALTER TABLE student1 DROP (phone,address);
表已更改。
```

5.3.2 更新列

对列执行更新操作，实际上就是进行修改列的名称、数据类型、精度以及默认值等操作。在更新列时，需要使用 ALTER TABLE 语句。

1. 修改列名称

修改列名称的语法格式如下：

```
ALTER TABLE table_name
RENAME COLUMN oldcolumn_name to new_column_name;
```

其中，table_name 表示被修改列所属的表的名称；oldcolumn_name 表示要修改的列的名称；newcolumn_name 表示修改后的列的名称。

例如，将 books 表的 price 列的列名修改为 b_price，代码如下：

```
SQL>ALTER TABLE books
2   RENAME COLUMN price to b_price;
表已更改。
```

2. 修改数据类型

在对列的数据类型进行修改时，需要注意以下两点：

（1）一般情况下，只能将数据的长度由短向长改变，而不能由长向短改变。

（2）当表中没有数据时，可以将数据的长度由长向短改变，也可以把某种类型改变为另外一种数据类型。

修改数据类型的语法格式如下：

```
ALTER TABLE  table_name
MODIFY column_name  new_datatype;
```

其中，table_name 表示被修改列所属的表的名称；column_name 表示要修改的列的名称；new_datatype 表示修改后的列的数据类型。

例如，将 books 表中的 b_date 列的数据类型修改为 DATE，代码如下：

```
SQL>ALTER TABLE books
2   MODIFY b_date DATE;
表已更改。
```

3. 修改数字列的精度

对数据类型为 NUMBER 的列，可以修改其精度，语法格式如下：

```
ALTER TABLE table_name
MODIFY column_name new_datatype;
```

其中，table_name 表示被修改列所属的表的名称；column_name 表示要修改的列的名称；new_datatype 表示修改后的列的精度。

例如，将 price 列的数据类型修改为 NUMBER(4,3)，代码如下：

```
SQL>ALTER TABLE books
2  MODIFY price NUMBER(4,3);
表已更改。
```

4．修改列的默认值

修改列的默认值时，需要使用以下语句：

```
ALTER TABLE table_name
MODIFY(column_name DEFAULT default_value);
```

其中，table_name 表示被修改列所属的表的名称；column_name 表示要修改的列的名称；default_value 表示修改后的默认值。

> **注意**
> 如果对某个列的默认值进行更新，更改后的默认值只对后面的 INSERT 操作起作用，而对于先前的数据不起作用。

例如，将 price 列的默认值修改为 20，代码如下：

```
SQL>ALTER TABLE books MODIFY(price DEFAULT 20);
表已更改。
```

5.3.3 重命名表

如果需要修改表的名称，可以使用 ALTER TABLE...RENAME 语句，该语句的语法格式如下：

```
ALTER TABLE table_name RENAME TO new_table_name;
```

其中，table_name 表示被修改的表名称；new_table_name 则表示修改后的表名称。

例如，将表 student1 重命名为 student，代码如下：

```
SQL> ALTER TABLE student1 RENAME TO student;
表已更改。
SQL> DESC student1
ERROR:
ORA-04043: 对象 student1 不存在
SQL> DESC student
 名称                                      是否为空?   类型
 ----------------------------------------- -------- ----------------
 STU_ID                                    NOT NULL NUMBER(5)
 NAME                                               VARCHAR2(20)
 AGE                                                NUMBER(3)
```

上述代码中，将 student1 表名修改为 student，然后通过 DESC 关键字来验证修改后是否还存在 student1 表，此时运行结果提示异常，说明该表不存在，再使用 DESC 查看 student 表，运行结果说明已经将表名修改成功。

对表进行重命名操作非常容易，但是影响却非常大。虽然 Oracle 可以自动更新数据字典中表的外键、约束和表关系等，但是还不能更新数据库中的存储代码、客户应用以及依赖于该表的其他对象。所以对表的重命名操作，需要谨慎。

5.3.4 改变表的存储表空间和存储参数

在创建表时，可以设置表所在的存储空间和存储参数，本节将介绍在原有的表上修改所属的表空间以及存储参数，修改这些信息需要使用 ALTER TABLE 语句来完成。

注意
表被创建后，表中的某些属性不能够被修改，如 STORAGE 子句中的 INITIAL 参数。

1. 将表移动到另一个表空间

将表移动到另一个表空间中，可以使用 ALTER TABLE...MOVE 语句。在将表移动到另一个表空间之前，首先查看该表所属的表空间，这里以 student 表为例，代码如下：

```
SQL> SELECT tablespace_name,table_name
  2  FROM user_tables
  3  WHERE table_name='STUDENT';
TABLESPACE_NAME                TABLE_NAME
------------------             --------------
TABLESPACESTU                  STUDENT
```

通过上面的结果可以看出，此时 student 表存放在 tablespacestu 表空间中，下面将该表移动到 system 表空间中，代码如下：

```
SQL> ALTER TABLE student MOVE TABLESPACE system;
表已更改。
```

再进行一次查询，可以发现 student 表所对应的表空间为 system。

```
SQL> SELECT tablespace_name,table_name
  2  FROM user_tables
  3  WHERE table_name='STUDENT';
TABLESPACE_NAME                TABLE_NAME
------------------             --------------
SYSTEM                         STUDENT
```

2. 修改表的存储参数

表创建好之后，可以对表的存储参数 PCTFREE 和 PCTUSED 进行修改，以 student

表为例，修改语句如下：

```
SQL> ALTER TABLE student PCTFREE 40 PCTUSED 60;
表已更改。
```

5.3.5 删除表定义

如果用户需要删除表，可以使用 DROP TABLE 语句，但要注意的是，当删除该表时，表中的数据信息也将消失。

> **注意**：一般情况下，用户只能删除自己模式中的表，如果需要删除其他模式中的表，则该用户必须具备 DROP ANY TABLE 的系统权限。

删除表的语法格式如下：

```
DROP TABLE table_name [ CASCADE CONSTRAINTS ] [ PURGE ];
```

其中，table_name 表示要删除的表名称，是不可缺少的参数；CASCADE CONSTRAINTS 表示删除表的同时也删除该表的视图、索引、约束和触发器等，是可选择参数；PURGE 表示表删除成功后释放占用的资源，也是可选择参数。

例如，删除 student 表，代码如下：

```
SQL> DROP TABLE student;
表已删除。
SQL> DESC student
ERROR:
ORA-04043: 对象 student 不存在
```

在执行删除操作后，使用 DESC 关键字查询该表结构会出现异常，提示对象不存在，这就表明表已被成功删除了。

5.4 练习 5-2：修改会员信息表

在 5.3 节中，已经详细介绍了修改数据表的方法，本节就以修改会员信息表 info 为例，练习使用修改表的方法。

会员信息表的结构如表 5-3 所示。

表 5-3 会员信息表结构

名称	类型	是否为空
编号	NUMBER(10)	否
昵称	VARCHAR2(20)	否
年龄	NUMBER(3)	是
电话	VARCHAR2(20)	是

现在要求为会员信息表增加一列（address 列），并将字段名 nickname 改为 name，将表名改为 memberinfo，具体的实现步骤如下：

（1）为表增加列需要使用 ALTER TABLE...ADD 语句，为该表增加 address 列的 SQL 语句如下：

```
SQL> ALTER TABLE info ADD address VARCHAR2(50);
表已更改。
```

使用 DESC 命令查看表结构，结果如下：

```
SQL> DESC info;
名称                    是否为空?         类型
-------------------    -----------     -------------------
ID                     NOT NULL        NUMBER(10)
NICKNAME               NOT NULL        VARCHAR2(20)
AGE                                    NUMBER(3)
PHONE                                  VARCHAR2(20)
ADDRESS                                VARCHAR2(50)
```

由上面的结果可以看出，address 列已经成功添加到表 info 中。

（2）使用 ALTER TABLE 语句修改字段名称，将 info 表中的字段名 nickname 改为 name 的 SQL 语句如下：

```
SQL> ALTER TABLE info
  2  RENAME COLUMN nickname to name;
表已更改。
```

（3）通过 ALTER TABLE...RENAME 语句重命名表，将 info 表名修改为 memberinfo 的 SQL 语句如下：

```
SQL> ALTER TABLE info RENAME TO memberinfo;
表已更改。
```

5.5 表的完整性约束

数据库完整性是指数据库中数据的正确性和相容性，为了能够保证数据库插入数据具有完整性，通常情况需要使用各种完整性约束。数据的完整性和完整性约束是密不可分、相互依赖的，通过设置约束条件来使得保存的数据安全、完整和相互兼容。

5.5.1 约束的分类和定义

在为约束分类时，可以根据约束的作用域和约束的用途两个角度进行分类。根据约束的作用域，可以将约束分为以下两类：

（1）表级别的约束：定义在一个表中，可以用于表中的多个列。
（2）列级别的约束：对表中的一列进行约束，只能够应用于一个列。

根据约束的用途，可以将约束分为以下 5 类，如表 5-4 所示。

表 5-4 约束及其说明

约束	约束类型	说明
NOT NULL（非空约束）	C	指定一列不允许存储空值，这实际就是一种强制的 CHECK 约束
PRIMARY KEY（主键约束）	P	指定表的主键，主键由一列或多列组成，唯一标识表中的一行
UNIQUE（唯一性约束）	U	指定一列或一组列只能存储唯一的值
CHECK（检查约束）	C	指定一列或一组列的值必须满足某种条件
FOREIGN KEY（外键约束）	R	指定表的外键，外键引用另一个表中的一列，在自引用的情况中，则引用本表中的一列

对约束的定义既可以在 CREATE TABLE 语句中进行，也可以在 ALTER TABLE 语句中进行。

> **提示**
> 在 Oracle 系统中定义约束时，使用 CONSTRAINT 关键字为约束命名。如果用户没有为约束指定名称，Oracle 将自动为约束建立默认名称。

5.5.2 NOT NULL 约束

NOT NULL 约束是指非空约束，表示某些列的值是不可缺少的。如果用户强行向数据库内插入空数据，程序将会出现异常提示。

NOT NULL 约束具有以下 3 个特点：

（1）NOT NULL 约束只能在列级别上定义。

（2）在一个表中可以定义多个 NOT NULL 约束。

（3）为列定义 NOT NULL 约束后，该列中不能包含 NULL 值。

1. 在创建表时添加 NOT NULL 约束

如果在创建一个表时，为表中的列指定 NOT NULL 约束，则只需要在列的数据类型后面添加 NOT NULL 关键字即可。

例如，创建表 student，并为该表 stu_id 和 name 列定义 NOT NULL 约束，代码如下：

```
SQL> CREATE TABLE student(
  2  stu_id NUMBER(5) NOT NULL ,
  3  name VARCHAR2(20) NOT NULL,
  4  age NUMBER(3),
  5  phone VARCHAR2(20),
  6  address VARCHAR2(50)
  7  );
表已创建。
```

添加 NOT NULL 约束后，再为该表添加数据时就不可以插入空值了。使用 DESC 语句来查询是否创建成功，结果如下：

```
SQL> DESC student
名称                          是否为空？           类型
----------------              ----------           ---------------
STU_ID                        NOT NULL             NUMBER(5)
NAME                          NOT NULL             VARCHAR2(20)
AGE                                                NUMBER(3)
PHONE                                              VARCHAR2(20)
ADDRESS                                            VARCHAR2(50)
```

2. 为已存在列添加 NOT NULL 约束

在已经存在的表中为某列添加非空约束或者修改为非空约束时，可以使用 ALTER TABLE...MODIFY 语句。例如，为 student 表的 age 列添加 NOT NULL 约束，代码如下：

```
SQL> ALTER TABLE student MODIFY age NOT NULL;
表已更改。
```

在为已经存在的列添加非空约束时，如果该列已经存在了非空约束，将会出现约束添加失败的异常信息。

> **注意**　使用 ALTER TABLE...MODIFY 语句为表添加 NOT NULL 约束时，如果表中该列的数据存在 NULL 值，则向该列添加 NOT NULL 约束将会失败。因为当为列添加 NOT NULL 约束时，Oracle 将检查表中的所有数据行，以保证所有行对应的该列都不能存在 NULL 值。

3. 删除 NOT NULL 约束

在 Oralce 数据库中，可以使用 ALTER TABLE...MODIFY 语句，删除表中的 NOT NULL 约束。

例如，删除 student 表中 name 列的 NOT NULL 约束，代码如下：

```
SQL> ALTER TABLE student MODIFY name NULL;
表已更改。
```

为了验证是否已经成功将非空约束删除，使用 DESC 语句查询该表的数据结构属性，结果如下：

```
SQL> DESC student
名称                          是否为空？           类型
----------------              -----------          -------------
STU_ID                        NOT NULL             NUMBER(5)
NAME                                               ARCHAR2(20)
AGE                           NOT NULL             NUMBER(3)
```

```
    PHONE                              VARCHAR2(20)
    ADDRESS                            VARCHAR2(50)
```

5.5.3 PRIMARY KEY 约束

PRIMARY KEY 约束即主键约束，通过设置该关键字可以为列添加主键约束，主键约束具有以下 3 个特点：

（1）在一个表中，只能定义一个 PRIMARY KEY 约束。

（2）定义为 PRIMARY KEY 的列或者列组合中，不能包含任何重复值，并且不能包含 NULL 值。

（3）Oracle 数据库会自动为具有 PRIMARY KEY 约束的列建立一个唯一索引，以及一个 NOT NULL 约束。

1. 在创建表时添加 PRIMARY KEY 约束

在创建表时，如果为主键约束指定名称，需要使用 CONSTRAINT 关键字，即使用 CONSTRAINT...PRIMARY KEY 语句，对某列指定主键约束。

例如，创建表 student，将表中的 stu_id 列指定为表级别主键约束，代码如下：

```
SQL> CREATE TABLE student(
  2  stu_id NUMBER(10) NOT NULL ,
  3  name VARCHAR2(20) NOT NULL,
  4  age NUMBER(3),
  5  phone VARCHAR2(20),
  6  address VARCHAR2(50),
  7  CONSTRAINT stu_pk PRIMARY KEY(stu_id)
  8  );
表已创建。
```

在创建表时，如果使用系统自动为主键约束分配名称的方式，则可以省略 CONSTRAINT 关键字，这时只能创建列级别的主键约束。例如，重新创建表 student，为表中的 stu_id 列添加主键约束，代码如下：

```
SQL> CREATE TABLE student(
  2  stu_id NUMBER(10) NOT NULL PRIMARY KEY,
  3  name VARCHAR2(20) NOT NULL,
  4  age NUMBER(3),
  5  phone VARCHAR2(20),
  6  address VARCHAR2(50)
  7  );
/已创建。
```

2. 为已存在列添加 PRIMARY KEY 约束

为已经创建的表添加主键约束，需要使用 ADD CONSTRAINT 子句。例如，表 student1 没有主键约束，然后对 stu_id 列添加主键约束，代码如下：

```
SQL> ALTER TABLE student1
  2  ADD CONSTRAINT stu_pk PRIMARY KEY(stu_id);
表已更改。
```

上述代码中,使用 ALTER TABLE...ADD CONSTRAINT...PRIMARY KEY 语句将 stu_id 列设置为主键约束,并且该主键约束名为 stu_pk。

如果表中已经存在主键约束,则向该表中再添加主键约束时,系统将出现错误。

3. 删除主键约束

如果需要将表中的主键约束删除,则可以使用 ALTER TABLE...DROP 语句。例如,将 student1 表中的主键约束 stu_pk 删除,代码如下:

```
ALTER TABLE student1
DROP CONSTRAINT stu_pk;
SQL> ALTER TABLE student1
  2  DROP CONSTRAINT stu_pk;
表已更改。
```

5.5.4 UNIQUE 约束

UNIQUE 约束是指唯一约束,用来保证表中的某一列或者表中的某几列组合起来不重复。它具有以下 4 个特点:

(1)如果为列定义 UNIQUE 约束,那么该列中不能包含重复的值。

(2)在一个表中,可以为某一列定义 UNIQUE 约束,也可以为多个列定义 UNIQUE 约束。

(3)Oracle 将会自动为 UNIQUE 约束的列建立一个唯一索引。

(4)可以在同一个列上建立 NOT NULL 约束和 UNIQUE 约束。

提示:如果为列同时定义 UNIQUE 约束和 NOT NULL 约束,那么这两个约束的共同作用效果在功能上相当于 PRIMARY KEY 约束。

1. 在创建表时指定 UNIQUE 约束

在创建表时,可以对需要添加唯一约束的列使用 CONSTRAINT...UNIQUE 语句来完成设置。例如,创建表 student2,并为 name 列指定 UNIQUE 约束,代码如下:

```
SQL> CREATE TABLE student2(
  2  stu_id NUMBER(10) NOT NULL PRIMARY KEY,
```

```
   3    name VARCHAR2(20) CONSTRAINT stu_uk UNIQUE,
   4    address VARCHAR2(20)
   5  );
表已创建。
```

> **提示**
> 如果为一个列建立 UNIQUE 约束，而没有设置 NOT NULL 约束，那么该列的数据可以包含多个 NULL 值，也就是说多个 NULL 值不算重复值

例如，为 name 列指定了 UNIQUE 约束，但是没有设置 NOT NULL 约束，在向表 student2 中添加数据时，name 列对应的值可以包含多个 NULL 值，代码如下：

```
SQL> INSERT INTO  student2 VALUES(1,NULL,'北京市朝阳区');
已创建 1 行。
SQL> INSERT INTO  student2 VALUES(2,NULL,'上海市徐汇区');
已创建 1 行。
```

2. 为已存在列添加 UNIQUE 约束

在创建表后，为表中的列添加 UNIQUE 约束可以使用 ALTER TALBE...ADD UNIQUE 语句。例如，为 student3 表中的 name 列添加 UNIQUE 约束，代码如下：

```
SQL> CREATE TABLE student3(
   2    stu_id NUMBER(10) NOT NULL PRIMARY KEY,
   3    name VARCHAR2(20) ,
   4    address VARCHAR2(20)
   5  );
表已创建。
SQL> ALTER  TABLE student3 ADD UNIQUE (name);
表已更改。
```

上面的操作中，首先创建表 student3，创建成功之后，在该表中为 name 列添加唯一约束。

3. 删除 UNIQUE 约束

要删除表中已经存在的 UNIQUE 约束，可以使用 ALTER TABLE...DROP UNIQUE 语句。使用该语句删除 student3 表中 name 列的唯一约束，代码如下：

```
SQL> ALTER TABLE student3 DROP UNIQUE(name);
表已更改。
```

也可以通过指定约束名的方式删除 UNIQUE 约束，代码如下：

```
SQL> ALTER TABLE student3 DROP CONSTRAINT stu_uk;
表已更改。
```

5.5.5 CHECK 约束

CHECK 约束即检查约束，它的作用就是对输入的每一个数据进行检查，只有符合条件的记录才会保存到表中，从而保证数据的有效性和完整性。

CHECK 约束有以下 4 个特点：

（1）在 CHECK 约束的表达式中，必须引用表中的一个或多个列，并且表达式的运算结果是一个布尔值。

（2）在一个列中，可以定义多个 CHECK 约束。

（3）对于同一列，可以同时定义 CHECK 约束和 NOT NULL 约束。

（4）CHECK 约束既可以定义在列级别中，也可以定义在表级别中。

1. 在创建表时添加 CHECK 约束

在创建表时，如果需要为某一列添加检查约束，那么就需要使用 CHECK（约束条件）语句。约束条件必须返回布尔值，这样插入数据时 Oracle 将会自动检查数据是否满足条件。例如，创建表 student4，并为 age 列指定 CHECK 约束，代码如下：

```
SQL> CREATE TABLE student4(
  2  stu_id NUMBER(10) NOT NULL PRIMARY KEY,
  3  name VARCHAR2(20) ,
  4  age NUMBER(3) CONSTRAINT stu_ck CHECK(age>0)
  5  );
表已创建。
```

为了检验 CHECK 约束是否对 age 列起作用，可向表 student4 中添加两条记录，代码如下：

```
SQL> INSERT INTO student4 VALUES(1,'王阳',19);
已创建 1 行。
SQL> INSERT INTO student4 VALUES(2,'李珂',0);
INSERT INTO student4 VALUES(2,'李珂',0)
*
第 1 行出现错误:
ORA-02290: 违反检查约束条件 (SYSTEM.STU_CK)
```

第 2 条 INSERT 语句中，由于 age 列的值不满足约束条件，所以在添加记录时出现错误，那么该条信息将不能被保存到 student4 表中。

2. 为已存在列添加 CHECK 约束

如果在创建表后，为已经存在的列添加 CHECK 约束，需要使用 ALTER TALBE...ADD CHECK 语句。例如，为 student 表中的 age 列添加 CHECK 约束，代码如下：

```
SQL> ALTER TABLE student
```

```
  2  ADD CONSTRAINT s_ck CHECK(age>0);
```
表已更改。

3. 删除 CHECK 约束

如果需要删除表中的 CHECK 约束，则使用 ALTER TABLE...DROP 语句。使用该语句删除 student 表中 age 列的检查约束，代码如下：

```
SQL> ALTER TABLE student DROP CONSTRAINT s_ck;
```
表已更改。

5.5.6 FOREIGN KEY 约束

FOREIGN KEY 约束即外键约束，外键是指引用另一个表（或者本表）中的某一列或者某几列的列。外键约束的作用是让两个表通过外键建立关系。

1. 外键约束的特点

FOREIGN KEY 约束具有以下 4 个特点：

（1）如果为某列定义 FOREIGN KEY 约束，则该列的取值只能为相关表中引用列的值或者 NULL 值。

（2）可以为一个字段定义 FOREIGN KEY 约束，也可以为多个字段的组合定义 FOREIGN KEY 约束。因此，FOREIGN KEY 约束既可以在列级别定义，也可以在表级别定义。

（3）定义了 FOREIGN KEY 约束的外键列，与被引用的主键列可以存在于同一个表中，这种情况称为"自引用"。

（4）对于同一个字段可以同时定义 FOREIGN KEY 约束和 NOT NULL 约束。

图 5-1 中给出了一个外键约束关系，在"学生"表中包含一个名为"所在小组"的列，该列中的值来自于"小组"表中的"小组编号"列。

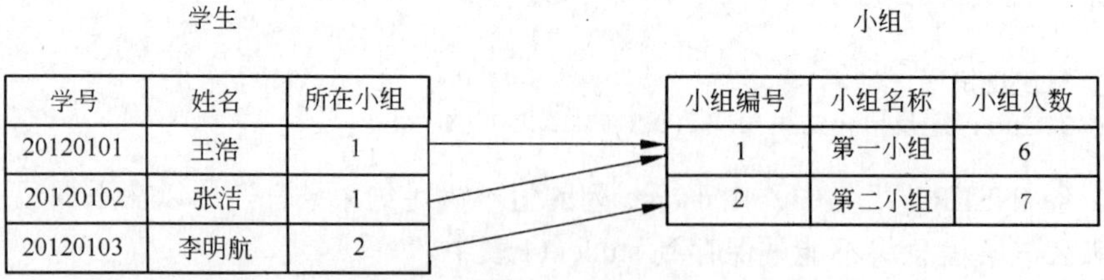

学生

学号	姓名	所在小组
20120101	王浩	1
20120102	张洁	1
20120103	李明航	2

小组

小组编号	小组名称	小组人数
1	第一小组	6
2	第二小组	7

图 5-1 使用外键约束关系的两个表

根据图 5-1 中的外键关系，"学生"表中"所在小组"列的值，只能来自于"小组"表的"小组编号"列。如果"所在小组"的值在"小组编号"中找不到，添加数据时将出现 FOREIGN KEY 约束错误。

> **提示** 如果表中定义了外键约束，那么该表通常称为子表，如图 5-1 的"学生表"；如果表中包含引用键，那么该表称为父表，如图 5-1 的"小组"表。

2．在创建表时添加 FOREIGN KEY 约束

下面使用关键字 REFERENCES 实现外键约束。创建表 student 和表 stugroup，为表 student 添加外键约束，指向表 stugroup 的 g_id 列，代码如下：

```
SQL> CREATE TABLE stugroup(
  2  g_id NUMBER(4) NOT NULL PRIMARY KEY,
  3  g_name VARCHAR2(20));
表已创建。
```

> **注意** 为一个表创建外键约束之前，父表必须已经存在，并且父表的引用列必须被定义为 UNIQUE 约束或者 PRIMARY KEY 约束。

```
SQL> CREATE TABLE student(
  2  stu_id NUMBER(4),
  3  stu_name VARCHAR2(20),
  4  group_id NUMBER(4) REFERENCES stugroup(g_id)
  5  );
表已创建。
```

第 4 行代码表示 group_id 列使用外键约束，并且指向 stugroup 表中的 g_id 列。外键列和被引用列的列名可以不同，但是数据类型必须完全相同。

为了验证外键约束是否有效，可以向表 student 中添加一条数据，如果对应的 g_id 值在父表中不存在，则出现外键约束错误，代码如下：

```
SQL> INSERT INTO student VALUES(1,'王丽',2);
INSERT INTO student VALUES(1,'王丽',2)
*
第 1 行出现错误：
ORA-02291: 违反完整约束条件 (SYSTEM.SYS_C0011181) - 未找到父项关键字
```

3．为已存在列添加 FOREIGN KEY 约束

如果已经创建表 stugroup 和表 student，但是没有为表指定外键关系。这时可以使用 ADD CONSTRAINT FOREIGN KEY REFERENCES 子句，为表增加外键约束，代码如下：

```
SQL> ALTER TABLE student
  2  ADD CONSTRAINT stu_fk FOREIGN KEY(group_id)
  3  REFERENCES stugroup(g_id);
表已更改。
```

上述语句中，第 2 行代码表示为表 student 的 group_id 列增加外键约束，外键约束的

别名为 stu_fk；第 3 行代码表示该外键约束指向 stugroup 表中的 g_id 列。

4．删除 FOREIGN KEY 约束

删除 FOREIGN KEY 约束时，需要使用 ALTER TABLE...DROP CONSTRAINT 语句。例如，删除表 student 中的外键约束 stu_fk，代码如下：

```
SQL> ALTER TABLE student DROP CONSTRAINT stu_fk;
表已更改。
```

通过以上代码，则可以将两表之间建立的名为 stu_fk 的外键约束删除。

5．引用类型

在定义外键约束时，还可以使用关键字指定引用行为的类型。当删除父表中的一条记录时，通过引用行为可以确定如何处理外键表中的外键列。引用类型可以分为以下 3 种：

1）使用 CASCADE 关键字

如果在定义外键约束时使用 CASCADE 关键字，那么当父表中引用列的数据被删除时，子表中对应的数据也将被删除。

2）使用 SET NULL 关键字

如果在定义外键约束时使用 SET NULL 关键字，那么当父表中引用列的数据被删除时，子表中对应的数据被设置为 NULL。要使这个关键字起作用，子表中的对应列必须支持 NULL 值。

3）使用 NO ACTION 关键字

如果在定义外键约束时使用 NO ACTION 关键字，那么当父表中引用列的数据被删除时，将违反外键约束，该操作也将被禁止执行，这也是外键约束的默认引用类型。

> **注意**
> 在使用默认引用类型的情况下，当删除父表中引用列的数据时，如果子表的外键列存储了该数据，那么删除操作将失败。

下面以 CASCADE 约束类型的使用为例进行介绍，其操作步骤如下：

（1）为 student 表指定外键约束的引用类型为 CASCADE，代码如下：

```
SQL> ALTER TABLE student
  2  ADD CONSTRAINT stufk
  3  FOREIGN KEY(group_id)
  4  REFERENCES stugroup ON DELETE CASCADE;
表已更改。
```

（2）向表 stugroup 和表 student 中增加多行数据，代码如下：

```
SQL> INSERT INTO stugroup VALUES(1,'第一小组');
已创建 1 行。
```

```
SQL> INSERT INTO student VALUES(1,'王浩',20,1);
已创建 1 行。
SQL> INSERT INTO stugroup VALUES(2,'第二小组');
已创建 1 行。
SQL> INSERT INTO student VALUES(1,'张洁',20,2);
已创建 1 行。
```

(3) 删除表 stugroup 中 g_id 为 1 的数据，代码如下：

```
SQL> DELETE stugroup
  2  WHERE g_id=1;
```

这时查看表 student 中的数据，可以发现 group_id 为 1 的数据也被删除，结果如下：

```
SQL> SELECT *
  2  FROM student;
        ID NAME                      AGE   GROUP_ID
---------- --------------- ---------- ----------
         1 张洁                       20          2
```

5.5.7 DISABLE 和 ENABLE 约束

在 Oracle 数据库中，根据对表的操作与约束规则之间的关系，可以将约束分为以下两种状态：

（1）禁止状态（DISABLE）：当约束处于禁止状态时，即使对表的操作与约束规则相冲突，操作也会被执行。

（2）激活状态（ENABLE）：当约束处于激活状态时，如果对表的操作与约束规则相冲突，则操作会被取消。

1. DISABLE 约束

在创建表时，使用 DISABLE 关键字可以将约束设置为禁止状态。例如，创建表 student，为 age 列设置 CHECK 约束，并将该约束设置为禁止状态，代码如下：

```
SQL> CREATE TABLE student(
  2  id NUMBER(4),
  3  name VARCHAR2(20),
  4  age NUMBER(3)
  5  CONSTRAINT age_ck CHECK (age>0) DISABLE
  6  );
表已创建。
```

如果表已经创建，可以在 ALTER TABLE 语句中，使用 DISABLE 关键字将激活状态切换到禁止状态。

```
SQL> ALTER TABLE student DISABLE CONSTRAINT age_ck;
表已更改。
```

> **提示**
> 在禁止 PRIMARY KEY 约束时，Oralce 将会默认删除主键约束对应的唯一索引；如果重新激活约束，Oracle 又将重新建立唯一索引。

2. ENABLE 约束

在使用 CREATE TABLE 或 ALTER TABLE 语句定义表约束时，可以使用 ENABLE 关键字激活约束。将一个约束条件修改为激活状态，可以有以下两种方法：

1）使用 ALTER TABLE...ENABLE 语句

如果一个表的约束状态为禁止状态，可以通过关键字 ENABLE 将约束状态指定为激活约束，代码如下：

```
SQL> ALTER TABLE student ENABLE  CONSTRAINT age_ck;
表已更改。
```

2）使用 ALTER TABLE...MODIFY...ENABLE 语句

将表 student 中 age 列的 CHECK 约束状态修改为激活状态，代码如下：

```
SQL> ALTER TABLE student MODIFY CONSTRAINT  age_ck ENABLE;
表已更改。
```

5.6 练习 5-3：创建学生信息表和班级表

在以下示例中，首先创建班级表即 stuclass 表，在该表中存放了 id、name 两个字段。

```
SQL> CREATE TABLE stuclass(
  2  id NUMBER(4) NOT NULL PRIMARY KEY,
  3  name VARCHAR2(20)
  4  );
表已创建。
```

这样就创建好了一个外键需要指向的表，接下来创建主体表，也就是外键将会在该表中的某个字段进行设置。创建名称为 student 的表，并为 class_id 添加外键，该外键引用表 stuclass 的 id 列。

```
SQL> CREATE TABLE student(
  2  id NUMBER(4) NOT NULL PRIMARY KEY,
  3  name VARCHAR2(20),
  4  age NUMBER(3),
  5  class_id NUMBER(4) REFERENCES stuclass(id)
  6  );
表已创建。
```

上述语句中，使用关键字 REFERENCES 实现了外键约束，class_id 引用了 stuclass 表中的 id 列作为外键。

5.7 扩展练习

1. 为网上购物商城构建产品表

为网上购物商城构建产品表，该表包括产品编号、产品名称以及价格字段，并将产品编号设置为主键（提示：PRIMARY KEY），产品名称设置为非空并且唯一（提示：NOT NULL、UNIQUE）。

2. 创建顾客表和订单表

仿照学生表和班级表，创建一个名称为 item 的订单表和一个名称为 customer 的顾客表，customer 表中有 id、name、age、item_id 字段，其中 id 为主键，item_id 作为外键引用 item 表中的 id，并为 customer 表的 age 列加上 CHECK 约束，要求年龄大于 0。

第 6 章　控制文件与日志文件的管理

内容摘要 | Abstract

Oracle 数据库包含 3 种类型的物理文件——数据文件、控制文件和重做日志文件，其中数据文件是用来存储数据的，而控制文件和日志文件则是用于维护 Oracle 数据库的正常运行的。保证控制文件和重做日志文件的可用性和可靠性是确保 Oracle 数据库正常、可靠运行的前提条件。

本章将主要介绍控制文件、重做日志文件和归档日志文件的管理。

学习目标 | Objective

- 了解控制文件的用途
- 熟练掌握创建控制文件的步骤
- 了解控制文件的备份与恢复
- 熟练掌握控制文件的移动与删除
- 了解日志文件的用途
- 熟练掌握创建日志文件组及其成员的步骤
- 熟练掌握更改重做日志文件的位置或名称的步骤
- 熟练掌握日志文件组及其成员的删除操作
- 熟练掌握日志文件组的切换
- 掌握日志文件组的清空
- 理解归档的概念
- 熟练掌握数据库归档模式的设置
- 熟练掌握数据库非归档模式的设置
- 掌握归档目标的设置

6.1　管理控制文件

每个 Oracle 数据库都必须至少具有一个控制文件。控制文件是一个很小的二进制格式的操作系统文件，在其中记录了关于数据库物理结构的基本信息，包括数据库的名称、相关的数据文件和重做日志文件的名称和位置、当前的日志序列号等内容。在加载数据库时，Oracle 实例将读取控制文件中的内容。如果无法找到可用的控制文件，数据库将无法加载，并且很难恢复，因此控制文件的管理就显得比较重要。

6.1.1　控制文件概述

控制文件是 Oracle 数据库最重要的物理文件，它以二进制文件的形式存在，不仅记载了数据库的物理结构信息（即构成数据库的数据文件和日志文件，在装载和打开数据库时需要这些文件），而且还记载了日志序列号、检查点和日志历史信息（同步和恢复数据库时需要这些信息）。

在创建数据库时会创建控制文件，如果数据库发生改变，则系统会自动修改控制文件，以记录当前数据库的状态。控制文件主要包括以下内容：

（1）数据库名和标识；
（2）数据库创建时的时间戳；
（3）表空间名；
（4）数据文件和日志文件的名称和位置；
（5）当前日志文件序列号；
（6）最近检查点信息；
（7）恢复管理器信息。

由于控制文件关系到数据库的正常运行，所以控制文件的管理非常重要。控制文件的管理策略主要有使用多路复用控制文件和备份控制文件。

1．使用多路复用控制文件

所谓多路复用控制文件，实际上就是为一个数据库创建多个控制文件，一般将这些控制文件存放在不同的磁盘中进行多路复用。

Oracle 一般会默认创建 3 个包含相同信息的控制文件，目的是为了当其中一个受损时，可以调用其他控制文件继续工作。

2．备份控制文件

备份控制文件比较好理解，就是每次对数据库的结构做出修改后，重新备份控制文件。例如，对数据库的结构进行以下修改操作之后备份控制文件：

（1）添加、删除或者重命名数据文件；
（2）添加、删除表空间或者修改表空间的状态；
（3）添加、删除日志文件。

6.1.2 创建控制文件

使用多路复用控制文件，可以很大程度地减少因控制文件受损而带来的数据库运行问题，但是并不能从根本上杜绝。而且，控制文件中还包含一些与数据库实例密切相关的参数，如 MAXLOGFILES、MAXLOGMEMBERS、MAXLOGHISTORY、MAXDATAFILES 和 MAXINSTANCES 等，这些参数最初设置的值可能不是很合理。总之，由于各种各样的原因，有时需要创建新的控制文件。

创建控制文件的语法格式如下：

```
CREATE CONTROLFILE
REUSE DATABASE "database_name"
[NORESETLOGS | RESETLOGS]
```

```
[NOARCHIVELOG]
MAXLOGFILES integer
MAXLOGMEMBERS integer
MAXDATAFILES integer
MAXINSTANCES integer
MAXLOGHISTORY integer
LOGFILE
    GROUP group_number log_file_name [SIZE size]
    [, GROUP group_number file_name [SIZE size]
    [, … ]]
DATAFILE
    data_file_name [, … ];
```

语法说明如下：

（1）database_name：数据库实例名称。

（2）NORESETLOGS：清空日志。

（3）RESETLOGS：不清空日志。

（4）NOARCHIVELOG：表示非归档。

（5）MAXLOGFILES：设置最大的日志文件个数。

（6）MAXLOGMEMBERS：设置日志文件组中最大的成员个数。

（7）MAXDATAFILES：设置最大的数据文件个数。

（8）MAXINSTANCES：设置最大的实例个数。

（9）MAXLOGHISTORY：设置最大的历史日志文件个数。

（10）group_number：日志文件组编号。

（11）log_file_name：日志文件名称。

（12）size：文件大小，单位为 KB 或 MB。

（13）data_file_name：数据文件名称。

Oracle 数据库在启动时需要访问控制文件，这是因为控制文件中包含了数据库的数据文件与日志文件信息，也因此，在创建控制文件时需要指定与数据库相关的日志文件与数据文件。

例如，为当前数据库 orcl 创建新的控制文件，具体步骤如下：

（1）以 system 用户身份连接数据库，并通过数据字典 v$datafile，了解当前数据库 orcl 中的数据文件信息，代码如下：

```
SQL> SELECT name FROM v$datafile;
NAME
--------------------------------------------------
D:\APP\ADMINISTRATOR\ORADATA\ORCL\SYSTEM01.DBF
D:\APP\ADMINISTRATOR\ORADATA\ORCL\SYSAUX01.DBF
D:\APP\ADMINISTRATOR\ORADATA\ORCL\UNDOTBS01.DBF
D:\APP\ADMINISTRATOR\ORADATA\ORCL\USERS01.DBF
D:\APP\ADMINISTRATOR\ORADATA\ORCL\EXAMPLE01.DBF
```

其中，name 表示数据文件的名称（包含路径）。

(2) 查询数据字典 v$logfile，了解当前数据库 orcl 中的日志文件信息，代码如下：

```
SQL> SELECT group#,member FROM v$logfile;
   GROUP#              MEMBER
---------------- -----------------------------------------------
        3                   D:\APP\ADMINISTRATOR\ORADATA\ORCL\REDO03.LOG
        2                   D:\APP\ADMINISTRATOR\ORADATA\ORCL\REDO02.LOG
        1                   D:\APP\ADMINISTRATOR\ORADATA\ORCL\REDO01.LOG
```

其中，group#表示日志文件组编号；member 表示日志文件组中的成员。

(3) 以管理员身份登录，关闭数据库，代码如下：

```
SQL> CONNECT sys/oracle AS SYSDBA;
已连接。
SQL> SHUTDOWN IMMEDIATE;
数据库已经关闭。
已经卸载数据库。
ORACLE 例程已经关闭。
```

> **提示**
> SHUTDOWN IMMEDIATE 命令用于立即关闭数据库，这种情况下，系统将连接到服务器的所有未提交事务全部回退，并中断连接，然后关闭数据库。

(4) 为了确保数据库数据的安全，应该在操作系统中对数据库的日志文件与数据文件进行备份。

> **提示**
> 前面已经介绍，在创建新的控制文件时，可能会在指定数据文件或日志文件时出现错误或遗漏。所以，应该对数据文件和日志文件加以备份。有关备份的具体内容将在本书第 15 章介绍。

(5) 使用 STARTUP NOMOUNT 命令启动数据库实例，此时仅仅是启动数据库，而不会加载数据库文件，也不会打开数据库，具体代码如下：

```
SQL> STARTUP NOMOUNT;
ORACLE 例程已经启动。

Total System Global Area    431038464 bytes
Fixed Size                    1375088 bytes
Variable Size               322962576 bytes
Database Buffers            100663296 bytes
Redo Buffers                  6037504 bytes
```

(6) 创建新的控制文件。在创建时，需要使用 LOGFILE 子句指定与当前数据库 orcl 相关的日志文件，使用 DATAFILE 子句指定与当前数据库 orcl 相关的数据文件。其具体代码如下：

```
SQL> CREATE CONTROLFILE
  2  REUSE DATABASE "orcl"
  3  NORESETLOGS
  4  NOARCHIVELOG
  5  MAXLOGFILES 100
  6  MAXLOGMEMBERS 5
  7  MAXDATAFILES 100
  8  MAXINSTANCES 10
  9  MAXLOGHISTORY 449
 10  LOGFILE
 11     GROUP 1 'D:\APP\ADMINISTRATOR\ORADATA\ORCL\REDO01.LOG' SIZE 50M,
 12     GROUP 2 'D:\APP\ADMINISTRATOR\ORADATA\ORCL\REDO02.LOG' SIZE 50M,
 13     GROUP 3 'D:\APP\ADMINISTRATOR\ORADATA\ORCL\REDO03.LOG' SIZE 50M
 14  DATAFILE
 15     'D:\APP\ADMINISTRATOR\ORADATA\ORCL\SYSTEM01.DBF',
 16     'D:\APP\ADMINISTRATOR\ORADATA\ORCL\SYSAUX01.DBF',
 17     'D:\APP\ADMINISTRATOR\ORADATA\ORCL\UNDOTBS01.DBF',
 18     'D:\APP\ADMINISTRATOR\ORADATA\ORCL\USERS01.DBF',
 19     'D:\APP\ADMINISTRATOR\ORADATA\ORCL\EXAMPLE01.DBF';
```

控制文件已创建。

（7）修改服务器参数文件 SPFILE 中参数 control_files 的值，使新创建的控制文件生效。

首先通过数据字典 v$controlfile，了解控制文件的信息，代码如下：

```
SQL> SELECT name FROM v$controlfile;
NAME
--------------------------------------------------
D:\APP\ADMINISTRATOR\ORADATA\ORCL\CONTROL01.CTL
D:\APP\ADMINISTRATOR\FLASH_RECOVERY_AREA\ORCL\CONTROL02.CTL
```

然后使用 ALTER SYSTEM 语句修改参数 control_files 的值，使它指向上述两个控制文件，代码如下：

```
SQL> ALTER SYSTEM SET control_files=
  2    'D:\APP\ADMINISTRATOR\ORADATA\ORCL\CONTROL01.CTL',
  3    'D:\APP\ADMINISTRATOR\FLASH_RECOVERY_AREA\ORCL\CONTROL02.CTL'
  4  SCOPE=SPFILE;
系统已更改。
```

> **提示**　上述命令中使用了 SCOPE 参数，该参数有 3 个可选值：MEMORY、SPFILE 和 BOTH。其中，MEMORY 表示只更改当前实例运行参数；SPFILE 表示修改服务器参数文件 SPFILE 中的设置；BOTH 则表示既修改当前实例运行参数，又修改服务器参数文件 SPFILE 中的设置。

（8）使用 ALTER DATABASE OPEN 命令打开数据库，代码如下：

```
SQL> ALTER DATABASE OPEN;
数据库已更改。
```

 如果在创建控制文件时使用了 RESETLOGS 选项，则应该使用以下命令打开数据库：ALTER DATABASE OPEN RESETLOGS。

6.1.3 备份控制文件

为了提高数据库的可靠性，降低由于丢失控制文件而造成灾难性后果的可能性，DBA 需要经常对控制文件进行备份。特别是当修改了数据库结构之后，需要立刻对控制文件进行备份。

备份控制文件需要使用 ALTER DATABASE BACKUP CONTROLFILE 语句。有两种方法可以进行控制文件的备份：一种是备份为二进制文件，另一种是备份为脚本文件。下面对这两种备份方法进行介绍。

1．备份为二进制文件

控制文件的备份需要在数据库关闭时进行操作。备份为二进制文件，实际上是对控制文件进行复制，步骤如下：

（1）以管理员身份登录数据库，并使用 SHUTDOWN IMMEDIATE 命令关闭数据库，代码如下：

```
SQL> CONNECT sys/oracle AS SYSDBA;
已连接。
SQL> SHUTDOWN IMMEDIATE;
数据库已经关闭。
已经卸载数据库。
ORACLE 例程已经关闭。
```

（2）使用 STARTUP 命令启动并打开数据库。执行 STARTUP 命令时，数据库以正常方式启动数据库实例，加载数据库文件，并且打开数据库。其具体代码如下：

```
SQL> STARTUP;
ORACLE 例程已经启动。

Total System Global Area    431038464 bytes
Fixed Size                    1375088 bytes
Variable Size               322962576 bytes
Database Buffers            100663296 bytes
Redo Buffers                  6037504 bytes
数据库装载完毕。
数据库已经打开。
```

(3)使用 ALTER DATABASE BACKUP CONTROLFILE 语句将 orcl 数据库的控制文件备份为二进制文件，代码如下：

```
SQL> ALTER DATABASE BACKUP CONTROLFILE
  2  TO 'E:\oracle\controlfile\control_120913.bkp';
```

数据库已更改。

上述示例表示将控制文件内容复制到 E:\oracle\controlfile\control_120913.bkp 文件中。

> **提示**
> MYDB 数据库实例有多个控制文件，但是 E:\oracle\controlfile 目录下复制出来的控制文件只有一个。这是因为控制文件以镜像的形式存在，实质上仍然只是一个控制文件，所以复制出来的控制文件也只有一个。

2. 备份为脚本文件

备份为脚本文件，实际上就是生成创建控制文件的 SQL 脚本。在 Oracle 系统中，可以使用 ALTER DATABASE BACKUP CONTROLFILE TO TRACE 命令将控制文件的脚本备份到后台 trace 文件夹中。

例如，将 orcl 数据库的控制文件备份为脚本文件，语句如下：

```
SQL> ALTER DATABASE BACKUP CONTROLFILE TO TRACE;
```

数据库已更改。

上述示例为控制文件备份了一个 SQL 脚本文件。从示例中的命令语句可以看出，脚本文件的路径与名称都没有指定，这是因为使用该命令创建的脚本文件路径由参数 user_dump_dest 指定，可以通过 SHOW PARAMETER user_dump_dest 语句来获取参数信息，代码如下：

```
SQL> SHOW PARAMETER user_dump_dest;

NAME                 TYPE          VALUE
-----------------    ----------    ------------------------------
user_dump_dest       string        d:\app\administrator\diag\rdbm
                                   s\orcl\orcl\trace
```

通过上述查询结果可以看到，备份的 SQL 脚本文件在 D:\app\administrator\diag\rdbms\orcl\orcl\trace 目录下。打开该目录会看到其下存放了很多文件，而创建的 SQL 脚本文件是有命名格式的，其格式为<sid>_ora_<spid>.trc。其中，sid 表示当前会话的标识号；spid 表示操作系统进程标识号。上面示例创建的脚本文件名称为 orcl_ora_172.trc。

6.1.4 恢复控制文件

如果控制文件受损，就需要对控制文件进行恢复。损坏的单个控制文件是比较容易恢复的，因为一般的控制文件都不是一个，而且所有的控制文件都互为镜像，只要复制一个好的控制文件替换坏的控制文件就可以了。恢复控制文件的操作步骤如下：

（1）使用管理员的身份登录数据库，并使用 SHUTDOWN IMMEDIATE 命令关闭数据库，代码如下：

```
SQL> CONNECT sys/oracle AS SYSDBA;
已连接。
SQL> SHUTDOWN IMMEDIATE;
数据库已经关闭。
已经卸载数据库。
ORACLE 例程已经关闭。
```

（2）使用一个完好的控制文件覆盖已经损坏的控制文件。也就是将自己备份好的二进制文件复制到被损坏的控制文件的位置上，并将文件名改为原来的控制文件名就可以了。

（3）使用 STARTUP 命令重新启动并打开数据库，代码如下：

```
SQL> STARTUP;
ORACLE 例程已经启动。

Total System Global Area    431038464 bytes
Fixed Size                    1375088 bytes
Variable Size               322962576 bytes
Database Buffers            100663296 bytes
Redo Buffers                  6037504 bytes
数据库装载完毕。
数据库已经打开。
```

如果所有的控制文件都损坏或人为的删除了，就无法进入 SQL*Plus 环境中。在命令提示符中，也只能通过 SQLPLUS 应用程序进入 SQL*Plus 环境，将数据库启动到 NOMOUNT 状态，而不能启动到 MOUNT 状态，因而无法使用数据库，所以必须重新创建当前数据库的控制文件。

> **提示**　有时候，由于磁盘的损坏不能恢复数据文件到这个磁盘了，因此在将控制文件存储到另一个磁盘的时候也可以通过新建控制文件进行恢复。

6.1.5 控制文件的移动与删除

在特殊情况下需要移动控制文件。例如，磁盘出现故障，导致应用中的控制文件所在的物理位置无法访问，这就需要将控制文件移动到另一个磁盘中，或者删除磁盘中的控制文件，在另一个磁盘中创建新的控制文件。

1．移动控制文件

移动控制文件，实际上就是改变服务器参数文件 SPFILE 中参数 control_files 的值，使该参数指向一个新的控制文件路径。当然，首先需要有一个完好的控制文件副本。移动数据库控制文件的操作步骤如下：

(1) 通过数据字典 v$spparameter，查询当前控制文件所在的磁盘位置，代码如下：

```
SQL> SELECT name,value FROM v$spparameter
  2  WHERE name='control_files';
NAME                    VALUE
----------------------  ----------------------------------------
control_files           D:\APP\ADMINISTRATOR\ORADATA\ORCL\CONTROL01.CTL
control_files           D:\APP\ADMINISTRATOR\FLASH_RECOVERY_AREA\ORCL\
                        CONTROL02.CTL
```

(2) 使用 ALTER SYSTEM 语句，修改服务器参数文件 SPFILE 中 control_files 参数的值为新路径下的控制文件，代码如下：

```
SQL> ALTER SYSTEM SET control_files=
  2  'E:\oracle\controlfile\CONTROL_01.CTL',
  3  'E:\oracle\controlfile\CONTROL_02.CTL'
  4  SCOPE=SPFILE;
```

系统已更改。

通过设置 control_files 参数值，即可将原控制文件 D:\APP\ADMINISTRATOR\ORADATA\ORCL\CONTROL01.CTL 和 D:\APP\ADMINISTRATOR\FLASH_RECOVERY_AREA\ORCL\CONTROL02.CTL 移动到 E:\oracle\controlfile 目录下，文件名分别为 CONTROL_01.CTL 和 CONTROL_02.CTL。

(3) 使用 SHUTDOWN IMMEDIATE 命令关闭数据库。
(4) 使用 STARTUP 命令启动并打开数据库，控制文件移动成功。
(5) 从磁盘上物理地删除原控制文件。
(6) 再次查看移动后的控制文件所在的位置，代码如下：

```
SQL> SELECT name,value FROM v$spparameter
  2  WHERE name='control_files';

NAME                    VALUE
----------------------  ----------------------------------------
control_files           E:\oracle\controlfile\CONTROL_01.CTL
control_files           E:\oracle\controlfile\CONTROL_02.CTL
```

2. 删除控制文件

删除控制文件的步骤与移动控制文件很相似，具体如下：
(1) 修改参数 control_files 的值，代码如下：

```
SQL> ALTER SYSTEM SET control_files=
  2  'E:\oracle\controlfile\CONTROL_01.CTL',
  3  SCOPE=SPFILE;
```

控制文件与日志文件的管理

系统已更改。

上述代码,通过指定 control_files 参数值,由原来的两个控制文件减少到了 1 个,删除了 E:\oracle\controlfile\CONTROL_02.CTL 控制文件。

(2) 使用 SHUTDOWN IMMEDIATE 命令关闭数据库,代码如下:

```
SQL> SHUTDOWN IMMEDIATE;
数据库已经关闭。
已经卸载数据库。
ORACLE 例程已经关闭。
```

(3) 使用 STARTUP 命令启动并打开数据库,从磁盘上物理地删除 E:\oracle\controlfile\CONTROL_02.CTL 控制文件。

> **注意** 第(1)步的修改操作无法从物理上删除控制文件,它只是删除了对控制文件的引用。事实上,第(3)步的删除操作可有可无,因为此时,该控制文件已经与数据库没有任何关联了。

6.1.6 查看控制文件信息

控制文件是在数据库建立时自动创建的,是个二进制文件,存放数据库结构信息,包括数据文件和日志文件的信息。当管理员对控制文件进行了一些简单的操作之后,如移动、删除等,或者对数据文件和日志文件进行了更改,控制文件会自动更新,这时就需要查看控制文件的信息。

查看控制文件的信息,可以通过 v$controlfile、v$parameter 和 user_dump_dest 这 3 个数据字典来实现,下面将对它们进行详细的介绍。

1. v$controlfile 数据字典

通过 v$controlfile 数据字典可以查看控制文件的状态和路径信息,具体代码如下:

```
SQL> SELECT name,status FROM v$controlfile;
NAME                                    STATUS
--------------------------------------- ---------
E:\ORACLE\CONTROLFILE\CONTROL_01.CTL
```

> **提示** 虽然在 v$controlfile 数据字典中包含控制文件的状态信息,但查询时,STATUS 列一般为空。

2. v$parameter 数据字典

v$parameter 数据字典包含系统的所有初始化参数,其中包括与控制文件相关的参数

control_files。通过 v$parameter 数据字典可以查看控制文件的路径信息,具体代码如下:

```
SQL> SELECT name,value FROM v$parameter
  2  WHERE name='control_files';
NAME                          VALUE
----------------------------- -------------------------------------------
control_files                 E:\ORACLE\CONTROLFILE\CONTROL_01.CTL
```

3. user_dump_dest 数据字典

通过 user_dump_dest 数据字典可以查看当前实例控制文件的路径,具体代码如下:

```
SQL> SHOW parameter user_dump_dest;

NAME                 TYPE     VALUE
-------------------- -------- ----------------------------------------
user_dump_dest       string   d:\app\administrator\diag\rdbms\orcl\orcl\
                              trace
```

6.2 管理重做日志文件

在 Oracle 中,事务对数据库所做的修改将以重做记录的形式保存在重做日志缓存中。当事务提交时,由 LGWR 进程将缓存中与该事务相关的重做记录全部写入重做日志文件,这样该事务被认为成功提交。重做日志对数据库恢复来说是至关重要的,因此,对日志的管理也是 DBA 日常工作的一部分。

6.2.1 日志文件概述

日志文件也称为重做日志文件,重做日志文件用于记载事务操作所引起的数据库变化。执行 DDL 或 DML 操作时,Oracle 会将事务变化的信息顺序写入重做日志。当丢失或损坏数据库中的数据时,Oracle 会根据重做日志文件中的记录,恢复丢失的数据。

为了确保日志文件的安全,在实际应用中,一般会对日志文件进行镜像。一个日志文件和它的所有镜像文件构成一个日志文件组,日志文件组中的每个日志文件又叫日志文件成员,这些日志文件成员具有相同的信息,当其中一个日志文件成员受损时,其他成员还可以使用,这就保证了日志文件的安全性。

一般,Oracle 数据库实例创建完后就会自动创建三组日志文件,默认每个日志文件组中只有一个成员,但建议在实际应用中应该每个日志文件组至少有两个成员,而且最好将它们放在不同的物理磁盘上,以防止一个成员损坏了,所有的日志信息就不见的情况发生。

Oracle 中的日志文件组是循环使用的,当所有日志文件组的空间都被填满后,系统将转换到第一个日志文件组。而第一个日志文件组中已有的日志信息是否被覆盖,取决于数据库的运行模式。日志文件的工作流程如图 6-1 所示。

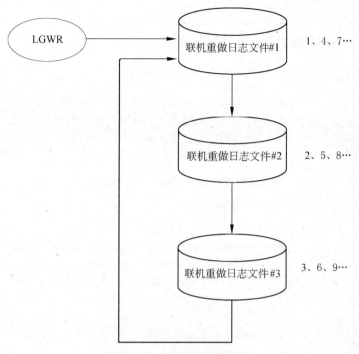

图 6-1　日志文件的工作流程

6.2.2　创建日志文件组及其成员

一个数据库实例一般需要两个以上的日志文件组，如果日志文件组太少，可能会导致系统的事务切换频繁，这样就会影响系统性能。在创建日志文件组时，需要为该组创建日志文件成员，也可以向已存在的日志文件组中添加日志文件成员。

1．创建日志文件组

创建日志文件组的语法格式如下：

```
ALTER DATABASE [database_name]
ADD LOGFILE [ GROUP group_number ]
( file_name [ , … ] ) SIZE number K | M [ REUSE ] ;
```

语法说明如下：

（1）database_name：数据库名称。

（2）GROUP group_number：为日志文件组指定组编号。

（3）file_name：为该组创建日志文件成员。

（4）SIZE number：指定日志文件成员的大小。

（5）REUSE：如果创建的日志文件成员已存在，可以使用 REUSE 关键字覆盖已存在的文件。但是该文件不能已经属于其他日志文件组，否则无法替换。

下面的示例演示了如何在 Oracle 中创建一个新的日志文件组。

（1）通过 v$logfile 数据字典查询当前数据库的日志文件信息，代码如下：

```
SQL> SELECT group#,member FROM v$logfile;
GROUP#               MEMBER
-------------------- -------------------------------------------------
2                    D:\APP\ADMINISTRATOR\ORADATA\ORCL\REDO02.LOG
1                    D:\APP\ADMINISTRATOR\ORADATA\ORCL\REDO01.LOG
3                    D:\APP\ADMINISTRATOR\ORADATA\ORCL\REDO03.LOG
```

由查询结果可以看出，当前数据库 orcl 包含三组日志文件。

（2）创建第四组日志文件，代码如下：

```
SQL> ALTER DATABASE orcl ADD LOGFILE GROUP 4
  2   ('D:\APP\ADMINISTRATOR\ORADATA\ORCL\REDO0401.LOG',
  3    'D:\APP\ADMINISTRATOR\ORADATA\ORCL\REDO0402.LOG',
  4    'D:\APP\ADMINISTRATOR\ORADATA\ORCL\REDO0403.LOG')
  5   SIZE 10M;

数据库已更改。
```

上述示例创建了一个日志文件组 GROUP 4，该组中有 3 个日志成员，分别是 REDO0401.LOG 文件、REDO0402.LOG 文件和 REDO0403.LOG 文件，它们都在 D:\APP\ADMINISTRATOR\ORADATA\ORCL 目录下，且大小都是 10MB。

日志文件组的编号应尽量避免出现跳号情况，如日志文件组的编号为 1、3、5…，这会造成日志文件的空间浪费。另外，如果在创建日志文件组时，组中的日志成员已经存在，则需要在创建日志文件组的语句后面使用 REUSE 关键字，否则 Oracle 会出错，并提示"所创建的日志文件已存在"。

2．向日志文件组添加日志文件成员

向日志文件组中添加日志成员，同样需要使用 ALTER DATABASE 语句，其语法格式如下：

```
ALTER DATABASE [database_name]
ADD LOGFILE MEMBER
file_name [ , … ] TO GROUP group_number;
```

提示：新添加的日志文件成员的大小默认与组中的成员大小一致。

例如，向刚创建的日志文件组 GROUP 4 中添加一个新的日志文件成员 D:\APP\ADMINISTRATOR\ORADATA\ORCL\REDO0404.LOG，代码如下：

```
SQL>  ALTER DATABASE orcl
```

```
   2 ADD LOGFILE MEMBER 'D:\APP\ADMINISTRATOR\ORADATA\ORCL\REDO0404.LOG'
   3 TO GROUP 4;
```

数据库已更改。

查询数据字典 v$logfile，查看日志文件组是否创建成功，以及日志文件组中是否添加了新的日志文件成员，代码如下：

```
SQL> SELECT group#,member FROM v$logfile;
GROUP#              MEMBER
------------------  ------------------------------------------------
2                   D:\APP\ADMINISTRATOR\ORADATA\ORCL\REDO02.LOG
1                   D:\APP\ADMINISTRATOR\ORADATA\ORCL\REDO01.LOG
3                   D:\APP\ADMINISTRATOR\ORADATA\ORCL\REDO03.LOG
4                   D:\APP\ADMINISTRATOR\ORADATA\ORCL\REDO0401.LOG
4                   D:\APP\ADMINISTRATOR\ORADATA\ORCL\REDO0402.LOG
4                   D:\APP\ADMINISTRATOR\ORADATA\ORCL\REDO0403.LOG
4                   D:\APP\ADMINISTRATOR\ORADATA\ORCL\REDO0404.LOG
已选择 7 行。
```

6.2.3 重新定义日志文件成员

重新定义日志文件成员，是指为日志文件组重新指定一个日志文件成员，其语法格式如下：

```
ALTER DATABASE [database_name]
RENAME FILE
old_file_name TO new_file_name;
```

其中，old_file_name 表示日志文件组中原有的日志文件成员；new_file_name 表示要替换成的日志文件成员。

例如，将 GROUP 4 文件组中的 D:\APP\ADMINISTRATOR\ORADATA\ORCL\REDO0404.LOG 日志文件成员进行重新定义，定义为 D:\APP\ADMINISTRATOR\ORADATA\ORCL\REDO05.LOG，实现步骤如下：

（1）以管理员身份连接数据库，并使用 SHUTDOWN 命令关闭数据库，代码如下：

```
SQL> CONNECT sys/oracle AS SYSDBA;
已连接。
SQL> SHUTDOWN;
数据库已经关闭。
已经卸载数据库。
ORACLE 例程已经关闭。
```

（2）使用 STARTUP MOUNT 命令重新启动数据库，但不打开，代码如下：

```
SQL> STARTUP MOUNT;
```

```
ORACLE 例程已经启动。

Total System Global Area    431038464 bytes
Fixed Size                    1375088 bytes
Variable Size               268436624 bytes
Database Buffers            155189248 bytes
Redo Buffers                  6037504 bytes
数据库装载完毕。
```

（3）修改 D:\APP\ADMINISTRATOR\ ORADATA\ORCL 目录下的 REDO0404.LOG 文件路径或名称。可以直接修改文件的名称为 REDO05.LOG，也可以复制该 REDO0404.LOG 文件，并命名为 REDO05.LOG。

（4）使用 ALTER DATABASE RENAME FILE 语句修改日志文件的路径与名称，代码如下：

```
SQL> ALTER DATABASE RENAME FILE
  2    'D:\APP\ADMINISTRATOR\ORADATA\ORCL\REDO0404.LOG'
  3  TO
  4    'D:\APP\ADMINISTRATOR\ORADATA\ORCL\REDO05.LOG';

数据库已更改。
```

上面使用 TO 关键字，将原来的日志成员 D:\APP\ADMINISTRATOR\ORADATA\ORCL\REDO0404.LOG，更换为 D:\APP\ADMINISTRATOR\ORADATA\ORCL\REDO05.LOG。

（5）使用 ALTER DATABASE OPEN 命令打开数据库，代码如下：

```
SQL> ALTER DATABASE OPEN;

数据库已更改。
```

（6）通过数据字典 v$logfile，查询 GROUP 4 日志文件组中的日志文件成员信息，代码如下：

```
SQL> SELECT group#,member FROM v$logfile
  2  WHERE group#=4;
GROUP#              MEMBER
------------------  ------------------------------------------------
     4              D:\APP\ADMINISTRATOR\ORADATA\ORCL\REDO0401.LOG
     4              D:\APP\ADMINISTRATOR\ORADATA\ORCL\REDO0402.LOG
     4              D:\APP\ADMINISTRATOR\ORADATA\ORCL\REDO0403.LOG
     4              D:\APP\ADMINISTRATOR\ORADATA\ORCL\REDO05.LOG
```

由查询结果可以看出，GROUP 4 日志文件组的日志文件成员中不再包含 D:\APP\ADMINISTRATOR\ORADATA\ORCL\REDO0404.LOG，而变为包含 D:\APP\ADMINISTRATOR\ORADATA\ORCL\REDO05.LOG。

6.2.4 删除日志文件组及其成员

当日志文件成员出现损坏或丢失时,后台进程 LGWR 不能将事务变化写入到该日志文件成员中,在这种情况下应该删除该日志文件成员;当日志文件组尺寸不合适时,需要重新创建新的日志文件组,并删除原有的日志文件组。

1. 删除日志文件成员

删除重做日志是使用 ALTER DATABASE 语句来完成的,执行该语句要求数据库用户必须具有 ALTER DATABASE 系统权限,其语法格式如下:

```
ALTER DATABASE [database_name]
DROP LOGFILE MEMBER file_name [ , … ]
```

删除日志文件需要注意以下几点:
(1) 当前日志文件所在的日志文件组不能处于使用状态。
(2) 当前日志文件所在的日志文件组中必须包含至少一个其他日志文件成员。
(3) 如果数据库运行在归档模式下,则应该在删除日志文件之前,确定它所在的日志文件组已经被归档,否则会导致数据丢失。

例如,删除 GROUP 4 中的 D:\APP\ADMINISTRATOR\ORADATA\ORCL\REDO05.LOG 日志文件成员,语句如下:

```
SQL> ALTER DATABASE DROP LOGFILE MEMBER
  2  'D:\APP\ADMINISTRATOR\ORADATA\ORCL\REDO05.LOG';
```

数据库已更改。

2. 删除日志文件组

删除日志文件组的语法格式如下:

```
ALTER DATABASE [database_name]
DROP LOGFILE GROUP group_number ;
```

删除日志文件组需要注意以下几点:
(1) 一个数据库至少需要两个日志文件组。
(2) 日志文件组不能处于使用状态。
(3) 如果数据库运行在归档模式下,应该确定该日志文件组已经被归档。

例如,删除 GROUP 4,语句如下:

```
SQL> ALTER DATABASE DROP LOGFILE
  2  GROUP 4;
```
数据库已更改。

6.2.5 切换日志文件组

日志文件组是循环使用的,当一组日志文件被写满时,Oracle 系统自动切换到下一组日志文件中。在特殊需要时,数据库管理员也可以手动切换日志文件组,其语法格式如下:

```
ALTER SYSTEM SWITCH LOGFILE ;
```

日志文件的切换信息将记录在数据库警告日志文件中,数据库管理员可以经常检查警告日志文件,从而及时了解系统出现的问题。

下面使用手动的方式来切换当前数据库的日志文件组。在切换之前,先通过数据字典 v$log 来了解一些当前数据库正在使用的日志文件组,代码如下:

```
SQL> SELECT group#,status FROM v$log;
GROUP#         STATUS
----------   ----------------
1              INACTIVE
2              INACTIVE
3              CURRENT
```

其中,status 表示日志文件组的当前使用状态,其值可为 ACTIVE(活动状态,归档未完成)、CURRENT(正在使用)、INACTIVE(非活动状态)和 UNUSED(从未使用)。由查询结果可以看出,数据库当前正在使用日志文件组 3。

然后使用 ALTER SYSTEM SWITCH LOGFILE 语句切换日志文件组,代码如下:

```
SQL> ALTER SYSTEM SWITCH LOGFILE;

系统已更改。
```

再次查询 v$log 数据字典,查看切换日志文件组后当前数据库正在使用的日志文件组,代码如下:

```
SQL> SELECT group#,status FROM v$log;
GROUP#         STATUS
----------   ----------------
1              CURRENT
2              INACTIVE
3              ACTIVE
```

6.2.6 清空日志文件组

如果日志文件组中的日志文件受损,将导致数据库无法将受损的日志文件进行归档,这会最终导致数据库停止运行。此时，在不关闭数据库的情况下，可以选择清空日志文件组中的内容。

清空日志文件组需要使用 ALTER DATABASE 语句，其语法格式如下：

```
ALTER DATABASE [database_name]
CLEAR LOGFILE GROUP group_number ;
```

另外，清空日志文件组需要注意以下两点：

（1）被清空的日志文件组不能处于使用（CURRENT）状态，也就是说不能清空数据库当前正在使用的日志文件组。

（2）当数据库中只有两个日志文件组时，不能清空日志文件组。

下面为当前数据库 orcl 创建日志文件组 4，并将该日志文件组清空。

（1）创建 orcl 数据库的日志文件组 4，包含的日志文件成员有 D:\APP\ADMINISTRATOR\ORADATA\ORCL\REDO0401.LOG 、 D:\APP\ADMINISTRATOR\ORADATA\ORCL\REDO0402.LOG 和 D:\APP\ADMINISTRATOR\ORADATA\ORCL\REDO0403.LOG，步骤参考 6.2.2 小节的示例。

（2）通过数据字典 v$log 查询日志文件组信息，代码如下：

```
SQL> SELECT group#,archived,status FROM v$log;

GROUP#              ARCHIVED           STATUS
----------          -----------        ------------
1                   NO                 CURRENT
2                   NO                 INACTIVE
3                   NO                 INACTIVE
4                   YES                UNUSED
```

其中，archived 字段值表示该日志文件组是否已经归档；status 字段值表示该日志文件组的状态。

提示 如果日志文件组已经归档，也就是 archived 字段值为 YES，则可以直接使用 ALTER DATABASE CLEAR LOGFILE 语句来清空该日志文件组。

（3）清空日志文件组 4，代码如下：

```
SQL> ALTER DATABASE orcl
  2  CLEAR LOGFILE GROUP 4;
```

数据库已更改。

如果该日志文件组尚未归档，则应该使用以下语句来清空：

```
ALTER DATABASE
CLEAR UNARCHIVED LOGFILE group_number;
```

注意 清空日志文件组时有两种情况无法清空，一种是被清空的日志文件组处于正常使用状态，即 STATUS="CURRENT"，如 GROUP 1；另一种是当前数据库仅有两个日志文件组。

6.2.7 查看日志文件信息

对于数据库管理员而言，可能经常要查询日志文件信息，以了解其使用情况。在 Oracle 系统中，可以通过 v$log 和 v$logfile 这两个数据字典视图来了解 Oracle 数据库的日志文件信息。

1．v$log 数据字典

通过 v$log 数据字典可以查看所有重做日志文件组的基本信息，包括日志文件组的编号、成员数目、归档情况、状态以及日志组上一次写入时的系统时间等，代码如下：

```
SQL> SELECT group#,members,archived,status,first_time
  2  FROM v$log;
GROUP#    MEMBERS       ARCHIVED    STATUS       FIRST_TIME
-------   ----------    ---------   ---------    ----------
1         1             NO          CURRENT      13-9月 -12
2         1             NO          INACTIVE     13-9月 -12
3         1             NO          INACTIVE     13-9月 -12
4         3             YES         UNUSED
```

其中，group#表示日志文件组的编号；members 表示日志文件组中的成员数目；archived 表示日志文件组的归档情况；status 表示日志文件组的当前使用状态；first_time 表示日志文件组上一次写入时的系统时间。

2．v$logfile 数据字典

通过 v$logfile 数据字典可以查看各个日志文件成员的信息，包括日志文件所属的日志文件组、状态、类型、路径等，代码如下：

```
SQL> SELECT group#,status,type,member FROM v$logfile;
GROUP#    STATUS       TYPE        MEMBER
-------   ---------    ---------   -------------------
2                      ONLINE      D:\APP\ADMINISTRATOR\ORADATA\ORCL\REDO02.LOG
1                      ONLINE      D:\APP\ADMINISTRATOR\ORADATA\ORCL\REDO01.LOG
3                      ONLINE      D:\APP\ADMINISTRATOR\ORADATA\ORCL\REDO03.LOG
4                      ONLINE      D:\APP\ADMINISTRATOR\ORADATA\ORCL\REDO0401.LOG
4                      ONLINE      D:\APP\ADMINISTRATOR\ORADATA\ORCL\REDO0402.LOG
4                      ONLINE      D:\APP\ADMINISTRATOR\ORADATA\ORCL\REDO0403.LOG
已选择 6 行。
```

其中，status 表示日志文件成员的状态，它的取值有 4 个：空白表示该文件正在使用、STALE 表示该文件中的内容是不完全的、INVALID 表示该文件是不可以被访问的、DELETED 表示该文件已不再使用；type 表示日志文件成员的类型；member 表示日志文件成员所在的路径。

6.3 管理归档日志

Oracle 数据库有两种日志模式：非归档日志模式（NOARCHIVELOG）和归档日志模式（ARCHIVELOG）。在非归档日志模式下，如果发生日志切换，则日志文件中原有内容将被新的内容覆盖；在归档日志模式下，如果发生日志切换，则 Oracle 系统会将日志文件通过复制保存到指定的地方，这个过程叫"归档"，复制保存下来的日志文件叫"归档日志"，然后才允许向文件中写入新的日志内容。

6.3.1 日志操作模式

日志操作模式是指 Oracle 数据库处理重做日志的方式，它决定了是否保存重做日志，以保留重做日志所记载的事务变化。Oracle 数据库包括非归档日志（NOARCHIVELOG）模式和归档日志（ARCHIVELOG）模式。

1．非归档（NOARCHIVELOG）模式

NOARCHIVELOG 是指不保留重做记录的日志操作模式，只能用于保护实例故障，而不能保护介质故障。当数据库处于 NOARCHIVELOG 模式时，如果进行日志切换，生成的新内容将直接覆盖日志中原来的内容。

NOARCHIVELOG 模式具有以下两个特点：

（1）当检查点完成之后，后台的日志写入进程（LGWR）可以覆盖原有的日志内容。

（2）如果数据库备份后的日志内容已经被覆盖，那么当出现数据文件损坏时只能恢复到过去的完全备份点。

2．归档（ARCHIVELOG）模式

Oracle 利用日志文件记录对数据库所做的修改，但是日志文件是以循环方式使用的，在发生日志切换时，原来日志中的记录会被覆盖。为了完整地记录数据库的全部修改过程，可以使 Oracle 数据库的日志操作模式处于归档模式下。

在归档操作模式下，Oracle 能够在日志被覆盖之前，调用归档进程（ARCn）将已经写满的日志通过复制保存到指定的位置，保存下来的日志文件称为"归档日志"，这个过程就是"归档过程"。

归档日志文件中不仅包含了被覆盖的日志文件，还包含了重做日志文件的使用顺序号。在归档模式下，LGWR 进程在写入下一个日志文件之前，必须等待该日志文件完成归档，否则 LGWR 进程将被暂停执行，直到对日志文件归档完成。为了提高归档的速度，可以考虑启动多个 ARCn 进程加快归档的速度。

当数据库运行在归档模式时具有以下 3 个优势:

(1) 如果发生磁盘介质损坏,则可以使用数据库备份与归档日志恢复已经提交的事务,保证不会发生任何数据丢失。

(2) 利用归档日志文件,可以实现使用数据库打开状态下创建的备份文件来进行数据库恢复。

(3) 如果为当前数据库建立一个备份数据库,通过持续地为备份数据库应用归档日志,可以保证源数据库与备份数据库的一致性。

在归档模式下,归档操作可以由后台进程 ARCn 自动完成,也可以由数据库管理员手工来完成。为了提高效率、简化操作,通常使用自动归档操作。图 6-2 显示了利用归档进程 ARCn 进行自动归档操作的过程。

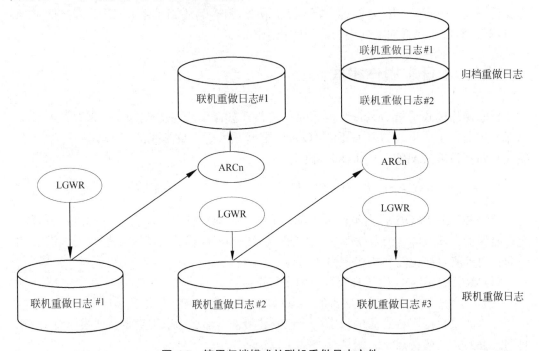

图 6-2 使用归档模式的联机重做日志文件

是否将数据库的日志操作置为归档模式,取决于对数据库应用环境的可靠性和可用性的要求。如果任何由于磁盘物理损坏而造成数据丢失都是不允许的,那么应该让数据库运行在归档模式下。这样,在发生磁盘介质故障后,数据库管理员就能够使用归档重做日志文件和数据文件的备份来恢复丢失的数据了。

6.3.2 归档日志概述

日志信息循环写入日志文件,即写满一个文件换下一个文件。在向原来的日志文件中循环写入日志信息时,存在两种处理模式:一种不需要数据库进行自动备份,叫做非归档模式;另一种,当日志文件更改原有的日志文件以前,数据库会自动对原有的日志文件进行备份，这种操作模式就叫做归档模式。

> **提示**　日志文件的归档操作主要由后台归档进程（ARCn）自动完成，必要情况下，数据库管理员（DBA）可以手工完成归档操作。

归档日志是非活动重做日志的备份。通过使用归档日志，可以保留所有重做历史记录。当数据库处于 ARCHIVELOG 模式并进行日志切换时，后台进程 ARCn 会将重做日志的内容保存到归档日志中。当数据库出现介质故障时，使用数据文件的备份、归档日志和重做日志可以完成数据库的完全恢复。

如果要提高日志的归档效率，可以启动多个归档进程 ARCn。最多允许启动的 ARCn 进程个数由参数 log_archive_max_processes 决定，该参数的取值范围为 1~10。可以通过数据字典 v$parameter 来了解参数 log_archive_max_processes 的值，代码如下：

```
SQL> SELECT NAME,VALUE FROM V$PARAMETER
  2  WHERE NAME='log_archive_max_processes';
NAME                                        VALUE
------------------------------------------- -----
log_archive_max_processes                       4
```

由查询结果可以看出，参数 log_archive_max_processes 的值为 4，说明最多可以启动 4 个 ARCn 进程。如果需要启动更多的 ARCn 进程，则可以使用 ALTER SYATEM 命令，语句如下：

```
SQL> ALTER SYSTEM SET log_archive_max_processes = 8
  2  SCOPE = BOTH;

系统已更改。
```

6.3.3 设置数据库模式

安装 Oracle 11g 时，数据库默认使用非归档模式，这样可以避免对数据库创建过程中生成的日志文件进行归档，从而缩短数据库的创建时间。在数据库成功运行后，数据库管理员可以根据需要修改数据库的运行模式。

修改数据库的运行模式，可以使用以下语句：

```
ALTER DATABASE ARCHIVELOG | NOARCHIVELOG ;
```

其中，ARCHIVELOG 表示归档模式；NOARCHIVELOG 表示非归档模式。

下面介绍设置数据库模式的一般步骤：

（1）在切换运行模式之前，首先需要查看数据库当前的日志模式，这需要 DBA 用户使用 ARCHIVE LOG LIST 语句，代码如下：

```
SQL> CONNECT sys/oracle AS SYSDBA;
已连接。
SQL> ARCHIVE LOG LIST;
```

```
数据库日志模式              非归档模式
自动归档                  禁用
归档终点                  USE_DB_RECOVERY_FILE_DEST
最早的联机日志序列           35
当前日志序列               38
```

由查询结果可以看出，数据库当前运行在非归档模式下。通过下面的步骤可以修改数据库的运行模式。

（2）使用 SHUTDOWN 命令关闭数据库，语句如下：

```
SQL> SHUTDOWN;
数据库已经关闭。
已经卸载数据库。
ORACLE 例程已经关闭。
```

（3）使用 STARTUP MOUNT 命令启动数据库，但不打开数据库，代码如下：

```
SQL> STARTUP MOUNT;
ORACLE 例程已经启动。

Total System Global Area    431038464 bytes
Fixed Size                    1375088 bytes
Variable Size               276825232 bytes
Database Buffers            146800640 bytes
Redo Buffers                  6037504 bytes
数据库装载完毕。
```

（4）使用 ALTER DATABASE ARCHIVELOG 语句将数据库的日志模式修改为归档模式，代码如下：

```
SQL> ALTER DATABASE ARCHIVELOG;

数据库已更改。
```

> **提示**　如果是从归档模式修改为非归档模式，则需要使用 ALTER DATABASE NOARCHIVELOG 语句。

（5）使用 ALTER DATABASE OPEN 命令打开数据库，代码如下：

```
SQL> ALTER DATABASE OPEN;

数据库已更改。
```

（6）再次使用 ARCHIVE LOG LIST 语句，检查当前数据库的日志模式是否已经修改为归档模式，结果如下：

```
SQL> ARCHIVE LOG LIST;
数据库日志模式              归档模式
```

自动归档	启用
归档终点	USE_DB_RECOVERY_FILE_DEST
最早的联机日志序列	35
下一个归档日志序列	38
当前日志序列	38

由查询结果可以看出，数据库的日志模式已经成功修改为归档模式。

对于大型的数据库而言，日志文件一般较大，如果归档进程 ARCn 频繁地执行归档操作，将会消耗大量的 CPU 时间和 I/O 资源；而如果 ARCn 进程执行间隔过长，虽然可以减少所使用的资源，但是会使日志写入进程 LGWR 出现等待的几率增大。

提 示

为了避免 LGWR 进程出现等待状态，可以考虑启动多个 ARCn 进程。

6.3.4 设置归档目标

所谓归档目标，就是归档日志文件保存的位置。一个数据库可以有多个归档目标，在创建数据库时，默认设置了归档目标。归档目标由参数 db_recovery_file_dest 决定，可以通过 SHOW PARAMETER 命令查看归档目标信息，代码如下：

```
SQL> SHOW PARAMETER db_recovery_file_dest;
NAME                                 TYPE         VALUE
------------------------------------ ------------ ---------
db_recovery_file_dest                string       D:\app\administrator\flash
                                                  _recovery_area
db_recovery_file_dest_size           big integer  3852M
```

其中，db_recovery_file_dest 表示归档目录；db_recovery_file_dest_size 表示目录大小。上面的查询结果显示了归档目标位置，以及归档空间大小。

数据库管理员还可以通过参数 log_archive_dest_N 为数据库设置归档目标，其中 N 表示 1～10 的整数，也就是说 log_archive_dest_N 参数可以为数据库设置 1～10 个归档目标。

提 示

为了保证数据的安全性，一般将归档目标设置为不同的目录。Oracle 在进行归档时，会将日志文件组以相同的方式归档到每个归档目标中。

设置归档目标时需要指定归档目标所在系统，如果使用 LOCATION 关键字，则为本地系统；如果使用 SERVER 关键字，则为远程数据库系统。设置归档目标的语法格式如下：

```
ALTER SYSTEM SET
log_archive_dest_N = ' { LOCATION | SERVER } = directory ' ;
```

其中，directory 表示磁盘目录；LOCATION 表示归档目标为本地系统的目录；SERVER 表示归档目标为远程数据库的目录。

使用初始化参数 log_archive_dest_N 配置归档位置时，可以在归档位置上指定 OPTIONAL 或 MANDATORY 选项。指定 MANDATORY 选项时，可以设置 REOPEN 属性。它们的作用如下：

（1）OPTIONAL：该选项是默认选项。使用该选项时，无论归档是否成功，都可以覆盖日志文件。

（2）MANDATORY：该选项用于强制归档。使用该选项时，只有在归档成功后，日志文件才能被覆盖。

（3）REOPEN：该属性用于指定重新归档的时间间隔，默认值为 300s。需要注意，REOPEN 属性必须跟在 MANDATORY 选项后。

例如，设置 log_archive_dest_1 参数的值，代码如下：

```
SQL> ALTER SYSTEM SET log_archive_dest_1=
  2  'LOCATION=E:\oracle\controlfile';

系统已更改。
```

上述示例为数据库设置了一个归档目标，位于本地系统的 E:\oracle\controlfile 目录。

> **提示**
> 为数据库设置多个归档目标时，最好将这些归档目标存放于不同的物理位置。而在进行归档时，Oracle 会将日志文件组以相同的方式归档到每一个归档目标中。

同样，可以通过 SHOW PARAMETER 命令来查看 log_archive_dest_1 参数的值，代码如下：

```
SQL> SHOW PARAMETER log_archive_dest_1;

NAME                                 TYPE        VALUE
------------------------------------ ----------- ------------------------------
log_archive_dest_1                   string      LOCATION=E:\oracle\controlfile
log_archive_dest_10                  string
log_archive_dest_11                  string
log_archive_dest_12                  string
log_archive_dest_13                  string
log_archive_dest_14                  string
log_archive_dest_15                  string
log_archive_dest_16                  string
log_archive_dest_17                  string
log_archive_dest_18                  string
log_archive_dest_19                  string
```

6.3.5 归档文件格式

当数据库处于 ARCHIVELOG 模式时，如果进行日志切换，后台进程将自动生成归

第 6 章 控制文件与日志文件的管理

档日志。归档日志的默认位置为%ORACLE_HOEM%\RDBMS，在 Oracle 11g 中，归档日志的默认文件名格式为 ARC%S%_%R%T。为了改变归档日志的位置和名称格式，必须改变相应的初始化参数。

初始化参数 log_archive_format 用于指定归档日志的文件名称格式，其语法格式如下：

```
ALTER SYSTEM SET log_archive_format='fix_name%S_%R.%T'
SCOPE=scope_type;
```

语法说明如下：

（1）fix_name%S_%R.%T：fix_name 表示自定义的命名前缀；%S 表示日志序列号；%R 表示联机重做日志（RESETLOGS）的 ID 值；%T 表示归档线程编号。设置该初始化参数时，可以指定以下匹配符：

① %s：日志序列号。
② %S：日志序列号，但带有前导 0。
③ %t：重做线程号。
④ %T：重做线程号，但带有前导 0。
⑤ %a：活动 ID 号。
⑥ %d：数据库 ID 号。
⑦ %R：RESETLOGS 的 ID 值。

> log_archive_format 参数的值必须包含%S、%R 和%T 匹配符，其他匹配符可有可无。
> 设置的 log_archive_format 参数值在数据库重新启动后才生效。

（2）SCOPE=scope_type：SCOPE 有 3 个参数值，即 MEMORY、SPFILE 和 BOTH。其中，MEMORY 表示只改变当前实例运行参数；SPFILE 表示只改变服务器参数文件 SPFILE 中的设置；BOTH 则表示两者都改变。

例如，设置归档文件的格式为"MYARCHIVE%S_%R.%T"，步骤如下：

（1）设置归档日志名称格式，并指定只改变服务器参数文件 SPFILE 中的设置，代码如下：

```
SQL> ALTER SYSTEM SET log_archive_format='MYARCHIVE%S_%R.%T'
  2  SCOPE=SPFILE;
```

系统已更改。

（2）使用 SHUTDOWN IMMEDIATE 命令关闭数据库，代码如下：

```
SQL> SHUTDOWN IMMEDIATE;
数据库已经关闭。
已经卸载数据库。
ORACLE 例程已经关闭。
```

(3) 使用 STARTUP 命令启动并打开数据库,代码如下:

```
SQL> STARTUP;
ORACLE 例程已经启动。

Total System Global Area    431038464 bytes
Fixed Size                    1375088 bytes
Variable Size               276825232 bytes
Database Buffers            146800640 bytes
Redo Buffers                  6037504 bytes
数据库装载完毕。
数据库已经打开。
```

> **提 示**
> 修改初始化参数 log_archive_format 并重启数据库后,初始化参数配置将会生效。进行日志切换时,会生成该格式的归档日志文件。

6.3.6 设置归档进程的跟踪级别

特殊情况下,Oracle 的后台进程会在跟踪文件中进行记录。通过参数 log_archive_trace,可以设置归档进程 ARCn 的跟踪级别,控制它写入跟踪文件中的内容。对于 ARCn 进程,允许设置的级别如下:

- ❏ 0: 禁止对 ARCn 进程进行跟踪,不在跟踪文件中记录有关日志归档的任何信息。
- ❏ 1: 记录已经成功归档的日志信息。
- ❏ 2: 记录各个归档目标的状态。
- ❏ 4: 记录归档操作是否成功。
- ❏ 8: 记录归档目标的活动状态。
- ❏ 16: 记录归档目标活动的详细信息。
- ❏ 32: 记录归档目标的参数设置。
- ❏ 64: 记录 ARCn 进程的活动状态。

log_archive_trace 参数的默认值为 0,即归档进程的跟踪级别默认为 0。使用 ALTER SYSTEM 语句可以修改该参数的值,代码如下:

```
SQL> ALTER SYSTEM SET log_archive_trace=2;
系统已更改。
```

上述示例将归档进程的跟踪级别设置为 2。

除了设置单个跟踪级别以外,Oracle 还允许设置多个跟踪级别,设置的方式是将多个级别所对应的值相加,将相加后的结果作为 log_archive_trace 参数的值,代码如下:

```
SQL> ALTER SYSTEM SET log_archive_trace=3;
系统已更改。
```

上面将 log_archive_trace 参数的值设置为 3,而在跟踪级别中根本不存在 3 所对应的级别。实际上这里的 3 代表的是两个级别：1 和 2，也就是说同时为 ARCn 进程设置了两个跟踪级别：1 和 2。

> **提示** log_archive_trace 参数的取值范围为 0~127，在这个范围中的任意值所针对的跟踪级别是固定的。例如，上述示例中的 3，它只能被解析为 1 和 2 的和，再如 17，它只能解析为 1 和 16 的和，除此以外，任意级别相加的结果都不可能为 3 或者 17。

6.3.7 查看归档日志信息

在 Oracle 系统中，可以通过两种方式来查看归档日志信息，一种是使用 ARCHIVE LOG LIST 命令，另一种是使用数据字典和动态性能视图。在 6.3.3 小节中，已经介绍了如何使用 ARCHIVE LOG LIST 命令查看数据库的归档日志信息，在查询结果中包括了部分归档日志信息。除此之外，还可以通过数据字典 v$database、v$archived_log、v$archive_dest、v$archive_processes、v$backup_redolog 和 v$log 来查看当前数据库的归档日志信息。

1. v$database 数据字典

通过 v$database 数据字典可以查询数据库是否处于归档模式，代码如下：

```
SQL> SELECT log_mode FROM v$database;

LOG_MODE
------------
ARCHIVELOG
```

由查询结果可以看出，当前数据库处于 ARCHIVELOG 模式，即归档模式。如果 LOG_MODE 字段的值为 NOARCHIVELOG，则表示当前数据库处于非归档模式。

2. v$archived_log 数据字典

通过 v$archived_log 数据字典可以查看当前数据库包含的控制文件中所有已经归档的日志信息，代码如下：

```
SQL> SELECT name,completion_time,status FROM v$archived_log;
NAME                            COMPLETION_TIM            STATUS
------------------------------------------------------------------
E:\ORACLE\CONTROLFILE\          14-9月 -12                A
ARC0000000038_0791322919.0001
```

"未选定行"的含义为结果集为 0 条记录，即没有可选记录。

3. v$archive_dest 数据字典

通过 v$archive_dest 数据字典可以查看所有归档目标信息。例如，通过该数据字典查询数据库的归档目标名称、位置以及归档目标的状态，代码如下：

```
SQL> SELECT dest_name,destination,status FROM v$archive_dest;
DEST_NAME               DESTINATION                    STATUS
--------------------    ---------------------------    -----------------
LOG_ARCHIVE_DEST_1      E:\oracle\controlfile          VALID
LOG_ARCHIVE_DEST_2                                     INACTIVE
LOG_ARCHIVE_DEST_3                                     INACTIVE
LOG_ARCHIVE_DEST_4                                     INACTIVE
LOG_ARCHIVE_DEST_5                                     INACTIVE
LOG_ARCHIVE_DEST_6                                     INACTIVE
...
已选择 31 行。
```

其中，status 表示归档目标的状态：VALID 值表示有效可用，INACTIVE 值表示不活动的。

4. v$archive_processes 数据字典

通过 v$archive_processes 数据字典可以查看已经启动的 ARCn 进程状态信息，代码如下：

```
SQL> SELECT * FROM v$archive_processes;
PROCESS       STATUS        LOG_SEQUENCE    STATE
----------    ----------    ------------    --------
0             ACTIVE        0               IDLE
1             ACTIVE        0               IDLE
2             ACTIVE        0               IDLE
3             ACTIVE        0               IDLE
4             ACTIVE        0               IDLE
5             ACTIVE        0               IDLE
6             ACTIVE        0               IDLE
7             ACTIVE        0               IDLE
...
已选择 30 行。
```

其中，process 表示进程编号；status 表示进程活动状态；log_sequence 表示日志序列；state 表示进程使用状态（IDLE 表示闲置的）。

5. v$backup_redolog 数据字典

通过 v$backup_redolog 数据字典可以查看所有已经备份的归档日志信息，代码如下：

```
SQL> SELECT * FROM v$backup_redolog;
```

6. v$log 数据字典

通过 v$log 数据字典可以查看所有日志文件组信息，其中包括日志文件组是否需要归档信息。该数据字典已经在 6.2.5 小节中详细的介绍过，这里不再重述。

6.4 练习 6-1：恢复非归档模式下的控制文件和日志文件

数据库处于非归档模式，控制文件和日志文件全部丢失，则可以创建新的控制文件来进行恢复。具体的实现步骤如下：

（1）使用 ARCHIVE LOG LIST 语句查看当前数据库的归档状态，代码如下：

```
SQL> ARCHIVE LOG LIST;
数据库日志模式              非归档模式
自动归档                    禁用
归档终点                    E:\oracle\controlfile
最早的联机日志序列          36
当前日志序列                39
```

（2）查看当前数据库所关联的所有控制文件和日志文件信息。首先通过 v$controlfile 数据字典查看所有控制文件信息，代码如下：

```
SQL> SELECT name,status FROM v$controlfile;
NAME                           STATUS
------------------------------------------------------------------
E:\ORACLE\CONTROLFILE\CONTROL_01.CTL
```

然后通过 v$logfile 数据字典查看所有日志文件信息，代码如下：

```
SQL> SELECT group#,status,type,member FROM v$logfile;
GROUP#      STATUS    MEMBER
----------  -------   ------------------------------------------------
2                     D:\APP\ADMINISTRATOR\ORADATA\ORCL\REDO02.LOG
1                     D:\APP\ADMINISTRATOR\ORADATA\ORCL\REDO01.LOG
3                     D:\APP\ADMINISTRATOR\ORADATA\ORCL\REDO03.LOG
```

（3）使用 SHUTDOWN IMMEDIATE 命令关闭数据库，代码如下：

```
SQL> SHUTDOWN IMMEDIATE;
数据库已经关闭。
已经卸载数据库。
ORACLE 例程已经关闭。
```

（4）模拟介质损坏，删除全部的控制文件和日志文件，代码如下：

```
SQL> HOST DEL E:\oracle\controlfile\*.CTL;         --删除所有的控制文件

SQL> HOST DEL D:\app\administrator\oradata\orcl\*.LOG;
                                                   --删除所有的日志文件
```

（5）使用 STARTUP NOMOUNT 命令启动数据库，但不打开数据库，代码如下：

```
SQL> STARTUP NOMOUNT;
ORACLE 例程已经启动。

Total System Global Area    431038464 bytes
Fixed Size                    1375088 bytes
Variable Size               276825232 bytes
```

```
Database Buffers              146800640 bytes
Redo Buffers                    6037504 bytes
```

（6）为当前的数据库 orcl 创建新的控制文件，代码如下：

```
SQL>  CREATE CONTROLFILE
  2     REUSE DATABASE "orcl"
  3     RESETLOGS
  4     NOARCHIVELOG
  5     MAXLOGFILES 100
  6     MAXLOGMEMBERS 5
  7     MAXDATAFILES 100
  8     MAXINSTANCES 10
  9     MAXLOGHISTORY 449
 10     LOGFILE
 11       GROUP 1 'D:\APP\ADMINISTRATOR\ORADATA\ORCL\REDO01.LOG' SIZE 50M,
 12       GROUP 2 'D:\APP\ADMINISTRATOR\ORADATA\ORCL\REDO02.LOG' SIZE 50M,
 13       GROUP 3 'D:\APP\ADMINISTRATOR\ORADATA\ORCL\REDO03.LOG' SIZE 50M
 14     DATAFILE
 15       'D:\APP\ADMINISTRATOR\ORADATA\ORCL\SYSTEM01.DBF',
 16       'D:\APP\ADMINISTRATOR\ORADATA\ORCL\SYSAUX01.DBF',
 17       'D:\APP\ADMINISTRATOR\ORADATA\ORCL\UNDOTBS01.DBF',
 18       'D:\APP\ADMINISTRATOR\ORADATA\ORCL\USERS01.DBF',
 19       'D:\APP\ADMINISTRATOR\ORADATA\ORCL\EXAMPLE01.DBF';

控制文件已创建。
```

这一步是最关键的，由于数据库是正常关闭的，因此不需要实例恢复，在重新创建控制文件的过程中，要注意的是确定控制文件的存放位置，至于丢失的日志文件，会随着创建控制文件脚本中的 LOGFILE 指定的位置和大小重新创建。

（7）以重置方式打开数据库，验证恢复是否成功，代码如下：

```
SQL> ALTER DATABASE OPEN RESETLOGS;

数据库已更改。
```

再次通过 v$logfile 数据字典查询当前数据库 orcl 所关联的日志文件，结果如下：

```
SQL> SELECT group#,status,type,member FROM v$logfile;
GROUP#      STATUS     MEMBER
----------  -------    ---------------------------------------------
     2                 D:\APP\ADMINISTRATOR\ORADATA\ORCL\REDO02.LOG
     1                 D:\APP\ADMINISTRATOR\ORADATA\ORCL\REDO01.LOG
     3                 D:\APP\ADMINISTRATOR\ORADATA\ORCL\REDO03.LOG
```

通过查询结果可以看出，非归档模式下的控制文件和日志文件已经恢复成功。

6.5 练习 6-2：恢复单个控制文件

由于一般的数据库系统中的控制文件都不只有一个，而且所有的控制文件都互为镜像，因此损坏单个控制文件是比较容易恢复的，只要复制一个好的控制文件替换损坏的控制文件就可以了。具体的操作步骤如下：

（1）使用 SHUTDOWN IMMEDIATE 命令关闭数据库，代码如下：

```
SQL> SHUTDOWN IMMEDIATE;
数据库已经关闭。
已经卸载数据库。
ORACLE 例程已经关闭。
```

（2）复制一个好的控制文件替换已经损坏的控制文件，或修改 init.ora 中的控制文件参数，取消这个已经损坏的控制文件。

（3）使用 STARTUP 命令启动并打开数据库（数据库以正常方式启动数据库实例，加载数据库文件，并且打开数据库），代码如下：

```
SQL>  STARTUP;
ORACLE 例程已经启动。

Total System Global Area    431038464 bytes
Fixed Size                    1375088 bytes
Variable Size               322962576 bytes
Database Buffers            100663296 bytes
Redo Buffers                  6037504 bytes
数据库装载完毕。
数据库已经打开。
```

6.6 扩展练习

1. 查看数据文件、控制文件和日志文件信息

以 DBA 用户身份连接数据库，并分别通过 v$datafile、v$controlfile 和 v$logfile 数据字典查看当前数据库 orcl 中的数据文件、控制文件和日志文件信息。

2. 备份控制文件

备份控制文件有两种方式：一种是备份为二进制文件，另一种是备份为脚本文件。本练习要求用户使用 DBA 身份连接数据库；然后将 orcl 数据库中的控制文件备份为二进制文件，并以脚本文件的形式再次备份控制文件；最后查看脚本文件的存放位置，并打开该文件，查看其生成的控制文件脚本。

3. 为当前数据库创建一个新的控制文件

使用 CREATE CONTROLFILE 语句为当前数据库创建一个新的控制文件，该控制文

件的要求如下：
    （1）清空日志；
    （2）非归档；
    （3）最大的日志文件个数为 10；
    （4）日志文件组中最大的成员个数为 20；
    （5）最大的数据文件个数为 50；
    （6）最大的历史日志文件个数为 100。

第 7 章　SQL 基础

内容摘要 Abstract

SQL（Structured Query Language）是实现与关系数据库通信的标准语言，是数据库的核心语言。SQL 不仅具有丰富的查询功能，还具有数据定义和数据控制功能，是集查询、DDL（数据定义语言）、DML（数据操纵语言）、DCL（数据控制语言）于一体的关系数据语言。通过 SQL 语言，可以完成对数据表的查询、更新和删除功能，此外，还可以使用基本函数对数据表中的数据进行统计计算。

本章首先详细介绍 SQL 语言中的基本查询语句，然后介绍数据的增加、修改和删除操作，接着介绍 SQL 语言中的基本函数（包括字符串函数、数值函数、日期函数和聚合函数），最后介绍数据的一致性与事务管理等操作。

学习目标 Objective

- 熟练掌握 SELECT 查询语句
- 熟练掌握 INSERT 插入语句
- 熟练掌握 UPDATE 更新语句
- 熟练掌握 DELETE 删除语句
- 熟练掌握各种类型函数的使用
- 掌握 Oracle 中的事务处理机制

7.1　基本查询

SQL 是一种数据库查询和程序设计语言，其主要功能之一就是实现对数据库的查询操作。在查询数据信息时，不仅可以查询所有数据信息，还可以查询指定条件的数据信息。本节将详细讲述 Oracle 中的 SQL 查询语句。

7.1.1　查询语句——SELECT

查询是 SQL 语言的核心，用于表达 SQL 查询的 SELECT 语句则是功能最强，也是最为复杂的 SQL 语句。SELECT 语句的完整语法格式如下：

```
SELECT [ ALL | DISTINCT ]
{ * | expression | column1_name [ , column2_name] [ , ...]}
FROM { table1_name | ( subquery ) } [ alias ]
[ , { table2_name | ( subquery )} [ alias ] , ...]
[ WHERE condition ]
```

```
[CONNECT BY condition [ START WITH condition ]]
[ GROUP BY expression [ , ...]]
[ HAVING condition [ , ...]]
[{ UNION | INTERSECT | MINUS}]
[ORDER BY expression [ ASC | DESC ] [ , ...]]
[ FOR UPDATE [ OF [ schema.] table_name | view ] column ] [ NOWAIT ];
```

其中，[]表示可选项，语法说明如下：

（1）SELECT：必需的语句，查询语句的关键字。

（2）ALL：全部选取，而不管列的值是否重复。此选项为默认选项。

（3）DISTINCT：当列的值相同时只取其中的一个，用于去掉重复值。

（4）*：指定表的全部列。

（5）column1_name,column2_name ...：指定要查询的列的名称。可以指定一个或多个列。

（6）table1_name,table2_name ...：指定要查询的对象（表或视图）名称。可以指定一个或多个对象。

（7）subquery：子查询。

（8）alias：在查询时对表指定的列名。

（9）FROM：必需的语句，后面跟查询所选择的表或视图的名称。

（10）WHERE：指定查询的条件，后面跟条件表达式。如果不需要指定条件，则不需要该关键字。

（11）CONNECT BY：指定查询时搜索的连接描述。

（12）START WITH：指定搜索的开始条件。

（13）GROUP BY：指定分组查询子句，后面跟需要分组的列名。

（14）HAVING：指定分组结果的筛选条件。

（15）UNION | INTERSECT | MINUS：分别标识联合、交和差操作。

（16）ORDER BY：指定对查询结果进行排序的条件。

（17）ASC | DESC：ASC 表示升序排序（默认），DESC 表示降序排序。需要与 ORDER BY 子句联合使用。

（18）FOR UPDATE ... NOWAIT：查询表时将其锁定，不允许其他用户对该表进行 DML 操作，直到解锁为止。

例如，使用 system 用户身份连接数据库，查询 hr 用户下的 departments 表中的信息，代码如下：

```
SQL> SELECT department_id "部门编号",department_name "部门名称"
  2  FROM hr.departments;
部门编号        部门名称
----------      ----------------
        10      Administration
        20      Marketing
        30      Purchasing
        40      Human Resources
```

...
已选择 27 行。

由上述语句的输出结果可以看出,显示结果会根据 SELECT 关键字后指定的列依次显示,并且对输出的列标题分别使用别名进行显示。

> **提 示**
> 在检索数据时,数据列按照 SELECT 子句后面指定的列的顺序显示;如果使用星号(*)检索所有的列,那么数据按照定义表时指定的列的顺序显示。无论按照什么顺序,存储在表中的数据都不会受影响。

7.1.2 指定过滤条件——WHERE 子句

WHERE 子句用于限定 SELECT 语句查询结果行。在使用 SELECT 语句查询表信息时,如果没有指定任何限制条件,则会检索表的所有行。但是实际应用中,用户往往只需要获得某些行的数据。例如,取部门号为 10 的部门信息。在执行查询操作时,通过使用 WHERE 子句可以限制查询显示结果。

在 WHERE 子句中可以使用各种比较操作符来形成查询条件,表 7-1 列出了 WHERE 子句中可以使用的所有比较操作符和逻辑操作符。

表 7-1 WHERE 子句中可以使用的比较操作符和逻辑操作符

项目	形式	含义
比较操作符	=	等于
	<>、!=	不等于
	>=	大于等于
	<=	小于等于
	>	大于
	<	小于
	BETWEEN … AND …	在两值之间
	IN	匹配于列表值
	LIKE	匹配于字符样式
	IS NULL	测试 NULL
逻辑操作符	AND	如果条件都是 TRUE,则返回 TRUE,否则返回 FALSE
	OR	如果任一个条件是 TRUE,则返回 TRUE,否则返回 FALSE
	NOT	如果条件是 FALSE,则返回 TRUE;如果条件是 TRUE,则返回 FALSE

> **提 示**
> 可以使用 NOT 将 BETWEEN、IN、LIKE 和 IS NULL 操作符的条件取反,如 NOT BETWEEN、NOT IN、NOT LIKE 和 IS NOT NULL 等。

1. 在 WHERE 条件中使用数字值

当在 WHERE 条件中使用数字值时,既可以使用单引号引住数字值,也可以直接引用数字值。下面以查询 hr 用户下的 employees 表中工资高于 8000 的员工为例,说明在 WHERE 子句中使用数字值的方法。示例代码如下:

```
SQL> SELECT employee_id,first_name,last_name FROM employees
  2  WHERE salary>8000;
EMPLOYEE_ID          FIRST_NAME         LAST_NAME
---------------      ---------------    ------------
201                  Michael            Hartstein
204                  Hermann            Baer
205                  Shelley            Higgins
206                  William            Gietz
100                  Steven             King
...
已选择 33 行。
```

2. 在 WHERE 条件中使用字符值

当在 WHERE 条件中使用字符值时,必须用单引号引住字符值。下面以查询 employees 表中姓氏为 Raphaely 的员工信息为例,说明在 WHERE 子句中使用字符值的方法。示例代码如下:

```
SQL> SELECT first_name,last_name FROM employees
  2  WHERE last_name = 'Raphaely';
FIRST_NAME           LAST_NAME
-------------        ---------------
Den                  Raphaely
```

> **注意**:因为字符值区分大小写,所以在引用字符值时必须要指定正确的大小写格式,否则不能正确显示输出信息。

3. 在 WHERE 条件中使用 BETWEEN … AND …操作符

在 WHERE 子句中可以使用 BETWEEN 操作符,用来检索列值包含在指定范围内的数据行,并包含两个边界值。

例如,在 WHERE 子句中使用 BETWEEN…AND…操作符查询 employees 表中工资在 8000~15000 之间的所有员工姓名、姓氏和工资信息,代码如下:

```
SQL> SELECT first_name,last_name,salary FROM employees
  2  WHERE salary BETWEEN 8000 AND 15000;
FIRST_NAME           LAST_NAME                SALARY
---------------      ---------------          ----------
```

```
Michael          Hartstein              13000
Hermann          Baer                   10000
Shelley          Higgins                12008
William          Gietz                   8300
Alexander        Hunold                  9000
Nancy            Greenberg              12008
Daniel           Faviet                  9000
...
已选择 33 行。
```

4. 在 WHERE 条件中使用 LIKE 操作符

LIKE 操作符用于执行模糊查询。当执行查询操作时，如果不能完全确定某些信息的查询条件，但这些信息又具有某些特征，那么可以使用 LIKE 操作符。当执行模糊查询时，需要使用通配符 "%" 和 "_"，其中 "%" 用于表示匹配指定位置的 0 个或多个字符，而 "_" 则用于表示匹配单个字符。

例如，查询 employees 表中姓氏以 H 开头的所有员工信息，代码如下：

```
SQL> SELECT employee_id,first_name,last_name FROM employees
  2  WHERE last_name LIKE 'H%';

EMPLOYEE_ID      FIRST_NAME             LAST_NAME
-----------      --------------------   --------------
152              Peter                  Hall
201              Michael                Hartstein
205              Shelley                Higgins
118              Guy                    Himuro
103              Alexander              Hunold
175              Alyssa                 Hutton
已选择 6 行。
```

5. 在 WHERE 条件中使用 IN 操作符

在 WHERE 子句中可以使用 IN 操作符，用来检索某列的值在某个列表中的数据行。

例如，对 hr 用户的 employees 表进行检索。在 WHERE 子句中使用 IN 操作符，检索员工编号为 158、145 或 162 的记录，代码如下：

```
SQL> SELECT employee_id,first_name,last_name FROM employees
  2  WHERE employee_id IN (158,145,162);

EMPLOYEE_ID      FIRST_NAME             LAST_NAME
-----------      --------------------   --------------
158              Allan                  McEwen
145              John                   Russell
162              Clara                  Vishney
```

6. 在 WHERE 子句中使用逻辑操作符

当执行查询操作时，许多情况下需要指定多个查询条件。当指定多个查询条件时，必须使用逻辑操作符 AND、OR 或 NOT。在这 3 个操作符中，NOT 优先级最高，AND

其次，OR 最低。如果要改变优先级，则需要使用括号。

例如，在 WHERE 子句中使用 AND 操作符，查询工资为 3000 且职位编号为 SH_CLERK 的所有员工信息。其执行过程如下：

```
SQL> SELECT employee_id,first_name,last_name,salary,job_id,
department_id FROM employees
  2 WHERE salary = 3000 AND job_id = 'SH_CLERK';
EMPLOYEE_ID    FIRST_NAME    LAST_NAME    SALARY    JOB_ID      DEPARTMENT_ID
-----------    ----------    ---------    ------    --------    -------------
187            Anthony       Cabrio       3000      SH_CLERK    50
197            Kevin         Feeney       3000      SH_CLERK    50
```

7.1.3 获取唯一记录——DISTINCT

DISTINCT 关键字用来限定在检索结果中显示不重复的数据，对于重复值，只显示其中一个。该关键字是在 SELECT 子句中列的列表前面使用。如果不指定 DISTINCT 关键字，默认显示所有的列，即默认使用 ALL 关键字。

例如，查询 hr 用户的 employees 表，如果不使用 DISTINCT 关键字，则查询结果有 107 条记录；如果使用 DISTINCT 关键字，去掉重复的值，查询结果只有 12 条记录，代码如下：

```
SQL> SELECT DISTINCT department_id FROM employees;
DEPARTMENT_ID
-------------
100
30
20
70
90
...
已选择 12 行。
```

7.1.4 分组——GROUP BY 子句

在数据库查询中，分组是一个非常重要的应用。分组是指将数据表中的所有记录，以某个或者某些列为标准，划分为一组。例如，在一个存储了各个地区学生的表中，以学校为标准，可以将所有学生信息划分为多个组。

进行分组查询需要使用 GROUP BY 子句，其语法格式如下：

```
SELECT <column1,column2,…> FROM table_name
GROUP BY column1[,column2…] ;
```

1. 使用 GROUP BY 进行单列分组

单列分组是指在 GROUP BY 子句中使用单个列生成分组统计结果。当进行单列分组时，会基于列的每个不同值生成一个数据统计结果。

例如，在 SELECT 语句中使用 GROUP BY 子句进行单列分组，将员工以所在的部门为标准分组，获取每个部门的员工总人数，代码如下：

```
SQL> SELECT department_id "部门编号",COUNT(*) "员工人数"
  2  FROM employees
  3  GROUP BY department_id;
部门编号              员工人数
----------      --------------------
100                   6
30                    6
                      1
20                    2
70                    1
90                    3
110                   2
50                    45
40                    1
80                    34
10                    1
60                    5
已选择12行。
```

2. 使用 GROUP BY 进行多列分组

多列分组是指 GROUP BY 子句中使用两个或两个以上的列生成分组统计结果。当进行多列分组时，会基于多个列的不同值生成数据统计结果。

例如，在 SELECT 语句中使用 GROUP BY 子句进行多列分组，将员工信息以部门编号和职位编号分组，获取每个部门不同岗位的工资总和和最高工资，代码如下：

```
SQL> SELECT department_id,sum(salary),max(salary) FROM employees
  2  GROUP BY department_id,job_id;
DEPARTMENT_ID      SUM(SALARY)            MAX(SALARY)
-------------      --------------------   ---------------
110                8300                   8300
90                 34000                  17000
50                 55700                  3600
80                 243500                 11500
110                12008                  12008
50                 36400                  8200
...
30                 11000                  11000
已选择20行。
```

上面示例中，根据 department_id 列和 job_id 列进行分组。在进行分组时，首先会按照 department_id 列对员工进行分组，然后再按照 job_id 列进行分组，从而获得每个部门中每个岗位的工资总和和最高工资。

7.1.5 过滤分组——HAVING 子句

HAVING 子句通常与 GROUP BY 子句一起使用,在完成对分组结果的统计后,可以使用 HAVING 子句对分组的结果进行进一步的筛选。

> **提示**
> 一个 HAVING 子句最多可以包含 40 个表达式,HAVING 子句的表达式之间使用关键字 AND 和 OR 分隔。

在 GROUP BY 子句之后使用 HAVING 子句对其分组按照一定条件进行过滤,获取员工工资总额大于 20 000 的部门编号,执行过程如下:

```
SQL> SELECT department_id ,sum(salary) FROM employees
  2  GROUP BY department_id
  3  HAVING (sum(salary))>20000;
DEPARTMENT_ID           SUM(SALARY)
-------------           -----------
          100                 51608
           30                 24900
           90                 58000
          110                 20308
           50                156400
           80                304500
           60                 28800
已选择 7 行。
```

7.1.6 排序——ORDER BY 子句

ORDER BY 子句用于排序结果集。ORDER BY 子句在使用时需要指定排序标准和排序方式。排序标准是指按照结果集中某个或某些列进行排序;排序方式有两种:升序(默认排序方式)和降序。

1. 升序排序

默认情况下,当使用 ORDER BY 子句执行排序操作时,数据以升序方式排列。在执行升序排序时,也可以在排序后指定 ASC 关键字。

例如,使用 ORDER BY 子句对部门编号为 100 的员工工资进行升序排序,代码如下:

```
SQL> SELECT employee_id,first_name,last_name,salary,department_id
  2  FROM employees
  3  WHERE department_id = 100
  4  ORDER BY salary ASC;
EMPLOYEE_ID  FIRST_NAME    LAST_NAME     SALARY    DEPARTMENT_ID
-----------  ----------    ---------    --------   -------------
```

```
113         Luis            Popp            6900        100
111         Ismael          Sciarra         7700        100
112         Jose Manuel     Urman           7800        100
110         John            Chen            8200        100
109         Daniel          Faviet          9000        100
108         Nancy           Greenberg       12008       100
已选择 6 行。
```

2. 降序排序

当使用 ORDER BY 子句执行排序操作时，默认情况下会执行升序排序。为了执行降序排序，必须指定 DESC 关键字。

例如，在 ORDER BY 子句中指定 DESC 关键字，对部门编号为 100 的员工工资进行降序排序，代码如下：

```
SQL> SELECT employee_id,first_name,last_name,salary FROM employees
  2  WHERE department_id = 100
  3  ORDER BY salary DESC;
EMPLOYEE_ID     FIRST_NAME          LAST_NAME           SALARY
-------------   ------------------  ------------------  ------------------
108             Nancy               Greenberg           12008
109             Daniel              Faviet              9000
110             John                Chen                8200
112             Jose Manuel         Urman               7800
111             Ismael              Sciarra             7700
113             Luis                Popp                6900
已选择 6 行。
```

3. 使用多列排序

当使用 ORDER BY 子句执行排序操作时，不仅可以基于单个列或单个表达式进行排序，也可以基于多个列或多个表达式进行排序。当以多个列或多个表达式进行排序时，首先按照第一个列或表达式进行排序，当第一个列或表达式存在相同数据时，再以第二个列或表达式进行排序，以此类推……

下面以员工编号升序、工资降序显示员工信息为例，说明使用多列排序的方法。示例代码如下：

```
SQL> SELECT employee_id,first_name,last_name,salary FROM employees
  2  WHERE department_id = 100
  3  ORDER BY employee_id ASC,salary DESC;

EMPLOYEE_ID     FIRST_NAME          LAST_NAME           SALARY
-------------   ------------------  ------------------  ----------------
108             Nancy               Greenberg           12008
109             Daniel              Faviet              9000
110             John                Chen                8200
111             Ismael              Sciarra             7700
```

| 112 | Jose Manuel | Urman | 7800 |
| 113 | Luis | Popp | 6900 |

已选择 6 行。

> **注意**：如果在 SELECT 语句中同时包含 GROUP BY、HAVING 以及 ORDER BY 子句，则必须将 ORDER BY 子句放在最后。

7.2 其他 DML 语句

DML（Data Manipulation Language）即数据操纵语言，主要用于对数据库表和视图进行操作。在一般的关系数据库系统中，DML 是指 SELECT、INSERT、UPDATE 以及 DELETE 语句。而在 Oracle Database 11g 数据库中，DML 还包括 CALL、LOCK TABLE 以及 MERGE 语句等。

在 7.1 节中已经详细介绍了 SELECT 语句的使用，本节将对其他一些常用的 DML 语句进行具体介绍。

7.2.1 插入数据——INSERT 操作

INSERT 操作用于向表中插入新的数据，既可以插入单条数据，也可以与子查询结合使用实现批量插入。

1. 插入单条数据

对于 INSERT 操作来说，单条数据的插入是最常用的方式，其语法格式如下：

```
INSERT INTO table_name [( column1 [ , column2] ...)]
VALUES (value1 [ , value2] ...)
```

语法说明如下：

（1）table_name：需要添加数据的表的名称。

（2）column1,column2,…：指定要添加列值的列名序列，VALUES 后则是一一对应要添加列的数据值。

（3）value1,value2,…：为对应列所添加的数据。

> **注意**：若列名序列都省略，则新插入的记录必须在指定表的每个字段列上都有值；若列名序列部分省略，则新记录在列名序列中未出现的列上取空值。所有不能取空值的列必须包括在列名序列中。

使用 INSERT 语句向学生表 student 中插入一条学生记录（1，张山，20，男，河北），代码如下：

```
SQL>INSERT INTO student(id,name,age,sex,address)
  2  VALUES(1,'张山',20,'男','河北');
已创建 1 行。
```

当执行之后，可以再次查询 student 表中的数据，以检测是否成功插入，代码如下：

```
SQL> SELECT * FROM student;
   ID  NAME            AGE              SEX             ADDRESS
------  --------------  ---------------  --------------  ----------
    1   张山             20               男              河北
```

分析查询结果可知，使用 INSERT 语句已成功插入了一条新的学生信息。

2．批量插入

批量插入需要用到子查询（将在第 8 章中做详细介绍），其语法格式如下：

```
INSERT INTO table_name [( column1_name [, column2_name ] ...)]
SELECT query;
```

其中，SELECT query 表示一个 SELECT 子查询语句，通过该语句可以实现把子查询语句返回的结果添加到指定的表中。

这种形式可将子查询的结果集一次性插入基本表中。如果列名序列省略，则子查询所得到的数据列必须和要插入数据的基本表的数据列完全一致；如果列名序列给出，则子查询结果与列名序列要一一对应。

假设表 temp_student 中含有 temp_id 和 temp_name 两个字段，由于业务需求，需要将 student 表中的 id 字段值和 name 字段值插入到 temp_student 表中，分别对应其 temp_id 和 temp_name 字段。示例代码如下：

```
SQL> INSERT INTO temp_student(temp_id,temp_name)
  2  SELECT id,name FROM student;
已创建 1 行。
```

此时，表 temp_student 中已经成功插入了一条数据，结果如下：

```
SQL> SELECT * FROM temp_student;
TEMP_ID    TEMP_NAME
----------  --------------------
    1      张山
```

> **注意**
> 无论是插入单条记录，还是插入多条记录，都应该注意要插入的值与要插入的字段一一对应。

7.2.2 更新数据——UPDATE 操作

通过 UPDATE 语句可以对数据表中符合更新条件的记录进行更新。UPDATE 语句的语法格式如下：

```
UPDATE table_name
SET {column1_name = expression [ , column2_name = expression ] ... |
( column1_name [ , column2_name ] ...) = (SELECT query)}
[ WHERE condition];
```

语法说明如下：

（1）table_name：指定要更新的表名。

（2）SET：指定要更新的字段及其相应的值。可以指定多个列，以便一次修改多个列的值。为需要更新的列分别指定一个表达式，表达式的值即为对应列的值。

（3）SELECT query：与 INSERT 语句中的 SELECT 子查询语句一样，在 UPDATE 语句中也可以使用 SELECT 子查询语句获取相应的更新值。

（4）WHERE：指定更新条件。如果没有指定更新条件，则对表中所有记录进行更新。

对指定基本表中满足条件的数据，用表达式值作为对应列的新值，其中，WHERE 子句是可选的，如不选，则更新指定表中的所有数据的对应列。

例如，使用 UPDATE 语句更新 scores 表中编号为 2 的成绩信息，使其成绩加 10 分，代码如下：

```
SQL> SELECT * FROM scores;
        ID      SCORE
---------- ----------
         1         99
         2         89
         3         75
SQL> UPDATE scores SET score = score+10
  2  WHERE id = 2;
已更新 1 行。
```

再次执行查询操作，检测是否更新成功，代码如下：

```
SQL> SELECT * FROM scores;
        ID      SCORE
---------- ---------
         1         99
         2         99
         3         75
```

在 UPDATE 语句的 SET 子句中，可以使用 SELECT 子查询语句。在 SELECT 子查询语句中使用聚合函数 AVG() 获得 score 列的平均值，并将该值赋值给编号为 2 的学生，作为该学生新的成绩，代码如下：

```
SQL> UPDATE scores SET score = (
  2  SELECT AVG(score) FROM scores)
  3  WHERE id = 2;
已更新 1 行。
```

7.2.3 删除数据——DELETE 操作

当不再需要表中的某些数据时，应该及时删除该数据，以释放该数据所占用的空间。在 Oracle 系统中，删除表中的数据可以使用 DELETE 语句，其语法格式如下：

```
DELETE [FROM] [schema.] table_name [WHERE condition];
```

其中，DELETE FROM 子句用来指定将要删除的数据所在的表；WHERE 子句用来指定将要删除的数据所要满足的条件，可以是表达式或子查询。如果不指定 WHERE 子句，则将从指定的表中删除所有的行。

> **提示**：使用 DELETE 语句，只是从表中删除数据，不会删除表结构。如果要删除表结构，则应该使用 DROP TABLE 语句。

在 DELETE 语句中并没有指定列名，这是因为 DELETE 语句不针对表中的某列进行删除，而是针对表中的数据行进行删除。例如，删除 id 为 2 的成绩记录，代码如下：

```
SQL> DELETE FROM scores WHERE id=2;
已删除 1 行。
```

> **技巧**：在数据库管理操作中，经常需要将某个表的所有记录删除而只保留表结构。如果使用 DELETE 语句进行删除，Oracle 系统会自动为该操作分配回滚段，则删除操作需要较长的时间才能完成。为了加快删除操作，可以使用 DDL 中的 TRUNCATE 语句，使用该语句可以快速地删除某个表中的所有记录。

7.2.4 合并数据——MERGE 操作

使用 MERGE 语句可以对指定的两个表执行合并操作，其语法格式如下：

```
MERGE INTO table1_name USING table2_name ON join_condition
WHEN MATCHED THEN UPDATE SET …
WHEN NOT MATCHED THEN INSERT ... VALUES …;
```

语法说明如下：
（1）table1_name：需要合并的目标表。

（2）table2_name：需要合并的源表。
（3）join_condition：合并条件。
（4）WHEN MATCHED THEN UPDATE SET：表示如果符合合并条件，则执行更新操作。
（5）WHEN NOT MATCHED THEN INSERT：表示如果不符合合并条件，则执行插入操作。

> **提示**　如果只是希望将源表中符合条件的数据合并到目标表中，可以只使用 UPDATE 子句；如果只是希望将源表中不符合合并条件的数据合并到目标表中，可以只使用 INSERT 子句。

在 UPDATE 子句和 INSERT 子句中，都可以使用 WHERE 子句指定更新或插入的条件。这时，对于合并操作来说，提供了两层过滤条件：第一层是合并条件，由 MERGE 语句中的 ON 子句指定；第二层是 UPDATE 或 INSERT 子句中指定的 WHERE 条件。这样，使得合并操作更加灵活和精细。

要使用 MERGE 语句对两个表执行合并操作，首先需要创建两个表，并且这两个表的结构要完全相同。这里创建表 product 和 newpro，创建表之后，根据两个表的字段是否匹配，修改目标表 newpro 中的信息。product 和 newpro 数据表中的内容如下：

```
SQL> SELECT * FROM product;
PROID      PRONAME
---------- --------------------
1          联想笔记本G450
2          华硕笔记本
SQL> SELECT * FROM newpro;
PROID      PRONAME
---------- --------------------
1          戴尔笔记本
3          索尼笔记本
```

使用 MERGE 语句，将 newpro 表作为目标表，product 表作为源表，在 ON 关键字后指定合并条件。如果符合合并条件，则将表 newpro 执行更新操作。其具体代码如下：

```
SQL> MERGE INTO newpro p1
  2  USING product p2
  3  ON (p1.proid = p2.proid)
  4  WHEN MATCHED THEN
  5  UPDATE SET p1.proname = p2.proname;
1 行已合并。

SQL> SELECT * FROM newpro;
PROID      PRONAME
---------- --------------------
1          联想笔记本G450
3          索尼笔记本
```

在上述的 MERGE 语句中，合并的条件为：newpro 与 product 数据表的 proid 字段值相等；修改的数据表为：目标表 newpro，将其 proname 字段值修改为 product 数据表中的 proname 字段值，其前提条件是 proid 值相等。

7.3 基本函数

无论什么样的计算机语言，都提供了大量的函数。使用这些函数可以大大提高计算机语言的运算和判断功能。在 Oracle 数据库中，提供了字符串函数、数值函数和日期函数，另外还有一些聚合函数，如 SUM()、AVG() 等，通过使用这些函数可以大大增强 SELECT 语句操作数据库数据的功能。

7.3.1 字符串函数

在 Oracle 数据库函数中，字符串函数是比较常用的函数之一。在使用字符串函数时，可以接收字符参数，这些字符可以是一个任意有效的表达式，也可以来自于表中的一列，其返回值类型为字符类型或数值类型。字符串函数既可以在 SQL 语句中使用，也可以直接在 PL/SQL 块中应用。下面详细介绍 Oracle 所提供的字符串函数的具体应用。

1. 获取字符串长度——LENGTH()函数

LENGTH()函数用于返回字符串长度。例如，使用 LENGTH()函数获取 hr 用户下部门编号为 10 的部门名称长度，代码如下：

```
SQL> SELECT department_name "name",LENGTH(department_name) "length"
  2  FROM departments
  3  WHERE department_id=10;
name                            length
------------------------------  ----------
Administration                  14
```

> **注意**
> 对于 LENGTH()函数来说，双字节字符被视作了一个字符来进行计算，如"王丽丽"字符串的长度为 3。也就是说，无论是单字节字符还是双字节字符，使用 LENGTH()函数都将被视作一个字符进行计算。

2. 向左补全字符串——LPAD()函数

LPAD()函数用于向左补全字符串，主要用于字符串的格式化。格式化的方式为：将字符串格式化为指定长度，如有不足部分，则在字符串的左端填充特定字符。LPAD()函数的定义如下：

```
LPAD(x,width[,pad_string])
```

其中，x 表示原始字符串；width 表示格式化之后的字符串长度；pad_string 表示使用哪个字符填充不足的位数。

假设在 hr 用户下含有一个 emp 表，该表用于存储员工信息（员工工号、员工姓名、员工年龄），下面在 SELECT 语句中使用 LPAD()函数将员工工号格式化为 4 位，不足部分使用 "0" 来填充。例如，工号为 1 应被格式化为 0001。示例如下：

```
SQL> SELECT LPAD(empno,4,'0') "员工工号",empname "员工姓名" FROM emp;
员工工号      员工姓名
--------      --------------------
0001          王丽丽
0002          马腾
```

> **注意**
> 如果原始字符串长度已经超过格式化后的长度，LPAD()函数将从字符串左端进行截取。比如，原始字符串为 12345，格式化后的长度为 4 位，则 Oracle 将返回自左端截取的 4 位字符：1234。

3. 向右补全字符串——RPAD()函数

与 LPAD()函数相似，RPAD()函数用于返回格式化为特定位数的字符串，只是该函数自右端补全不足位数。RPAD()函数的定义如下：

```
RPAD(x,width[,pad_string])
```

该函数在 x 的右边补齐空格，得到总长为 width 个字符的字符串，然后返回 x 被补齐之后的结果字符串。它还可以提供一个可选的 pad_string 参数，这个参数用于指定重复使用哪个字符来补齐 x 右边的空位。

在 SELECT 语句中使用 RPAD()函数，将员工工号格式化为 5 位，不足部分使用 "*" 在右端补全字符串。示例如下：

```
SQL> SELECT RPAD(empno,5,'*') "员工工号",empname "员工姓名" FROM emp;
员工工号      员工姓名
----------    --------------------
1****         王丽丽
2****         马腾
```

> **注意**
> 当原始字符串长度大于格式化后的长度时，RPAD()函数同样是自左端截取字符串。比如，原始字符串为 12345，格式化后的长度为 4 位，则 Oracle 将返回自左端截取的 4 位字符：1234。

4. 连接字符串——CONCAT()函数

CONCAT()函数可以将两个字符串进行连接，其定义如下：

```
CONCAT(x , y)
```

该函数表示将 y 字符串连接到 x 字符串之后，并将得到的字符串作为结果返回。

例如，使用 CONCAT()函数将字符串"Oracle"追加到字符串"Welcome"之后，代码如下：

```
SQL> SELECT CONCAT('Welcome','Oracle') new_str FROM dual;
NEW_STR
-----------
WelcomeOracle
```

> **提示** Oracle 中的 dual 表示一个单行单列的虚拟表，任何用户均可读取，常用在没有目标表的 SELECT 语句块中，如查看当前连接用户、查看当前日期和时间等。

5. 获取字符串的小写形式——LOWER()函数

LOWER()函数用于返回字符串的小写形式。例如，在 SELECT 语句中使用 LOWER()函数，获取部门编号为 100 的所有员工姓名的小写形式，代码如下：

```
SQL> SELECT LOWER(first_name) FROM employees
  2  WHERE department_id=100;
LOWER(FIRST_NAME)
--------------------
nancy
daniel
john
ismael
jose manuel
luis
已选择 6 行。
```

6. 截取字符串——SUBSTR()函数

SUBSTR()函数用于截取字符串，并将截取后的新字符串返回，其定义如下：

```
SUBSTR(x,start[,length])
```

其中，x 表示原始字符串；start 表示开始截取的位置；length 表示截取的长度。需要注意的是，Oracle 的字符串中第一个字符的位置为 1。

例如，使用 SUBSTR()函数对 employees 表中的 hire_date 列进行操作，取出该列中的年份信息，代码如下：

```
SQL> SELECT employee_id,first_name,last_name,hire_date,SUBSTR
(hire_date,8,2) AS year
  2  FROM employees
  3  ORDER BY year ASC;
EMPLOYEE_ID    FIRST_NAME      LAST_NAME       HIRE_DATE        YEAR
-----------    ------------    ------------    -------------    ----
102            Lex             De Haan         13-1月 -01       01
206            William         Gietz           07-6月 -02       02
```

109	Daniel	Faviet	16-8月-02	02
108	Nancy	Greenberg	17-8月-02	02
114	Den	Raphaely	07-12月-02	02
...				

已选择107行。

7. 单词首字符大写——INITCAP()函数

INITCAP()函数用于将单词转换为首字符大写、其他字符小写的形式，并返回得到的字符串。

下面将employees表中部门编号为100的所有员工姓名首字符转换为大写、其他字符小写的形式，并作为结果输出。

```
SQL> SELECT INITCAP(first_name) "姓名" FROM employees
  2  WHERE department_id=100;
姓名
--------------------
Nancy
Daniel
John
Ismael
Jose Manuel
Luis
已选择6行。
```

8. 反转字符串——REVERSE()函数

REVERSE()函数可以对Oracle中的对象进行反转处理。这里的处理遵循Oracle对象的存储结构。示例如下：

```
SQL> SELECT reverse('ABCDEFG') new_str FROM dual;
NEW_STR
-------
GFEDCBA
```

注意 ── 如果尝试反转双字节字符，如汉字，那么将返回乱码。

9. 替换字符串——REPLACE()函数

REPLACE()函数用于将字符串中的指定子字符串进行替换，其定义如下：

```
REPLACE(x,search_string,replace_string)
```

其中，x表示原始字符串；search_string表示要替换的子字符串；replace_string表示要使用哪个字符串来替换search_string所表示的子字符串。作为替换值的replace_string参数是可选的。如果没有传递replace_string参数，就会将搜索字符串从原来的字符串中剥离，因为不指定replace_string参数的时候，默认的参数值是空字符串。

例如,将"ABCDEFG"字符串中的"AB"子字符串替换为"88",代码如下:

```
SQL> SELECT replace('ABCDEFG','AB','88') new_str FROM dual;
NEW_STR
-------
88CDEFG
```

10. 格式化字符串——TO_NUMBER()函数

TO_NUMBER()函数用于将指定的字符串进行格式化,其定义如下:

```
TO_NUMBER(x[,format])
```

其中,x 表示原始字符串;format 为可选参数,表示字符串的格式。下面使用 TO_NUMBER() 函数将字符串 970.13 转换为一个数值,然后再加上 25.5,最后计算其结果。

```
SQL> SELECT to_number('970.13')+25.5 FROM dual;
TO_NUMBER('970.13')+25.5
------------------------
995.63
```

下面这个查询使用 TO_NUMBER()函数将字符串-$12,345.67 转换为一个数值,传递的 format 字符串参数是$99,999.99。

```
SQL> SELECT to_number('-$12,345.67','$99,999.99')
  2  FROM dual;
TO_NUMBER('-$12,345.67','$99,999.99')
-------------------------------------
-12345.67
```

7.3.2 数值函数

针对数值型数据,Oracle 提供了丰富的内置函数进行处理。数值函数的输入参数和返回值都是数值型。数值函数不仅可以在 SQL 语句中应用,也可以直接在 PL/SQL 块中应用。下面将对 Oracle 数据库中可以使用的比较常见的数值函数的用法进行详细说明。

1. 获取数值的绝对值——ABS()函数

ABS()函数用于返回数值的绝对值。使用 ABS()函数,对整数 100 和负整数–100 分别求绝对值,代码如下:

```
SQL> SELECT ABS(100),ABS(-100) FROM dual;
ABS(100)    ABS(-100)
----------  ----------
100         100
```

2. 取模操作——MOD()函数

MOD()函数用于返回一个除法表达式的余数,包含两个参数:被除数和除数,其定义如下：

```
MOD(x,y)
```

其中，x 表示被除数；y 表示除数。

例如，使用 MOD()函数计算 2000 除以 600 的余数，代码如下：

```
SQL> SELECT MOD(2000,600) FROM dual;
MOD(2000,600)
-------------
          200
```

 在 MOD()函数中，被除数可以为 0。例如，MOD(5,0)，获得的余数为 5。

3．向上取整——CEIL()函数

CEIL()函数用于返回大于等于数值型参数的最小整数值。

例如，使用 CEIL()函数获得大于等于 15.2 和-10.8 的最小整数，代码如下：

```
SQL> SELECT CEIL(15.2),CEIL(-10.8) FROM dual;
CEIL(15.2)      CEIL(-10.8)
----------      -----------
        16              -10
```

CEIL(15.2)返回大于等于 15.2 的最小整数 16，CEIL(-10.8)返回大于等于-10.8 的最小整数-10。

4．向下取整——FLOOR()函数

FLOOR()函数用于返回小于等于参数值的最大整数值。

例如，使用 FLOOR()函数获取小于等于 15.8 和-10.2 的最大整数，代码如下：

```
SQL> SELECT FLOOR(15.8),FLOOR(-10.2) FROM dual;
FLOOR(15.8)          FLOOR(-10.2)
-----------          ------------
         15                   -11
```

5．四舍五入——ROUND()函数

ROUND()函数用于返回数值的四舍五入值，其定义如下：

```
ROUND(x,[y])
```

其中，x 表示原数值；y 表示小数位数，说明对第几位小数取整，为可选参数。y 的取值可以为正数、负数和 0。当小数位数为 0 时，可以将其省略。

例如，使用 ROUND()函数对指定数值类型的数值进行四舍五入运算，分别设置其小数位数为正数、负数和 0，代码如下：

```
SQL> SELECT ROUND(4.38,1),ROUND(456.38,-1),ROUND(456.38) FROM dual;
ROUND(4.38,1)        ROUND(456.38,-1)           ROUND(456.38)
-------------        ----------------           -------------
4.4                  460                        456
```

当小数位数为正数时,表示精确到小数点之后的位数,ROUND(4.38,1)表示将小数4.38 四舍五入精确到小数点后 1 位,运算结果为 4.4;当小数位数为负数时,表示精确到小数点之前的位数,ROUND(456.38,-1)表示将小数 456.38 四舍五入精确到小数点前 1 位,运算结果为 460;当小数位数为 0,或者省略时,表示精确到整数,ROUND(456.38)精确到整数位 456。

6. 乘方运算——POWER()函数

POWER()函数用于进行乘方运算,包含两个参数:乘方运算的底数和指数,其定义如下:

```
POWER(x,y)
```

其中,x 表示乘方运算的底数;y 表示乘方运算的指数。
例如,使用 POWER()函数计算 2 的 3 次幂,代码如下:

```
SQL> SELECT POWER(2,3) FROM dual;
POWER(2,3)
----------
8
```

7. 计算数值的平方根——SQRT()函数

SQRT()函数用于返回数值参数的平方根。从平方根的意义可以看出,该函数的参数值不能小于 0。例如,使用 SQRT()函数计算 16 的平方根,代码如下:

```
SQL> SELECT SQRT(16) FROM dual;
  SQRT(16)
----------
         4
```

8. 格式化数值——TO_CHAR()函数

TO_CHAR()函数用于将一个数值类型的数据进行格式化,并返回格式化后的字符串,其定义如下:

```
TO_CHAR(x[,format])
```

其中,x 表示原数值;format 为可选参数,表示 x 的格式。TO_CHAR()函数中的格式参数比较多,下面将讲述较为常用的几种。

1)格式字符"0"

0 代表一个数字位。当原数值没有数字位与之匹配时,强制添加 0。示例如下:

```
SQL> SELECT TO_CHAR(15.66,'0000.0000') FROM dual;
```

```
TO_CHAR(15
----------
 0015.6600
```

格式 0000.0000 代表将数值格式化为小数点前后各 4 位，如果原数值没有数字位与之对应，则使用 0 进行填充，其结果为 0015.6600。

2）格式字符"9"

9 代表一个数字位。当原数值中的整数部分没有数字位与之匹配时，不填充任何字符。示例如下：

```
SQL> SELECT TO_CHAR(15.66,'9999.9999') FROM dual;
TO_CHAR(15
----------
15.6600
```

当使用 9 代替 0 之后，整数部分中没有数字与格式字符对应时，将忽略该位，那么将返回 15.6600。但是，对于小于 1 的小数来说，所有格式字符均使用 9，返回值往往并不理想，示例如下：

```
SQL> SELECT TO_CHAR(0.86,'999.999') result FROM dual;
RESULT
--------
.860
```

3）格式字符"$"

TO_CHAR()函数的一个典型应用就是为货币数值进行格式化。为了标识货币，通常在数值之前添加"$"。在 TO_CHAR()函数中，同样可以使用格式字符"$"在返回值的开头添加美元符号。示例如下：

```
SQL> SELECT TO_CHAR(15.66,'$9999.9999') FROM dual;
TO_CHAR(15.
-----------
$15.6600
```

4）格式字符"L"

美元符号表示货币，但是货币标识往往具有本地化的色彩。例如，在中国，通常使用"￥"符号，而非"$"符号。在 TO_CHAR()函数中，使用"L"指定本地化的货币标识。示例如下：

```
SQL> SELECT TO_CHAR(15.66,'L9999.9999') FROM dual;
TO_CHAR(15.66,'L9999
--------------------
￥15.6600
```

7.3.3 日期函数

日期和时间类型的数据也是在数据库中使用比较多的一种数据。SQL 语句主要通过日期函数操纵日期和时间数据。在 Oracle 系统中，默认的日期格式为 DD-MON-YY。

1．获得当前日期——SYSDATE()和 CURRENT_TIMESTAMP()函数

SYSDATE()和 CURRENT_TIMESTAMP()函数会根据数据库的时区获取当前的日期值。其中，SYSDATE()函数用于获取系统当前的日期值；CURRENT_TIMESTAMP()函数用于获取系统当前时间和日期值。示例如下：

```
SQL> SELECT SYSDATE,CURRENT_TIMESTAMP FROM dual;
SYSDATE                  CURRENT_TIMESTAMP
------------------       ------------------------------------------
20-8月 -12               20-8月 -12 10.30.42.566000 上午 +08:00
```

> **注意** 由于函数 SYSDATE()和 CURRENT_TIMESTAMP()都不带有任何参数，所以在使用时需要省略其括号。如果带有括号，则会出现错误。

2．获得两个日期所差的月数——MONTHS_BETWEEN()函数

MONTHS_BETWEEN()函数用于获得两个日期相减获得的月数，返回值是一个实数。它可以指出两个日期之间的完整的月份和月份片段。如果第一个参数表示的日期早于第二个参数表示的日期，那么返回值为负值。

例如，使用 MONTHS_BETWEEN()函数计算当前日期与一个指定日期之间间隔的月份数，代码如下：

```
SQL> SELECT MONTHS_BETWEEN(SYSDATE,'20-7月-2012') FROM dual;
MONTHS_BETWEEN(SYSDATE,'20-7月-2012')
-------------------------------------
1
```

3．为日期加上特定月份——ADD_MONTHS()函数

对于一个日期型数据来说，一个常见应用为添加固定月数。下面的示例计算了当前日期加上 2 个月后的日期：

```
SQL> SELECT ADD_MONTHS(SYSDATE,2) FROM dual;
ADD_MONTHS(SYS
--------------
20-10月-12
```

4．获取指定日期所在月的最后一天——LAST_DAY()函数

LAST_DAY()函数用于返回某个日期所在月份的最后一天，返回值同样为一个日期型数据。

例如，使用 LAST_DAY()函数获取 2012 年 8 月份的最后一天日期，代码如下：

```
SQL> SELECT LAST_DAY(SYSDATE) FROM dual;
LAST_DAY(SYSDA
```

```
-----------
31-8月 -12
```

7.3.4 聚合函数

检索数据不仅仅是把现有的数据简单地从表中取出来，很多情况下，还需要对数据执行各种统计计算。在 Oracle 数据库中，执行统计计算需要使用聚合函数，常做的统计计算有求平均值、求和、求最大值、求最小值等。本小节将简单介绍 Oracle 中常用的聚合函数的使用。

1. 求平均值——AVG()函数

AVG()函数用于获得一组数据的平均值，只能应用于数值型数据。如果在传递给 AVG()的记录集合中包含了 NULL 值，那么就会将这些值完全忽略。

例如，使用 AVG()函数获取员工的平均工资，代码如下：

```
SQL> SELECT AVG(salary) FROM employees;
AVG(SALARY)
-----------
 6461.83178
```

注 意　　聚合函数中可以使用任意有效的表达式，如 salary+200，同时也可以使用 DISTINCT 关键字过滤计算平均值的列。

2. 统计记录数——COUNT()函数

COUNT()函数用于统计记录数目。COUNT()函数的常用形式有两种：一种是统计单列，另一种是统计所有列。对于统计单列来说，列名作为 COUNT()函数的参数。当列值不为空时，将计数为 1；否则，将计数为 0。当表的所有列被作为 COUNT()函数的参数时，可以使用 COUNT(*)进行统计。这种情况下，即使所有列值均为空，Oracle 仍将进行计数。

下面向表 product 中插入新的数据，并比较空值和非空值的统计情况。

```
SQL> INSERT INTO product VALUES(3,null);
已创建 1 行。
```

此时，表 product 中的数据如下：

```
SQL> SELECT * FROM product;
PROID                PRONAME
---------- --------------------
3
1                    联想笔记本 G450
2                    华硕笔记本
```

新增记录后，列 proid 不为空，而 proname 为空。

下面使用 COUNT()函数来分别统计 proid 列和 proname 列的记录数据，比较二者在统计时的区别。

```
SQL> SELECT COUNT(proid), COUNT(proname) FROM product;
COUNT(PROID)         COUNT(PRONAME)
------------         --------------
3                    2
```

分析查询结果可知，当列值为空时，COUNT()函数并不进行计算。

3．求最大值——MAX()函数

MAX()函数用于获得一组数据中的最大值。MAX()函数可以应用的数据类型包括数值型和字符型。其中，应用于数值型时，是按照数值的大小顺序来获得最大值；应用于字符型时，Oracle 会按照字母表由前往后的顺序进行排序。

例如，使用 MAX()函数获得员工的最高工资，代码如下：

```
SQL> SELECT MAX(salary) FROM employees;
MAX(SALARY)
-----------
24000
```

其中，FROM employees 提供了表 employees 中的所有记录作为数据源；MAX(salary)中的 salary 为数据源中的列，该列的所有数据组成了 MAX()函数的参数，MAX()函数则统计该组数据中的最大值。

4．求最小值——MIN()函数

与 MAX()函数相反，MIN()函数用于获得最小值。MIN()函数同样可以应用于数值型、字符型和日期型数据。

例如，使用 MIN()函数获得员工工资的最低工资，代码如下：

```
SQL> SELECT MIN(salary) FROM employees;
MIN(SALARY)
-----------
2100
```

> **注意**　当使用 MIN()函数求得最小值时，如果传递的参数中既包含中文也包含英文，英文字母将永远小于中文字符串。

5．求和——SUM()函数

SUM()函数用于获得一组数据的和，该函数只能应用于数值型数据。例如，计算所有员工的工资总和，代码如下：

```
SQL> SELECT SUM(salary) FROM employees;
SUM(SALARY)
-----------
691416
```

7.4 数据一致性与事务管理

数据库中的数据是每时每刻都有可能发生变化的，但是这种变化必须是可以接受的和合理的，即数据必须保持一致性。事务是保证数据一致性的重要手段。本节将详细讲述数据库的数据一致性和事务管理。

7.4.1 Oracle 中的数据一致性与事务

数据库是现实世界的反映。例如，银行转账，由 A 账户转账给 B 账户，此时对数据库的操作应该由两条 UPDATE 语句组成，一是将 A 账户金额减少，二是在 B 账户增加相应的数据，并永久地保存在数据库中。如果在转账的过程中，A 账户的金额已经减少，此时停电或者其他原因导致无法对数据库进行操作，那么 B 账户将无法进行金额增加的操作。这就造成了数据不一致的现象。

为了避免这种情况的发生，则必须同时取消减少和增加金额的操作，以保证数据的一致性。

事务是保证数据一致性的重要手段。试图改变数据库状态的多个动作应该视作一个密不可分的整体，无论其中经过了多么复杂的操作，该整体执行之前和执行之后，数据库均可保证一致性。整个逻辑整体即是一个事务，如图 7-1 所示。

图 7-1 事务与数据的一致性

7.4.2 Oracle 中的事务处理

一个事务的生命周期包括事务开始、事务执行和事务结束。在 Oracle 中，并不会显式声明事务的开始，而是由 Oracle 自行处理。事务的结束可以使用 COMMIT 或者 ROLLBACK 命令。

1．使用 COMMIT 命令提交事务

要永久性地记录事务中 SQL 语句的结果，需要执行 COMMIT 命令，从而提交

（Commit）事务。事务的开始无须显式声明，在一个会话中，一次事务的结束便意味着新事务的开始。事务的结束可以使用 COMMIT 命令。

下面执行两条 UPDATE 语句，并使用 COMMIT 命令提交修改，将这两条 SQL 语句作为一个事务。

```
SQL> UPDATE product SET proname='索尼笔记本'
  2  WHERE proid=3;
已更新 1 行。

SQL> COMMIT;
提交完成。

SQL> SELECT * FROM product;
PROID       PRONAME
----------  --------------------
3           索尼笔记本
1           联想笔记本 G450
2           华硕笔记本
```

这里所说的事务是指全部提交，或者全部回滚，但这并不代表事务中的所有动作都可成功执行。如果其中某个动作执行失败，使用 COMMIT 命令仍然会提交所有成功的修改，这就导致了数据的不一致。为了解决这一问题，通常需要在事务的开始之前使用 BEGIN 关键字，在事务结束之后使用 END 来标识。例如，下面的语句：

```
BEGIN
    UPDATE account SET money=money-200
    WHERE accountid=1;
    UPDATE account SET money=money+200
    WHERE accountid=3;
    COMMIT;
END;
```

当使用了 BEGIN...END 块时，客户端一次性将所有 SQL 语句发送到服务器端执行。一旦出现错误，Oracle 会当作整个 SQL 块错误，因此不会对数据库进行任何的更新操作。

2. 使用 ROLLBACK 命令回滚事务

ROLLBACK 命令用于回滚事务内的所有数据修改，并结束事务，将所有数据重新设置为原始状态。

下面向服务器端发送两条 UPDATE 更新语句，然后执行 ROLLBACK 命令，取消对表所进行的修改。

```
SQL> UPDATE product SET proname='惠普笔记本'
  2  WHERE proid=3;
已更新 1 行。
SQL> UPDATE product SET proname='戴尔笔记本'
  2  WHERE proid=2;
```

```
已更新 1 行。
SQL> ROLLBACK;
回退已完成。

SQL> SELECT * FROM product;
    PROID              PRONAME
---------- --------------------
         3              索尼笔记本
         1              联想笔记本 G450
         2              华硕笔记本
```

由上面执行结果可知，使用 UPDATE 语句对 product 表所做的修改被 ROLLBACK 命令取消了。

7.4.3 事务处理原则

事务的处理原则包括 4 点：原子性 Atomicity、一致性 Consistency、隔离性 Isolation 和持久性 Durablity，简写为 ACID。

1．事务的原子性——Atomicity

原子性是事务的最基本属性。它表示整个事务所有操作是一个逻辑整体，如同原子一样，不可分割，或者全部执行，或者都不执行。

2．事务的一致性——Consistency

事务的一致性是指在事务开始之前数据库处于一致性状态，当事务结束之后，数据库仍然处于一致性状态。也就是说，事务不能破坏数据库的一致性。

很多情况下，事务内部对数据库操作有可能破坏数据库的一致性。例如，在货物调仓的过程中，出仓操作是成功执行的，而入仓失败。此时的事务，如果执行了 COMMIT 命令，势必破坏数据库的一致性，那么，正确的做法就是应该以 ROLLBACK 命令结束事务。

3．事务的隔离性——Isolation

事务的隔离性是指一个事务对数据库的修改，与并行的另外一个事务的隔离程度。各个事务对数据库的影响都是独立的，那么，一个事务对于其他事务的数据修改，有可能产生以下几种情况：

1）幻像读取

幻像读取意味着，同一事务中，前后两次执行相同的查询，第一次查询获得的结果集仍然存在于第二次查询结果中，并且没有任何改变。例如，事务 T1 读取一条指定的 WHERE 子句所返回的结果集；接着事务 T2 新插入一行记录，这行记录恰好可以满足 T1 所使用查询中的 WHERE 子句的条件；然后 T1 又使用相同的查询再次对表进行检索，但是此时却看到了事务 T2 刚才插入的新行。这个新行就称为"幻像"，因为对于 T1 来说这一行就像是变魔术似地突然出现了一样。

2）不可重读

不可重读意味着，同一事务中，前后两次读取数据表中的同一条记录，所获得的结果不相同。例如，事务 T1 读取一行记录，紧接着事务 T2 修改了 T1 刚才读取的那一行记录的内容，然后 T1 又再次读取这一行记录，发现它与刚才读取的结果不同了。这种现象称为"不可重读"，因为 T1 原来读取的那一行记录已经发生了变化。

3）脏读

一个事务在执行时，有可能读取到外界其他事务对数据库的修改。这些数据修改是尚未提交的，并有可能被外界事务回滚。如果当前事务受到外界未提交数据的影响，将造成脏读。例如，事务 T1 更新了一行记录的内容，但是并没有提交所做的修改，事务 T2 读取更新后的行；然后 T1 执行回滚操作，取消了刚才所做的修改。现在 T2 所读取的行就无效了（也称为"脏"数据），因为在 T2 读取这行记录时，T1 所做的修改并没有提交。

为了处理这些可能出现的问题，数据库实现了不同级别的事务隔离性，以防止并发事务会相互影响。SQL 标准定义了以下几种事务隔离性级别，按照隔离性级别从低到高依次为：

（1）READ UNCOMMITTED：幻像读、不可重读和脏读都允许。
（2）READ COMMITTED：允许幻像读和不可重读，但是不允许脏读。
（3）REPEATABLE READ：允许幻像读，但是不允许不可重读和脏读。
（4）SERIALIZABLE：幻像读、不可重读和脏读都不允许。

Oracle 数据库支持 READ COMMITTED 和 SERIALIZABLE 两种事务隔离性级别，不支持 READ UNCOMMITTED 和 REPEATABLE READ 这两种隔离性级别。隔离性级别需要使用 SET TRANSACTION 命令来设定，其语法格式如下：

```
SET TRANSACTION ISOLATION LEVEL
{READ COMMITTED
| READ UNCOMMITTED
| REPEATABLE READ
| SERIALIZABLE };
```

例如，将事务隔离性级别设置为 SERIALIZABLE，语句如下：

```
SET TRANSACTION ISOLATION LEVEL SERIALIZABLE;
```

> **注意**　Oracle 数据库默认使用的事务隔离性级别是 READ COMMITTED。在 Oracle 数据库中也可以使用 SERIALIZABLE 事务隔离性级别，但是这会增加 SQL 语句执行所需要的时间，因此只有在必须的情况下才使用 SERIALIZABLE 级别。

4．事务的持久性——Durablity

持久性是指事务一旦提交，对数据库的修改也将记录到永久介质中，如存储为磁盘文件，即使下一时刻数据库故障也不会导致数据丢失。当用户提交事务时，Oracle 数据库总是首先生成 redo 文件。redo 文件记录了事务对数据库修改的细节，即使系统崩溃，Oracle 同样可以利用 redo 文件保证所有事务成功提交。

7.5 练习 7-1：学生信息表的合并

在两个结构完全相同的学生信息表中分别存储了不同的学生信息，现需要将其合并。在 ON 关键字后指定其合并条件为学号相等。如果符合合并条件，则对表 stuinfo 执行更新操作；否则，将表 newstuinfo 中不符合条件的记录添加到 stuinfo 数据表中。具体的实现步骤如下：

（1）使用 SELECT 语句分别检索 stuinfo 数据表和 newstuinfo 表中的记录数据，代码如下：

```
SQL> SELECT * FROM stuinfo;
ID         NAME              AGE         SEX
---------- ---------------- ----------- ----------
1          王丽丽             22          女
2          张芳               22          女
3          张亮               22          男

SQL> SELECT * FROM newstuinfo;
ID         NAME              AGE         SEX
---------- ---------------- ----------- ----------
1          王丽               22          女
4          章芳               22          女
```

（2）使用 MERGE 语句将 stuinfo 表作为目标表，将 newstuinfo 表作为源表。指定合并条件为 id 字段值相等。如果符合该条件，则对表 stuinfo 执行更新操作；否则，执行添加操作。具体代码如下：

```
SQL> MERGE INTO stuinfo target
  2  USING newstuinfo source
  3  ON (target.id=source.id)
  4  WHEN MATCHED THEN
  5  UPDATE SET target.name = source.name
  6  WHEN NOT MATCHED THEN
  7  INSERT (id,name,age,sex) VALUES(source.id,source.name,source.age,source.sex
  );

2 行已合并。
```

（3）使用 SELECT 语句查看表 stuinfo 中的记录数据，结果如下：

```
SQL> SELECT * FROM stuinfo;
ID         NAME              AGE         SEX
---------- ---------------- ----------- ----------
```

1	王丽	22	女
2	张芳	22	女
3	张亮	22	男
4	章芳	22	女

由查询结果可以看出，id 为 1 的学生姓名被修改了，id 为 4 的学生信息被添加进来了。

7.6 练习 7-2：统计各个部门最近一个月的入职人数

使用日期函数 ADD_MONTHS()获得指定日期减去一个月的日期，然后在这两个日期范围内的时间，就是指最近一个月。在 WHERE 子句中，使用 BETWEEN 和 AND 关键字指定这个日期范围，从而统计出各个部门在这个范围内入职的人数。具体代码如下：

```
SQL> SELECT department_id,COUNT(*)
  2  FROM employees
  3  WHERE hire_date BETWEEN ADD_MONTHS('07-2月 -07',-1) AND '07-2月 -07'
  4  GROUP BY department_id
  5  HAVING COUNT(*)>0
  6  ORDER BY COUNT(*) DESC;
DEPARTMENT_ID              COUNT(*)
------------- ---------------------
           50                     2
           60                     1
```

7.7 练习 7-3：打印各个部门的员工工资详情

在 SELECT 查询语句中使用聚合函数分别计算各个部门员工的最高工资、最低工资、平均工资和工资总和，并按部门编号升序排列。其具体代码如下：

```
SQL> SELECT department_id "部门编号",MAX(salary) "最高工资",MIN(salary) "最低工资"
  2  ,AVG(salary) "平均工资",SUM(salary) "总工资"
  3  FROM employees
  4  GROUP BY department_id
  5  ORDER BY department_id ASC;
```

部门编号	最高工资	最低工资	平均工资	总工资
10	4400	4400	4400	4400
20	13000	2500	4150	24900
40	6500	6500	6500	6500
50	8200	2100	3475.55556	156400
60	9000	4200	5760	28800
70	10000	10000	10000	10000
80	14000	6100	8955.88235	304500
90	24000	17000	19333.3333	58000

100	12008	6900	8601.33333	51608
110	12008	8300	10154	20308
	7000	7000	7000	7000

已选择 12 行。

在本示例中，使用 GROUP BY 子句对部门编号 department_id 列进行了分组，并使用 MAX()、MIN()、AVG()和 SUM()函数对 salary 列进行了统计计算，从而获得各个部门员工的最高工资、最低工资、平均工资和总工资。

7.8 练习 7-4：统计各个部门员工的最高工资

使用 SELECT 语句对 hr 用户下的 employees 表进行查询操作，按部门进行分组，过滤 first_name 中第二个字母为 "a" 的员工，求各部门中的员工最高工资值。要求分组后的平均工资必须大于 5000，并按照部门编号降序排序显示。其具体代码如下：

```
SQL> SELECT MAX(salary),department_id FROM employees
  2  WHERE first_name NOT LIKE '_a%'
  3  GROUP BY department_id
  4  HAVING AVG(salary)>5000
  5  ORDER BY department_id DESC;

MAX(SALARY)        DEPARTMENT_ID
---------------    -------------------
7000
12008                    110
8200                     100
24000                    90
14000                    80
10000                    70
9000                     60
6500                     40
13000                    20
```

已选择 9 行。

如上述 SQL 语句，在 WHERE 子句中使用 NOT LIKE 操作符对查询条件进行过滤，其 first_name 中第二个字母不能为 "a"；然后使用 GROUP BY 子句按照 department_id 列进行分组，并使用 HAVING 子句对分组后的结果进行筛选，筛选条件为分组后的平均工资必须大于 5000；最后使用 ORDER BY 子句对 department_id 列进行了降序排序。

7.9 扩展练习

1. 获取各月倒数第三天入职的所有员工信息

编写 SQL 语句，查询 hr 用户下的 employees 表中的数据。具体的思路：使用 LAST_DAY()函数，获取各个员工入职日期所在月份的最后一天，并将获得的值减去 2，从而获得倒数第三天的日期。在 WHERE 子句中以入职日期 hire_date 列作为过滤条件，判断每个员工的入职日期是否为当月的倒数第三天日期，如果是，则打印该员工的详细信息。最终的执行结果如下：

```
EMPLOYEE_ID        FIRST_NAME        LAST_NAME         HIRE_DATE
-----------------  ----------------  ----------------  -------------
110                John              Chen              28-9月 -05
126                Irene             Mikkilineni       28-9月 -06
142                Curtis            Davies            29-1月 -05
149                Eleni             Zlotkey           29-1月 -08
```

2．获得两个日期之间间隔的月份数和天数

指定一个日期值，如 20-8 月-2012，获得这个日期与系统当前日期之间间隔的月份数和天数。

3．统计员工人数大于 5 的部门信息

使用 SELECT 语句查询 hr 用户下 employees 表中的每个部门的员工人数，并使用 GROUP BY 子句对部门编号 department_id 列进行分组，同时添加 HAVING 子句，指定筛选条件为员工人数必须大于 5。最终的执行结果如下：

```
DEPARTMENT_ID        COUNT(*)
-------------        --------------------
100                  6
30                   6
50                   45
80                   34
```

第 8 章 子查询与高级查询

在检索数据库时，为了获取完整的信息，需要将多个表连接起来进行查询。将多个表连接起来是根据表之间的关系进行的。在进行多表查询时，常进行的操作有子查询、连接查询和集合查询等。其中，子查询可以实现从另一个表获取数据，从而限制当前查询语句的返回结果；连接查询可以指定多个表的连接方式；集合查询可以将两个或多个查询返回的行组合起来。

本章将介绍子查询的不同实现方式、多个表的连接查询，以及集合查询的相关内容。

- ➢ 熟悉子查询的类型
- ➢ 熟练掌握在 WHERE 子句中使用子查询
- ➢ 掌握在 HAVING 子句中使用子查询
- ➢ 熟练掌握使用 IN、ANY 和 ALL 操作符实现子查询
- ➢ 熟练掌握关联子查询
- ➢ 熟练掌握嵌套子查询
- ➢ 熟练掌握简单连接查询
- ➢ 熟练掌握多个表之间的内连接查询
- ➢ 熟练掌握多个表之间的外连接查询
- ➢ 掌握使用集合操作符实现集合查询

8.1 子查询

在 SELECT 语句内部使用 SELECT 语句，这个内部 SELECT 语句称为子查询（Subquery）。使用子查询，主要是将子查询的结果作为外部主查询的查询条件。

8.1.1 子查询类型

根据子查询返回行数的不同，子查询可以分为单行子查询和多行子查询。

（1）单行子查询：向外部的 SQL 语句只返回一行数据，或者不返回任何内容。单行子查询可以放到 SELECT 语句的 WHERE 子句和 HAVING 子句中。

（2）多行子查询：向外部的 SQL 语句返回多行数据。要处理返回多行记录的子查询，外部查询需要使用多行操作符，如 ALL、ANY、IN、EXISTS 等。

另外，子查询还有以下 3 种子类型，它们可以返回一列或多列查询结果。

（1）多列子查询：向外部的 SQL 语句返回多列数据。

（2）关联子查询：引用外部的 SQL 语句中的一列或多列数据。在关联子查询中，可以使用 EXISTS 和 NOT EXISTS 操作符。

（3）嵌套子查询：在子查询中包含子查询。

使用子查询，可以通过执行一条语句，实现需要执行多条普通查询语句所实现的功能，提高了应用程序的效率。另外，普通查询只能对一个表进行操作，而使用子查询，可以连接到其他多个表，从而可以获得更多的信息。

> **注意** 指定子查询时，需要注意以下几点：①子查询需要使用括号()括起来；②子查询要放在比较操作符的右边；③当子查询的返回值是一个集合而不是一个值时，不能使用单行操作符，而必须根据需要使用 ANY、IN、ALL 或 EXISTS 等操作符。

8.1.2 实现单行子查询

单行子查询不向外部的 SQL 语句返回结果，或者只返回一行。本小节将介绍在 SELECT 语句的 WHERE、HAVING 或 FROM 子句中使用子查询。

1. 在 WHERE 子句中使用子查询

子查询可以放在另一个查询的 WHERE 子句中。

下面的示例演示了在 WHERE 子句中使用子查询。

```
SQL> SELECT employee_id,first_name,last_name,department_id
  2  FROM employees
  3  WHERE department_id=(
  4  SELECT department_id FROM departments
  5  WHERE department_name='Finance');
EMPLOYEE_ID     FIRST_NAME          LAST_NAME            DEPARTMENT_ID
-------------   ---------------     -------------------  --------------------
108             Nancy               Greenberg            100
109             Daniel              Faviet               100
110             John                Chen                 100
111             Ismael              Sciarra              100
112             Jose Manuel         Urman                100
113             Luis                Popp                 100
已选择 6 行。
```

其中，SELECT department_id FROM departments WHERE department_name='Finance' 是子查询，该子查询返回以下结果：

```
SQL> SELECT department_id FROM departments
  2  WHERE department_name='Finance';
DEPARTMENT_ID
-------------
```

100

这个子查询首先被执行（只执行一次），返回 department_name 为 Finance 的行的 department_id 值，其结果为 100。它又被传递给外部查询的 WHERE 子句。因此，外部查询就可以认为等价于下面这个查询：

```
SELECT employee_id,first_name,last_name,department_id
FROM employees
WHERE department_id=100;
```

2. 在 HAVING 子句中使用子查询

HAVING 子句的作用是对行组进行过滤，在外部查询的 HAVING 子句中也可以使用子查询，这样就可以基于子查询返回的结果对行组进行过滤了。

下面在 HAVING 子句中使用子查询，查询部门平均工资低于部门组平均工资最大值的部门号和平均工资。

```
SQL> SELECT department_id,AVG(salary) FROM employees
  2  GROUP BY department_id
  3  HAVING AVG(salary)<(
  4  SELECT MAX(AVG(salary)) FROM employees
  5  GROUP BY department_id);
DEPARTMENT_ID        AVG(SALARY)
-------------        -----------
100                  8601.33333
30                   4150
                     7000
20                   9500
70                   10000
110                  10154
50                   3475.55556
40                   6500
80                   8955.88235
10                   4400
60                   5760
已选择 11 行。
```

上述示例，首先使用 AVG()函数计算每个部门的平均工资，然后 AVG()函数所返回的结果被传递给 MAX()函数，MAX()函数返回平均工资的最大值。子查询的返回结果如下：

```
SQL> SELECT MAX(AVG(salary)) FROM employees
  2  GROUP BY department_id;
MAX(AVG(SALARY))
----------------
19333.3333
```

此子查询返回值 19333.3333 用在外部查询的 HAVING 子句中，因此外部查询等价

于下面这个查询:

```
SELECT department_id,AVG(salary) FROM employees
GROUP BY department_id
HAVING AVG(salary)<19333.3333;
```

3. 在 FROM 子句中使用子查询

当在 FROM 子句中使用子查询时,该子句会被作为视图对待,因此也称为内嵌视图。当在 FROM 子句中使用子查询时,必须要给子查询指定别名。

下面以显示部门员工最低的平均工资为例,说明在 FROM 子句中使用子查询的方法。示例代码如下:

```
SQL> SELECT MIN(emp.avg_salary) FROM (
  2    SELECT AVG(salary) avg_salary,department_id FROM employees
  3    GROUP BY department_id) emp;
MIN(EMP.AVG_SALARY)
-------------------
3475.55556
```

在该示例中,子查询按部门编号进行分组,从 employees 表中检索部门编号及其对应的部门平均工资,并指定子查询的别名为 emp。该子查询的返回结果如下:

```
SQL> SELECT avg(salary) avg_salary,department_id FROM employees
  2    GROUP BY department_id;
AVG_SALARY            DEPARTMENT_ID
----------            -------------
8601.33333                      100
      4150                       30
      7000
      9500                       20
     10000                       70
19333.3333                       90
     10154                      110
3475.55556                       50
      6500                       40
8955.88235                       80
      4400                       10
      5760                       60
已选择 12 行。
```

子查询的输出结果可以作为外部查询的 FROM 子句的另外一个数据源,即本示例的结果就是从该数据源中获得平均工资最低值。

8.1.3 实现多列子查询

单行子查询是指子查询只返回单列单行数据,多行子查询是指子查询返回单列多行数据，二者都是针对单列而言的。而多列子查询则是指返回多列数据的子查询语句。当多列子查询返回单行数据时，在 WHERE 子句中可以使用单行比较符；当多列子查询返回多行数据时，在 WHERE 子句中必须使用多行比较符（IN、ANY、ALL）。

下面通过在 WHERE 子句中使用子查询，检索各个部门中工资最低的员工信息。

```
SQL> SELECT department_id,first_name,last_name,salary FROM employees
  2  WHERE (department_id,salary) IN (
  3  SELECT department_id,MIN(salary) FROM employees
  4  GROUP BY department_id);
DEPARTMENT_ID      FIRST_NAME           LAST_NAME              SALARY
-------------      ------------------   --------------------   --------
100                Luis                 Popp                   6900
30                 Karen                Colmenares             2500
20                 Pat                  Fay                    6000
70                 Hermann              Baer                   10000
90                 Neena                Kochhar                17000
90                 Lex                  De Haan                17000
110                William              Gietz                  8300
50                 TJ                   Olson                  2100
40                 Susan                Mavris                 6500
80                 Sundita              Kumar                  6100
10                 Jennifer             Whalen                 4400
60                 Diana                Lorentz                4200
已选择 12 行。
```

上面的示例中，子查询使用 GROUP BY 子句根据部门编号进行分组，查询部门号及其对应的部门最低工资。该子查询的执行结果如下：

```
SQL> SELECT department_id,MIN(salary) FROM employees
  2  GROUP BY department_id;
DEPARTMENT_ID      MIN(SALARY)
-------------      ----------------
100                6900
30                 2500
                   7000
20                 6000
70                 10000
90                 17000
110                8300
50                 2100
40                 6500
80                 6100
10                 4400
60                 4200
已选择 12 行。
```

上面的子查询检索到 12 行，包含了每个部门组的 department_id 和最低工资，这些值在外部查询的 WHERE 子句中与每个部门的 department_id 和 salary 列进行比较，当部门号和工资同时匹配时才显示结果。

8.1.4 实现多行子查询

多行子查询是指返回多行数据的子查询语句。当在 WHERE 子句中使用多行子查询时，必须要使用多行比较符（IN、ALL、ANY）。其作用如下：
（1）IN：匹配于子查询结果的任一个值即可。
（2）ALL：必须要符合子查询结果的所有值。
（3）ANY：只要符合子查询结果的任一个值即可。

> **注意**
> ALL 和 ANY 操作符不能单独使用，而只能与单行比较符（=、>、<、>=、<=、<>）结合使用。

1. 在多行子查询中使用 IN 操作符

IN 操作符用来检查在一个值列表中是否包含指定的值。

下面在 WHERE 子句中使用 IN 操作符，获取工作在部门编号为 100 的工作岗位的所有员工信息。

```
SQL>     SELECT   employee_id,first_name,last_name,department_id   FROM
employees
  2  WHERE job_id IN (
  3  SELECT DISTINCT job_id FROM employees
  4  WHERE department_id=100);
EMPLOYEE_ID      FIRST_NAME         LAST_NAME        DEPARTMENT_ID
-----------      -----------------  --------------   ------------------
108              Nancy              Greenberg        100
113              Luis               Popp             100
112              Jose Manuel        Urman            100
111              Ismael             Sciarra          100
110              John               Chen             100
109              Daniel             Faviet           100
已选择 6 行。
```

如上述查询语句，子查询检索部门编号为 100 的工作类别，并使用 DISTINCT 子句过滤重复的记录，返回结果如下：

```
SQL> SELECT DISTINCT job_id FROM employees
  2  WHERE department_id=100;
JOB_ID
----------
FI_ACCOUNT
FI_MGR
```

子查询的返回结果有两种类型的工作，用于外部查询的 WHERE 子句中，因此外部查询等价于下面的查询：

```
SELECT employee_id,first_name,last_name,department_id FROM employees
WHERE job_id IN ('FI_ACCOUNT','FI_MGR');
```

2. 在多行子查询中使用 ANY 操作符

在进行多行子查询时，使用 ANY 操作符将一个值与一个列表中的所有值进行比较，这个值只需要匹配列表中的一个值即可，然后将满足条件的数据返回。

下面对 hr 用户下的 employees 表进行查询操作，获得工资大于任意一个部门平均工资的所有员工信息。

```
SQL> SELECT employee_id,first_name,last_name,salary,department_id
  2  FROM employees
  3  WHERE salary>ANY(
  4  SELECT AVG(salary) FROM employees
  5  GROUP BY department_id);
EMPLOYEE_ID    FIRST_NAME         LAST_NAME          SALARY     DEPARTMENT_ID
-----------    ----------------   ----------------   --------   -------------
100            Steven             King               24000      90
101            Neena              Kochhar            17000      90
102            Lex                De Haan            17000      90
145            John               Russell            14000      80
...
已选择 70 行。
```

在该示例中，子查询检索各个部门的平均工资，其执行结果如下：

```
SQL> SELECT AVG(salary) FROM employees
  2  GROUP BY department_id;
AVG(SALARY)
-----------
8601.33333
4150
7000
9500
10000
19333.3333
10154
3475.55556
6500
8955.88235
4400
5760
已选择 12 行。
```

上述语句的子查询返回多行平均工资，作为外部查询的 ANY 操作符的值列表。由上面子查询的结果可知，最低工资为 3475.55556，而 ANY 操作符只需要匹配列表中的一个值即可，因此外部查询的 WHERE 条件其实就是工资大于 3475.55556。

3. 在多行子查询中使用 ALL 操作符

在进行多行子查询时,使用 ALL 操作符将一个值与一个列表中的所有值进行比较,这个值需要匹配列表中的所有值,然后将满足条件的数据返回。

下面对 hr 用户下的 employees 表进行查询操作,获得工资大于所有部门平均工资的员工信息。

```
SQL> SELECT employee_id,first_name,last_name,salary,department_id
  2  FROM employees
  3  WHERE salary>ALL(
  4  SELECT AVG(salary) FROM employees
  5  GROUP BY department_id);
EMPLOYEE_ID  FIRST_NAME       LAST_NAME         SALARY   DEPARTMENT_ID
-----------  ---------------  ---------------  --------  -------------
        100  Steven           King                24000             90
```

在该示例中,子查询用于检索各个部门的平均工资,其平均工资最高的为 19333.3333。ALL 操作符是必须符合子查询结果的所有值,因此外部查询的 WHERE 条件其实就是工资大于 19333.3333。

8.1.5 实现关联子查询

关联子查询会引用外部 SQL 语句中的一列或多列。这种子查询之所以称为关联子查询,是因为它们通过相同的列与外部的 SQL 语句关联。具体实现是,外部查询中的每一行都传递给子查询,子查询依次读取传递过来的每一行的值,并将其应用到子查询上,直到外部查询中的所有行都处理完为止,然后返回子查询的结果。

> **提示**
> 关联子查询对于外部查询中的每一行都会运行一次,这与非关联子查询是不同的,非关联子查询只在运行外部查询之前运行一次。另外,关联子查询可以解决空值的问题。

1. 使用关联子查询

下面对 hr 用户下的 employees 表进行查询操作,使用关联子查询检索工资高于其所在部门平均工资的员工信息。

```
SQL> SELECT employee_id,first_name,last_name,salary FROM employees outer
  2  WHERE salary>(
  3  SELECT AVG(salary) FROM employees inner
  4  WHERE inner.department_id=outer.department_id);
EMPLOYEE_ID  FIRST_NAME       LAST_NAME         SALARY
-----------  ---------------  ---------------  -------
        201  Michael          Hartstein          13000
        205  Shelley          Higgins            12008
```

```
100        Steven        King           24000
103        Alexander     Hunold         9000
104        Bruce         Ernst          6000
108        Nancy         Greenberg      12008
...
已选择 38 行。
```

在上面的查询中,外部查询从 employees 表中检索所有员工信息,并将其传递给内部查询。内部查询依次读取外部查询传递来的每一行数据,并以内部查询中 department_id 等于外部查询中 department_id 为条件查询员工的平均工资,然后将大于该平均工资的员工信息输出。

> **注意** 这个子查询使用了两个别名:outer 用来标记外部查询,inner 用来标记内部子查询。内部子查询和外部主查询通过 department_id 列关联起来。子查询只返回一行,此行包含部门的平均工资。

2. 在关联子查询中使用 EXISTS 操作符

在关联子查询中可以使用 EXISTS 或 NOT EXISTS 操作符。其中,EXISTS 操作符用于检查子查询所返回的行是否存在,它可以在非关联子查询中使用,但是更常用于关联子查询。

下面在 WHERE 子句中使用 EXISTS 操作符检索是否存在 2008 年入职的员工。

```
SQL> SELECT employee_id,first_name,last_name,hire_date
  2  FROM employees outer
  3  WHERE EXISTS(
  4  SELECT employee_id FROM employees inner
  5  WHERE outer.employee_id=inner.employee_id
  6  AND SUBSTR(hire_date,8,2)='08');
EMPLOYEE_ID    FIRST_NAME      LAST_NAME         HIRE_DATE
-----------    ------------    --------------    ----------------
199            Douglas         Grant             13-1月 -08
128            Steven          Markle            08-3月 -08
136            Hazel           Philtanker        06-2月 -08
149            Eleni           Zlotkey           29-1月 -08
164            Mattea          Marvins           24-1月 -08
165            David           Lee               23-2月 -08
166            Sundar          Ande              24-3月 -08
167            Amit            Banda             21-4月 -08
173            Sundita         Kumar             21-4月 -08
179            Charles         Johnson           04-1月 -08
183            Girard          Geoni             03-2月 -08
已选择 11 行。
```

使用 EXISTS 操作符只是检查子查询返回的数据是否存在,因此,在子查询语句中可以不返回一列，而返回一个常量值，这样可以提高查询的性能。如果使用常量 1 替代上述子查询语句返回的 employee_id 列，则查询结果是一样的，其查询语句如下：

```
SELECT employee_id,first_name,last_name,hire_date
FROM employees outer
WHERE EXISTS(
SELECT 1 FROM employees inner
WHERE outer.employee_id=inner.employee_id
AND SUBSTR(hire_date,8,2)='08');
```

3．在关联子查询中使用 NOT EXISTS 操作符

在执行的操作逻辑上，NOT EXISTS 操作符的作用与 EXISTS 操作符相反。在需要检查数据行中是否不存在子查询返回的结果时，就可以使用 NOT EXISTS 操作符。

下面使用 NO EXISTS 操作符检索是否不存在 2008 年入职的员工。

```
SQL> SELECT employee_id,first_name,last_name,hire_date
  2  FROM employees outer
  3  WHERE NOT EXISTS(
  4  SELECT employee_id FROM employees inner
  5  WHERE outer.employee_id=inner.employee_id
  6  AND SUBSTR(hire_date,8,2)='08');
EMPLOYEE_ID    FIRST_NAME         LAST_NAME        HIRE_DATE
-----------    ---------------    -------------    -------------
162            Clara              Vishney          11-11月-05
121            Adam               Fripp            10-4月 -05
133            Jason              Mallin           14-6月 -04
154            Nanette            Cambrault        09-12月-06
...
已选择 96 行。
```

8.1.6 实现嵌套子查询

所谓嵌套子查询，是指在子查询内部使用其他子查询。嵌套子查询的嵌套层次最多为 255 层。大多数情况下，嵌套子查询都在外层子查询的 WHERE 子句中。

> **注意**
> 在编程时应该尽量少使用嵌套子查询，因为嵌套的层次越多，其查询性能越低，推荐使用表连接的方式。

下面的示例包含了一个嵌套子查询。注意子查询包含了另外一个子查询，而它自己又被包含在一个外部查询中。

```
SQL> SELECT department_id,AVG(salary) FROM employees
  2  GROUP BY department_id
  3  HAVING AVG(salary)>(
  4  SELECT MAX(AVG(salary)) FROM employees
```

```
  5   WHERE department_id IN (
  6   SELECT department_id FROM departments WHERE department_id>100)
  7   GROUP BY department_id);
DEPARTMENT_ID    AVG(SALARY)
--------------- --------------
     90             19333.3333
```

可以看到,这个示例非常复杂,它包含了 3 个查询:一个嵌套子查询、一个子查询和一个外部查询,整个查询就是按照这种顺序执行的。现在把这个查询分解为 3 个部分,并检查每个部分返回的结果。嵌套子查询的执行结果如下:

```
SQL> SELECT department_id FROM departments WHERE department_id>100;
DEPARTMENT_ID
-------------
110
120
130
140
150
...
270
已选择 17 行。
```

下面这个子查询根据前面的嵌套子查询所返回的部门编号,计算这些部门平均工资的最大值,并返回该值。

```
SQL> SELECT MAX(AVG(salary)) FROM employees
  2   WHERE department_id IN (
  3   110,120,130,140,150,160,170,180,190,200,210,220,230,240,250,
      260,270)
  4   GROUP BY department_id;
MAX(AVG(SALARY))
----------------
          10154
```

最后将取得的结果返回给外部查询,外部查询返回平均工资大于 10154 的部门编号和平均工资。其结果如下:

```
SQL> SELECT department_id,AVG(salary) FROM employees
  2   GROUP BY department_id
  3   HAVING AVG(salary)>10154;
DEPARTMENT_ID    AVG(SALARY)
--------------- --------------
     90             19333.3333
```

8.2 连接查询

连接查询是指基于两个或两个以上表或视图的查询。在实际应用中,查询单个表可能无法满足应用程序的实际需求（如显示员工所在的部门名称以及员工姓名），在这种情况下就需要进行连接查询。

8.2.1 使用等号（=）实现多个表的简单连接查询

连接查询实际上是通过各个表之间共同列的关联性来查询数据的，它是关系数据库查询最主要的特征。简单连接是使用逗号将两个或多个表进行连接，这也是最简单、最常用的多表查询形式。

简单连接是指使用相等比较符（=）指定连接条件的连接查询，这种连接查询主要用于检索主从表之间的相关数据。使用简单连接的语法格式如下：

```
SEELCT table1.column,table2.column FROM table1,table2
WHERE table1.column1=table2.column2;
```

下面使用简单连接的方式，查看员工的编号、姓名及所在部门名称信息。

```
SQL> SELECT emp.employee_id,emp.first_name,emp.last_name,
dept.department_name
  2  FROM employees emp,departments dept
  3  WHERE emp.department_id=dept.department_id;
EMPLOYEE_ID  FIRST_NAME    LAST_NAME       DEPARTMENT_NAME
-----------  ------------  --------------  ------------------
200          Jennifer      Whalen          Administration
201          Michael       Hartstein       Marketing
202          Pat           Fay             Marketing
114          Den           Raphaely        Purchasing
119          Karen         Colmenares      Purchasing
115          Alexander     Khoo            Purchasing
...
205          Shelley       Higgins         Accounting
已选择106行。
```

8.2.2 使用 INNER JOIN 实现多个表的内连接

在连接查询的 FROM 子句中，多个表之间可以使用英文逗号进行分隔。除了这种形式以外，SQL 还支持使用关键字 INNER JOIN 进行连接，其语法格式如下：

```
SELECT table1.column,table2.column FROM table1
[INNER] JOIN table2
ON table1.column1=table2.column2;
```

其中：INNER JOIN 表示内连接；ON 用于指定连接条件。

例如，使用内连接方式查询每个员工的工号、姓名和所在部门名称信息。其具体代码如下：

```
SQL> SELECT emp.employee_id,emp.first_name,emp.last_name,
dept.department_name
```

```
  2  FROM employees emp INNER JOIN departments dept
  3  ON
  4  emp.department_id=dept.department_id;
EMPLOYEE_ID    FIRST_NAME         LAST_NAME          DEPARTMENT_NAME
-----------    ----------------   ----------------   ----------------
200            Jennifer           Whalen             Administration
201            Michael            Hartstein          Marketing
202            Pat                Fay                Marketing
114            Den                Raphaely           Purchasing
119            Karen              Colmenares         Purchasing
...
205            Shelley            Higgins            Accounting
已选择 106 行。
```

8.2.3 使用 OUTER JOIN 实现多个表的外连接

内连接所指定的两个数据源处于平等的地位，而外连接不同，外连接总是以一个数据源为基础，将另外一个数据源与之进行条件匹配，即使条件不匹配，基础数据源中的数据总是出现在结果集中。外连接根据基础数据源的位置不同，可以分为两种连接方式——左外连接和右外连接。

1．左外连接

左外连接不仅会返回连接表中满足连接条件的所有记录，而且还会返回不满足连接条件的连接操作符左边表的其他行。其语法格式如下：

```
SELECT table1.column,table2.column FROM table1
LEFT OUTER JOIN table2
ON table1.column1=table2.column2;
```

例如，每个部门中不一定都有员工存在，因此可以使用左外连接的查询方式获取各个部门下的员工情况。其具体代码如下：

```
SQL> SELECT dept.department_id,emp.employee_id,emp.first_name,
emp.last_name
  2  FROM departments dept
  3  LEFT OUTER JOIN employees emp
  4  ON
  5  dept.department_id=emp.department_id;
DEPARTMENT_ID    EMPLOYEE_ID        FIRST_NAME         LAST_NAME
-------------    ---------------    ---------------    ---------------
50               198                Donald             OConnell
50               199                Douglas            Grant
10               200                Jennifer           Whalen
20               201                Michael            Hartstein
20               202                Pat                Fay
40               203                Susan              Mavris
70               204                Hermann            Baer
```

```
...
220
170
240
210
160
150
250
140
260
200
120
270
130
180
190
230
已选择122行。
```

在本示例中，employees 和 departments 两个表为数据源，左表为 departments，右表为 employees，即表明以左表 departments 为基础表，以 dept.department_id = emp.department_id 为连接条件，查询每个部门下的员工信息，如果该部门还未有员工存在，则员工信息用 NULL 填充。

2．右外连接

右外连接不仅会返回满足连接条件的所有记录，而且还会返回不满足连接条件的连接操作符右边表的其他行。其语法格式如下：

```
SELECT table1.column,table2.column FROM table1
RIGHT OUTER JOIN table2
ON table1.column1=table2.column2;
```

下面修改左外连接的示例，使用右外连接的连接方式实现同样的功能，即获得每个部门的员工情况。SQL 语句如下：

```
SELECT dept.department_id,emp.employee_id,emp.first_name,emp.last_name
FROM employees emp
RIGHT OUTER JOIN departments dept
ON
emp.department_id=dept.department_id;
```

在本示例中，使用 RIGHT OUTER JOIN 将表 employees 与表 departments 进行关联，但是基础表为 departments，故与左外连接的查询结果相同。

3．外连接的简略写法

Oracle 提供了外连接的简略写法，即在 WHERE 子句中将附属数据源的列使用加号

（+）进行标识，从而省略 LEFT OUTER JOIN 或者 RIGHT OUTER JOIN 及 ON 关键字。下面使用外连接的简略方式实现查看各个部门的员工情况。

```
SQL> SELECT  dept.department_id,emp.employee_id,emp.first_name,
emp.last_name
  2  FROM employees emp,departments dept
  3  WHERE emp.department_id(+)=dept.department_id;
DEPARTMENT_ID    EMPLOYEE_ID         FIRST_NAME           LAST_NAME
-------------    -----------------   -------------------  ---------
50               198                 Donald               OConnell
50               199                 Douglas              Grant
10               200                 Jennifer             Whalen
20               201                 Michael              Hartstein
20               202                 Pat                  Fay
40               203                 Susan                Mavris
70               204                 Hermann              Baer
...
220
170
240
210
160
150
250
140
260
200
120
270
130
180
190
230
已选择 122 行。
```

本示例中的 WHERE emp.department_id(+)=dept.department_id 表示 employees 表为附属表，而 departments 表为基础表。

8.3 使用集合操作符

集合操作符可以将两个或多个查询返回的结果组合起来，常用的集合操作符包括 UNION、UNION ALL、INTERSECT 和 MINUS。这些集合操作符具有相同的优先级，当同时使用多个操作符时，会按照从左到右的方式引用这些集合操作符。当使用集合操作符时，必须确保不同查询的列个数和数据类型都要匹配。

8.3.1 求并集（记录唯一）——UNION 运算

UNION 操作符用于获取两个结果集的并集。当使用该操作符时，会自动去掉结果集中的重复行，并且会以第一列的结果进行排序。

假设数据库中存在 student_a 和 student_b 表，分别存储了参加 A 培训班和 B 培训班的学生信息。现需要取得参加 A 培训班和 B 培训班共有多少学生，实际为获取表 student_a 和表 student_b 的并集。其具体代码如下：

```
SQL> SELECT * FROM student_a
  2  UNION
  3  SELECT * FROM student_b;
ID         NAME                   AGE               SEX
---------- ---------------------- ----------------- ----
1          王丽丽                  22                女
2          马玲                    22                女
2          张芳                    22                女
3          马腾                    22                男
4          殷国朋                  22                男
4          张辉                    22                男
已选择 6 行。
```

UNION 用于对 SELECT * FROM student_a 和 SELECT * FROM student_b 所获得的结果集进行并集运算。其中，student_a 表中的数据如下：

```
SQL> SELECT * FROM student_a;
ID         NAME                   AGE               SEX
---------- ---------------------- ----------------- ----
1          王丽丽                  22                女
2          马玲                    22                女
3          马腾                    22                男
4          殷国朋                  22                男
```

student_b 表中的数据如下：

```
SQL> SELECT * FROM student_b;
ID         NAME                   AGE               SEX
---------- ---------------------- ----------------- ----
1          王丽丽                  22                女
2          张芳                    22                女
3          马腾                    22                男
4          张辉                    22                男
```

注意

UNION 运算的两个结果集必须具有完全相同的列数，并且各列具有相同的数据类型。

8.3.2 求并集——UNION ALL 运算

UNION ALL 运算与 UNION 运算都可看作并集运算。但是 UNION ALL 只是将两个运算结果集进行简单的合并，并不去除其中的重复数据，这是与 UNION 运算的最大区别。

例如，使用 UNION ALL 操作符统计共有多少人次参加了培训，并且不去除重复的学生，代码如下：

```
SQL> SELECT * FROM student_a
  2  UNION ALL1
  3  SELECT * FROM student_b;
ID          NAME            AGE         SEX
----------  --------------  ----------  ----------------
1           王丽丽          22          女
2           马玲            22          女
3           马腾            22          男
4           殷国朋          22          男
1           王丽丽          22          女
2           张芳            22          女
3           马腾            22          男
4           张辉            22          男
已选择 8 行。
```

UNION ALL 并不删除重复的记录，因此该 SQL 语句的执行结果为 8 条记录。同时，由于 UNION ALL 操作符不删除重复记录，因此在执行效率上要高于 UNION 操作符。因此，当对两个结果集进行确定不会存在重复记录时，应该使用 UNION ALL 操作符，以提高效率。

8.3.3 求交集——INTERSECT 运算

INTERSECT 操作符用于获取两个结果集的交集。当使用该操作符时，只会显示同时存在于两个结果集中的数据，并且会以第一列的结果进行排序。

例如，使用 INTERSECT 操作符获得既参加了培训班 A 又参加了培训班 B 的所有学生信息，即同时存在于 student_a 和 student_b 表中的学生记录。其具体代码如下：

```
SQL> SELECT * FROM student_a
  2  INTERSECT
  3  SELECT * FROM student_b;
ID          NAME            AGE             SEX
----------  --------------  --------------  -----
1           王丽丽          22              女
3           马腾            22              男
```

分析查询结果可知，有 2 个学生既参加了培训班 A，又参加了培训班 B。

8.3.4 求差集——MINUS 运算

MINUS 操作符用于获取两个结果集的差集。当使用该操作符时，只会显示在第一个结果集中存在、在第二个结果集中不存在的数据，并且会以第一列的结果进行排序。

例如，使用 MINUS 操作符获得参加 A 培训班，但未参加 B 培训班的学生信息，代码如下：

```
SQL> SELECT * FROM student_a
  2  MINUS
  3  SELECT * FROM student_b;
ID         NAME              AGE                SEX
---------- ---------------- ----------------    --------
2          马玲              22                  女
4          殷国朋            22                  男
```

分析查询结果可知，共有 2 名学生参加了 A 培训班，却未参加 B 培训班。

8.4 练习 8-1：统计工资最高的第 6 到第 10 位之间的员工

在实际应用中，经常需要对工资进行统计，如统计工资最高的前 10 位员工信息、统计每个部门的平均工资等。这里，以统计工资最高的第 6 到第 10 位之间的员工信息为例，说明在 FROM 子句中使用子查询的形式实现该功能。具体的应用如下：

```
SQL> SELECT employee_id,first_name,last_name,salary FROM (
  2  SELECT employee_id,first_name,last_name,salary,rownum r FROM (
  3  SELECT employee_id,first_name,last_name,salary FROM employees
  4  ORDER BY salary DESC)
  5  where rownum <=10
  6  )
  7  WHERE r>5 AND r<=10;
EMPLOYEE_ID        FIRST_NAME         LAST_NAME          SALARY
-----------------  -----------------  -----------------  --------------
201                Michael            Hartstein          13000
205                Shelley            Higgins            12008
108                Nancy              Greenberg          12008
147                Alberto            Errazuriz          12000
168                Lisa               Ozer               11500
```

上述 SQL 语句总共包括 3 条 SELECT 查询语句：外部查询、子查询和嵌套子查询，其执行顺序是从里到外，即嵌套子查询、子查询、外部查询。首先，在嵌套子查询（SELECT employee_id,first_name,last_name,salary FROM employees ORDER BY salary DESC）中根据员工工资进行了降序排列，其执行结果如下：

```
SQL> SELECT employee_id,first_name,last_name,salary FROM employees
  2  ORDER BY salary DESC;
EMPLOYEE_ID     FIRST_NAME           LAST_NAME                SALARY
-----------     --------------       ------------------       ----------
100             Steven               King                     24000
101             Neena                Kochhar                  17000
102             Lex                  De Haan                  17000
145             John                 Russell                  14000
146             Karen                Partners                 13500
201             Michael              Hartstein                13000
205             Shelley              Higgins                  12008
108             Nancy                Greenberg                12008
147             Alberto              Errazuriz                12000
168             Lisa                 Ozer                     11500
...
已选择107行。
```

然后，子查询根据前面的嵌套子查询返回工资最高的前 10 位员工信息，结果如下：

```
SQL> SELECT employee_id,first_name,last_name,salary,rownum r FROM (
  2  SELECT employee_id,first_name,last_name,salary FROM employees
  3  ORDER BY salary DESC)
  4  where rownum <=10;
EMPLOYEE_ID     FIRST_NAME           LAST_NAME                SALARY       ROWNUM
-----------     --------------       ------------------       ----------   ----------
100             Steven               King                     24000        1
101             Neena                Kochhar                  17000        2
102             Lex                  De Haan                  17000        3
145             John                 Russell                  14000        4
146             Karen                Partners                 13500        5
201             Michael              Hartstein                13000        6
205             Shelley              Higgins                  12008        7
108             Nancy                Greenberg                12008        8
147             Alberto              Errazuriz                12000        9
168             Lisa                 Ozer                     11500        10
已选择10行。
```

最后，将取得的结果返回给外部查询，外部查询返回 rownum 为 6～10 之间的员工信息。

> **提示**
> rownum 是 Oracle 系统自动对结果集添加的一个伪列，即查到结果集之后才添加的一个列（注意：是先要有结果集）。简单来说，rownum 是检索结果的序列号，该列的值从 1 开始，结果集的第一行分配的 rownum 值为 1，第二行为 2，依此类推。

8.5 练习 8-2：统计不同工资范围内的员工人数

对工资进行分段处理，如<2000、2000~10000、10000~20000、≥20000，并分别统计不同范围内的员工人数，代码如下：

```
SQL> SELECT '<2000' AS sal,COUNT(*) AS count FROM employees
  2  WHERE salary<2000
  3  UNION
  4  SELECT '2000-10000' AS sal,COUNT(*) AS count FROM employees
  5  WHERE salary>=2000 AND salary<10000
  6  UNION
  7  SELECT '10000-20000' AS sal,COUNT(*) AS count FROM employees
  8  WHERE salary>=10000 AND salary<20000
  9  UNION
 10  SELECT '>=20000' AS sal,COUNT(*) AS count FROM employees
 11  WHERE salary>=20000;
SAL                 COUNT
----------- ----------
10000-20000        18
2000-10000         88
<2000               0
>=20000             1
```

由执行结果可以看出，有 88 个员工的工资在 2000~10000 之间，有 18 个人的工资在 10000~20000 之间，有 1 个人的工资超过 20000。

8.6 练习 8-3：获取平均工资最高的部门信息

通过子查询，可以获取更完整的信息。获取平均工资最高的部门信息，首先需要获取各个部门的平均工资，并从中获取最高平均工资；然后获取最高平均工资的部门编号；最后在 WHERE 子句中使用子查询的方式获取最高平均工资的部门编号和部门名称信息。其具体代码如下：

```
SQL> SELECT department_id,department_name FROM departments
  2  WHERE department_id = (
  3  SELECT department_id FROM(
  4      SELECT department_id,AVG(salary) avg_sal FROM employees GROUP BY
         department_id) emp
  5      WHERE avg_sal =(
  6          SELECT MAX(avg_sal) FROM(
  7              SELECT AVG(salary) avg_sal,department_id FROM employees
  8              GROUP BY department_id) emp
  9      )
 10 );
DEPARTMENT_ID       DEPARTMENT_NAME
```

```
--------------- -------------------------------
90                             Executive
```

在本示例中,使用了多个嵌套子查询,依次获取了各个部门的平均工资、最高平均工资、最高平均工资的部门编号,从而获取了最高平均工资的部门名称信息。

8.7 练习8-4:获取部门编号为100的所有员工信息

使用内连接的查询方式获取部门编号为100的所有员工信息,包括员工号、姓名、姓氏、部门名称,具体代码如下:

```
SQL> SELECT emp.employee_id,emp.first_name,emp.last_name,
dept.department_name
  2  FROM employees emp INNER JOIN departments dept
  3  ON
  4  emp.department_id=dept.department_id
  5  WHERE emp.department_id=100;
EMPLOYEE_ID   FIRST_NAME         LAST_NAME         DEPARTMENT_NAME
-----------   ----------------   ---------------   -------------------
108           Nancy              Greenberg         Finance
109           Daniel             Faviet            Finance
110           John               Chen              Finance
111           Ismael             Sciarra           Finance
112           Jose Manuel        Urman             Finance
113           Luis               Popp              Finance
已选择6行。
```

如上述代码所示,使用了内连接的查询方式,其连接条件为 employees 表与 departments 表中的 department_id 列相等,并添加了 WHERE 子句,指定其过滤条件为 department_id=100,故整条 SQL 语句的功能就是获取部门编号为 100 的所有员工信息。

8.8 扩展练习

1. 获取与Nancy同一部门的所有员工信息

编写一条 SELECT 查询语句,使用单行子查询的方式获取与姓名为 Nancy 的员工在同一个部门的所有员工信息。

实现思路:首先获取 Nancy 所在的部门编号信息,然后以部门编号为过滤条件,查询与 Nancy 同一部门的所有员工信息。其执行结果如下:

```
EMPLOYEE_ID   FIRST_NAME         LAST_NAME         SALARY       DEPARTMENT_ID
-----------   ----------------   ---------------   ----------   -------------
108           Nancy              Greenberg         12008        100
109           Daniel             Faviet            9000         100
110           John               Chen              8200         100
```

```
111             Ismael          Sciarra         7700        100
112             Jose Manuel     Urman           7800        100
113             Luis            Popp            6900        100
```
已选择 6 行。

2. 获取工资比部门编号为 100 的所有员工工资高的员工姓名、工资和部门编号

编写 SELECT 查询语句，使用子查询获取部门编号为 100 的所有员工工资，该子查询将返回多行记录，然后在多行子查询中使用 ALL 操作符，获取工资比部门编号为 100 的所有员工工资高的员工姓名、工资和部门编号信息。其最终的执行结果如下：

```
FIRST_NAME       SALARY         DEPARTMENT_ID
--------------- ----------     ----------------
Michael          13000          20
Karen            13500          80
John             14000          80
Lex              17000          90
Neena            17000          90
Steven           24000          90
```
已选择 6 行。

3. 统计比员工平均工资低的所有员工信息

首先编写子查询获取所有员工的平均工资，然后在 WHERE 子句中使用该子查询，获取工资比平均工资还要低的员工信息。其具体的执行结果如下：

```
EMPLOYEE_ID   FIRST_NAME      LAST_NAME       SALARY    DEPARTMENT_ID
-----------  --------------- ---------------  --------  ----------------
198           Donald          OConnell        2600      50
199           Douglas         Grant           2600      50
200           Jennifer        Whalen          4400      10
202           Pat             Fay             6000      20
104           Bruce           Ernst           6000      60
105           David           Austin          4800      60
106           Valli           Pataballa       4800      60
107           Diana           Lorentz         4200      60
...
197           Kevin           Feeney          3000      50
```
已选择 56 行。

第 9 章　PL/SQL 基础

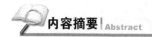

PL/SQL 中的 PL 是 Procedural Language 的缩写，表示过程化编程语言。PL/SQL 是 Oracle 对标准数据库语言的扩展，是一种高性能的基于事务处理的语言，能运行在任何 Oracle 环境中，支持所有数据处理命令，支持所有 SQL 数据类型和所有 SQL 函数，同时支持所有 Oracle 对象类型。PL/SQL 块可以被命名和存储在 Oracle 服务器中，同时也能被其他的 PL/SQL 程序或 SQL 命令调用,任何客户/服务器工具都能访问 PL/SQL 程序，所以它具有很好的可重用性。

本章首先简单介绍 PL/SQL 程序块的基本结构以及编写规范，然后详细讲述 PL/SQL 的条件选择语句和循环语句的应用，最后介绍游标的使用和异常处理。通过本章的学习，可以对 PL/SQL 编程有初步的认识。

学习目标 | Objective

- 了解 PL/SQL 程序块的结构
- 掌握 PL/SQL 语言的编写规范
- 熟练掌握 PL/SQL 中变量和常量的使用
- 熟练掌握条件选择语句的使用
- 熟练掌握循环语句的使用
- 掌握各种类型游标的使用
- 了解 Oracle 中常见的异常处理

9.1　PL/SQL 概述

PL/SQL 是 Procedural Language/Structuer Query Language 的英文缩写，是 Oracle 对标准 SQL 规范的扩展，它全面支持 SQL 的数据操作、事务控制等。PL/SQL 完全支持 SQL 数据类型，减少了在应用程序和数据库之间转换数据的操作。本节主要介绍 PL/SQL 的语言特点及编写规则，对 PL/SQL 进行初步认识。

9.1.1　PL/SQL 语言特点

PL/SQL 是 Oracle 系统的核心语言。使用 PL/SQL 可以编写具有很多高级功能的程序，虽然通过多个 SQL 语句可能也会实现同样的功能，但是相比而言，PL/SQL 具有更为明显的一些特点：

（1）能够使一组 SQL 语句的功能更具模块化程序特点。

（2）采用了过程性语言控制程序的结构。
（3）可以对程序中的错误进行自动处理，使程序能够在遇到错误的时候不会被中断。
（4）具有较好的可移植性，可以移植到另一个 Oracle 数据库中。
（5）集成在数据库中，调用更快捷。
（6）减少了网络的交互，有助于提高程序性能。

通过多条 SQL 语句实现功能时，每条语句都需要在客户端和服务器端传递，而且每条语句的执行结果也需要在网络中进行交互，占用了大量的网络带宽，消耗了大量网络传递的时间，而在网络中传输的那些结果，往往都是中间结果，不是用户所关心的结果。

使用 PL/SQL 程序是因为程序代码存储在数据库中，程序的分析和执行完全在数据库内部进行，用户所需要做的就是在客户端发出调用 PL/SQL 的执行命令，数据库接收到执行命令后，在数据库内部完成整个 PL/SQL 程序的执行，并将最终的执行结果反馈给用户。在整个过程中网络只传输了很少的数据，减少了网络传输占用的时间，所以整体程序的执行性能会有明显的提高。

9.1.2 PL/SQL 代码编写规则

为了编写正确、高效的 PL/SQL 块，PL/SQL 应用开发人员必须遵从特定的 PL/SQL 代码编写规则，否则会导致编译错误或运行错误。在编写 PL/SQL 代码时，应该遵从以下一些规则。

1. 标识符命名规则

当在 PL/SQL 中使用标识符定义变量、常量时，标识符名称必须以字符开始，并且长度不能超过 30 个字符。另外，为了提高程序的可读性，Oracle 建议用户按照以下规则定义各种标识符：

（1）当定义变量时，建议使用 v_作为前缀，如 v_sal、v_job 等。
（2）当定义常量时，建议使用 c_作为前缀，如 c_rate。
（3）当定义游标时，建议使用_cursor 作为后缀，如 emp_cursor。
（4）当定义异常时，建议使用 e_作为前缀，如 e_integrity_error。
（5）当定义 PL/SQL 表类型时，建议使用_table_type 作为后缀，如 sal_table_type。
（6）当定义 PL/SQL 表变量时，建议使用_table 作为后缀，如 sal_table。
（7）当定义 PL/SQL 记录类型时，建议使用_record_type 作为后缀，如 emp_record_tpe。
（8）当定义 PL/SQL 记录变量时，建议使用_record 作为后缀，如 emp_record。

2. 大小写规则

在 PL/SQL 块中编写 SQL 语句和 PL/SQL 语句既可以使用大写格式，也可以使用小写格式。但是，为了提高程序的可读性和性能，Oracle 建议用户按照以下大小写规则编写代码：

（1）SQL 关键字采用大写格式，如 SELECT、UPDATE、SET、WHERE 等。
（2）PL/SQL 关键字采用大写格式，如 DECLARE、BEGIN、END 等。

(3)数据类型采用大写格式,如 INT、VARCHAR2、DATE 等。
(4)标识符和参数采用小写格式,如 v_sal、c_rate 等。
(5)数据库对象和列采用小写格式,如 emp、sal、ename 等。

9.2 PL/SQL 编程结构

PL/SQL 为模块化的 SQL 语言,用于从各种环境中访问 Oracle 数据库。它具备了许多 SQL 中所没有的过程化属性方面的特点。

本节将详细介绍 PL/SQL 的编程结构,包括基本语言结构、数据类型、变量的定义、复合数据类型和 PL/SQL 注释等。

9.2.1 PL/SQL 程序块的基本结构

PL/SQL 的基本单位是"块",所有的 PL/SQL 程序都是由一个或多个 PL/SQL 块构成的,这些块可以相互进行嵌套。通常一个块完成程序的一个单元的工作。一个基本的块由 3 个部分组成,语法格式如下:

```
[DECLARE
…   --声明部分]
BEGIN
…   --执行部分
[EXCEPTION
…   --异常处理部分]
END;
/
```

语法说明如下:

(1)声明部分:主要用于声明变量、常量、数据类型、游标、异常处理名称以及局部子程序定义等,包含变量和常量的数据类型和初始值。这个部分是由关键字 DECLARE 开始的。

(2)执行部分:PL/SQL 块的功能实现部分。该部分通过变量赋值、流程控制、数据查询、数据操纵、数据定义、事务控制、游标处理等实现块的功能,由关键字 BEGIN 开始。

(3)异常处理部分:在这一部分中处理异常或错误。

(4)/:PL/SQL 程序块需要使用正斜杠(/)结尾,才能被执行。

> **注意**
> 对于 PL/SQL 基本语言块,应该注意以下几点:①执行部分是必需的,而声明部分和异常处理部分是可选的。②每个 PL/SQL 块都是由 BEGIN 或 DECLARE 开始,以 END 结束的。③PL/SQL 块中的每条语句都必须以分号结束,SQL 语句可以是多行的,但分号表示该语句的结束;另外,一行中也可以有多条 SQL 语句,它们之间以分号分隔。

以一个示例说明 PL/SQL 块各部分的作用，代码如下：

```
SQL> SET SERVEROUT ON
SQL> DECLARE
  2    a NUMBER;    --定义变量
  3  BEGIN
  4    a:=1+2;    --为变量赋值
  5    DBMS_OUTPUT.PUT_LINE('1+2='||a);  --输出变量
  6  EXCEPTION    --异常处理
  7    WHEN OTHERS THEN
  8      DBMS_OUTPUT.PUT_LINE ('出现异常');
  9  END;
 10  /
1+2=3
PL/SQL 过程已成功完成。
```

其中，DBMS_OUTPUT 是 Oracle 所提供的系统包，PUT_LINE 是该包所包含的过程，用于输出字符串信息。当使用 DBMS_OUTPUT 包输出数据或消息时，必须要将 SQL*Plus 的环境变量 SERVEROUT 设置为 ON。

9.2.2 PL/SQL 数据类型

对于 PL/SQL 程序来说，它的常量和变量的数据类型，除了可以使用与 SQL 相同的数据类型以外，Oracle 还专门为 PL/SQL 程序块提供了表 9-1 所示的特定类型。

表 9-1 PL/SQL 数据类型

类型	说明
BOOLEAN	布尔型，取值为 TRUE、FALSE 或 NULL
BINARY_INTEGER	带符号整数，取值范围为 $-2^{31} \sim 2^{31}$
NATURAL	BINARY_INTEGER 的子类型，表示非负整数
NATURALN	BINARY_INTEGER 的子类型，表示不为 NULL 的非负整数
POSITIVE	BINARY_INTEGER 的子类型，表示正整数
POSITIVEN	BINARY_INTEGER 的子类型，表示不为 NULL 的正整数
SIGNTYPE	BINARY_INTEGER 的子类型，取值为 -1、0 或 1
PLS_INTEGER	PLS_INTEGER 是专为 PL/SQL 程序使用的数据类型，它不可以在创建表的列中使用。PLS_INTEGER 数据类型表示一个有符号整数，取值范围为 $-2^{31} \sim 2^{31}$。PLS_INTEGER 具有比 NUMBER 变量更小的表示范围，因此会占用更少的内存。PLS_INTEGER 能够更有效地利用 CPU，因此其运算可以比 NUMBER 和 BINARY_INTEGER 更快
SIMPLE_INTEGER	Oracle Database 11g 的新增类型。它是 BINARY_INTEGER 的子类型，其取值范围与 BINARY_INTEGER 相同，但不能存储 NULL 值。当使用 SIMPLE_INTEGER 值时，如果算法发生溢出，不会触发异常，只会简单地截断结果
STRING	与 VARCHAR2 相同
RECORD	一组其他类型的组合
REF CURSOR	指向一个行集的指针

9.2.3 变量和常量

与其他编程语言一样，Oracle 也提供了相应的变量、常量的定义和使用。本小节将具体讲述 Oracle 中的变量和常量的应用。

1. 变量

在 PL/SQL 程序中，最常用的变量是标量变量。当使用变量时需要先定义变量，其语法格式如下：

```
variable_name data_type [ [ NOT NULL ] { := | DEFAULT } value ] ;
```

语法说明如下：

（1）variable_name：定义变量的名称。

（2）NOT NULL：可以对变量定义非空约束。如果使用了此选项，则必须为该变量赋非空的初始值，并且不允许在程序其他部分将其值修改为 NULL。

例如，定义一个变量 v_num，并为其赋值为 200，代码如下：

```
SQL> SET SERVEROUT ON
SQL> DECLARE
  2    v_num NUMBER(4);
  3  BEGIN
  4    v_num:=200;
  5    DBMS_OUTPUT.PUT_LINE('变量值为： '||v_num);
  6  END;
  7  /
变量值为：200
PL/SQL 过程已成功完成。
```

在该示例中，首先定义了一个类型为 NUMBER 的变量 v_num，并赋值为 200，然后使用 DBMS_OUTPUT.PUT_LINE 过程输出 v_num 变量的值。

2. 常量

定义常量时需要使用 CONSTANT 关键字，并且必须在声明时就为该常量赋值，而且在程序其他部分不能修改该常量的值。定义常量的语法格式如下：

```
constant_name CONSTANT data_type { := | DEFAULT } value ;
```

语法说明如下：

（1）constant_name：常量的名称。

（2）data_type：常量的数据类型。

（3）:=|DEFAULT：为常量赋值，其中:=为赋值操作符。

例如，定义一个常量 c_num，并为其赋值为 500，代码如下：

```
SQL> SET SERVEROUT ON
```

```
SQL> DECLARE
  2      c_num CONSTANT NUMBER(4):=500;
  3  BEGIN
  4      DBMS_OUTPUT.PUT_LINE('常量值为: '||c_num);
  5  END;
  6  /
常量值为: 500
PL/SQL 过程已成功完成。
```

在该示例中，定义了一个类型为 NUMBER 的常量 c_num，并在声明时为其赋值为 500，即表明该值在程序的其他部分是不能修改的。

> **注意**
> PL/SQL 程序块中的赋值符号是冒号等号（:=），而不是常见的等号（=），并且在书写时不要将冒号与等号分开，也就是说两者之间不能存在空格。

9.2.4 复合数据类型

复合变量与标量变量相对应，相对于标量变量，它可以将不同数据类型的多个值存储在一个单元中。当定义复合变量时，必须使用 PL/SQL 复合数据类型，常用的复合数据类型主要有 3 种，分别是%TYPE 类型、自定义记录类型以及%ROWTYPE 类型。

1．%TYPE 类型

在 PL/SQL 程序块中，有时会使用表中的数据为变量赋值，这种情况下就需要用户首先了解变量所对应的列的数据类型，否则用户无法确定变量的数据类型。而使用%TYPE 类型就可以解决这类问题，%TYPE 类型用于隐式地将变量的数据类型指定为对应列的数据类型。

使用%TYPE 定义变量的语法格式如下：

```
var_name table_name.column_name%TYPE [[NOT NULL] {:= | DEFAULT} value];
```

例如，定义一个名为 var_name 的变量，并指定其数据类型与 employees 表中 first_name 列的数据类型相同，代码如下：

```
DECLARE
var_name employees.first_name %TYPE;
```

在上述代码中，如果 employees 表中 first_name 列的数据类型为 VARCHAR2(20)，那么变量 var_name 的数据类型就为 VARCHAR2(20)。

下面使用%TYPE 关键字声明变量类型 v_name 和 v_deptno，并从 employees 表中查询编号为 200 的员工姓名和部门编号。

```
SQL> SET SERVEROUT ON
SQL> DECLARE
  2  v_name employees.first_name%TYPE;
```

```
  3  v_deptno employees.department_id%TYPE;
  4  BEGIN
  5  SELECT first_name,department_id INTO v_name,v_deptno
  6  FROM employees WHERE employee_id=200;
  7  DBMS_OUTPUT.PUT_LINE('姓名: '||v_name);
  8  DBMS_OUTPUT.PUT_LINE('部门编号: '||v_deptno);
  9  END;
 10  /
姓名: Jennifer
部门编号: 10
PL/SQL 过程已成功完成。
```

2．记录类型

记录类型是将逻辑相关的数据作为一个单元存储起来，它必须包括至少一个标量型或 RECORD 数据类型的成员。当使用记录类型的变量时，首先需要定义记录的结构，然后才可以声明记录类型的变量。定义记录数据类型时必须使用 TYPE 语句，在该语句中指出将在记录中包含的字段以及数据类型。定义记录数据类型的语法格式如下：

```
TYPE record_name IS RECORD(
field1_name data_type [not null] [:=default_value],
...
fieldn_name data_type [not null] [:=default_value]);
```

语法说明如下：

（1）record_name：自定义的记录数据类型名称，如 NUMBER。

（2）field1_name：记录数据类型中的字段名。

（3）data_type：该字段的数据类型。

下面定义一个名为 my_type 的记录类型，该记录类型由字符串型的 v_name 和整数类型的 v_deptno 变量组成，其变量名为 emp。

```
SQL> SET SERVEROUT ON
SQL> DECLARE
  2  TYPE my_type IS RECORD(
  3  v_name VARCHAR2(20),
  4  v_deptno NUMBER(4));
  5  emp my_type;
  6  BEGIN
  7  SELECT first_name,department_id INTO emp
  8  FROM employees WHERE employee_id=200;
  9  DBMS_OUTPUT.PUT_LINE('姓名: '||emp.v_name);
 10  DBMS_OUTPUT.PUT_LINE('部门编号: '||emp.v_deptno);
 11  END;
 12  /
姓名: Jennifer
部门编号: 10
PL/SQL 过程已成功完成。
```

> **提示** 引用记录类型变量的方法是"记录变量名.字段名"。

3．%ROWTYPE 类型

%TYPE 类型只是针对表中的某一列，而%ROWTYPE 类型则针对表中的一行，使用%ROWTYPE 类型定义的变量可以存储表中的一行数据。

使用%ROWTYPE 定义变量的语法格式如下：

```
var_name table_name%ROWTYPE;
```

下面使用%ROWTYPE 类型定义变量，获取员工号为 200 的员工信息，并输出该员工的姓名和部门编号。

```
SQL> SET SERVEROUT ON
SQL> DECLARE
  2  row_emp employees%ROWTYPE;
  3  BEGIN
  4  SELECT * INTO row_emp
  5  FROM employees WHERE employee_id=200;
  6  DBMS_OUTPUT.PUT_LINE('姓名: '||row_emp.first_name);
  7  DBMS_OUTPUT.PUT_LINE('部门编号: '||row_emp.department_id);
  8  END;
  9  /
姓名：Jennifer
部门编号：10
PL/SQL 过程已成功完成。
```

在上述代码中声明了一个%ROWTYPE 类型的变量，该变量的结构与表 employees 的结构完全相同，因此可以将检索到的一行数据保存到该类型的变量中，并根据表中列的名称引用对应的数据。

9.2.5　运算符与表达式

为了满足 PL/SQL 程序各种处理的要求，PL/SQL 程序块允许在表达式中使用关系运算符与逻辑运算符，如表 9-2 所示。

表 9-2　PL/SQL 运算符

关系运算符		一般运算符		逻辑运算符	
=	等于	+	加号	is null	是空值
<>、!=、~=、^=	不等于	-	减号	Between	介于两者之间
<	小于	*	乘号	In	在一列值中间
>	大于	/	除号	And	逻辑与

续表

关系运算符		一般运算符		逻辑运算符	
<=	小于或等于	:=	赋值号	Or	逻辑或
>=	大于或等于	=>	关系号	Not	取反
		..	范围运算符		
		||	字符连接符		

有些运算符是由两个符号组成的，如赋值号（:=），在拼写时不要分开。

9.2.6 PL/SQL 注释

注释用于解释单行代码或多行代码的作用，从而提高 PL/SQL 程序的可读性。当编译并执行 PL/SQL 代码时，PL/SQL 编译器会忽略注释。注释包括单行注释和多行注释。

1. 单行注释

单行注释是指放置在一行上的注释文本，单行注释主要用于说明单行代码的作用。在 PL/SQL 中使用"--"符号编写单行注释，示例如下：

```
SELECT salary INTO v_sal FROM employees    --取得员工工资
WHERE employee_id=200;
```

2. 多行注释

多行注释是指分布到多行上的注释文本，主要是说明一段代码的作用。在 PL/SQL 中使用"/*...*/"来编写多行注释，示例如下：

```
SQL> SET SERVEROUT ON
SQL> DECLARE
  2   v_sal employees.salary%TYPE;
  3  BEGIN
  4   /*
  5   获取编号为200的员工工资
  6   */
  7   SELECT salary INTO v_sal FROM employees
  8   WHERE employee_id=200;
  9   DBMS_OUTPUT.PUT_LINE('工资：'||v_sal);
 10  END;
 11  /
工资：4400
PL/SQL 过程已成功完成。
```

9.3 条件选择语句

条件选择语句用于判断一个表达式返回结果的真假（是否满足条件），并根据返回的结果判断执行哪个语句块。Oracle 主要提供了两种条件选择语句来对程序进行逻辑控制，这两种条件选择语句分别是 IF 条件选择语句和 CASE 表达式。

9.3.1 IF 条件选择语句

IF 条件选择语句需要用户提供一个布尔表达式，Oracle 将根据布尔表达式的返回值来判断程序的执行流程。IF 条件选择语句可以包含 IF、ELSIF、ELSE、THEN 以及 END IF 等关键字。根据执行分支操作的复杂程度，可以将 IF 条件选择语句分为两类：简单条件选择语句和多重条件选择语句

1. 简单条件选择语句

简单条件选择语句由 IF-ELSE 两部分组成，通常表现为"如果满足某种条件，就进行某种处理，否则就进行另一种处理"。其最基本的语法结构如下：

```
IF condition THEN
    statements1
ELSE
    statements2;
END IF;
```

以上语句的执行过程：首先判断 IF 语句后面的 condition 条件表达式，如果该表达式的返回值为 TRUE，则执行 statements1 语句块，否则执行 ELSE 后面的 statements2 语句块。其执行流程如图 9-1 所示。

下面使用 IF-ELSE 条件选择语句统计表 employees 中部门编号为 60 的员工人数。

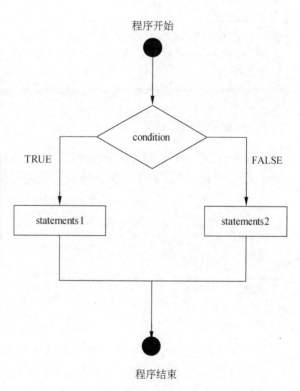

图 9-1 简单条件选择语句的执行流程图

```
SQL> SET SERVEROUT ON
SQL> DECLARE
  2      v_count NUMBER(4);
  3  BEGIN
  4      SELECT COUNT(*) INTO v_count FROM EMPLOYEES
```

```
  5      WHERE department_id = 60;
  6   IF v_count>0 THEN
  7      DBMS_OUTPUT.PUT_LINE('部门编号为 60 的员工人数：'||v_count||'人');
  8   ELSE
  9      DBMS_OUTPUT.PUT_LINE('不存在部门编号为 60 的员工信息');
 10   END IF;
 11   END;
 12   /
部门编号为 60 的员工人数：5 人
PL/SQL 过程已成功完成。
```

在本示例中，首先定义了一个名为 v_count 的变量，接着将查询的部门编号为 60 的员工人数赋值于变量 v_count，然后使用 IF 条件语句判断 v_count 变量值是否大于 0，如果大于 0，则输出 v_count 的值，从而获得部门编号为 60 的员工人数，否则表示不存在部门编号为 60 的员工信息。

> **注意**
> IF 语句是基本的选择结构语句。每个 IF 语句都有 THEN，以 IF 开头的语句行不能包含语句结束符——分号（;），每个 IF 语句以 END IF 结束；每个 IF 语句有且只能有一个 ELSE 语句相对应。

2. 多重条件选择语句

多重条件选择语句是由 IF-ELSIF-ELSE 组成的，用于针对某一事件的多种情况进行处理，通常表现为"如果满足某种条件，就进行某种处理"。其最基本的语法结构如下：

```
IF condition1 THEN
    statements1
ELSIF condition2 THEN
    statements2
...
 ELSE
    statements n+1
END IF ;
```

以上语句的执行过程：依次判断表达式的值，当某个选择的条件表达式的值为 TRUE 时，执行该选择对应的语句块。如果所有的表达式均为 FALSE，则执行语句块 n+1。其执行流程如图 9-2 所示。

下面使用多重条件选择语句对员工的平均工资进行等级判断：当平均工资大于 10000 时，输出"很高"；当平均工资大于 6000，且低于或等于 10000 时，输出"较高"；当平均工资在 2000～6000 之间时，输出"中等"；否则，输出"较低"。

```
SQL> SET SERVEROUT ON
SQL> DECLARE
  2   v_avgsal employees.salary%TYPE;
  3   BEGIN
```

```
  4      SELECT AVG(salary) INTO v_avgsal FROM employees;
  5      IF v_avgsal>10000 THEN
  6            DBMS_OUTPUT.PUT_LINE('很高');
  7      ELSIF v_avgsal>6000 THEN
  8            DBMS_OUTPUT.PUT_LINE('较高');
  9      ELSIF v_avgsal>2000 THEN
 10            DBMS_OUTPUT.PUT_LINE('中等');
 11      ELSE
 12            DBMS_OUTPUT.PUT_LINE('较低');
 13      END IF;
 14  END;
 15  /
较高
PL/SQL 过程已成功完成。
```

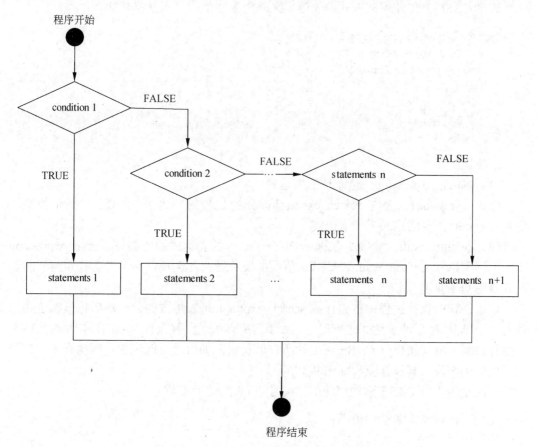

图 9-2　多重条件选择语句的执行流程图

9.3.2 CASE 表达式

当程序中的选择过多时，使用 IF 条件选择语句会相当的繁琐，这时，可以使用 Oracle

提供的 CASE 语句来实现。

Oracle 中 CASE 语句可以分为两种：简单 CASE 语句和搜索 CASE 语句。其中，简单 CASE 语句的作用是使用表达式来确定返回值，而搜索 CASE 语句的作用是使用条件确定返回值。

> **注意** 在功能上，CASE 表达式和 IF 条件语句很相似，可以说 CASE 表达式基本上可以实现 IF 条件语句能够实现的所有功能。从代码结构上来讲，CASE 表达式具有很好的阅读性，因此，建议读者尽量使用 CASE 表达式代替 IF 语句。

1．简单 CASE 语句

简单 CASE 语句使用嵌入式的表达式来确定返回值，其语法格式如下：

```
CASE search_expression
    WHEN expression1 THEN result1 ;
    WHEN expression2 THEN result2 ;
    ...
    WHEN expressionn THEN resultn ;
    [ ELSE default_result ; ]
END CASE ;
```

语法说明如下：

（1）search_expression：待求值的表达式。

（2）expression1：要与 search_expression 进行比较的表达式，如果二者的值相等，则返回 result1，否则进入下一次比较。

（3）default_result：如果所有的 WHEN 子句中的表达式的值都与 search_expression 不匹配，则返回 default_result，即默认值；如果不设置此选项，而又没有找到匹配的表达式，则 Oracle 将报错。

以上语句的执行过程：首先计算 search_expression 表达式的值，然后将该表达式的值与每个 WHEN 后的表达式进行比较。如果含有匹配值，就执行对应的语句块，然后不再进行判断，继续执行该 CASE 后面的所有语句块；如果没有匹配值，则执行 ELSE 语句后面的语句块。其执行流程如图 9-3 所示。

下面使用简单 CASE 语句统计部门编号为 60 的员工人数。

```
SQL> SET SERVEROUT ON
SQL> DECLARE
  2    v_count NUMBER(4);
  3  BEGIN
  4      SELECT COUNT(*) INTO v_count FROM employees
  5        WHERE department_id = 60;
  6    CASE v_count
  7      WHEN 0 THEN
  8          DBMS_OUTPUT.PUT_LINE('本公司没有部门编号为 60 的员工信息');
```

```
 9     WHEN 1 THEN
10         DBMS_OUTPUT.PUT_LINE('本公司仅有一名部门编号为 60 的员工');
11     ELSE
12         DBMS_OUTPUT.PUT_LINE('本公司部门编号为 60 的员工人数有：
           '||v_count||'人');
13     END CASE;
14 END;
15 /
本公司部门编号为 60 的员工人数有：5 人
PL/SQL 过程已成功完成。
```

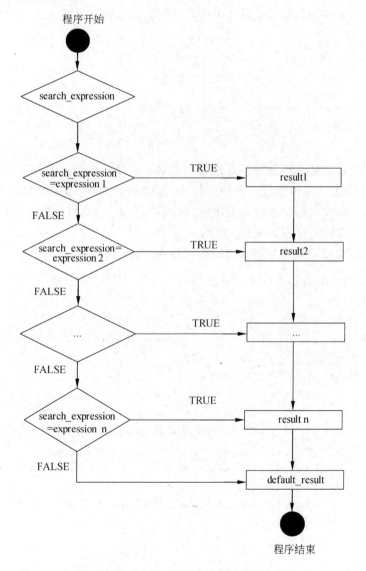

图 9-3 简单 CASE 语句的执行流程图

在该示例中，将 v_count 变量值分别与 0、1 进行比较，检测其是否相等。当变量

v_count 的值既不等于 0，也不等于 1 时，执行 ELSE 语句后的语句块，输出本公司部门编号为 60 的员工人数。

> **提示**
> 如果上述示例中没有 ELSE 子句，而 v_count 变量的值又与任何 WHEN 子句中的表达式的值都不匹配，如 v_count 变量值大于 1，则 Oracle 会返回错误信息。

2．搜索 CASE 语句

搜索 CASE 语句使用条件表达式来确定返回值，其语法格式如下：

```
CASE
    WHEN condition1 THEN result1 ;
    WHEN condition2 THEN result2 ;
     …
    WHEN conditionn THEN resultn ;
    [ ELSE default_result ; ]
END CASE ;
```

与简单 CASE 表达式相比较，可以发现 CASE 关键字后面不再跟随待求表达式，而 WHEN 子句中的表达式也换成了条件语句（condition），其实搜索 CASE 表达式就是将待求表达式放在条件语句中进行范围比较，而不再像简单 CASE 表达式那样只能与单个的值进行比较。其执行流程如图 9-4 所示。

下面使用搜索 CASE 语句统计部门编号为 60 的员工人数。

```
SQL> SET SERVEROUT ON
SQL>  DECLARE
  2    v_count NUMBER(4);
  3    BEGIN
  4      SELECT COUNT(*) INTO v_count FROM employees
  5       WHERE department_id = 60;
  6    CASE
  7      WHEN v_count = 0 THEN
  8        DBMS_OUTPUT.PUT_LINE('本公司没有部门编号为 60 的员工信息');
  9      WHEN v_count = 1 THEN
 10        DBMS_OUTPUT.PUT_LINE('本公司仅有一名部门编号为 60 的员工');
 11      ELSE
 12        DBMS_OUTPUT.PUT_LINE('本公司部门编号为 60 的员工人数有：
             '||v_count||'人');
 13    END CASE;
 14    END;
 15    /
本公司部门编号为 60 的员工人数有：5 人
PL/SQL 过程已成功完成。
```

PL/SQL 基础

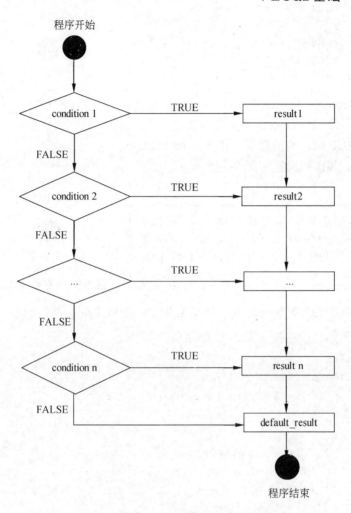

图 9-4　搜索 CASE 语句的执行流程图

9.4 循环语句

对于程序中有些具有规律性的重复操作，就需要使用循环语句来完成。循环语句一般由循环体和循环结束条件组成，循环体是指被重复执行的语句集，而循环结束条件则用于终止循环。如果没有循环结束条件，或循环结束条件永远返回 FALSE，则循环将陷入死循环。

编写循环语句时，用户可以使用 LOOP 循环、WHILE 循环和 FOR 循环 3 种类型的循环语句，下面分别介绍这 3 种循环语句。

9.4.1　LOOP 循环语句

LOOP 循环语句是最简单的循环语句，其语法格式如下：

```
LOOP
    statements
    EXIT [WHEN condition]
END LOOP;
```

其中，statements 是 LOOP 循环体中的语句块。无论是否满足条件，statements 至少会被执行一次。当 condition 为 TRUE 时，退出循环，并执行 END LOOP 后的相应操作。其执行流程如图 9-5 所示。

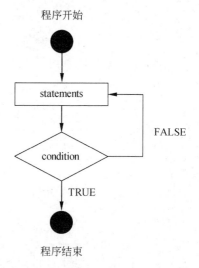

注意：退出 LOOP 循环，必须在语句块中显式地使用 EXIT 关键字，否则循环会一直执行，也就是陷入死循环。使用 WHEN 子句可以实现有条件退出，如果不使用 WHEN 子句，则会无条件退出循环。

图 9-5　无条件循环语句的执行流程图

下面使用简单 LOOP 循环语句打印编号为 50～100 之间的部门信息。

```
SQL> SET SERVEROUT ON
SQL> DECLARE
  2      v_deptno NUMBER(4):=50;
  3      v_deptname VARCHAR2(20);
  4  BEGIN
  5      LOOP
  6          SELECT department_name INTO v_deptname FROM departments
  7          WHERE department_id=v_deptno;
  8          DBMS_OUTPUT.PUT_LINE(v_deptno||'—'||v_deptname);
  9          v_deptno:=v_deptno+10;
 10          EXIT WHEN v_deptno>100;    --当部门编号大于或等于100时，退出循环
 11      END LOOP;
 12  END;
 13  /
50—Shipping
60—IT
70—Public Relations
80—Sales
90—Executive
100—Finance
PL/SQL 过程已成功完成。
```

在该示例中，首先定义了两个变量 v_deptno 和 v_deptname，分别用于存储部门编号和部门名称，其中 v_deptno 的初始值为 50；然后通过 SELECT...INTO...语句为 v_deptname 变量赋值，并输出 v_deptno 变量和 v_deptname 变量的值，v_deptno 的值在每一次输出之后都会累加 10，直到 v_deptno>100 时，退出循环。

9.4.2 WHILE 循环语句

WHILE 循环是在 LOOP 循环的基础上添加循环条件，也就是说，只有满足 WHILE 条件后，才会执行循环体中的内容。WHILE 循环以 WHILE...LOOP 开始，以 END LOOP 结束，其语法格式如下：

```
WHILE condition LOOP
    statements
END LOOP;
```

如上所示，当 condition 条件语句为 TRUE 时，执行 statements 中的代码；而当 condition 为 FALSE 或 NULL 时，退出循环，并执行 END LOOP 后的语句。其执行流程如图 9-6 所示。

下面使用 WHILE 循环语句实现编号为 50～100 之间部门信息的查看功能。

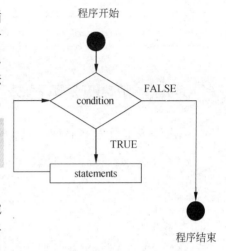

图 9-6 WHILE 循环语句的执行流程图

```
SQL> SET SERVEROUT ON
SQL> DECLARE
  2      v_deptno NUMBER(4):=50;           --定义变量 v_deptno, 并赋予初始值 50
  3      v_deptname VARCHAR2(20);
  4  BEGIN
  5      WHILE v_deptno<=100
  6      LOOP
  7          SELECT department_name INTO v_deptname FROM departments
  8          WHERE department_id=v_deptno;
  9          DBMS_OUTPUT.PUT_LINE(v_deptno||'—'||v_deptname);
 10          v_deptno:=v_deptno+10;
 11      END LOOP;
 12  END;
 13  /
50—Shipping
60—IT
70—Public Relations
80—Sales
90—Executive
100—Finance
PL/SQL 过程已成功完成。
```

如上述代码所示，在 WHILE 循环语句中指定循环条件为 v_deptno 变量的值小于或等于 100，只要满足该条件，则执行循环体的代码。在循环体中，使用 SELECT...INTO 语句为 v_deptname 变量赋值，并输出 v_deptno 和 v_depatname 变量的值，之后指定

v_deptno 的值累加 10。也就是说，每循环一次，v_deptno 变量的值都会增加 10，直到增加至大于 100 时，退出循环。

当使用 WHILE 循环时，应该定义循环控制变量，并在循环体内改变循环控制变量的值。

9.4.3 FOR 循环语句

FOR 循环是在 LOOP 循环的基础上添加循环次数，其语法格式如下：

```
FOR loop_variable IN [REVERSE] lower_bound..upper_bound LOOP
    statements
END LOOP;
```

语法说明如下：

（1）loop_variable：指定循环变量，该变量不需要事先创建。该变量的作用域仅限于循内部，也就是说只可以在循环内部使用或修改该变量的值。

（2）IN：为 loop_variable 指定取值范围。

（3）REVERSE：表示"逆向"，实际上就是从 loop_variable 变量的取值范围中逆向取值，指定在每一次循环中循环变量都会递减。循环变量先被初始化为其终止值，然后在每一次循环中递减 1，直到达到其起始值。

（4）lower_bound：指定循环的起始值，每循环一次，loop_variable 变量的值加 1。在没有使用 REVERSE 的情况下，循环变量初始化为这个起始值。

（5）upper_bound：指定循环的终止值，如果使用 REVERSE，循环变量就初始化为这个终止值。

下面使用 FOR 循环语句，输出数字 1~10。

```
SQL> SET SERVEROUT ON
SQL> BEGIN
  2     FOR i IN 1..10 LOOP
  3         DBMS_OUTPUT.PUT_LINE(i);
  4     END LOOP;
  5  END;
  6  /
1
2
3
4
5
6
7
8
9
```

```
 10
PL/SQL 过程已成功完成。
```

由于 FOR 循环中的循环变量可以由循环语句自动创建并赋值，并且循环变量的值在循环过程中会自动递增或递减，所以使用 FOR 循环语句时，不需要再使用 DECLARE 语句定义循环变量，也不需要在循环体中手动控制循环变量的值。

9.5 练习 9-1：打印九九乘法口诀表

Oracle 中的循环语句与其他编程类语言中的循环语句一样，都可以嵌套实现。本示例将使用 FOR 循环打印九九乘法口诀表，具体代码如下：

```
SQL> SET SERVEROUT ON
SQL> DECLARE
  2   m NUMBER;
  3  BEGIN
  4   FOR i IN 1..9 LOOP
  5    FOR j IN 1..i LOOP
  6       m := i*j;
  7       IF j!=1 THEN
  8          DBMS_OUTPUT.PUT('   ');
  9       END IF;
 10       DBMS_OUTPUT.PUT (i||'*'||j||'='||m);
 11    END LOOP;
 12    DBMS_OUTPUT.PUT_LINE(NULL);
 13   END LOOP;
 14  END;
 15  /
1*1=1
2*1=2   2*2=4
3*1=3   3*2=6   3*3=9
4*1=4   4*2=8   4*3=12  4*4=16
5*1=5   5*2=10  5*3=15  5*4=20  5*5=25
6*1=6   6*2=12  6*3=18  6*4=24  6*5=30  6*6=36
7*1=7   7*2=14  7*3=21  7*4=28  7*5=35  7*6=42  7*7=49
8*1=8   8*2=16  8*3=24  8*4=32  8*5=40  8*6=48  8*7=56  8*8=64
9*1=9   9*2=18  9*3=27  9*4=36  9*5=45  9*6=54  9*7=63  9*8=72
9*9=81
PL/SQL 过程已成功完成。
```

在本示例中，使用了嵌套 FOR 循环来实现九九乘法口诀表的输出，其中，i 用于控制行的输出（当前行等于 i 时进行换行操作），j 用于控制列的输出（当第二个乘数等于 i 时进行换行操作，即两个乘数相同）。

9.6 游标

使用 SELECT 语句可以返回一个结果集,而如果要对结果集中单独的行进行操作,则需要使用游标。使用游标主要遵循 4 个基本步骤:声明游标、打开游标、检索游标和关闭游标。

本节将详细介绍游标的使用,以及使用游标更新或删除数据的基本操作。

9.6.1 声明游标

声明游标主要是定义一个游标名称来对应一条查询语句,从而可以利用该游标对此查询语句返回的结果集进行单行操作。声明游标的语法格式如下:

```
CURSOR cursor_name
    [(
        parameter_name [IN] data_type [{:= | DEFAULT} value]
        [ , ...]
    )]
IS select_statement
[FOR UPDATE [OF column [ , ...]] [NOWAIT]];
```

语法说明如下:

(1) CURSOR:游标关键字。

(2) cursor_name:要定义的游标的名称。

(3) parameter_name [IN]:为游标定义输入参数,IN 关键字可以省略。使用输入参数可以使游标的应用更灵活。用户需要在打开游标时为输入参数赋值,也可使用参数的默认值。输入参数可以有多个,多个参数之间使用逗号隔开。

(4) data_type:为输入参数指定数据类型,但不能指定精度或长度。例如,字符串类型可以使用 VARCHAR2,而不能使用 VARCHAR2(10)之类的精确类型。

(5) select_statement:查询语句。

(6) FOR UPDATE:在使用游标中的数据时,锁定游标结果集与表中对应数据行的所有或部分列。

(7) OF:如果不使用 OF 子句,则表示锁定游标结果集与表中对应数据行的所有列;如果指定了 OF 子句,则只锁定指定的列。

(8) NOWAIT:如果表中的数据行被某用户锁定,那么其他用户的 FOR UPDATE 操作将会一直等到该用户释放这些数据行的锁定后才会执行。而如果使用了 NOWAIT 关键字,则其他用户在使用 OPEN 命令打开游标时会立即返回错误信息。

例如,在表 employees 中存储了员工信息,可以声明一个游标,并将表 employees 中所有记录封装到该游标中。其相应的 SQL 语句如下:

```
DECLARE
    CURSOR cursor_emp
```

```
   IS SELECT * FROM employees;
BEGIN
   ... ;
END;
```

同时，也可以使用带有参数的游标封装 SELECT 查询的员工信息，语句如下：

```
DECLARE
   CURSOR cursor_emp(deptno NUMBER)
IS SELECT first_name FROM employees
   WHERE department_id=deptno;
BEGIN
   ...;
END;
```

游标的声明与使用等都需要在 PL/SQL 块中进行，其中声明游标需要在 DECLARE 子句中进行。

9.6.2 打开游标

在声明游标时为游标指定了查询语句，但此时该查询语句并不会被 Oracle 执行。只有打开游标后，Oracle 才会执行查询语句。在打开游标时，如果游标有输入参数，用户还需要为这些参数赋值，否则将会报错（除非参数设置了默认值）。

打开游标需要使用 OPEN 语句，其语法格式如下：

```
OPEN cursor_name [(value [ , ...])];
```

应该按定义游标时的参数顺序为参数赋值。

下面使用 OPEN 语句打开声明的游标 cursor_emp，并为输入参数 deptno 赋值为 100，指定检索部门编号为 100 的所有员工信息。

```
DECLARE
   CURSOR cursor_emp(deptno NUMBER)
IS SELECT first_name FROM employees
   WHERE department_id=deptno;
BEGIN
    OPEN cursor_emp(100);
END;
```

9.6.3 检索游标

在打开游标后，游标所对应的 SELECT 语句也就被执行了。为了处理结果集中的数据，需要检索游标。检索游标实际上就是从结果集中获取单行数据并保存到定义的变量中，这需要使用 FETCH 语句，其语法格式如下：

```
FETCH cursor_name INTO variable1 [ , variable2 [, ...]];
```

其中，variable1、variable2 等用来存储结果集中单行数据的变量，要注意变量的个数、顺序及类型要与游标中相应字段保持一致。

下面使用 FETCH 语句检索游标中的数据。首先定义一个%ROWTYPE 类型的变量 row_emp，通过 FETCH 把检索的数据存放到 row_emp 中。示例如下：

```
DECLARE
   CURSOR cursor_emp IS
   SELECT * FROM employees WHERE employee_id=200;    --声明游标
   row_emp employees%ROWTYPE;
BEGIN
   OPEN cursor_emp;                                   --打开游标
   FETCH cursor_emp INTO row_emp;                     --检索游标
END;
```

9.6.4 关闭游标

关闭游标需要使用 CLOSE 语句。游标被关闭后，Oracle 将释放游标中 SELECT 语句的查询结果所占用的系统资源。其语法格式如下：

```
CLOSE cursor_name;
```

9.6.5 游标属性

游标作为一个临时表，可以通过游标的属性来获取游标状态。下面介绍游标的 4 个常用属性。

1. 使用%ISOPEN 属性

%ISOPEN 属性主要用于判断游标是否打开。在使用游标时，如果不能确定游标是否已经打开，可以使用该属性。示例如下：

```
DECLARE
    CURSOR cursor_emp IS SELECT * FROM employees;
BEGIN
  /*对游标 cursor_emp 的操作*/
    IF cursor_emp%ISOPEN THEN    --如果游标已经打开，即关闭游标
```

```
    CLOSE cursor_emp;
  END IF;
END;
```

2. 使用%FOUND 属性

%FOUND 属性主要用于判断游标是否找到记录。如果找到记录，用 FETCH 语句提取游标数据，否则关闭游标。示例如下：

```
DECLARE
  CURSOR cursor_emp IS SELECT * FROM employees;
  row_emp employees%ROWTYPE;
BEGIN
  OPEN cursor_emp;    --打开游标
  WHILE cursor_emp%FOUND LOOP           --如果找到记录，开始循环检索数据
    FETCH cursor_emp INTO row_emp;
    /*对游标 cursor_emp 的操作*/
  END LOOP;
  CLOSE cursor_emp;    --关闭游标
END;
```

3. 使用%NOTFOUND 属性

%NOTFOUND 与%FOUND 属性恰好相反，如果检索到数据，则返回值为 FALSE；如果没有检索到数据，则返回值为 TRUE。示例如下：

```
DECLARE
  CURSOR cursor_emp IS SELECT * FROM employees;
  row_emp employees%ROWTYPE;
BEGIN
  OPEN cursor_emp;                          --打开游标
  LOOP
    FETCH cursor_emp INTO row_emp;
    /*对游标 cursor_emp 的操作*/
    EXIT WHEN cursor_emp%NOTFOUND;          --如果没有找到下一条记录，退出 LOOP
  END LOOP;
  CLOSE cursor_emp;    --关闭游标
END;
```

4. 使用%ROWCOUNT 属性

%ROWCOUNT 属性用于返回当前为止已经检索到的实际行数。示例如下：

```
DECLARE
  CURSOR cursor_emp IS SELECT * FROM employees;
  row_emp employees%ROWTYPE;
BEGIN
  OPEN cursor_emp;                  --打开游标
  LOOP
    FETCH cursor_emp INTO row_emp;   --检索数据
```

```
        EXIT WHEN cursor_emp%NOTFOUND;
     END LOOP;
     DBMS_OUTPUT.PUT_LINE('检索到的行数：'||cursor_emp%ROWCOUNT);
     CLOSE cursor_emp;    --关闭游标
END;
```

9.6.6 简单游标循环

当游标中的查询语句返回的是一个结果集时，则需要循环读取游标中的数据记录，每循环一次，读取一行记录。

为了了解游标的完整使用步骤，以及如何从游标中循环读取记录，下面使用 LOOP 循环语句实现简单游标循环。

```
SQL> SET SERVEROUT ON
SQL> DECLARE
  2      CURSOR cursor_emp (deptno NUMBER:=100)        --声明游标
  3      IS
  4      SELECT * FROM employees WHERE department_id=deptno;
  5      row_emp employees%ROWTYPE;
  6   BEGIN
  7      OPEN cursor_emp(100);                          --打开游标
  8      LOOP
  9          FETCH cursor_emp INTO row_emp;  --检索游标
 10          EXIT WHEN cursor_emp%NOTFOUND;  --当游标无返回记录时退出循环
 11          DBMS_OUTPUT.PUT_LINE('当前检索第'||cursor_emp%ROWCOUNT||'
             行：员工号—'||row_emp.employee_id||'，姓名—'
             ||row_emp.first_name||'，工资—'||
row_emp.salary||'，部门编号—'||row_emp.department_id);
 12      END LOOP;
 13      CLOSE cursor_emp;                              --关闭游标
 14   END;
 15   /
当前检索第 1 行：员工号—108，姓名—Nancy，工资—12008，部门编号—100
当前检索第 2 行：员工号—109，姓名—Daniel，工资—9000，部门编号—100
当前检索第 3 行：员工号—110，姓名—John，工资—8200，部门编号—100
当前检索第 4 行：员工号—111，姓名—Ismael，工资—7700，部门编号—100
当前检索第 5 行：员工号—112，姓名—Jose Manuel，工资—7800，部门编号—100
当前检索第 6 行：员工号—113，姓名—Luis，工资—6900，部门编号—100
PL/SQL 过程已成功完成。
```

9.6.7 游标 FOR 循环

使用 FOR 循环语句也可以控制游标的循环操作，在这种情况下，不需要手动打开和关闭游标，也不需要手动判断游标是否还有返回记录，而且在 FOR 语句中设置的循环变量本身就存储了当前检索记录的所有列值，因此也不再需要定义变量存储记录值。其语法格式如下：

```
FOR record_name IN cursor_name LOOP
    statement1;
    statement2;
END LOOP;
```

语法说明如下：

（1）cursor_name：已经定义的游标名。

（2）record_name：Oracle 隐式定义的记录变量名。

当使用游标 FOR 循环时，在执行循环体内容之前，Oracle 会隐式地打开游标，并且每循环一次检索一次数据，在检索了所有数据之后，会自动退出循环并隐式地关闭游标。

> **注意**
> 使用 FOR 循环时，不能对游标进行 OPEN、FETCH 和 CLOSE 操作。如果游标包含输入参数，则只能使用该参数的默认值。

下面以显示 employees 表中部门编号为 100 的所有员工为例，说明使用游标 FOR 循环的方法。示例代码如下：

```
SQL> DECLARE
  2     CURSOR cursor_emp(deptno NUMBER:=100)
  3     IS
  4     SELECT * FROM employees WHERE department_id=deptno;
  5  BEGIN
  6     FOR row_emp IN cursor_emp LOOP          --使用 FOR 循环检索数据
  7        DBMS_OUTPUT.PUT_LINE('员工号: '||row_emp.employee_id||', 姓名: 
           '||row_emp.first_name||', 工资: '||row_emp.salary||', 部门编号: 
           '||row_emp.department_id);
  8     END LOOP;
  9  END;
 10  /
员工号: 108, 姓名: Nancy, 工资: 12008, 部门编号: 100
员工号: 109, 姓名: Daniel, 工资: 9000, 部门编号: 100
员工号: 110, 姓名: John, 工资: 8200, 部门编号: 100
员工号: 111, 姓名: Ismael, 工资: 7700, 部门编号: 100
员工号: 112, 姓名: Jose Manuel, 工资: 7800, 部门编号: 100
员工号: 113, 姓名: Luis, 工资: 6900, 部门编号: 100
PL/SQL 过程已成功完成。
```

9.6.8 使用游标更新或删除数据

通过使用游标，不仅可以一行一行地处理 SELECT 语句的结果，而且还可以更新或删除当前游标行的数据。注意：如果要通过游标更新或删除数据，在定义游标时必须要

带有 FOR UPDATE 子句。其语法格式如下:

```
CURSOR cursor_name IS SELECT … FOR UPDATE;
```

在检索了游标数据之后,为了更新或删除当前游标行数据,必须在 UPDATE 或 DELETE 语句中引用 WHERE CURRENT OF 子句。其语法格式如下:

```
UPDATE table_name SET column=… WHERE CURRENT OF cursor_name;
DELETE table_name WHERE CURRENT OF cursor_name;
```

1. 使用游标更新数据

下面以为工资低于 2000 的员工增加 100 元工资为例,说明使用显式游标更新数据的方式。示例代码如下:

```
SQL> DECLARE
  2    CURSOR cursor_emp IS
  3    SELECT salary FROM employees WHERE salary<2000
  4    FOR UPDATE;
  5    v_sal employees.salary%TYPE;              --定义变量
  6  BEGIN
  7    OPEN cursor_emp;                          --打开游标
  8    LOOP
  9        FETCH cursor_emp INTO v_sal;          --检索游标
 10        EXIT WHEN cursor_emp%NOTFOUND;
 11        UPDATE employees SET salary=salary+100 WHERE CURRENT OF
           cursor_emp;
 12    END LOOP;
 13    CLOSE cursor_emp;                         --关闭游标
 14  END;
 15  /
PL/SQL 过程已成功完成。
```

本示例中,第 2 行到第 4 行定义了一个游标 cursor_emp,存储了工资低于 2000 的所有员工工资记录;第 5 行定义了一个名为 v_sal 的变量;第 9 行检索游标数据赋值给 v_sal 变量;第 11 行对工资低于 2000 的员工工资执行更新操作。

2. 使用游标删除数据

下面以删除部门号为 40 的所有员工为例,说明使用游标删除数据的方法。示例代码如下:

```
SQL> DECLARE
  2    CURSOR cursor_emp IS SELECT * FROM employees WHERE department_id=40
  3    FOR UPDATE;
  4    row_emp employees%ROWTYPE;                --定义变量
  5  BEGIN
  6    OPEN cursor_emp;                          --打开游标
  7    LOOP
```

```
8          FETCH cursor_emp INTO row_emp;    --检索游标
9          EXIT WHEN cursor_emp%NOTFOUND;
10         DELETE FROM employees WHERE CURRENT OF cursor_emp;
11   END LOOP;
12   CLOSE cursor_emp;                       --关闭游标
13 END;
14 /
PL/SQL 过程已成功完成。
```

9.7 异常

异常是指 PL/SQL 程序块在执行时出现的错误。在实际应用中，导致 PL/SQL 块出现异常的原因有很多，如程序本身出现逻辑错误，或者程序人员根据业务需要自定义部分异常错误等。本节将介绍 Oracle 中的异常以及其处理方式。

9.7.1 异常处理

PL/SQL 程序运行期间经常会发生各种各样的异常，一旦发生异常，如果不进行处理，程序就会中止执行。因此，对可能出现的异常进行处理就显得尤为重要。处理异常需要使用 EXCEPTION 语句块，具体语法格式如下：

```
EXCEPTION
  WHEN exception1 TEHN
    statements1;
  WHEN exception2 THEN
    statements2;
  [...]
  WHEN exceptionn TEHN
    statementsn;
  WHEN OTHERS THEN
    statements(n+1);
```

语法说明如下：

（1）exception<n>：可能出现的异常名称。

（2）WHEN OTHERS：任何其他情况，类似于 ELSE，该子句需要放在 EXCEPTION 语句块的最后。

9.7.2 预定义异常

预定义异常是指系统为一些经常出现的错误定义好的异常，如被零除或内存溢出等。系统预定义异常无需声明，当系统预定义异常发生时，Oracle 系统会自动触发，只需添加相应的异常处理即可。

常见的 Oracle 系统预定义异常如表 9-3 所示。

表 9-3 常见的 Oracle 系统预定义异常

错误信息	异常错误名称	错误号	说明
ORA-00001	DUP_VAL_ON_INDEX	-1	试图破坏一个唯一性限制
ORA-00051	TIMEOUT-ON-RESOURCE	-51	在等待资源时发生超时
ORA-00061	TRANSACTION-BACKED-OUT	-61	由于发生死锁事务被撤销
ORA-01001	INVALID-CURSOR	-1001	试图使用一个无效的游标
ORA-01012	NOT-LOGGED-ON	-1012	没有连接到 Oracle
ORA-01017	LOGIN-DENIED	-1017	无效的用户名/口令
ORA-01403	NO_DATA_FOUND	+100	SELECT…INTO 没有找到数据
ORA-01422	TOO_MANY_ROWS	-1422	SELECT…INTO 返回多行
ORA-01476	ZERO-DIVIDE	-1476	试图被零除
ORA-01722	INVALID-NUMBER	-1722	转换一个数字失败
ORA-06500	STORAGE-ERROR	-6500	内存不够引发的内部错误
ORA-06501	PROGRAM-ERROR	-6501	内部错误
ORA-06502	VALUE-ERROR	-6502	转换或截断错误
ORA-06504	ROWTYPE-MISMATCH	-6504	主变量和游标的类型不兼容
ORA-06511	CURSOR-ALERADY-OPEN	-6511	试图打开一个已经打开的游标时，将产生这种异常
ORA-06530	ACCESS-INTO-NULL	-6530	试图为 null 对象的属性赋值

> 提示：使用 Oracle 的 SQLCODE()函数可以获取异常错误号，使用 SQLERRM()函数则可以获取异常的具体描述信息。

例如，在 PL/SQL 中将一个无法表示有效数字的字符串转换为数字，代码如下：

```
SQL> SET SERVEROUT ON
SQL> DECLARE
  2      age VARCHAR2(10):='22 岁';
  3  BEGIN
  4      DBMS_OUTPUT.PUT_LINE(CAST(age AS NUMBER));
  5  EXCEPTION
  6          WHEN VALUE_ERROR THEN
  7              DBMS_OUTPUT.PUT_LINE('异常提示：该字符串不能转换为有效
                   数字');
  8  END;
  9  /
异常提示：该字符串不能转换为有效数字
PL/SQL 过程已成功完成。
```

9.7.3 非预定义异常

在 PL/SQL 中还有一类会经常遇到的错误，每个错误都会有相应的错误代码和错误原因，但是由于 Oracle 没有为这样的错误定义一个名称，因而不能直接进行异常处理。

在一般情况下，只能在 PL/SQL 块执行出错时查看其出错信息。

编写 PL/SQL 程序时，应该充分考虑到各种可能出现的异常，并且做出适当的处理，这样的程序才是健壮的。对于这类非预定义的异常，由于它也是被自动抛出的，因而只需要定义一个异常，把这个异常的名称与错误的代码关联起来，然后就可以像处理预定义异常那样处理这样的异常了。非预定义异常的处理过程如图 9-7 所示。

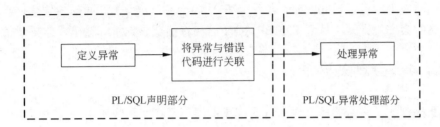

图 9-7　非预定义异常的处理过程

异常的定义在 PL/SQL 块的声明部分进行，其语法格式如下：

```
exception_name EXCEPTION;
```

其中，exception_name 表示用户自定义的异常名称，它仅仅是一个符号，没有任何意义。只有将这个名称与某个错误代码关联起来以后，这个异常才代表这个错误。将异常名称与错误代码进行关联的语法格式如下：

```
PRAGMA EXCEPTION_INIT(exception_name,exception_no);
```

其中，exception_name 表示异常名称，与声明的异常名称相对应；exception_no 表示错误代码，如-2292，该错误代码的含义是违反了完整性约束。这种关联也是在 PL/SQL 声明部分进行的。这样这个异常名称就代表特定的错误了，当 PL/SQL 程序在执行的过程中发生该错误时，这个异常将被自动抛出，这时就可以对其进行处理了。

例如，在 employees 表中引用了 departments 表中的 department_id 列，因此，当删除 departments 表中的数据时，可能会违反完整约束条件，这就表明在执行 DELETE 删除操作时可能会出现异常。因此，需要对该操作进行异常处理，具体代码如下：

```
SQL> DECLARE
  2      v_deptno departments.department_id%type:=&deptno;
  3      deptno_remaining EXCEPTION;
  4      PRAGMA EXCEPTION_INIT(deptno_remaining,-2292);
                                ---2292 是违反数据完整性约束的错误代码
  5  BEGIN
  6      DELETE FROM departments WHERE department_id = v_deptno;
  7  EXCEPTION
  8      WHEN deptno_remaining THEN
  9          DBMS_OUTPUT.PUT_LINE('违反数据完整性约束');
 10      WHEN OTHERS THEN
 11          DBMS_OUTPUT.PUT_LINE(sqlcode||'----'||sqlerrm);
 12  END;
```

```
13  /
输入 deptno 的值: 100
原值    2:       v_deptno departments.department_id%type:=&deptno;
新值    2:       v_deptno departments.department_id%type:=100;
违反数据完整性约束
PL/SQL 过程已成功完成。
```

在该示例中，由于 employees 表引用了 department_id 为 100 的部门信息，因此在删除该信息时会产生异常。从而 EXCEPTION 语句将捕获该异常，输出异常提示信息。

9.7.4 自定义异常

前面提到的异常主要是程序本身的逻辑错误，而在实际应用中，程序员还可以根据需求，为实现具体的业务逻辑自定义相关异常，因为这些业务逻辑是 Oracle 系统无法判断的，如不允许删除管理员表中的最高管理员等。

创建自定义异常需要使用 RAISE_APPLICATION_ERROR 语句，其语法格式如下：

```
RAISE_APPLICATION_ERROR(error_number,error_message,[keep_errors])
```

语法说明如下：

（1）error_number：错误号。可以使用–20000～–20999 之间的整数。

（2）error_message：相应的提示信息（<2048 B）。

（3）keep_errors：可选，如果 keep_errors 为 TRUE，则新错误将被添加到已经引发的错误列表中；如果 keep_errors 为 FALSE，则新错误将替换当前的错误列表。

例如，编写一个 PL/SQL 程序，计算 1+2+3+…+50 的值。在求和的过程中如果发现结果超出了 100，则抛出异常，并停止求和。示例代码如下：

```
SQL> SET SERVEROUT ON
SQL> DECLARE
  2      result INTEGER:=0;
  3      out_of_range EXCEPTION;
  4      PRAGMA EXCEPTION_INIT(out_of_range,-20001);
  5  BEGIN
  6      FOR i IN 1..50 LOOP
  7          result:=result+i;
  8      IF result>100 THEN
  9          RAISE_APPLICATION_ERROR(-20001,'当前的计算结果为'||result||',
                已经超出范围！');
 10      END IF;
 11      END LOOP;
 12  EXCEPTION
 13      WHEN out_of_range THEN
 14          DBMS_OUTPUT.PUT_LINE('错误代码：'||sqlcode);
 15          DBMS_OUTPUT.PUT_LINE('错误信息：'||sqlerrm);
 16  END;
 17  /
```

```
错误代码: -20001
错误信息: ORA-20001: 当前的计算结果为105,已经超出范围!
PL/SQL 过程已成功完成。
```

由上述 PL/SQL 块可以看出,首先在声明部分定义了一个异常 out_of_range,然后将这个异常与错误代码–20001 关联起来,一旦程序在运行过程中发生了这个错误,就会抛出 out_of_range 异常。在块的可执行部分,如果累加的过程中变量 result 的值超过了 100,则返回错误代码–20001 以及相应的错误信息。这样在异常处理部分就可以捕捉并处理异常 out_of_range 了。

9.8 练习 9-2:更新员工工资

Oracle 提供了大量的预定义异常,这些预定义异常用于处理常见的 Oracle 错误。例如,编写一段程序,通过输入的员工编号,更新员工工资(当工资低于或等于 1500 时,使工资增加 100),并使用 Oracle 系统中的预定义异常进行异常处理。示例代码如下:

```
SQL> DECLARE
  2     v_empno employees.employee_id%TYPE := &empno;
  3     v_sal employees.salary%TYPE;
  4  BEGIN
  5     SELECT salary INTO v_sal FROM employees WHERE employee_id = v_empno;
  6     IF v_sal<=1500 THEN
  7         UPDATE employees SET salary = salary + 100 WHERE employee_id=v_empno;
  8         DBMS_OUTPUT.PUT_LINE('编号为'||v_empno||'员工工资已更新!');
  9     ELSE
 10         DBMS_OUTPUT.PUT_LINE('编号为'||v_empno||'员工工资已经超过规定值!');
 11     END IF;
 12  EXCEPTION
 13     WHEN NO_DATA_FOUND THEN
 14         DBMS_OUTPUT.PUT_LINE('数据库中没有编号为'||v_empno||'的员工');
 15     WHEN TOO_MANY_ROWS THEN
 16         DBMS_OUTPUT.PUT_LINE('程序运行错误!请使用游标');
 17     WHEN OTHERS THEN
 18         DBMS_OUTPUT.PUT_LINE(SQLCODE||'---'||SQLERRM);
 19  END;
 20  /
输入 empno 的值: 20
原值    2:    v_empno employees.employee_id%TYPE := &empno;
新值    2:    v_empno employees.employee_id%TYPE := 20;
数据库中没有编号为 20 的员工
PL/SQL 过程已成功完成。
```

由执行结果可以看到,Oracle 抛出了 NO_DATA_FOUND 错误名称的异常,从而提示数据库中不存在指定的数据信息。

9.9 练习 9-3：获取指定部门下的所有员工信息

当用户输入一个部门编号时，如果该部门下存在员工信息，则循环输出所有员工的姓名和部门编号信息，否则提示"员工不存在"。该示例要求使用游标来封装指定部门的所有员工信息；使用条件分支语句来判断游标中是否存在数据，如果存在，则使用 WHILE 循环输出所有的员工姓名和部门编号，否则抛出异常，并对异常进行处理。示例代码如下：

```
SQL> SET SERVEROUT ON
SQL> DECLARE
  2     CURSOR cursor_emp(deptno NUMBER) IS
  3         SELECT * FROM employees WHERE department_id = deptno;
  4     v_deptno employees.department_id%TYPE :=&deptno;
                                             --声明变量，接收用户输入的数据
  5     v_emp employees%rowtype;              --声明变量，存储员工信息
  6     no_result EXCEPTION;                  --声明异常，异常名称为 no_result
  7  BEGIN
  8     OPEN cursor_emp(v_deptno);            --打开游标
  9     FETCH cursor_emp INTO v_emp;          --使用游标
 10     IF cursor_emp%FOUND THEN              --判断是否能检索到数据
 11         WHILE cursor_emp%FOUND LOOP       --打印出所有员工的信息
 12             DBMS_OUTPUT.PUT_LINE('工号为'||v_emp.employee_
                 id||'的员工信息：姓名'||v_emp.first_name||'，部门编号
                 '||v_emp.department_id);
 13             FETCH cursor_emp INTO v_emp;
 14         END LOOP;
 15     ELSE
 16         RAISE no_result;                  --抛出异常
 17     END IF;
 18     EXCEPTION                             /*处理异常*/
 19         WHEN no_result THEN
 20             DBMS_OUTPUT.PUT_LINE('员工不存在!');
 21         WHEN OTHERS THEN
 22             DBMS_OUTPUT.PUT_LINE(SQLCODE||'---'||SQLERRM);
 23  END;
 24  /
输入 deptno 的值: 100
原值    4:    v_deptno employees.department_id%TYPE :=&deptno;
                                             --声明变量，接收用户输入的数据
新值    4:    v_deptno employees.department_id%TYPE :=100;
                                             --声明变量，接收用户输入的数据
工号为 108 的员工信息：姓名 Nancy，部门编号 100
工号为 109 的员工信息：姓名 Daniel，部门编号 100
工号为 110 的员工信息：姓名 John，部门编号 100
工号为 111 的员工信息：姓名 Ismael，部门编号 100
工号为 112 的员工信息：姓名 Jose Manuel，部门编号 100
```

工号为113的员工信息：姓名 Luis，部门编号100
PL/SQL 过程已成功完成。

当用户指定的部门中不存在员工时，则提示"员工不存在"的错误信息，执行结果如下：

```
输入 deptno 的值: 120
原值    4:  v_deptno employees.department_id%TYPE :=&deptno;
                                            --声明变量，接收用户输入的数据
新值    4:  v_deptno employees.department_id%TYPE :=120;
                                            --声明变量，接收用户输入的数据
员工不存在！
PL/SQL 过程已成功完成。
```

9.10 扩展练习

1. 获取所有的部门信息

循环语句一个典型的应用就是结合游标获得表中的所有数据。本示例要求结合使用游标与 WHILE 循环语句，打印所有的部门信息。其运行结果如下：

```
10——Administration
20——Marketing
30——Purchasing
40——Human Resources
50——Shipping
60——IT
...
270——Payroll
PL/SQL 过程已成功完成。
```

2. 更新图书价格

假设在 hr 用户下有一个 books 表，该表存储了一些图书的基本信息。现在要对图书进行打折销售，打折主要有3个要求：① 所有图书打9折；② 打折后的图书价格不能低于20元，如果低于20元，则按20元处理；③ 原价在20元以下的图书价格不变。

按上述要求，使用游标更新 books 表中的数据。其中，books 表中的数据如下：

```
SQL> SELECT * FROM books;
BOOKID      BOOKNAME                    BOOKPRICE
----------  --------------------------  ----------
1           《Oracle 简明教程》           49.5
2           《Oracle 基础教程》           45.5
3           《Oracle 完全学习手册》       69.5
4           《Oracle 基础到实践》         19.6
5           《Oralce 精髓》              33
```

3. 获得所有员工的平均工资

获得 hr 用户下 employees 表中所有员工的平均工资,如果平均工资大于 2000,视为用户自定义的异常,提示"员工工资有点高",否则打印平均工资。最终的执行结果如下:

```
DECLARE
*
第 1 行出现错误:
ORA-20005: 员工工资有点高
ORA-06512: 在 line 13
```

第 10 章　PL/SQL 高级应用

内容摘要 Abstract

在第 9 章中所讲述的 PL/SQL 程序块是没有被存储的，系统需要重新编译后再执行，每次执行后都不可以被重新使用。为了提高系统的应用性能，Oracle 提供了一系列命名程序块，也可以称为子程序，包括存储过程、函数、触发器和程序包。这些命名程序块在创建时由 Oracle 系统编译并保存，需要时可以通过名字调用它们，并且不需要编译。

本章将具体介绍存储过程、函数、触发器和程序包的创建与使用。

学习目标 Objective

- 熟练掌握存储过程的创建
- 熟练掌握带参数的存储过程的使用
- 掌握存储过程的修改和删除
- 熟练掌握函数的创建与使用
- 了解触发器的类型
- 熟练掌握各类触发器的创建与使用
- 掌握触发器的管理
- 熟练掌握程序包的创建
- 熟练掌握程序包中元素的调用
- 掌握程序包的删除

10.1　存储过程

存储过程是一种命名的 PL/SQL 程序块，它可以接收零个或多个输入、输出参数，大大提高了 SQL 语句的功能和灵活性。存储过程经编译后存储在数据库中，所以执行存储过程要比执行存储过程中封装的 SQL 语句更有效率。

10.1.1　创建与调用存储过程

如果需要使用存储过程，首先需要创建一个过程。过程创建好之后，Oracle 系统不会自动执行，还需要调用它才会被执行。本小节将详细介绍存储过程的创建与调用。

1. 创建存储过程

创建存储过程需要使用 CREATE PROCEDURE 语句，其语法格式如下：

```
CREATE [ OR REPLACE ] PROCEDURE procedure_name
```

```
[
    ( parameter [ IN | OUT | IN OUT ] data_type )
    [ , … ]
]
{ IS | AS }
    [ declaration_section ; ]
BEGIN
    procedure_body ;
END [ procedure_name ] ;
```

语法说明如下：

（1）OR REPLACE：如果存储过程已经存在，则替换已有存储过程。

（2）procedure_name：创建的存储过程名称。

（3）parameter：参数。可以为存储过程设置多个参数，参数之间使用逗号（,）隔开。

（4）IN | OUT | IN OUT：指定参数的模式。IN 表示输入参数，在调用存储过程时需要为输入参数赋值，而且其值不能在过程体中修改；OUT 表示输出参数，存储过程通过输出参数返回值；IN OUT 则表示输入输出参数，这种类型的参数既接收传递值，也允许在过程体中修改其值，并可以返回。默认情况下为 IN，在使用 IN 参数时，还可以使用 DEFAULT 关键字为该参数设置默认值，其语法格式如下：

```
parameter [ IN ] data_type DEFAULT value ;
```

（5）data_type：参数的数据类型。不能指定精确数据类型，如只能使用 NUMBER，不能使用 NUMBER(2)等。

（6）IS | AS：这两个关键字等价，其作用类似于无名块中的声明关键字 DECLARE。

（7）declaration_section：声明变量。在此处声明变量不能使用 DECLARE 语句，这些变量主要用于过程体中。

（8）procedure_body：过程体。

（9）END [procedure_name]：在 END 关键字后面添加过程名，可以提高程序的可阅读性，不是必需的。

例如，创建一个简单的存储过程 procedure_update_product，该过程用于将 product 表中 proid 为 2 的商品名称修改为"戴尔笔记本电脑"。其具体代码如下：

```
SQL> CREATE OR REPLACE PROCEDURE procedure_update_product
  2  IS
  3  BEGIN
  4      UPDATE product SET proname='戴尔笔记本电脑' WHERE proid=2;
  5  END;
  6  /
过程已创建。
```

2．调用存储过程

当存储过程创建好后，其过程体中的内容并没有被执行，仅仅只是被编译。执行存储过程中的内容需要调用该过程。调用存储过程有两种形式，一种是使用 CALL 语句，另一种是使用 EXECUTE 语句，语法格式如下：

```
CALL procedure_name ( [ parameter [ , … ] ] ) ;
```

或

```
EXEC[UTE] procedure_name [ ( parameter [ , … ] ) ] ;
```

例如，使用 EXECUTE 语句调用存储过程 procedure_update_product，实现对 product 表的修改操作。其具体代码如下：

```
SQL> EXECUTE procedure_update_product;
PL/SQL 过程已成功完成。
```

10.1.2 存储过程的参数

上面创建了一个很简单的存储过程，每次调用该过程时，都会将 product 表中 proid 为 2 的商品名称修改为"戴尔笔记本电脑"，这种存储过程在实际应用中的作用不大。事实上，存储过程通常应该具有一定的交互性，如按用户要求修改指定 proid 的商品名称为指定值。

Oracle 提供了 3 种参数模式：IN、OUT 和 IN OUT。其中，IN 模式的参数，用于向过程传入一个值；OUT 模式的参数，用于从被调用过程返回一个值；IN OUT 模式的参数，用于向过程传入一个初始值，返回更新后的值。

1．创建带有 IN 参数的过程

IN 参数是指输入参数，由存储过程的调用者为其赋值（也可以使用默认值）。如果不为参数指定模式，则其模式默认为 IN。

例如，创建一个带 IN 参数的存储过程 procedure_update_product，为该过程定义两个 IN 参数，分别用于接收用户提供的 proname 和 proid 值。其具体代码如下：

```
SQL> CREATE OR REPLACE PROCEDURE procedure_update_product
  2    (pro_name IN VARCHAR2,pro_id IN NUMBER)
  3  AS
  4  BEGIN
  5    UPDATE product SET proname=pro_name
  6    WHERE proid=pro_id;
  7  END;
  8  /
过程已创建。
```

如上述代码所示，在创建 procedure_update_product 存储过程时，为其指定了两个 IN 参数。因此，在调用 procedure_update_product 存储过程时，就需要为该过程的两个输入参数赋值，赋值的形式主要有以下两种：

1）不指定参数名

不指定参数名是指调用过程时只提供参数值，而不指定该值赋予哪个参数。Oracle

会自动按存储过程中参数的先后顺序为参数赋值,如果值的个数(或数据类型)与参数的个数(或数据类型)不匹配,则会返回错误。例如,使用不指定参数名的形式调用 procedure_update_product 存储过程,代码如下:

```
SQL> EXEC procedure_update_product('惠普笔记本电脑',2);
PL/SQL 过程已成功完成。
```

使用这种赋值形式,要求用户了解过程的参数顺序。

2)指定参数名

指定参数名是指在调用过程时不仅提供参数值,还指定该值所赋予的参数。在这种情况下,可以不按参数顺序赋值。指定参数名的赋值形式为 param_name=>value。例如,使用指定参数名的形式调用 procedure_update_product 存储过程,代码如下:

```
SQL> EXEC procedure_update_product(pro_id=>2,pro_name=>'神州笔记本电脑');
PL/SQL 过程已成功完成。
```

使用这种赋值形式,要求用户了解过程的参数名称。相对不指定参数名的赋值形式而言,指定参数名使得程序更具有可阅读性,不过同时也增加了赋值语句的内容长度。

2. 创建带有 OUT 参数的过程

OUT 参数是指输出参数,由存储过程中的语句为其赋值,并返回给用户。使用这种模式的参数,必须在参数后面添加 OUT 关键字。

例如,创建存储过程 procedure_pro,为该过程设置一个 IN 参数和一个 OUT 参数,其中 IN 参数接收用户提供的 proid 值,然后在过程体中将该 proid 对应的 proname 值传递给 OUT 参数。其具体代码如下:

```
SQL> CREATE OR REPLACE PROCEDURE procedure_pro
  2  (pro_id IN NUMBER,pro_name OUT VARCHAR2)
  3  AS
  4  BEGIN
  5    SELECT proname INTO pro_name FROM product
  6    WHERE proid=pro_id;
  7  END;
  8  /
过程已创建。
```

调用存储过程时,如果需要实现该过程中 OUT 参数的返回值,还需要事先使用 VARIABLE 语句声明对应的变量接收返回值,并在调用过程时绑定该变量,其语法格式如下:

PL/SQL 高级应用

```
VARIABLE variable_name data_type;
[, ...]
EXEC[UTE] procedure_name(:variable_name[, ...])
```

例如，调用存储过程 procedure_pro，为其 IN 参数赋值为 2，并声明变量 pname 接收与输出其 OUT 参数的返回值，具体代码如下：

```
SQL> VARIABLE pname VARCHAR2(20);
SQL> EXEC procedure_pro(2,:pname);
PL/SQL 过程已成功完成。
```

然后，使用 PRINT 命令查看变量 pname 中的值，代码如下：

```
SQL> PRINT pname;

PNAME
---------------------------------
神州笔记本电脑
```

也可以使用 SELECT 语句查看变量 pname 的值，代码如下：

```
SQL> SELECT :pname FROM dual;
:PNAME
---------------------------------
神州笔记本电脑
```

3．创建带有 IN OUT 参数的过程

IN OUT 参数同时拥有 IN 与 OUT 参数的特性，它既接收用户的传值，又允许在过程体中修改其值，并可以将值返回。使用这种模式的参数，需要在参数后面添加 IN OUT 关键字。

注意

IN OUT 参数不接收常量值，只能使用变量为其传值。

下面定义一个计算两个数值相加和相乘结果的过程 procedure_comp，说明在过程中使用 IN OUT 参数的方法。

```
SQL>  CREATE OR REPLACE PROCEDURE procedure_comp
  2   (
  3      num1 IN OUT NUMBER,
  4      num2 IN OUT NUMBER
  5   )
  6   AS
  7      v1 NUMBER;
  8      v2 NUMBER;
  9   BEGIN
 10      v1:=num1+num2;
 11      v2:=num1*num2;
```

```
12      num1:=v1;
13      num2:=v2;
14  END;
15  /
过程已创建。
```

如上述代码所示,在过程 procedure_comp 中,num1 和 num2 为输入输出参数。当在应用程序中调用该过程时,必须提供两个变量临时存放数值,在运算结束之后会将这两个数值相加和相乘之后的结果分别存放到这两个变量中。下面是 SQL*Plus 中调用该过程的示例:

```
SQL> VARIABLE num1 NUMBER;
SQL> VARIABLE num2 NUMBER;
SQL> EXEC :num1:=20;
PL/SQL 过程已成功完成。

SQL> EXEC :num2:=6;
PL/SQL 过程已成功完成。

SQL> EXEC procedure_comp(:num1,:num2);
PL/SQL 过程已成功完成。

SQL> PRINT num1 num2;
NUM1
----------
26
NUM2
----------
120
```

注意

只有 IN 参数才具有默认值,OUT 和 IN OUT 参数都不具有默认值。

10.1.3 修改与删除存储过程

修改存储过程是在 CREATE PROCEDURE 语句中添加 OR REPLACE 关键字,其他内容与创建存储过程一样,其实质是删除原有过程,然后重新创建一个新的存储过程,只不过前后两个存储过程的名字相同而已。

当过程不再需要时,用户可以使用 DROP PROCEDURE 命令来删除该过程。其语法格式如下:

```
SQL> DROP PROCEDURE procedure_name;
```

例如,删除 procedure_update_product 存储过程,语句如下:

```
SQL> DROP PROCEDURE procedure_update_product;
过程已删除。
```

10.1.4 查看存储过程的定义信息

对于创建好的存储过程,如果需要了解其定义信息,可以查询数据字典 user_source。例如,通过数据字典 user_source 查询存储过程 procedure_comp 的定义信息,代码如下:

```
SQL> SELECT * FROM user_source WHERE name='PROCEDURE_COMP';
NAME                    TYPE            LINE        TEXT
------------------      ------------    --------    ----------------------
PROCEDURE_COMP          PROCEDURE       1           PROCEDURE procedure_comp
PROCEDURE_COMP          PROCEDURE       2           (
PROCEDURE_COMP          PROCEDURE       3           num1 IN OUT NUMBER,
PROCEDURE_COMP          PROCEDURE       4           num2 IN OUT NUMBER
PROCEDURE_COMP          PROCEDURE       5           )
PROCEDURE_COMP          PROCEDURE       6           AS
PROCEDURE_COMP          PROCEDURE       7           v1 NUMBER;
PROCEDURE_COMP          PROCEDURE       8           v2 NUMBER;
PROCEDURE_COMP          PROCEDURE       9           BEGIN
PROCEDURE_COMP          PROCEDURE       10          v1:=num1+num2;
PROCEDURE_COMP          PROCEDURE       11          v2:=num1*num2;
PROCEDURE_COMP          PROCEDURE       12          num1:=v1;
PROCEDURE_COMP          PROCEDURE       13          num2:=v2;
PROCEDURE_COMP          PROCEDURE       14          END;
已选择14行。
```

其中,name 表示对象名称;type 表示对象类型;line 表示定义信息中文本所在的行数;text 表示对应行的文本信息。

10.2 练习 10-1:添加学生

在存储过程中使用 IN 参数,用户可以在调用该存储过程时为其赋值,以提高 SQL 语句的灵活性,同时也实现了代码的重用性。

本练习将通过定义一个含有多个 IN 参数的存储过程,实现学生的添加功能。其具体代码如下:

```
SQL> CREATE OR REPLACE PROCEDURE pro_add_stu(
  2      stu_id IN NUMBER,
  3      stu_name IN VARCHAR2,
  4      stu_age IN NUMBER,
  5      stu_sex IN VARCHAR2 DEFAULT '男'        --指定默认的输入值
  6  )
  7  AS
  8  BEGIN
```

```
 9      INSERT INTO stuinfo(id,name,age,sex)
10      VALUES (stu_id,stu_name,stu_age,stu_sex);
11      EXCEPTION
12           WHEN dup_val_on_index THEN
13                DBMS_OUTPUT.PUT_LINE('数据已经存在！');
14  END;
15  /
```
过程已创建。

如上述代码所示，pro_add_stu 过程含有 4 个输入参数，其中为 stu_sex 指定了默认值。在调用该过程时，除了具有默认值的参数之外，必须为其他参数提供数值。

多次调用 pro_add_stu 存储过程，实现学生信息的添加功能，语句如下：

```
SQL> EXEC pro_add_stu(1,'王丽丽',22,'女');
PL/SQL 过程已成功完成。

SQL> EXEC pro_add_stu(2,'张强',22);
PL/SQL 过程已成功完成。
```

> **提示**
> 由于在创建存储过程 pro_add_stu 时，已经为第 4 个参数 stu_sex 指定了默认值为"男"，因此在调用该过程时，可以不为 stu_sex 参数赋值，而只为除它之外的其他 3 个参数赋值。

最后使用 SELECT 语句查询 stuinfo 表中的记录，检测存储过程是否成功执行，结果如下：

```
SQL> SELECT * FROM stuinfo;
ID      NAME              AGE         SEX
------  ----------------  ----------  ----------
1       王丽丽             22          女
2       张强               22          男
```

10.3 函数

函数用于返回特定数据。如果在应用程序中经常需要通过执行 SQL 语句来返回特定数据，那么可以基于这些操作建立特定的函数。函数和过程的结构很相似，它们都可以接收输入值并向应用程序返回值。其区别在于，过程用来完成一项任务，可能不返回值，也可能返回多个值，过程的调用是一条 PL/SQL 语句；函数包含 RETURN 子句，用来进行数据操作，并返回一个单独的函数值，函数的调用只能在一个表达式中。

10.3.1 函数的基本操作

使用函数首先需要创建函数，然后通过 PL/SQL 语句调用函数，同时也可以对函数进行修改和删除操作。本小节主要介绍如何创建一个函数，以及如何调用和删除函数。

1. 创建函数

创建函数需要使用 CREATE FUNCTION 语句，其语法格式如下：

```
CREATE [OR REPLACE] FUNCTION function_name
[
    (parameter1 [IN | OUT | IN OUT] data_type)
    [,…]
]
RETURN data_type
{IS | AS}
    [declaration_section;]
BEGIN
    function_body;
END [function_name];
```

语法说明如下：

（1）RETURN data_type：返回类型是必需的，因为调用函数是作为表达式的一部分。

（2）function_body：一个含有声明部分、执行部分和异常处理部分的 PL/SQL 代码块，是构成函数的代码块。

从语法上也可以发现，函数与存储过程大致相同，不同的是函数中需要有 RETURN 子句，该子句指定返回值的数据类型（不能指定确定长度），而在函数体中也需要使用 RETURN 语句返回对应数据类型的值，该值可以是一个常量，也可以是一个变量。

例如，创建一个名为 get_emp 的函数，该函数实现根据员工号查询员工信息的功能。函数的创建语句如下：

```
SQL> CREATE OR REPLACE FUNCTION get_emp(empno NUMBER)
  2    RETURN VARCHAR2 AS
  3      empname employees.first_name%TYPE;          --定义变量
  4    BEGIN
  5      SELECT first_name INTO empname FROM employees
  6       WHERE employee_id=empno;
  7      RETURN empname;
  8    END;
  9  /
函数已创建。
```

如上述代码所示，创建了一个返回类型为 VARCHAR2 的函数 get_emp，该函数接收一个 NUMBER 类型的参数，用于指定要查询员工的编号。

2. 调用函数

一旦函数创建成功后，就可以在任何一个 PL/SQL 程序块中调用了。

值得注意的是，不能像过程那样直接用 EXECUTE 命令来调用函数，因为函数是有返回值的，必须作为表达式的一部分来调用。例如，调用函数 get_emp，语句如下：

```
SQL> SET SERVEROUT ON
SQL> DECLARE
  2      ename VARCHAR2(20);        --定义变量，用于接收函数的返回值
  3  BEGIN
  4      ename:=get_emp(200);       --调用函数，指定参数值
  5      DBMS_OUTPUT.PUT_LINE('员工号为 200 的员工姓名为：'||ename);
  6  END;
  7  /
员工号为 200 的员工姓名为：Jennifer
PL/SQL 过程已成功完成。
```

3．删除函数

当函数不再需要时，用户可以使用 DROP FUNCTION 命令来删除该函数。其语法格式如下：

```
DROP FUNCTION function_name;
```

例如，删除 get_emp 函数，语句如下：

```
SQL> DROP FUNCTION get_emp;
函数已删除。
```

10.3.2　函数的参数

函数与存储过程相同，也具有 3 种参数模式：IN、OUT 和 IN OUT 参数。当创建函数时，通过使用 IN 参数，可以将应用程序的数据传递到函数中，最终通过执行函数可以将结果返回到应用程序中。当定义参数时，如果不指定参数模式，则默认为是 IN 参数，因此 IN 关键字既可以指定，也可以不指定。

1．创建带有 IN 参数的函数

对于带有 IN 参数函数的使用，在 10.3.1 小节中已经详细介绍过（get_emp 函数即为带有 IN 参数的函数），这里不再重述。

2．创建带有 OUT 参数的函数

一般情况下，函数只需要返回单个数据。如果希望使用函数同时返回多个数据，如同时返回员工姓名和所在的部门编号，则需要使用 OUT 参数。

下面以创建用于根据员工号返回对应的员工姓名和所在部门编号的函数为例，说明带有 OUT 参数函数的使用。示例代码如下：

```
SQL> CREATE OR REPLACE FUNCTION get_emp
  2  (
  3      empno IN NUMBER,
  4      empname OUT VARCHAR2
```

PL/SQL 高级应用

```
  5   )
  6   RETURN NUMBER
  7   AS
  8      deptno employees.department_id%TYPE;
  9   BEGIN
 10      SELECT first_name,department_id INTO empname,deptno FROM
         employees
 11      WHERE employee_id=empno;
 12      RETURN deptno;
 13   END;
 14   /
函数已创建。
```

在建立了函数 get_emp 之后,就可以在应用程序中调用该函数了。注意,因为该函数带有 OUT 参数,所以不能在 SQL 语句中调用该函数,而必须要定义变量接收 OUT 参数和函数的返回值。在 SQL*Plus 中调用函数 get_emp 的代码如下:

```
SQL> SET SERVEROUT ON
SQL> DECLARE
  2      empname VARCHAR(20);
  3      deptno NUMBER(4);
  4   BEGIN
  5      deptno:=get_emp(200,empname);
  6      DBMS_OUTPUT.PUT_LINE('员工姓名: '||empname);
  7      DBMS_OUTPUT.PUT_LINE('部门编号: '||deptno);
  8   END;
  9   /
员工姓名: Jennifer
部门编号: 10
PL/SQL 过程已成功完成。
```

3. 创建带有 IN OUT 参数的函数

建立函数时,不仅可以指定 IN 和 OUT 参数,也可以指定 IN OUT 参数。IN OUT 参数也称为输入输出参数。使用这种参数时,在调用函数之前需要通过变量给该参数传递数据,在调用结束之后,Oracle 会将函数的部分结果通过该变量传递给应用程序。下面以计算两个数值相加的函数为例,说明在函数中使用 IN OUT 参数的方法。示例代码如下:

```
SQL> CREATE OR REPLACE FUNCTION add_result
  2   (
  3      num1 NUMBER,
  4      num2 IN OUT NUMBER
  5   )
  6   RETURN NUMBER
  7   AS
  8      v_result NUMBER(4);
  9   BEGIN
```

```
10      v_result:=num1+num2;
11         num2:=v_result;
12      RETURN v_result;
13   END;
14   /
函数已创建。
```

> **注意**
> 因为 add_result 函数带有 IN OUT 参数,所以不能在 SQL 语句中调用该函数,而必须使用变量为 IN OUT 参数传递数值并接收数据,另外,还需要定义变量接收函数返回值。调用 add_result 函数的代码如下:

```
SQL> SET SERVEROUT ON
SQL> DECLARE
  2     v_num1 NUMBER(4);
  3     v_num2 NUMBER(4);
  4  BEGIN
  5     v_num2:=50;
  6     v_num1:=add_result(20,v_num2);
  7     DBMS_OUTPUT.PUT_LINE('50+20='||v_num1);
  8  END;
  9  /
50+20=70
PL/SQL 过程已成功完成。
```

如上述代码所示,在 DECLARE 块中定义了两个 NUMBER 类型的变量,分别命名为 v_num1 和 v_num2;在 BEGIN 块中,首先初始化变量 v_num2 为 50,然后调用 add_result 函数并传递参数值获得两个数相加后的结果,最后使用 DBMS_OUTPUT.PUT_LINE 语句输出结果。

10.4 练习 10-2:计算指定部门编号的员工平均工资

创建一个函数,在函数中使用游标封装指定部门编号的所有员工信息,并在函数体中循环遍历该游标,输出游标中所封装的员工信息,最终将员工的平均工资返回。该练习的具体实现步骤如下:

(1) 创建 emp 表,用于存储员工信息,代码如下:

```
SQL> CREATE TABLE emp(
  2     empno NUMBER(4),
  3     empname VARCHAR2(20),
  4     empsal NUMBER(6),
  5     CONSTRAINT pk_empno PRIMARY KEY(empno)   --设置主键
  6  );
表已创建。
```

其中,empno 表示员工号,为主键列;empname 表示员工姓名;empsal 表示员工工资。

 使用 INSERT 语句向 emp 表中插入多条记录，以便对工资进行计算。

（2）创建函数 fun_avg_sal，计算所有员工的平均工资，代码如下：

```
SQL>  CREATE OR REPLACE FUNCTION fun_avg_sal
  2     RETURN NUMBER
  3     IS
  4       CURSOR cursor_emp IS              --定义游标
  5           SELECT empno,empname,empsal FROM emp;
  6       v_total emp.empsal%TYPE:=0;       --记录员工的总工资
  7       v_count NUMBER;                   --记录员工人数
  8       v_empno emp.empno%TYPE;           --记录员工编号
  9       v_empname emp.empname%TYPE;       --记录员工姓名
 10       v_sal emp.empsal%TYPE;            --记录员工工资
 11     BEGIN
 12       FOR row_emp IN cursor_emp LOOP    --循环遍历游标
 13           EXIT WHEN cursor_emp%NOTFOUND; --当检索不到记录时退出循环
 14           v_total:=v_total+row_emp.empsal;     --计算总工资
 15           v_count:=cursor_emp%ROWCOUNT;        --获取总记录，即总人数
 16           v_empno:=row_emp.empno;              --获取员工号
 17           v_empname:=row_emp.empname;          --获取员工姓名
 18           v_sal:=row_emp.empsal;               --获取员工工资
 19           DBMS_OUTPUT.PUT_LINE('编号：'||v_empno||'，姓名：
                '||v_empname||'，工资：'||v_sal);
 20       END LOOP;
 21       RETURN (v_total/v_count);         --返回平均工资，即总工资/总人数
 22     END fun_avg_sal;
 23   /
函数已创建。
```

（3）调用 fun_avg_sal 函数，输出计算结果，代码如下：

```
SQL> SET SERVEROUT ON
SQL> DECLARE
  2     v_avgsal NUMBER(6);
  3   BEGIN
  4     v_avgsal:=fun_avg_sal;              --调用函数，获得平均工资
  5     DBMS_OUTPUT.PUT_LINE('平均工资：'||v_avgsal);
  6   END;
  7   /
编号：2，姓名：马向林，工资：2000
编号：3，姓名：王丽丽，工资：2500
平均工资：2250
PL/SQL 过程已成功完成。
```

10.5 触发器

在 Oracle 系统中，触发器类似于存储过程和函数，都有声明、执行和异常处理过程的 PL/SQL 块。触发器在数据库里以独立的对象存储，它与存储过程不同的是，存储过程通过其他程序来启动运行或直接启动运行，而触发器是由一个事件来启动运行的，即触发器是当某个事件发生时自动地隐式运行，并且触发器不能接收任何参数。本节将主要介绍不同类型触发器的使用，以及其他操作。

10.5.1 触发器的类型

Oracle 中的触发器主要有 DML 触发器、INSTEAD OF 触发器、数据库事件触发器及 DDL 触发器几种类型。

1．DML 触发器

DML 触发器是指由 DML 语句触发的触发器。DML 所包含的触发事件有 INSERT、UPDATE 和 DELETE。DML 触发器可以为这些触发事件创建 BEFORE 触发器（发生前）和 AFTER 触发器（发生后）。DML 触发器可以在语句级或行级操作上被触发，语句级触发器对每一个 SQL 语句只触发一次，行级触发器对 SQL 语句受影响的表中的每一行都触发一次。

2．INSTEAD OF 触发器

INSTEAD OF 触发器代替数据库视图上的 DML 操作。使用 INSTEAD OF 触发器不但可以通过使用视图简化代码，还允许根据需要发生各种不同的操作。

3．数据库事件触发器

数据库事件触发器定义在整个数据库或模式上，触发事件是数据库事件。数据库事件触发器支持的触发事件有 LOGON、LOGOFF、SERVERERROR、STARTUP 和 SHUTDOWN。

4．DDL 触发器

DDL 触发器是指由 DDL 语句（CREATE、ALTER 和 DROP 等）触发的触发器。可以在这些 DDL 语句之前（或之后）定义 DDL 触发器。

10.5.2 创建触发器

创建触发器需要使用 CREATE TRIGGER 语句，其语法格式如下：

```
CREATE [OR REPLACE] TRIGGER trigger_name
```

PL/SQL 高级应用

```
[BEFORE | AFTER | INSTEAD OF] trigger_event
{ON table_name | view_name | DATABASE}
[FOR EACH ROW]
[ENABLE | DISABLE]
[WHEN trigger_condition]
[DECLARE declaration_statements]
BEGIN
    trigger_body;
END trigger_name ;
```

语法说明如下：

（1）TRIGGER：创建触发器对象。

（2）trigger_name：创建的触发器名称。

（3）BEFORE | AFTER | INSTEAD OF：BEFORE 表示触发器在触发事件执行之前被激活；AFTER 表示触发器在触发事件执行之后被激活；INSTEAD OF 表示用触发器中的事件代替触发事件执行。

（4）trigger_event：激活触发器的事件，如 INSERT、UPDATE 和 DELETE 事件等。

（5）ON table_name | view_name | DATABASE：table_name 指定 DML 触发器所针对的表。如果是 INSTEAD OF 触发器，则需要指定视图名（view_name）；如果是 DDL 触发器或数据库事件触发器，则使用 ON DATABASE 子句。

（6）FOR EACH ROW：触发器是行级触发器。如果不指定此子句，则默认为语句级触发器。它用于 DML 触发器与 INSTEAD OF 触发器。

（7）ENABLE | DISABLE：此选项是 Oracle Database 11g 新增加的特性，用于指定触发器被创建之后的初始状态是启动（ENABLE）状态还是禁用（DISABLE）状态，默认为 ENABLE 状态。

（8）WHEN trigger_condition：为触发器的运行指定限制条件。例如，针对 UPDATE 事件的触发器，可以定义只有当修改后的数据符合某种条件时才执行触发器中的内容。

（9）trigger_body：触发器体，包含触发器的内容。

10.5.3 DML 触发器

DML 触发器是指由 DML 语句激活的触发器。如果在表上针对某种 DML 操作建立了 DML 触发器，则当执行 DML 操作时会自动执行触发器的相应代码。其对应的 trigger_event 具体格式如下：

```
{INSERT | UPDATE | DELETE [OF column[, ...]]}
```

关于 DML 触发器的说明如下：

（1）DML 操作主要包括 INSERT、UPDATE 和 DELETE 操作，通常根据触发器所针对的具体事件将 DML 触发器分为 INSERT 触发器、UPDATE 触发器和 DELETE 触发器。

（2）可以将 DML 操作细化到列，即针对某列进行 DML 操作时激活触发器。

（3）任何 DML 触发器都可以按触发时间分为 BEFORE 触发器与 AFTER 触发器。

(4) 在行级触发器中，为了获取某列在 DML 操作前后的数据，Oracle 提供了两种特殊的标识符——:OLD 和:NEW，通过:OLD.column_name 的形式可以获取该列的旧数据，而通过:NEW.column_name 则可以获取该列的新数据。INSERT 触发器只能使用:NEW，DELETE 触发器只能使用：OLD，而 UPDATE 触发器则两种都可以使用。

1．创建 BEFORE DML 触发器

为了确保 DML 操作在正常情况下进行，可以基于 DML 操作建立 BEFORE 语句触发器。例如，要求只能由 admin 用户对 stuinfo 表进行删除操作，那么应该为该表创建 BEFORE DELETE 触发器，以实现数据的安全保护。其具体代码如下：

```
SQL> CREATE OR REPLACE TRIGGER trigger_before_stuinfo
  2   BEFORE
  3     DELETE ON stuinfo
  4   BEGIN
  5     IF user!='admin' THEN
  6         RAISE_APPLICATION_ERROR(-20001,'权限不足,不能对学生信息进行删
            除操作');
  7     END IF;
  8   END;
  9   /
触发器已创建
```

BEFORE 表明新建触发器的触发时机为 DELETE 动作之前，ON stuinfo 表明触发器创建于表 stuinfo 之上。然后使用 IF 条件分支语句判断当前用户是否为 admin，如果不是，则抛出异常，提示错误信息，并禁止对数据表 stuinfo 进行删除操作。

接着尝试删除 stuinfo 表中的某条数据，触发器将抛出异常，代码如下：

```
SQL> DELETE FROM stuinfo WHERE id=2;
DELETE FROM stuinfo WHERE id=2
            *
第 1 行出现错误：
ORA-20001: 权限不足,不能对学生信息进行删除操作
ORA-06512: 在 "HR.TRIGGER_BEFORE_STUINFO", line 3
ORA-04088: 触发器 'HR.TRIGGER_BEFORE_STUINFO' 执行过程中出错
```

2．创建 AFTER DML 触发器

在对数据表执行 DML 操作之后，同样可以执行其他操作。例如，要求在修改 stuinfo 表中的某行数据后，在 record 表中记录修改操作，并保存修改前的行数据。创建触发器的语句如下：

```
SQL> CREATE OR REPLACE TRIGGER update_stu
  2   AFTER UPDATE
  3   ON stuinfo
  4   FOR EACH ROW
  5   BEGIN
```

PL/SQL 高级应用

```
 6    INSERT INTO record VALUES
 7    ('执行了 UPDATE 操作,执行前:id='||:OLD.id||',name='||:OLD.name||',
      age='||:OLD.age||',sex='||:OLD.sex,SYSDATE);
 8  END;
 9  /
触发器已创建
```

如上述代码所示,为 AFTER UPDATE 触发器指定了 FOR EACH ROW 子句,即表明该触发器为行级触发器。行级触发器针对语句所影响的每一行都将触发一次该触发器,也就是说,每修改 stuinfo 表中的一条数据,都将激活该触发器,向 record 表插入一条数据。其具体代码如下:

```
SQL> UPDATE stuinfo SET age=23;
已更新 2 行。
```

使用 SELECT 语句查询 record 表中的数据,观察该表中是否保存了操作记录,结果如下:

```
SQL> SELECT * FROM record;
CONTENT                                      RTIME
执行了 UPDATE 操作,执行前:id=1,           31-8月 -12 09.23.54.000000 上午
name=王丽丽,age=23,sex=女
执行了 UPDATE 操作,执行前:id=2,           31-8月 -12 09.23.54.000000 上午
name=张小强,age=23,sex=男
```

record 表包含两列:content 和 rtime,分别用于记录执行的 DML 操作和执行时间。

3. 使用条件谓词

当触发器中同时包含多个触发事件(INSERT、UPDATE 和 DELETE)时,为了在触发器代码中区分具体的触发事件,可以使用以下 3 个条件谓词:

(1) INSERTING:当触发事件是 INSERT 操作时,该条件谓词返回值为 TRUE,否则为 FALSE。

(2) UPDATING:当触发事件是 UPDATE 操作时,该条件谓词返回值为 TRUE,否则为 FALSE。

(3) DELETING:当触发事件是 DELETE 操作时,该条件谓词返回值为 TRUE,否则为 FALSE。

谓词实际是一个布尔值,在触发器内部根据激活动作,3 个谓词都会重新赋值。

对于一些比较重要的数据表,可能要求记录下每个用户的实际操作。例如,对于表 stuinfo,现需将用户每次的修改动作都记录到日志中,那么可以使用触发器谓词来判断

用户的实际操作。其具体的实现步骤如下：

（1）创建日志表 stulog，该表包含 3 列，分别为 uname、content 和 rtime。创建语句如下：

```
SQL> CREATE TABLE stulog
  2  (
  3      uname VARCHAR2(20),
  4      content VARCHAR2(100),
  5      rtime TIMESTAMP
  6  );
表已创建。
```

其中，uname 用于记录当前用户；content 用于记录具体的操作；rtime 用于记录操作时间。

（2）为表 stuinfo 创建一个触发器，要求在对 stuinfo 表执行 DML 操作之后，向 stulog 表中添加操作日志。创建触发器的代码如下：

```
SQL> CREATE OR REPLACE TRIGGER dml_stuinfo
  2  AFTER INSERT OR UPDATE OR DELETE
  3  ON stuinfo
  4  BEGIN
  5     IF INSERTING THEN
  6          INSERT INTO stulog VALUES(user,'插入数据',SYSDATE);
  7     END IF;
  8     IF UPDATING THEN
  9          INSERT INTO stulog VALUES(user,'修改数据',SYSDATE);
 10     END IF;
 11     IF DELETING THEN
 12          INSERT INTO stulog VALUES(user,'删除数据',SYSDATE);
 13     END IF;
 14  END;
 15  /
触发器已创建
```

INSERTING、UPDATING 和 DELETING 都是触发器谓词，返回值为 TRUE 或 FALSE。使用 IF 条件分支语句判断触发器的激活动作是否为 INSERT、UPDATE 和 DELETE，并向表 stulog 中插入相应的记录。

```
SQL> UPDATE stuinfo SET age=22;
已更新 2 行。

SQL> INSERT INTO stuinfo VALUES(3,'殷小鹏',22,'男');
已创建 1 行。

SQL> SELECT * FROM stulog;
UNAME                CONTENT          RTIME
-------------------- ---------------  ----------------------------------
HR                   修改数据          31-8月 -12 09.43.37.000000 上午
```

| HR | 插入数据 | 31-8月 -12 09.44.12.000000 上午 |

可见，对表 stuinfo 执行了 UPDATE 和 INSERT 操作之后，也向 stulog 表插入了相应的记录。

> **提示**
> 由于 dml_stuinfo 触发器不是行触发器，因此对 stuinfo 表一次修改了两条记录之后，只向 stulog 表中插入一条数据。

10.5.4 INSTEAD OF 触发器

在 Oracle 系统中，对于简单视图，可以直接执行 INSERT、UPDATE 和 DELETE 操作。但是对于复杂视图（具有集合操作符、分组函数、DISTINCT 关键字、连接查询等的视图），不允许直接执行 INSERT、UPDATE 和 DELETE 操作。

为了在复杂视图上执行 DML 操作，必须要基于视图建立 INSTEAD OF 触发器。INSTEAD OF 触发器用于执行一个替代操作来代替触发事件的操作，而触发事件本身最终不会被执行。

建立 INSTEAD OF 触发器有以下注意事项：
（1）当基于视图建立触发器时，不能指定 BEFORE 和 AFTER 选项。
（2）在建立视图时不能指定 WITH CHECK OPTION 选项。
（3）INSTEAD OF 选项只适用于视图。
（4）在建立 INSTEAD OF 触发器时，必须指定 FOR EACH ROW 选项。

1．建立视图

视图是逻辑表，本身没有任何数据。视图只是对应于一条 SELECT 语句，当查询视图时，其数据实际是从视图基表上取得的。

例如，创建一个基于 employees 和 departments 表的视图 view_emp_dept，该视图用于检索部门编号为 100 的员工编号、姓名、姓氏、工资和所在的部门名称。视图的创建如下：

```
SQL> CREATE OR REPLACE VIEW view_emp_dept
  2  AS
  3    SELECT emp.employee_id,emp.first_name,emp.last_name,emp.salary,
       dept.department_name
          FROM employees emp,departments dept
  4    WHERE emp.department_id=dept.department_id AND emp.
       department_id=100;
视图已创建。
```

查询 view_emp_dept 视图，显示员工信息，结果如下：

```
SQL> SELECT * FROM view_emp_dept;
```

```
EMPLOYEE_ID      FIRST_NAME       LAST_NAME        SALARY    DEPARTMENT_NAME
-------------    -------------    -------------    ------    ---------------
108              Nancy            Greenberg        12008     Finance
109              Daniel           Faviet           9000      Finance
110              John             Chen             8200      Finance
111              Ismael           Sciarra          7700      Finance
112              Jose Manuel      Urman            7800      Finance
113              Luis             Popp             6900      Finance
已选择 6 行。
```

提示 视图的具体创建与使用请参考本书第 11 章。

2. 创建 INSTEAD OF 触发器

为了在视图上执行 DML 操作，必须要基于复杂视图来建立 INSTEAD OF 触发器。

下面以对 view_emp_dept 视图执行 INSERT 操作为例，说明 INSTEAD OF 触发器的使用。示例代码如下：

```
SQL> CREATE OR REPLACE TRIGGER insteadof_view
  2    INSTEAD OF INSERT
  3    ON view_emp_dept
  4    FOR EACH ROW
  5  BEGIN
  6    INSERT INTO employees(employee_id,first_name,last_name,
       salary,department_id) VALUES(:NEW.employee_id,:NEW.first_name,
       :NEW.last_name,:NEW.salary,100);
  7  END;
  8  /
触发器已创建
```

当建立了 INSTEAD OF 触发器 insteadof_view 之后，就可以对视图 view_emp_dept 执行 DML 操作了。其具体代码如下：

```
SQL> INSERT INTO view_emp_dept(employee_id,first_name,last_name,
salary,departmen
t_name) VALUES(207,'XiangLin','Ma',2000,'Finance');
已创建 1 行。
```

由执行结果可以看出，INSERT 操作已经成功执行。下面查询 employees 表中的记录，检测部门编号为 100 的结果集中是否包含 employee_id 为 207 的记录：

```
SQL> SELECT employee_id,first_name,last_name,salary,department_id FROM employees
  2  WHERE department_id=100;
EMPLOYEE_ID      FIRST_NAME       LAST_NAME        SALARY    DEPARTMENT_ID
-------------    -------------    -------------    ------    -------------
```

207	XiangLin	Ma	2000	100
108	Nancy	Greenberg	12008	100
109	Daniel	Faviet	9000	100
110	John	Chen	8200	100
111	Ismael	Sciarra	7700	100
112	Jose Manuel	Urman	7800	100
113	Luis	Popp	6900	100

已选择 7 行。

10.5.5 数据库事件触发器

数据库事件触发器是指基于 Oracle 数据库事件所建立的触发器，触发事件是数据库事件，如数据库的启动、关闭，对数据库的登录或退出等。创建数据库事件触发器需要 ADMINISTER DATABASE TRIGGER 系统权限，一般只有系统管理员拥有该权限。

通过使用数据库事件触发器，提供了跟踪数据库或数据库变化的机制。数据库事件触发器所支持的数据库事件如表 10-1 所示。

表 10-1 数据库事件触发器所支持的数据库事件

数据库事件名称	说明
LOGOFF	用户从数据库注销
LOGON	用户登录数据库
SERVERERROR	服务器发生错误
SHUTDOWN	关闭数据库实例
STARTUP	打开数据库实例

注意　其中，对于 LOGOFF 和 SHUTDOWN 事件只能创建 BEFORE 触发器；对于 LOGON、SERVERERROR 和 STARTUP 事件只能创建 AFTER 触发器。创建数据库事件触发器，需要使用 ON DATABASE 子句，即表示创建的触发器是数据库级触发器。

1. 数据库启动和关闭触发器

为了跟踪数据库启动和关闭事件，可以分别建立数据库启动触发器和数据库关闭触发器。

下面以 DBA 身份登录数据库，并创建一个名为 db_log 的数据表，用于记录登录用户的用户名与操作时间。

```
SQL> CONNECT sys/oracle AS SYSDBA;
已连接。
SQL>  CREATE TABLE db_log
  2  (
  3     uname VARCHAR2(20),
  4     rtime   TIMESTAMP
  5  );
```

表已创建。

接着分别创建数据库启动触发器和数据库关闭触发器,并向 db_log 数据表中插入记录,存储登录用户的用户名和操作时间,代码如下:

```
SQL> CREATE TRIGGER trigger_startup
  2  AFTER STARTUP
  3  ON DATABASE
  4  BEGIN
  5     INSERT INTO db_log VALUES(user,SYSDATE);
  6  END;
  7  /
触发器已创建

SQL> CREATE TRIGGER trigger_shutdown
  2  BEFORE SHUTDOWN
  3  ON DATABASE
  4  BEGIN
  5     INSERT INTO db_log VALUES(user,SYSDATE);
  6  END;
  7  /
触发器已创建
```

其中,AFTER STARTUP、BEFORE SHUTDOWN 指定触发器的触发时机;ON DATABASE 指定触发器的作用对象;INSERT 语句用于向表 db_log 中添加新的日志信息,以记录数据库启动和关闭时的当前用户和时间。

注意 ── 这里无需指定数据库名称,此时的数据库即为触发器所在的数据库。

在建立了 trigger_startup 触发器和 trigger_shutdown 触发器之后,打开或关闭数据库时,将会执行该触发器的相应代码,即向 db_log 数据表中插入数据。其具体代码如下:

```
SQL> SHUTDOWN
数据库已经关闭。
已经卸载数据库。
ORACLE 例程已经关闭。

SQL> STARTUP
ORACLE 例程已经启动。
Total System Global Area  431038464 bytes
Fixed Size                  1375088 bytes
Variable Size             322962576 bytes
Database Buffers          100663296 bytes
Redo Buffers                6037504 bytes
数据库装载完毕。
数据库已经打开。
```

第10章 PL/SQL 高级应用

```
SQL> SELECT * FROM db_log;
UNAME                         RTIME
-----------------------       ----------------------------------------
SYS                           31-8月 -12 04.26.10.000000 下午
SYS                           31-8月 -12 04.27.51.000000 下午
```

从表 db_log 中的数据可知，当启动和关闭数据库之后，将成功地向 db_log 数据表中插入两条新的记录。

2. 建立登录和退出触发器

为了记录用户登录和退出事件，可以分别建立登录和退出触发器。具体的实现步骤如下：

（1）创建日志数据表 logon_log，用于记录用户的名称、登录时间或退出时间，代码如下：

```
SQL> CREATE TABLE logon_log
  2  (
  3     uname VARCHAR2(20),
  4     logontime TIMESTAMP,
  5     offtime TIMESTAMP
  6  );
表已创建。
```

（2）创建登录触发器和退出触发器，代码如下：

```
SQL> CREATE OR REPLACE TRIGGER trigger_logon
  2  AFTER LOGON
  3  ON DATABASE
  4  BEGIN
  5     INSERT INTO logon_log(uname,logontime)
  6     VALUES(user,SYSDATE);
  7  END;
  8  /
触发器已创建

SQL> CREATE OR REPLACE TRIGGER trigger_logoff
  2  BEFORE LOGOFF
  3  ON DATABASE
  4  BEGIN
  5     INSERT INTO logon_log(uname,offtime)
  6     VALUES(user,SYSDATE);
  7  END;
  8  /
触发器已创建
```

（3）在建立了 trigger_logon 和 trigger_logoff 触发器之后，当用户登录或退出数据库时，数据库将执行对应触发器中的代码，向 logon_log 数据表中插入数据。其具体代码如下：

```
SQL> CONNECT hr/tiger;
已连接。
SQL> CONNECT sys/oracle AS SYSDBA;
已连接。
SQL> SELECT * FROM logon_log;
UNAME            LOGONTIME                                OFFTIME
---------------------------------------------------------------------------------
HR                                                        31-8月 -12 05.51.03.000000 下午
SYS       31-8月 -12 05.51.03.000000 下午
SYS                                                       31-8月 -12 05.50.57.000000 下午
HR        31-8月 -12 05.50.57.000000 下午
```

10.5.6 DDL 触发器

DDL 触发器也叫用户级触发器，是创建在当前用户模式上的触发器，只能被当前的这个用户触发。DDL 触发器主要针对于对用户对象有影响的 CREATE、ALTER 或 DROP 等语句。

> **注意**
> 创建 DDL 触发器，需要使用 ON schema.SCHEMA 子句，即表示创建的触发器是 DDL 触发器（用户级触发器）。

例如，创建一个 DDL 触发器，禁止 hr 用户使用 DROP 命令删除自己模式中的对象。其具体代码如下：

```
SQL> CONNECT sys/oracle AS SYSDBA;
已连接。
SQL> CREATE OR REPLACE TRIGGER ddl_drop_hr
  2  BEFORE DROP ON hr.SCHEMA
  3  BEGIN
  4    RAISE_APPLICATION_ERROR(-20000,'不能对 HR 用户中的对象进行删除操作！');
  5  END;
  6  /
触发器已创建
```

为了验证该触发器是否有效，使用 hr 用户模式登录数据库，并使用 DROP TABLE 语句删除该用户下的 employees 数据表，代码如下：

```
SQL> DROP TABLE employyees;
DROP TABLE employyees
           *
第 1 行出现错误:
ORA-00604: 递归 SQL 级别 1 出现错误
ORA-20000: 不能对 HR 用户中的对象进行删除操作！
ORA-06512: 在 line 2
```

10.5.7 触发器的基本操作

由于触发器与数据表一样存储在数据库中，这样就为数据库内存造成了很大的负荷，因此需要定期地对触发器执行一些修改、删除等操作。本小节将主要介绍触发器的一些常用操作。

1．在数据字典中查看触发器信息

在 Oracle 系统中，可以通过以下 3 个数据字典查看触发器信息：
（1）user_triggers：存放当前用户的所有触发器。
（2）all_triggers：存放当前用户可以访问的所有触发器。
（3）dba_triggers：存放数据库中的所有触发器。

例如，以 DBA 身份登录数据库，并通过 user_triggers 数据字典查看当前用户下的所有触发器。其具体代码如下：

```
SQL> SELECT trigger_type 类型,trigger_name 名称 FROM user_triggers;
类型                  名称
--------------       --------------------------------
BEFORE EVENT         OLAPISHUTDOWNTRIGGER
AFTER EVENT          OLAPISTARTUPTRIGGER
BEFORE EVENT         XDB_PI_TRIG
BEFORE EVENT         CDC_DROP_CTABLE_BEFORE
BEFORE EVENT         CDC_CREATE_CTABLE_BEFORE
AFTER EVENT          CDC_CREATE_CTABLE_AFTER
BEFORE EVENT         CDC_ALTER_CTABLE_BEFORE
AFTER EVENT          AW_REN_TRG
AFTER EVENT          AW_TRUNC_TRG
AFTER EVENT          AW_DROP_TRG
BEFORE EVENT         DDL_DROP_HR
已选择 11 行。
```

其中，trigger_type 表示触发器类型；trigger_name 表示触发器名称。

2．改变触发器的状态

触发器有两种可能的状态：启用或禁用。通常，触发器是启用的，但也有些特殊情况，例如，当进行表维护时，不需要触发器代码起作用，所以需要禁用触发器。在 Oracle 系统中，需要使用 ALTER TRIGGER 语句来启用或禁用触发器，其语法格式如下：

```
ALTER TRIGGER trigger_name ENABLED | DISABLED;
```

其中，trigger_name 表示触发器名称；ENABLED 表示启用触发器；DISABLED 表示禁用触发器。

如果使一个表上的所有触发器都有效或无效，可以使用下面的语句：

```
ALTER TABLE table_name ENABLED ALL TRIGGERS;
```

```
ALTER TABLE table_name DISABLED ALL TRIGGERS;
```

3．删除触发器

删除触发器和删除存储过程或函数不同。如果删除存储过程或函数所使用到的数据表，则存储过程或函数只是被标记为 INVAID 状态，仍存在于数据库中。如果删除触发器所关联的表或视图，那么也将删除这个触发器。删除触发器的语法格式如下：

```
DROP TRIGGER trigger_name;
```

例如，删除 sys 用户下的 ddl_drop_hr 触发器，可以使用以下语句：

```
SQL> DROP TRIGGER ddl_drop_hr;
触发器已删除。
```

10.6　练习 10-3：使用触发器自动为主键列赋值

在实际应用中，几乎数据库中的每个表都有主键列，而且总是希望在向数据表添加数据时，主键列可以自动赋值，并且是按一定的规律自增的。其实，通过序列（将在第 11 章做详细的介绍）的伪列 nextval 就可以为表中的主键列自动生成不重复的有序数字。因此，可以在 BEFORE INSERT 触发器中调用序列的 nextval 作为数据表的主键列值，从而实现自动为主键列赋值的功能。

下面分别创建数据表 emp1、序列 seq_emp 和触发器 trigger_add_emp，在向 emp1 表中添加数据时，trigger_add_emp 触发器将自动为 emp1 表的主键列 empno 赋值。具体实现步骤如下：

（1）创建数据表 emp1，代码如下：

```
SQL> CREATE TABLE emp1(
  2    empno NUMBER(4),
  3    empname VARCHAR2(20),
  4    empsal NUMBER(6),
  5    CONSTRAINT pk1_empno PRIMARY KEY(empno)   --设置主键
  6  );
表已创建。
```

（2）创建序列 sq_emp，代码如下：

```
SQL> CREATE SEQUENCE seq_emp;
序列已创建。
```

（3）向 emp1 表中添加一条员工记录，并检测是否添加成功，代码如下：

```
SQL> INSERT INTO emp1 VALUES(seq_emp.nextval,'殷国朋',4000);
已创建 1 行。

SQL> SELECT * FROM emp1;
     EMPNO            EMPNAME                          EMPSAL
---------------- ---------------- --------------------------------
```

2	殷国朋	4000

> **提示** 有关序列的具体应用，将在 11.4 节做更详细的介绍。

（4）创建 BEFORE INSERT 触发器 trigger_add_emp，实现为主键列自动赋值的功能。触发器的创建语句如下：

```
SQL> CREATE OR REPLACE TRIGGER trigger_add_emp
  2  BEFORE INSERT
  3  ON emp1
  4  FOR EACH ROW
  5  BEGIN
  6    IF :NEW.empno IS NULL THEN
  7        SELECT seq_emp.nextval INTO :NEW.empno FROM dual;
                           --生成empno值
  8    END IF;
  9  END;
 10  /
触发器已创建
```

（5）触发器创建好之后，在向 emp1 表中添加新记录时就可以不再关心主键列 empno 的赋值问题了。使用以下语句向 emp1 表中添加员工信息：

```
SQL> INSERT INTO emp1(empname,empsal)
  2  VALUES('王丽丽',2500);
已创建 1 行。
```

查询 emp1 表中是否已经成功地添加了此员工，结果如下：

```
SQL> SELECT * FROM emp1;
```

EMPNO	EMPNAME	EMPSAL
2	殷国朋	4000
3	王丽丽	2500

10.7 程序包

程序包是一组相关过程、函数、变量、常量和游标等 PL/SQL 程序设计元素的组合，作为一个完整的单元存储在数据库中，用名称来标识包。它具有面向对象程序设计语言的特点，是对这些 PL/SQL 程序设计元素的封装。包类似于 C#和 Java 语言中的类，其中变量相当于类中的成员变量，过程和函数相当于类的方法。把相关的模块归类成为包，可使开发人员利用面向对象的方法进行存储过程的开发，从而提高系统的性能。

10.7.1 程序包的优点

程序包与高级语言中的类相同,包中的程序元素也分为公有元素和私有元素两种,这两种元素的区别是它们允许访问的程序范围不同,即它们的作用域不同。公有元素不仅可以被包中的函数、过程所调用,也可以被包外的 PL/SQL 程序访问,而私有元素只能被包内的函数和过程所访问。程序包主要有以下几个优点:

1. 简化应用程序设计

程序包的说明部分和包体部分可以分别创建和编译,主要体现在以下 3 个方面:

(1) 可以在设计一个应用程序时,只创建和编译程序包的说明部分,然后再编写引用该程序包的 PL/SQL 块。

(2) 当完成整个应用程序的整体框架后,再回头来定义包体部分。只要不改变包的说明部分,就可以单独调试、增加或替换包体的内容,这不会影响其他应用程序。

(3) 更新包的说明后必须重新编译引用包的应用程序,但更新包体,则不需要重新编译引用包的应用程序,以快速进行应用程序的原形开发。

2. 模块化

可将逻辑相关的 PL/SQL 块或元素等组织在一起,用名称来唯一标识程序包。将一个大的功能模块划分为适当个数小的功能模块,分别完成各自的功能。这样组织的程序包易于编写、理解和管理。

3. 信息隐藏

包中的元素可以分为公有元素和私有元素。公有元素可以被程序包内的过程、函数等访问,也可以被包外的 PL/SQL 访问。但对于私有元素,只能被包内的过程、函数等访问。对于用户,只需知道包的说明,不用了解包体的具体细节。

4. 效率高

在应用程序第一次调用程序包中的某个元素时,Oracle 将把整个程序包加载到内存中,当第二次访问程序包中的元素时,Oracle 将直接从内存中读取,不需要进行磁盘 I/O 操作而影响速度,同时位于内存中的程序包可被同一会话期间的其他应用程序共享。因此,程序包增加了重用性并改善了多用户、多应用程序环境的效率。

一个包由以下两个分开的部分组成:

(1) 包说明:声明包内数据类型、变量、常量、游标、子程序和异常错误处理等元素,这些元素为包的公有元素。

(2) 包主体:包定义部分的具体实现。它定义了包定义部分所声明的游标和子程序,在其中还可以声明包的私有元素。

第 10 章 PL/SQL 高级应用

> **注意** 包说明和包主体分开编译，并作为两部分分开的对象存放在数据库字典中，可通过数据字典 user_source、all_source 和 dba_source 分别了解包说明与包主体的详细信息。

10.7.2 程序包的定义

程序包的定义分为程序包说明定义和程序包主体定义两部分。其中，程序包说明用于声明包的公有组件，如变量、常量、自定义数据类型、异常、过程、函数、游标等；包主体是包的具体实现细节，其实现在包说明中声明的所有过程、函数、游标等，同时，也可以在包主体中声明仅属于自己的私有过程、函数或游标等。

1. 程序包说明的定义

程序包说明可以使用 CREATE PACKAGE 语句来定义，其语法格式如下：

```
CREATE [OR REPLACE] PACKAGE package_name
{ IS | AS}
    package_specification
END package_name;
```

语法说明如下：

（1）package_name：指定包名。

（2）package_specification：列出了包可以使用的公共过程、函数、类型和游标等。

例如，定义一个名为 demo_pkg 的包，在该包中包含一个记录变量 v_dept、两个函数和一个过程。包说明的定义如下：

```
SQL> CREATE OR REPLACE PACKAGE demo_pkg
  2    AS
  3      v_dept departments%ROWTYPE;
  4      FUNCTION add_dept(
  5          deptno NUMBER,
  6          deptname VARCHAR2
  7      )
  8      RETURN NUMBER;
  9      FUNCTION delete_dept(deptno NUMBER)
 10      RETURN NUMBER;
 11      PROCEDURE select_dept(deptno NUMBER);
 12    END demo_pkg;
 13  /
```

程序包已创建。

2. 程序包主体的定义

定义程序包的主体，需要使用 CREATE PACKAGE BODY 语句，其语法格式如下：

```
CREATE [OR REPLACE] PACKAGE BODY package_name
{ IS | AS}
    package_definition
END package_name;
```

其中，package_definition 表示程序包说明中所列出的公共过程、函数、游标等的定义。

创建上面所定义的 demo_pkg 包的主体，具体代码如下：

```
SQL> CREATE OR REPLACE PACKAGE BODY demo_pkg
  2  IS
  3    FUNCTION add_dept(                        --add_dept 函数的实现
  4      deptno NUMBER,
  5      deptname VARCHAR2
  6    )
  7    RETURN NUMBER
  8    AS
  9    BEGIN
 10      INSERT INTO departments(department_id,department_name)
 11      VALUES(deptno,deptname) ;
 12      RETURN 1;
 13    END add_dept;
 14    FUNCTION delete_dept(deptno NUMBER)  --delete_dept 函数的实现
 15    RETURN NUMBER
 16    AS
 17    BEGIN
 18      DELETE FROM departments WHERE department_id=deptno;
 19      RETURN 1;
 20    END delete_dept;
 21    PROCEDURE select_dept(deptno NUMBER) --select_dept 存储过程的实现
 22    AS
 23    BEGIN
 24      SELECT * INTO v_dept FROM departments
 25      WHERE department_id=deptno;
 26    END select_dept;
 27  END demo_pkg;
 28  /
程序包体已创建。
```

如上述代码所示，在 demp_pkg 程序包的主体中分别实现了 add_dept 函数、delete_dept 函数和 select_dept 存储过程，并使用公有变量 v_dept 来存储根据部门编号查询的部门信息。

10.7.3 调用程序包中的元素

程序包内部的存储过程、函数及其他 PL/SQL 程序块，可以在包名后添加点（.）来调用。其语法格式如下：

PL/SQL 高级应用

```
package_name.[ element_name ] ;
```

其中，element_name 表示元素名称，可以是存储过程名、函数名、变量名和常量名等。

> 在程序包中可以定义公有常量与变量。

例如，调用 demo_pkg 包中的 add_dept 函数实现部门的添加操作。其具体代码如下：

```
SQL> SET SERVEROUT ON
SQL> DECLARE
  2     v_result NUMBER;
  3  BEGIN
  4     v_result:=demo_pkg.add_dept(300,'IT');
  5     IF v_result=1 THEN
  6         DBMS_OUTPUT.PUT_LINE('添加记录成功');
  7     ELSE
  8         DBMS_OUTPUT.PUT_LINE('温馨提示：添加记录失败');
  9     END IF;
 10  END;
 11  /
添加记录成功
PL/SQL 过程已成功完成。
```

10.7.4 删除程序包

在 Oracle 系统中，可以使用 DROP PACKAGE 语句删除程序包，在删除程序包时将说明与主体一起删除，其语法格式如下：

```
DROP PACKAGE package_name;
```

例如，删除上面所创建的 demp_pkg 程序包，代码如下：

```
SQL> DROP PACKAGE demo_pkg;
程序包已删除。
```

10.8 练习 10-4：管理员工工资

创建一个管理员工工资的包 pkg_emp_sal，在该程序包中包括两个存储过程，分别用于员工加薪和降薪，并且在程序包中还包括两个记录员工工资增加和减少的全局变量。包说明的定义如下：

```
SQL> CREATE PACKAGE pkg_emp_sal
  2  IS
  3     PROCEDURE raise_sal(v_empno emp.empno%TYPE,v_sal_increment emp.
```

```
           empsal%TYPE);
  4     PROCEDURE reduce_sal(v_empno emp.empno%TYPE,v_sal_reduce emp.
        empsal%TYPE);
  5     v_raise_sal emp.empsal%TYPE:=0;        --记录工资增加值
  6     v_reduce_sal emp.empsal%TYPE:=0;       --记录工资减少值
  7   END;
  8   /
程序包已创建。
```

如上述创建的包说明所示，在该包中声明了两个存储过程 raise_sal 和 reduce_sal，分别用于员工加薪和降薪，并声明了两个全局变量 v_raise_sal 和 v_reduce_sal，分别用于记录员工工资增加和减少的值。

接着创建程序包 pkg_emp_sal 的主体，实现 raise_sal 和 reduce_sal 存储过程，具体代码如下：

```
SQL> CREATE OR REPLACE PACKAGE BODY pkg_emp_sal
  2   IS
  3     PROCEDURE raise_sal(v_empno emp.empno%TYPE,v_sal_increment emp.
        empsal%TYPE)
  4     IS
  5     BEGIN
  6         UPDATE emp SET empsal=empsal+v_sal_increment WHERE empno=
            v_empno;
  7         v_raise_sal:=v_raise_sal+v_sal_increment;
  8         DBMS_OUTPUT.PUT_LINE('本次加薪：'||v_raise_sal);
  9     END raise_sal;
 10     PROCEDURE reduce_sal(v_empno emp.empno%TYPE,v_sal_reduce emp.
        empsal%TYPE)
 11     IS
 12     BEGIN
 13         UPDATE emp SET empsal=empsal-v_sal_reduce WHERE empno=
            v_empno;
 14         v_reduce_sal:=v_reduce_sal+v_sal_reduce;
 15         DBMS_OUTPUT.PUT_LINE('本次降薪：'||v_reduce_sal);
 16     END reduce_sal;
 17   END pkg_emp_sal;
 18   /
程序包体已创建。
```

在 pkg_emp_sal 包主体中，分别实现了 raise_sal 和 reduce_sal 存储过程。在 raise_sal 存储过程中，使用 UPDATE 语句根据员工编号修改员工工资，使其工资增加 v_sal_increment，并使用了包声明中的 v_raise_sal 全局变量，获取工资的增加值。reduce_sal 存储过程的实现与 raise_sal 过程的实现相同，只是将员工工资修改为减少 v_sal_reduce。

最后分别调用程序包中的存储过程，代码如下：

```
SQL> SET SERVEROUT ON
```

PL/SQL 高级应用

```
SQL> BEGIN
  2    pkg_emp_sal.raise_sal(2,200);
  3    pkg_emp_sal.reduce_sal(3,400);
  4  END;
  5  /
本次加薪：200
本次降薪：400
PL/SQL 过程已成功完成。
```

10.9 扩展练习

1. 将删除的记录存储到另一个表中

创建两个存储图书信息的数据表 book1 和 book2，这两个表都包含 4 列：bookid、bookname、bookpress 和 bookprice，分别表示图书编号、图书名称、出版社和图书价格。然后为 book1 创建 BEFORE DELETE 触发器，使用序列的伪列 nextval 为 book2 的主键 bookid 自动赋值，并将 book1 中的 bookname、bookpress 和 bookprice 列的值作为 book2 中相对应的列值，向 book2 插入 book1 删除的数据。

2. 打印用户登录信息

编写一个函数 fun_login，实现用户登录信息的打印功能。例如，传递的用户名参数为 maxianglin，密码参数为 123456，则返回"用户名：maxianglin，密码：123456"的结果，并将其打印输出。fun_login 函数的调用如下：

```
SQL> SET SERVEROUT ON
SQL> DECLARE
  2    strsql VARCHAR2(100);
  3  BEGIN
  4    strsql:=fun_login('maxianglin','123456');
  5    DBMS_OUTPUT.PUT_LINE(strsql);
  6  END;
  7  /
用户名：maxianglin，密码：123456
PL/SQL 过程已成功完成。
```

第 11 章　其他模式对象

内容摘要 | Abstract

模式是指一系列逻辑数据结构或对象的集合，模式对象就是存储在用户模式中的数据库对象。在 Oracle 数据库中的模式对象除了表之外，还包括索引、临时表、视图、序列以及同义词等。本章将详细介绍这些模式对象的创建、使用和删除等操作。

学习目标 | Objective

- 了解索引的各种类型
- 掌握各种类型索引的创建
- 了解临时表的特点和类别
- 熟练掌握临时表的创建和使用
- 熟练掌握视图的创建
- 熟练掌握视图的更新和删除操作
- 熟练掌握序列的创建
- 熟练掌握序列的修改和删除操作
- 了解同义词的创建和删除

11.1　索引

索引是数据库中用于存放表中每一条记录的位置的对象，其目的是为了加快数据的读取速度和完整性检查。它由根结点、分支结点和叶子结点组成，上级索引块包含下级索引块的索引数据，叶子结点包含索引结点数据和确定行实际位置的 ROWID。索引可以拥有独立的存储空间，并且可以通过设置存储参数控制索引段的盘区管理方式。

11.1.1　索引的类型

Oracle 中常用的索引类型有 B 树索引、位图索引、反向键索引、基于函数的索引、簇索引、全局索引和局部索引等。

本小节主要介绍 B 树索引、位图索引、反向键索引和基于函数的索引。

1．B 树索引

B 树索引是 Oracle 默认的索引类型，其逻辑结构如图 11-1 所示。

由图 11-1 可以看出，B 树索引的组织结构类似于一棵树，其中主要数据都集中在叶子结点上，每个叶子结点中包括索引列的值和记录行对应的物理地址 ROWID。

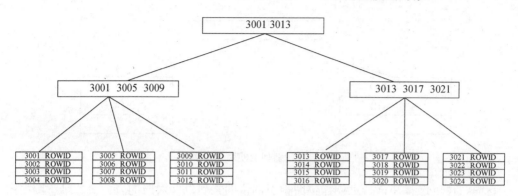

图 11-1 B 树索引逻辑结构图

采用 B 树索引可以确保无论索引条目位于何处，Oracle 都只需要花费相同的 I/O 就可以获取它。例如，要搜索图 11-1 所示 B 树索引中编号为 3011 的结点，其搜索过程如下：

（1）访问根结点，比较 3011 大于 3001，但是小于 3013。

（2）由于 3011 小于 3013，因此搜索左边的分支，在左边的分支中将 3011 与 3001、3005 和 3009 比较。

（3）由于 3011 大于 3009，因此搜索右边分支的第 3 个叶子结点。

（4）从表中获取相关数据。

> **提示**
> 在 B 树索引中，无论用户需要搜索哪个分支的叶子结点，都可以保证所经过的索引层次是相同的。

2. 位图索引

位图索引不同于 B 树索引，它不存储 ROWID 值，也不存储键值，主要用于在比较的列上创建索引。

> **注意**
> 在 B 树索引中，通过在索引中保存排过序的索引列的值，以及数据行的 ROWID 来实现快速查找。这种查找方式，对于有些表来说效率会很低，最典型的例子就是在表的性别列上创建 B 树索引。

例如，有一个用户注册表 info，在该表中有一列是用户的性别，该列只有两种取值：男或女。如果在该列上使用 B 树索引，创建的 B 树只有两个分支：男分支和女分支，如图 11-2 所示。

由于每个分支都无法再细分，这就使得每个分支都相当庞大。使用这种索引进行数据搜索是不可取的。当列的基数（在索引列中，所有取值的数量比表中行的数量少）很低时，就不适合在该列上创建 B 树索引了。

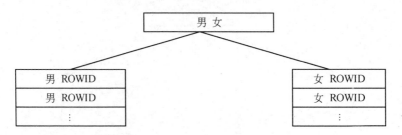

图 11-2　在性别列上使用 B 树索引

这时，可以选择在该列上创建位图索引，位图索引以及对应的表行概念示意图如图 11-3 所示。

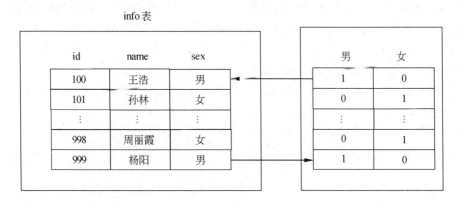

图 11-3　位图索引示意图

在为表中的低基数列创建位图索引时，系统将对表进行一次全面扫描，为遇到的各个取值构建"图表"。例如，图 11-3 中，在图表的顶部列出了两个值：男和女。

在创建位图索引进行全表扫描的同时，还将创建位图索引记录，记录中各行的顺序与它在表中的顺序相同。在位图索引的图表中，1 表示"是，该值存在于这一行中"，0 表示"否，该值不存在于这一行中"。虽然 1 和 0 不能作为指向行的指针，但是，由于图表中 1 和 0 的位置与表行的位置是相对应的，如果给定表的起始和中止 ROWID，则可以计算出表中行的物理位置。

3．反向键索引

反向键索引是一种特殊的 B 树索引，适用于在含有序列数的列上。其工作原理：如果用户使用序列编号在表中添加新的记录，则反向键索引首先反向转换每个列键值的字节，然后在反向后的新数据上进行索引。

在常规的 B 树索引中，如果主键列是递增的，那么当向表中添加新的数据时，B 树索引将直接访问最后一个数据，而不是一个结点一个结点地访问。这种情况的缺点是，随着数据行的不断增加以及原有数据行的删除，B 树索引将变得越来越不均匀。

这时，可以选择在该列上创建反向键索引。例如，如果用户输入的索引键为 3009，则反向键索引将其反向转换为 9003。这样可以将索引键变成非递增的，也就意味着，如果将这个索引键添加到叶子结点中,则可能会在任意的叶子结点中进行,从而使得新的数据在值的范围分布上比原来更均匀。

4.基于函数的索引

基于函数的索引,其存放的不是数据本身而是经过函数处理后的数据,是常规的 B 树索引。如果检索数据时需要对字符大小写或数据类型进行转换,则使用这种索引可以提高检索效率。

例如,在 student 表中有一个 name 列,该列中有一个值为 tom,如果输入字符串 TOM 进行查询,则无法找到,代码如下:

```
SQL> SELECT *
  2  FROM student
  3  where name='TOM';
未选定行
```

这时可以通过引用 UPPER()函数来解决问题,该函数的目的是将查询时遇到的每个值都转换为大写。其具体代码如下:

```
SQL> SELECT *
  2  FROM student
  3  WHERE UPPER(name)=UPPER('tom');
    ID         NAME
---------- ---------------------
     1         tom
```

上述代码中,可以将查询时遇到的值都转换为大写,然后再进行比较,这样就避免了因大小写不同而导致值不同的问题。

> **注意** 在使用这种查询方式时,用户不是基于表中存储的记录进行搜索的,虽然只在某一列上建立了索引,但 Oracle 会被迫执行全表搜索,为所遇到的各个行都计算 UPPER()函数。

11.1.2 指定索引选项

在 Oracle 中,索引无论是从逻辑上还是从物理上都不依赖于相应的表,它可以拥有独立的存储空间。

创建索引的语法格式如下:

```
CREATE [UNIQUE | BTIMAP] INDEX <schema>.<index_name>
ON <schema>.<table_name>
(<column_name> | <expression> ASC | DESC,
<column_name> | <expression> ASC | DESC,…)
TABLESPACE<tablespace_name>
STORAGE<storage_settings>
```

```
LOGGING | NOLOGGING
COMPUTE STATISTICS
NOCOMPRESS | COMPRESS<nn>
NOSORT | REVERSE
PARTITION | GLOBAL PARTITION<partition_setting>;
```

上述语法中各关键字或子句的含义如表 11-1 所示。

表 11-1 创建索引时各关键字或子句的含义

关键字或子句	含义
UNIQUE|BITMAP	在创建索引时，如果指定 UNIQUE 关键字，则要求表中的每一行在索引时都包含唯一的值；如果指定 BITMAP 关键字，将创建一个位图索引；如果都省略，则默认创建 B 树索引
ASC	表示该列为升序排列。ASC 为默认排列顺序
DESC	表示该列为降序排列
TABLESPACE	用来在创建索引时，为索引指定存储空间
STORAGE	用户可以使用该子句来进一步设置存储索引的表空间存储参数，以取代表空间的默认存储参数
LOGGING|NOLOGGING	LOGGING 用来指定在创建索引时创建相应的日志记录；NOLOGGING 则用来指定不创建相应的日志记录
COMPUTE STATISTICS	用来指定在创建表索引的过程中直接生成关于索引的统计信息，这样可以避免以后再对索引进行分析操作
NOCOMPRESS|COMPRESS<nn>	COMPRESS 用来指定在创建索引时对重复的索引值进行压缩，以节省索引的存储空间；NOCOMPRESS 则用来指定不进行任何压缩。默认使用 NOCOMPRESS
NOSORT|REVERSE	NOSORT 用来指定在创建索引时，Oracle 将使用与表中相同的顺序来创建索引，省略再次对索引进行排序的操作；REVERSE 则指定以相反的顺序存储索引值
RARTITION|NOPARTITION	使用该子句可以在分区表和未分区表上对创建的索引进行分区

11.1.3 创建 B 树索引

B 树索引中包括普通索引、唯一索引以及复合索引，创建这些索引均需要使用 CREATE INDEX 语句。如果用户要在自己的模式中创建索引，则必须具有 CREATE INDEX 系统权限；如果用户要在其他用户模式中创建索引，则必须具有 CREATE ANY INDEX 系统权限。

1. 创建普通索引

创建普通索引的语法格式如下：

```
CREATE INDEX index_name on table_name(column_name);
```

其中，index_name 表示所创建索引的名称；table_name 表示表的名称；column_name 表示创建索引的列名。

例如，为 student 表的 name 列创建一个名为 name_index 的索引，代码如下：

```
SQL> CREATE INDEX name_index ON student(name)
  2  TABLESPACE tablespacestu;
索引已创建。
```

2. 创建唯一索引

索引可以是唯一的，也可以是不唯一的。唯一的 B 树索引可以保证索引列上不会有重复的值。创建唯一索引需要使用 UNIQUE 关键字，其语法格式如下：

```
ALTER UNIQUE  INDEX index_name on table_name(column_name);
```

例如，为 student 表的 id 列创建一个名为 id_index 的唯一索引，代码如下：

```
SQL> CREATE UNIQUE INDEX id_index ON student(id)
  2  TABLESPACE tablespacestu;
索引已创建。
```

3. 创建复合索引

复合索引是指基于表中多个字段的索引，其语法格式如下：

```
CREATE INDEX index_name on table_name(column_name1,column_name2);
```

例如，为 student 表的 name 列和 age 列创建一个名为 name_age_index 的索引，代码如下：

```
SQL> CREATE INDEX name_age_index ON student(name,age)
  2  TABLESPACE tablespacestu;
索引已创建。
```

复合索引还有一个特点就是键压缩，在创建索引时，使用键压缩可以节省存储索引的空间。索引越小，执行查询时服务器就越有可能使用它们，且读取索引所需的磁盘 I/O 也会减少，从而使得索引读取的性能得到提高。

创建索引时，启用键压缩需要使用 COMPRESS 子句，代码如下：

```
SQL> CREATE INDEX name_age_index ON student(name,age)
  2  COMPRESS 2;
索引已创建。
```

压缩并不是只能用于复合索引，只要是非唯一索引的列具有较多的重复值，，即使单独的列，也可以考虑压缩。

> **注意**
> 对单独列上的唯一索引进行压缩是没有意义的，因为所有的列值都是不重复的，只有当唯一索引是复合索引，其他列的基数较小时，对其进行压缩才有意义。

11.1.4 创建位图索引

位图索引适用于在表中基数较小的列上创建。创建位图索引需要使用 BITMAP 关键字，其语法格式如下：

```
CREATE BITMAP INDEX bitmap_name ON table_name(column_name);
```

其中，bitmap_name 表示创建位图索引的名称；table_name 表示表名；column_name 表示创建位图索引的列名。

例如，为 student 表的 sex 列创建一个名为 sex_bitmap_index 的位图索引，代码如下：

```
SQL> CREATE BITMAP INDEX sex_bitmap ON student(sex);
索引已创建。
```

> **提示**：在表上放置单独的位图索引是没有意义的。只有对多个列建立位图索引，系统才可以有效地利用它们提高查询速度。

11.1.5 创建反向键索引

反向键索引适用于在表中严格排序的列上创建。创建反向键索引需要使用 REVERSE 关键字，其语法格式如下：

```
CREATE INDEX reverse_name ON table_name(column)
REVERSE;
```

其中，reverse_name 表示创建反向键索引的名称。

例如，为 student 表的 id 列创建一个名为 id_reverse 的反向键索引，代码如下：

```
SQL> CREATE INDEX id_reverse ON student(id)
  2  REVERSE;
索引已创建。
```

> **提示**：在查询时，用户只需要像常规方式一样查询数据，而不需要关心键的反向处理；系统会自动完成该处理。

11.1.6 创建基于函数的索引

创建基于函数的索引，可以提高在查询条件中使用函数和表达式时查询的执行速度。如果用户要在自己的模式中创建基于函数的索引，则必须具有 QUERY REWRITE 系统权限；如果用户要在其他用户模式中创建基于函数的索引，则必须具有 CREATE ANY INDEX 和 GLOBAL QUERY REWRITE 权限。

例如，为 student 表的 date_time 列创建一个基于函数 TO_CHAR() 的索引，代码如下：

```
SQL> CREATE index  func_index ON student (TO_CHAR(date_time,'YYYY-
MM-DD'))
  2  TABLESPACE tablespacestu;
索引已创建。
```

如上述代码所示，创建索引后，如果在查询条件中包含相同的函数，则可以提高查询的执行速度。下面的查询将会使 func_index 索引：

```
SQL> SELECT date_time
  2  FROM student
  3  WHERE TO_CHAR(date_time,'YYYY-MM-DD')='2012-08-29';
DATE_TIME
--------------
29-8月 -12
```

11.1.7 管理索引

对索引的管理主要包括以下几种操作：修改索引的名称、合并和重建索引、监视索引、删除索引。

1. 修改索引的名称

在 Oracle 中可以将已经创建的索引进行重命名操作。重命名索引的语法格式如下：

```
ALTER INDEX index_name REANME TO new_index_name;
```

其中，index_name 表示已定义的索引的名称；new_index_name 表示重命名的索引的名称。

例如，将 student 表中的 name_index 重命名为 new_name_index，代码如下：

```
SQL> ALTER INDEX name_index RENAME TO new_name_index;
索引已更改。
```

2. 合并和重建索引

在实际应用中，表中的数据要不断地进行更新，这会导致表的索引中产生越来越多的存储碎片，这些碎片会影响索引的使用效率。这时，合并索引可以清除索引中的存储碎片，其语法格式如下：

```
ALTER INDEX index_name COALESCE [ DEALLOCATE UNUSED ];
```

其中，index_name 表示索引的名称；COALESCE 表示合并索引；DEALLOCATE UNUSED 表示合并索引的同时，释放合并后多余的空间。

例如，合并名为 new_name_index 的索引，代码如下：

```
SQL> ALTER INDEX new_ name_index COALESCE;
索引已更改。
```

除了合并索引可以清除索引中的存储碎片之外，还有一种方式可以清除存储碎片，即重建索引。重建索引在清除存储碎片的同时，还可以改变索引中全部存储参数的设置以及索引的存储表空间，其语法格式如下：

```
ALTER [UNIQUE] INDEX index_name
REBUILD;
```

其中，index_name 表示需要重建索引的名称。

例如，对索引 new_name_index 进行重建，代码如下：

```
SQL> ALTER INDEX new_name_index REBUILD;
索引已更改。
```

提示　　重建索引实际上是在指定的表中重新建立一个新的索引，然后再删除原来的索引。

3. 监视索引

监视索引需要使用 ALTER INDEX...MONITORING USAGE 语句，目的是为了确保索引得到有效的利用。

例如，要查看 name_index 的使用情况，可以打开该索引的监视状态，代码如下：

```
SQL> ALTER INDEX name_index MONITORING USAGE;
索引已更改。
```

打开索引的监视状态后，可以通过动态性能视图 v_$object_usage 查看索引的使用情况，该视图的结构如下：

```
SQL> DESC v$object_usage;
 名称                                      是否为空?   类型
 ----------------------------------------- ---------- -------------------
 INDEX_NAME                                NOT NULL   VARCHAR2(30)
 TABLE_NAME                                NOT NULL   VARCHAR2(30)
 MONITORING                                           VARCHAR2(3)
 USED                                                 VARCHAR2(3)
 START_MONITORING                                     VARCHAR2(19)
 END_MONITORING                                       VARCHAR2(19)
```

其中，monitoring 字段表示是否激活了索引的监视；used 字段表示在监视过程中索引的使用情况；start_monitoring 和 end_monitoring 字段分别表示描述监视的开始和终止时间。

查看 name_index 索引的使用情况，代码如下：

```
SQL> SELECT index_name,monitoring,used,start_monitoring
  2  FROM v$object_usage;
INDEX_NAME                    MON      USE      START_MONITORING
```

```
------------------ ------- ------- --------------------
NAME_INDEX          YES     NO      08/30/2012 08:51:30
```

关闭索引的监视状态需要使用 ALTER INDEX...NOMONITORING USAGE 语句。

```
SQL> ALTER INDEX name_index NOMONITORING USAGE;
索引已更改。
```

上述代码将 name_index 索引的监视状态关闭。

4．删除索引

当一个索引被删除后，它所占用的盘区会全部返回给它所在的表空间，并且可以被表空间中的其他对象使用。

通常在以下情况下需要删除某个索引：

（1）该索引不需要再使用。

（2）该索引很少被使用，索引的使用情况可以通过监视索引来查看。

（3）该索引中包含较多的存储碎片，需要重建该索引。

删除索引主要分为以下两种情况：

（1）删除基于约束条件的索引。如果索引是定义约束条件时由 Oracle 自动建立的，则必须禁用或删除该约束本身。

（2）删除使用 CREATE INDEX 语句创建的索引。如果索引是使用 CREATE INDEX 语句显式创建的，则可以使用 DROP INDEX 语句删除该索引。例如，删除索引 name_index，代码如下：

```
SQL> DROP INDEX name_index;
索引已删除。
```

11.2 练习 11-1：为产品表创建索引并管理

现有一个产品表 product，该表的结构如下：

```
SQL> DESC product
名称                    是否为空?            类型
------------------     ----------         -------------
ID                                         NUMBER
NAME                                       VARCHAR2(20)
PRICE                                      NUMBER
```

为 product 表创建一个 B 树索引，并合并该索引，然后查看该索引的使用情况。下面介绍具体操作步骤如下：

（1）创建 B 树索引，需要使用 CREATE INDEX 语句，代码如下：

```
SQL> CREATE INDEX name_index ON product(name)
  2  TABLESPACE tablespacestu;
索引已创建。
```

上述代码为表 product 创建了一个名为 name_index 的 B 树索引,并指定表空间为 tablesoacestu。

(2)索引创建成功后,通过合并索引可以清除索引中的存储碎片,以便提高索引的使用效率,这就需要使用 ALTER INDEX…COALESCE 语句,代码如下:

```
SQL> ALTER INDEX  name_index COALESCE;
```

索引已更改。

(3)索引更改成功后,要查看 name_index 的使用情况,可以打开该索引的监视状态,代码如下:

```
SQL> ALTER INDEX name_index MONITORING USAGE;
索引已更改。
```

打开索引的监视状态后,可以通过动态性能视图 v$object_usage 查看该索引的使用情况。其中,monitoring 字段表示是否激活了索引的监视;used 字段表示在监视过程中索引的使用情况;start_monitoring 和 end_monitoring 字段分别表示描述监视的开始和终止时间。

查看 name_index 索引的使用情况,代码如下:

```
SQL> SELECT index_name,monitoring,used,start_monitoring
  2 FROM v$object_usage;
INDEX_NAME              MON     USE     START_MONITORING
------------------      ------  ------  -------------------------------
NAME_INDEX              YES     NO      08/31/2012 09:28:52
```

(4)查看完索引 name_index 的使用情况后,需要使用 ALTER INDEX 语句关闭监视状态,代码如下:

```
SQL> ALTER INDEX name_index NOMONITORING USAGE;
索引已更改。
```

上述代码将 name_index 索引的监视状态关闭。

11.3 临时表

在 Oracle 中,临时表是"静态"的,用户不需要在每次使用临时表时重新建立。它与普通的数据表一样被数据库保存,并且从创建开始到直接被删除期间一直是有效的,被作为模式对象存在数据字典中。通过这种方法,可以避免每当用户应用中需要使用临时表存储数据时必须重新创建临时表。

11.3.1 临时表的特点

临时表主要有以下特点:
(1)临时表只有在用户向表中添加数据时,Oracle 才会为其分配存储空间。

其他模式对象

（2）为临时表分配的空间来自临时表空间，这避免了与永久对象的数据争用存储空间。

（3）在临时表中存储数据是以事务或会话为基础的。当用户当前的事务结束或会话终止时，临时表占用的存储空间将被释放，存储的数据也随着丢失。

（4）和堆表一样，用户可以在临时表上建立索引、视图和触发器等。

堆表在使用 CREATE TABLE 语句创建后，Oracle 就会为其分配一个盘区。

11.3.2 创建与使用临时表

由于临时表中存储的数据只在当前事务处理或者会话进行期间有效，因此临时表主要分为两种，即事务级别临时表和会话级别临时表。

1. 创建与使用事务级别临时表

创建事务级别临时表，需要使用 ON CONMIT DALETE ROWS 子句。事务级别临时表的记录会在每次提交事务后被自动删除。

创建事务级别临时表的语法格式如下：

```
CREATE GLOBAL TEMPPRARY TABLE table_name ON COMMIT DELETE ROWS;
```

其中，table_name 表示创建的表名称以及字段。

例如，创建一个事务级别临时表 users，代码如下：

```
SQL> CREATE GLOBAL TEMPORARY TABLE users(
  2  id NUMBER,
  3  name VARCHAR2(10),
  4  password VARCHAR2(10)
  5  )
  6  ON COMMIT DELETE ROWS;
表已创建。
```

向临时表 users 中添加数据，代码如下：

```
SQL> INSERT INTO users VALUES(1,'hz','123456');
已创建 1 行。
```

查询 users 表中的数据，结果如下：

```
SQL> SELECT *
  2  FROM users;
    ID         NAME        PASSWORD
---------- ---------- ----------
     1         hz          123456
```

如果提交事务，再次查询 users 表中的数据时，会发现数据已经被清空，结果如下：

```
SQL> COMMIT;
提交完成。
SQL> SELECT *
  2  FROM users;
未选定行
```

由上面的结果可以看出，事务级别临时表中的数据在提交事务后被清除了。

2．创建与使用会话级别临时表

创建会话级别临时表，需要使用 ON COMMIT PRESERVE ROWS 子句。会话级别临时表的记录会在用户与服务器断开连接后被自动删除。

创建会话级别临时表的语法格式如下：

```
CREATE GOLOBAL TEMPORARY TABLE table_name ON COMMIT PRESERVE ROWS;
```

例如，创建一个会话级别临时表 session_users，代码如下：

```
SQL> CREATE GLOBAL TEMPORARY TABLE session_users(
  2  id NUMBER,
  3  name VARCHAR2(10),
  4  password VARCHAR2(10)
  5  )
  6  ON COMMIT PRESERVE ROWS;
表已创建。
```

向临时表 session_users 中添加数据，结果如下：

```
SQL> INSERT INTO session_users VALUES(1,'hzkj','123456');
已创建 1 行。
```

查询 session_user 表中的数据，结果如下：

```
SQL> SELECT *
  2  FROM session_users;
        ID NAME       PASSWORD
---------- ---------- ----------
         1 hzkj       123456
```

提交事务后，再次查询 session_users 表中的数据，会发现表中的数据还在，结果如下：

```
SQL> COMMIT;
提交完成。
SQL> SELECT *
  2  FROM session_users;
        ID NAME       PASSWORD
---------- ---------- ----------
         1 hzkj       123456
```

但是，如果断开与服务器的连接，则该表中的数据将会被清除，再次连接服务器，并查询 session_users 表中的数据，结果如下：

```
SQL> conn system/oracle
已连接。
SQL> SELECT *
  2  FROM session_users;
未选定行
```

由上面的结果可以看出，会话级别临时表中的数据在会话断开后被清除了。

11.4 视图

视图是一个虚拟表，它同真实表一样包含一系列带有名称的列和行数据。但是视图并不在数据库中存储数据值，它的行和列中的数据来自于定义视图的查询语句中所使用的表，数据库只在数据字典中存储了视图定义本身。

11.4.1 创建视图

在 Oracle 数据库中，创建视图需要使用 CREATE VIEW 语句，其语法格式如下：

```
CREATE [OR REPLACE] VIEW <view_name> [(ALIAS[,ALIAS]...)]
AS <SUBQUERY>;
[WITH CHECK OPTION [CONSTRAINT constraint_name]]
[WITH READ ONLY]
```

其中，ALIAS 用于指定视图列的别名；SUBQUERY 用于指定视图对应的子查询语句；WITH CHECK OPTION 子句用于指定在视图上定义 CHECK 约束；WITH READ ONLY 子句用于定义只读视图。

> **提示**　在创建视图时，如果不提供视图列别名，Oracle 会自动使用子查询的列名或表名，如果视图子查询包含函数或表达式，则必须定义列别名。

表视图分为两种创建情况：创建基于一个表的视图和基于多个表的视图。下面通过示例来说明如何创建视图。

1．基于一个表的视图

在 student 表中有一些数据，创建一个名为 student_view 的视图来显示这些数据，代码如下：

```
SQL> CREATE  VIEW student_view
  2  AS SELECT id,name,age FROM student;
视图已创建。
```

使用 SELECT 语句查询该视图，结果如下：

```
SQL> SELECT *
  2  FROM student_view;
        ID NAME                        AGE
---------- -------------------- ----------
         1 tom                          22
```

2. 基于多个表的视图

在 student 表和 teacher 表中有一些数据，创建一个基于 student 表和 teacher 表的视图，代码如下：

```
SQL> CREATE VIEW stu_tea_view
  2  AS
  3  SELECT s.sname,s.sclass,t.tname
  4  FROM student s,teacher t
  5  WHERE s.sclass=t.tclass;
视图已创建。
```

查询该视图，结果如下：

```
SQL> SELECT * FROM stu_tea_view;
SNAME                      SCLASS        TNAME
-------------------------- ------------- -------------
王浩                         1班           杨林
```

这种由多个表的连接查询所实现的关系视图也可以称为连接视图。

11.4.2 可更新的视图

Oracle 中可更新的视图，可以通过它修改基本表中的数据，一个视图可以同时包含可更新的字段与不可更新的字段。一个字段是否可更新，取决于 SELECT 语句。

通过数据字典视图 user_updatable_column 可以了解视图中哪些字段可以被更新，哪些字段不能被更新。该数据字典视图的结构如下：

```
SQL> DESC user_updatable_column;
 名称                            是否为空?    类型
 ------------------------------- -------- ----------------------
 OWNER                           NOT NULL VARCHAR2(30)
 TABLE_NAME                      NOT NULL VARCHAR2(30)
 COLUMN_NAME                     NOT NULL VARCHAR2(30)
 UPDATABLE                                VARCHAR2(3)
 INSERTABLE                               VARCHAR2(3)
 DELETABLE                                VARCHAR2(3)
```

上面的 updatable、insertable 和 deletable 列都有两个值，分别是 YES 或 NO，如果这些列的值为 YES，则说明该列可以执行相应的操作。

下面通过数据字典视图 user_updatable_columns 查询视图 student_view 中可更新的列，并对这些列进行修改。具体操作步骤如下：

（1）查询视图 student_view，结果如下：

```
SQL> SELECT *
  2  FROM student_view;
     ID SNAME                SCLASS
------- -------------------- --------
      1 王浩                 1班
      2 李岩                 2班
```

（2）查询视图 student_view 中可更新的列，结果如下：

```
SQL> SELECT column_name,updatable,insertable,deletable
  2  FROM user_updatable_columns
  3  WHERE table_name='STUDENT_VIEW';
COLUMN_NAME              UPD     INS     DEL
------------------------ ------- ------- ---------
SNAME                    YES     YES     YES
SCLASS                   YES     YES     YES
ID                       YES     YES     YES
```

由上面的结果可以看出，sname、sclass 和 id 列均可以执行 UPDATABLE、INSERTABLE、DELETABLE 操作。

（3）将 sname 列为"王浩"的名字修改为"王杰"，代码如下：

```
SQL> UPDATE student_view
  2  SET sname='王杰'
  3  WHERE sname='王浩';
已更新 1 行。
```

（4）修改后，查询表 student，结果如下：

```
SQL> SELECT *
  2  FROM student;
     ID SNAME                  SCLASS
-------- ---------------------- ----------
       1 王杰                   1班
       2 李岩                   2班
```

11.4.3 删除视图

如果创建的视图与先前创建的视图相同，那么就会出现错误，这时可以使用 DROP VIEW 语句将该视图删除，然后再进行创建。

删除 student_view 视图，代码如下：

```
SQL> DROP VIEW student_view;
视图已删除。
```

> **注意**
> 视图删除后，该视图所基于的表的数据不受任何影响。

11.5 练习 11-2：为 customer 表创建视图并修改

网上购物系统有一顾客表 customer 和一产品表 product，其中 customer 表结构如下：

```
SQL> DESC customer
 名称                                      是否为空?        类型
 ----------------------------------------- -------------- ----------------
 ID                                        NOT NULL       NUMBER
 NAME                                                     VARCHAR2(20)
 PRODUCT_ID                                               NUMBER
```

product 表结构如下：

```
SQL> DESC product
 名称                                      是否为空?        类型
 ----------------------------------------- -------------- ----------------
 ID                                        NOT NULL       NUMBER
 NAME                                                     VARCHAR2(30)
 PRICE                                                    NUMBER
```

其中 customer 表中 product_id 列为引用 product 表中的 id 列作为外键。

为上述两个表创建连接视图即基于多个表的视图，要求查询该视图可以列出顾客的编号、姓名以及所购买的产品的名称。具体的实现步骤如下：

（1）通过使用多个表的连接查询，创建该视图的语句如下：

```
SQL> CREATE VIEW customer_pro_view
  2  AS
  3  SELECT c.id,c.name,p.pname
  4  FROM customer c,product p
  5  WHERE c.product_id=p.pid;
视图已创建。
```

（2）使用该视图查询基本表的数据如下：

```
SQL> SELECT *
  2  FROM customer_pro_view;
   ID NAME              PNAME
------ ---------------   ---------
    1  张军              冰箱
    2  高松              冰箱
    3  王凯丽            洗衣机
```

（3）上面为使用新创建的视图查询出的顾客及所购买的产品结果，其中顾客编号为 2、姓名为"高松"的顾客信息被工作人员录入错误，正确姓名应为"高嵩"，现通过修改视图来修改基本表的数据，修改之前需要通过查询数据字典视图 user_updatable_column 了解视图中该字段是否可以被更新，结果如下：

```
SQL> SELECT column_name,updatable,insertable,deletable
  2  FROM user_updatable_columns
  3  WHERE table_name='CUSTOMER_PRO_VIEW';
COLUMN_NAME              UPD INS DEL
------------------------ --- --- ---
ID                       YES YES YES
NAME                     YES YES YES
PNAME                    NO  NO  NO
```

由上面的结果可以看出，顾客姓名中 updatable、insertable 和 deletable 列均为 YES，即可以被修改，将顾客姓名"高松"修改为"高嵩"的语句如下：

```
SQL> UPDATE customer_pro_view
  2  SET name='高嵩'
  3  WHERE name='高松';
已更新 1 行。
```

（4）为了验证基本表中的数据是否被修改成功，可以通过 SELECT 语句查询，其结果如下：

```
SQL> SELECT *
  2  FROM customer;
     ID  NAME                 PRODUCT_ID
---------- -------------------- ----------
      1  张军                          1
      2  高嵩                          1
      3  王凯丽                        2
```

由上面的结果可以看出，基本表中的数据被修改成功。

11.6 序列

序列是 Oracle 提供的用于产生一系列唯一数字的数据库对象，使用它可以实现自动产生主键值。序列允许同时生成多个序列号，但每个序列号都是唯一的，这样可以避免在向表中添加数据时，手动指定主键值。

11.6.1 创建序列

序列与视图一样，并不占用实际的存储空间，创建序列需要使用 CREATE SEQUENCE 语句，其语法格式如下：

```
CREATE SEQUENCE sequence_name
[START WITH start]
[INCREMENT BY increment]
[MINVALUE minvalue | NOMINVALUE]
[MAXVALUE maxvalue | NOMAXVALUE]
[CACHE cache | NOCAHE]
[CYCLE | NOCYCLE]
[ORDER | NOORDER];
```

语法说明如下：

（1）sequence_name：用来指定待创建的序列名称。

（2）START：用来指定序列的开始位置。在默认情况下，递增序列的起始值为 MINVALUE，递减序列的起始值为 MAXVALUE。

（3）INCREMENT：用来表示序列的增量。该参数值为正数则生成一个递增序列，为负数则生成一个递减序列。其默认值为 1。

（4）MINVALUE：用来指定序列中的最小值。

（5）MAXVALUE：用来指定序列中的最大值。

（6）CACHE | NOCACHE：用来指定是否产生序列号预分配，并存储在内存中。

（7）CYCLE | NOCYCLE：用来指定当序列达到 MAXVALUE 或 MINVALUE 时，是否可复位并继续下去。如果使用 CYCLE，则若达到极限，生成的下一个数据将分别是 MINVALUE 或 MAXVALUE；如果使用 NOCYCLE，则若达到极限并试图获取下一个值时，将返回一个错误。

（8）ORDER | NOORDER：用来指定是否可以保证生成的序列值是按顺序产生的。如果使用 ORDER，则可以保证；如果使用 NOORDER，则只能保证序列值的唯一性，而不能保证序列值的顺序。

例如，创建一个名为 user_seq 的序列，代码如下：

```
SQL> CREATE SEQUENCE user_seq
  2  START WITH 1
  3  INCREMENT BY 2
  4  NOMAXVALUE
  5  NOCYCLE
  6  CACHE 20;
序列已创建。
```

上面创建了一个名为 user_seq 的序列，该序列从 1 开始，每次递增 2，没有最大值，不可复位，在缓存中为序列预先分配 20 个序列值。

11.6.2 修改序列

使用 ALTER SEQUENCE 语句可以修改序列，但是该语句不能修改序列的起始值，可以修改其他定义序列的任何子句和参数。

例如，将 11.6.1 小节中创建的 user_seq 序列每次的增量修改为 5，代码如下：

```
SQL> ALTER SEQUENCE user_seq
  2  INCREMENT BY 5;
序列已更改。
```

此时，向 student 表中添加数据，代码如下：

```
SQL> INSERT INTO student VALUES(user_seq.nextval,'张琪','1班');
已创建 1 行。
SQL> INSERT INTO student VALUES(user_seq.nextval,'李梦','2班');
已创建 1 行。
```

则新添加的记录行的 id 列将在当前值的基础上增加 5，查询 student 表中的数据，结果如下：

```
SQL> SELECT *
  2  FROM student;
     ID  SNAME              SCLASS
---------- ---------------- ----------
      4  张琪                1班
      9  李梦                2班
```

11.6.3 删除序列

删除序列需要使用 DROP SEQUENCE 语句。例如，删除 userinfo_seq 序列，代码如下：

```
SQL> DROP SEQUENCE userinfo_seq;
序列已删除。
```

删除序列时，Oracle 只是将它的定义从数据字典中删除。

11.7 练习 11-3：为用户注册表创建序列

用户管理系统有一用户注册表 userinfo，该表的结构如下：

```
SQL> DESC userinfo
 名称                          是否为空?     类型
 ----------------------------- ------------ --------------------
 ID                                         NUMBER
 USERNAME                                   VARCHAR2(20)
 PASSWORD                                   VARCHAR2(20)
 AGE                                        NUMBER
```

为上述用户注册表创建一个序列，要求该序列每次递增 1，并使用该序列为 userinfo 表的 id 列添加两条数据。具体的实现步骤如下：

（1）为用户注册表创建序列需要使用 CREATE SEQUENCE 语句，代码如下：

```
SQL> CREATE SEQUENCE userinfo_seq
  2  START WITH 1
  3  INCREMENT BY 1
  4  NOMAXVALUE
  5  NOCYCLE
  6  CACHE 20;
序列已创建。
```

上述代码为 userinfo 表创建了一个名为 userinfo_seq 的序列，该序列从 1 开始，每次递增 1，没有最大值，不可复位，在缓存中为序列预先分配 20 个序列值。

（2）序列创建成功后，可以使用该序列为 userinfo 表添加数据，代码如下：

```
SQL> INSERT INTO userinfo VALUES(userinfo_seq.nextval,'王颖','569023',25);
已创建 1 行。
SQL> INSERT INTO userinfo VALUES(userinfo_seq.nextval,'张凯','123456',24);
已创建 1 行。
```

（3）添加成功后，查看 userinfo 表的数据，结果如下：

```
SQL> SELECT *
  2  FROM userinfo;
    ID USERNAME         PASSWORD         AGE
----- ---------------- ---------------- ----------
     1 王颖              569023            25
     2 张凯              123456            24
```

由上面的结果可以看出，userinfo 表的 id 列使用了 userinfo_seq 产生的序列值。

11.8 同义词

同义词是表、索引和视图等模式对象的一个别名。通过使用别名可以隐藏对象的实际名称、所有者信息以及分布式数据库中远程对象的一些信息。与视图一样，同义词并不占用任何实际的存储空间，只在 Oracle 的数据字典中保存其定义描述。

Oracle 中的同义词主要分为以下两种：

（1）公有同义词：在数据库中的所有用户都可以使用。

（2）私有同义词：由创建它的用户私人拥有。不过，用户可以控制其他用户是否有权使用自己的同义词。

1. 创建同义词

创建同义词的语法格式如下：

```
CREATE [PUBLIC] SYNONYM synonym_name
```

```
FOR schema_object;
```

语法说明如下：

（1）PUBLIC：指定创建的同义词是否为公有同义词。

（2）synonym_name：创建的同义词名称。

（3）schema_object：同义词所针对的对象。

例如，为 student 表对象创建一个同义词，代码如下：

```
SQL> CREATE PUBLIC SYNONYM stu
  2  FOR student;
同义词已创建。
```

上面为 student 表对象创建了一个名为 stu 的公有同义词，这样就可以在其他用户模式中通过 stu 访问 student 表中的数据了，示例如下：

```
SQL> conn sys/oracle as sysdba
已连接。
SQL> SELECT *
  2  FROM stu;
        ID SNAME                          SCLASS
---------- -------------------- --------
         4 张琪                           1班
         9 李梦                           2班
```

上面是在另一个用户模式中查询同义词 stu，并获得了 student 表中的数据。

2．删除同义词

删除同义词需要使用 DROP SYNONYM 语句，如果删除公有同义词，还需要指定 PUBLIC 关键字。其语法格式如下：

```
DROP [PUBLIC] SYNONYM synonym_name;
```

其中，synonym_name 表示需要删除同义词的名称。

例如，删除公有同义词 stu，代码如下：

```
SQL> DROP PUBLIC SYNONYM stu;
同义词已删除。
```

11.9　扩展练习

1．创建会话级别临时表 temp 并使用

通过使用 CREATE GOLOBAL TEMPORARY TABLE 语句创建会话级别临时表 temp，创建成功后向该临时表中添加数据，并使用 SELECT 语句查询数据，然后断开与服务器的连接，重新连接，再次查询 temp 表中的数据，观察前后两次查询有什么变化。

2. 为学生信息表创建视图并修改

学生信息管理系统有一个学生信息表 student，其表结构如下：

```
SQL> DESC STUDENT
 名称                        是否为空?        类型
 -------------------         --------        -------------
 ID                                          NUMBER
 SNAME                                       VARCHAR2(20)
 SCLASS                                      VARCHAR2(10)
```

该表中的两条数据如下：

```
SQL> SELECT *
  2  FROM student;
    ID          SNAME              SCLASS
 ----------  ---------------    --------------
     4          张琪                1班
     9          李梦                2班
```

使用 CREATE VIEW 语句为学生信息表创建视图，并使用 SELECT 语句查询该视图，然后使用 UPDATE 语句修改该视图，将学生姓名为李梦的班级修改为 3 班。

第 12 章 用户角色、权限与安全

内容摘要 Abstract

现实生活中,不管储户到银行存取款,还是办理其他业务,都需使用正确的账户名和密码来确认身份。同样,操作 Oracle 数据库时,也需要提供正确的用户名和密码。在实际应用中,数据库的用户比较多,所以数据库管理员应该对用户可以使用的系统资源加以分配权限,这需要为用户创建并指定配置文件。

本章主要介绍 Oracle 用户的创建与管理、用户配置文件的创建与管理、Oracle 数据库中的权限以及角色的创建与管理。

学习目标 Objective

- 了解用户和模式的区别
- 熟练掌握用户的创建与管理
- 学会在 Oracle 中配置文件的创建与管理
- 了解 Oracle 中权限的作用
- 熟练区分系统权限和对象权限
- 掌握系统权限和对象权限的创建与管理
- 了解系统预定义的角色有哪些
- 了解为用户创建角色的好处
- 熟练掌握角色的创建和管理
- 学会为用户授予权限和角色
- 掌握角色的查询和管理

12.1 用户和模式

在操作 Oracle 数据库时,用户是数据库的对象之一,只有使用了合法的用户登录后才能登录成功。用户可以直接操作表、索引和视图等对象。但是在 Oracle 中,有些逻辑结构是数据库用户不能直接进行操作的对象,需要通过模式来组织和管理这些数据库对象。Oracle 数据库中每个用户都拥有唯一的模式,用户所创建的所有对象都保存在自己的模式中。

12.1.1 用户

用户是数据库对象之一,只有使用了合法的用户登录之后,才能对数据库进行访问和操作。但是这些操作又必须是受限制的,这就要求数据库对用户的权限进行控制。角

色是权限的集合，用以更加高效灵活地分配权限给用户。

每个 Oracle 数据库至少应该配备一名数据库管理员（DBA）。DBA 需要做以下工作：

（1）下载安装 Oracle。

（2）创建所需要的数据库。

（3）创建数据库的主要对象，如表、视图、索引等。

（4）处理优化，数据库异常分析，日常管理。

（5）数据的恢复与备份。

1．特权用户

在 Oracle 中有一些用户具有特权。这些用户具有 SYSDBA 或 SYSOPER 特殊权限，他们可以启动例程（STARTUP）、关闭例程（SHUTDOWN）、执行备份和恢复等操作。特权用户是指其具有 Oracle 系统的最高权限。在工程安装和日常维护中经常涉及的 sys 用户就具有 SYSDBA 权限。SYSDBA 是管理 Oracle 实例的，它的存在不依赖于整个数据库完全启动，只要实例启动了，它就已经存在了。以 SYSDBA 身份登录，装载数据库、打开数据库。只有数据库打开了，或者说整个数据库完全启动后，DBA 角色才有了存在的基础。

特权用户的 6 种登录方法如下：

（1）SYS/WWW AS SYSDBA。

（2）SYS/ AS SYSDBA。

（3）SYS AS SYSDBA。

（4）　/ AS SYSDBA。

（5）SQLPLUS/AS SYSDBA。

（6）SQLPLUS/NOLOG。

2．DBA 用户

DBA 用户是指具有 DBA 角色的数据库用户。特权用户可以执行启动例程（实例）、关闭例程等特殊操作，而 DBA 用户只有在启动了数据库之后才能执行各种管理操作。默认的 DBA 用户为 sys 和 system。

> **注意**
> sys 用户不仅具有 SYSDBA 和 SYSOPER 特权，而且还具有 DBA 角色，因此他不仅可以启动例程、停止例程，也可以执行任何操作。而 system 用户只具有 DBA 角色，因此不能启动例程、停止例程。

12.1.2　模式

模式是数据库对象集合。这些数据库对象包括聚集、数据库链、对象表、索引、实体化视图、触发器、Java 存储过程、PL/SQL 程序包、函数等。在 Oracle 数据库中，用户和模式是一一对应的关系，并且二者名称相同。每个用户都拥有唯一的模式，用户创建的所有对象都保存在自己的模式中。

用户和模式的关系如图 12-1 所示。

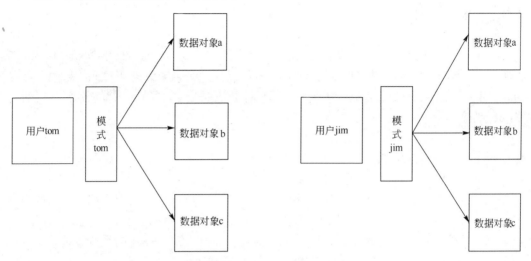

图 12-1 用户和模式的关系图

在使用 Oracle 数据库模式时应该注意下面两点：
（1）在同一个模式中不能存在同名对象，但是不同模式可以具有相同对象名。
（2）用户可以直接访问其模式对象，但是要访问其他模式对象必须具有相应的权限。

当访问其他模式对象时，必须要加模式名作为前缀。例如，用户 tom 要访问 system 下的 user 表，必须使用 system.user 来访问。

模式是用户的附属对象，它是依赖对象的存在而存在的。为了对模式有更多的了解，可以通过视图 dba_objects 查看一个对象拥有的模式，具体操作如下：

```
SQL> DESC dba_objects;
名称                        是否为空？          类型
--------------------      --------------     ---------------
OWNER                                        VARCHAR2(30)
OBJECT_NAME                                  VARCHAR2(128)
SUBOBJECT_NAME                               VARCHAR2(30)
OBJECT_ID                                    NUMBER
DATA_OBJECT_ID                               NUMBER
OBJECT_TYPE                                  VARCHAR2(19)
CREATED                                      DATE
LAST_DDL_TIME                                DATE
TIMESTAMP                                    VARCHAR2(19)
STATUS                                       VARCHAR2(7)
TEMPORARY                                    VARCHAR2(1)
GENERATED                                    VARCHAR2(1)
SECONDARY                                    VARCHAR2(1)
NAMESPACE                                    NUMBER
EDITION_NAME                                 VARCHAR2(30)
```

12.2 管理用户

Oracle 数据库中最常用的管理要求之一就是管理用户。只有合法的 Oracle 用户才能成功登录 Oracle 系统。用户想要对 Oracle 进行操作，必须要拥有相对应的权限。创建 Oracle 用户并且赋予权限是 Oracle 系统管理的常用任务之一。本节主要介绍用户的创建、修改和删除。

12.2.1 创建用户

对于开发人员来说，并不会经常使用系统用户登录数据库。因为系统用户的权限比较大，容易对数据库造成不可恢复的错误。所以，用户一般根据自己的需要来创建用户。如果要以其他用户身份创建用户，则要求必须具有 CREATE USER 的系统权限。另外，创建用户还可以使用 PASSWORD EXPIRE 子句和 ACCOUNT 子句。

1．创建用户

创建一个新用户时，执行创建的用户必须具有 CREATE USER 系统权限。使用 CREATE USER 语句创建用户的语法格式如下：

```
CREATE USER user_name
IDENTIFIED BY password
[DEFAULT TABLESPACE default_tablespace|
TEMPORARY TABLESPACE temp_tablespace|
PROFILE profile
QUOTA[integer K|M| UNLIMITED ON tablespace
|PASSWORD EXPIRE
|ACCOUNT LOCK|UNLOCK];
```

语法说明如下：

（1）user_name：指定要创建的数据库用户的名称。

（2）password：用户名的口令。

（3）DEFAULT TABLESPACE：为用户指定默认表空间。

（4）TEMPORARY TABLESPACE：为用户指定临时表空间。如果没有指定临时表空间，则系统将使用用户默认的表空间来存储。

（5）PROFILE：用户的资源文件，该资源文件必须在之前已被创建。在安装数据库时，Oracle 自动建立名为 DEFAULT 的默认资源文件。如果没有为用户指定 PROFILE 选项，则 Oracle 将会为它指定 DEFAULT 资源文件。

（6）QUOTA[integer K|M| UNLIMITED ON tablespace：用户在表空间中可以使用空间的大小，UNLIMITED 表示无限制，默认为 UNLIMITED，不能在临时表空间上使用限额。

（7）PASSWORD EXPIRE：将用户口令的初始状态设置为已过期，从而强制用户在每一次登录数据库后必须修改口令。

（8）ACCOUNT LOCK|UNLOCK：设置用户的初始状态为锁定（LOCK）或解锁（UNLOCK），表示锁定或者解锁某个用户账户。

例如，使用 Oracle 特权用户 system 连接数据库，创建用户 tom，并指定该用户的口令为 student、默认表空间为 users、临时表空间为 hr，代码如下：

```
SQL>CREATE USER tom
  2  IDENTIFIED BY student
  3  DEFAULT TABLESPACE users
  4  TEMPORARY TABLESPACE hr
  5  QUOTA 30M ON users;
用户已创建。
```

2. 使用 PASSWORD EXPIRE 子句

有时需要设置用户口令过期、失效，强制用户在登录数据库时必须修改口令等条件，用户可以使用 PASSWORD EXPIRE 子句来创建新用户。

例如，创建一个名为 jim 的用户，指定用户口令为 student、默认表空间为 users、临时表空间为 hr，并使用 PASSWORD EXPIRE 子句来强制用户在登录数据库时必须修改口令，代码如下：

```
SQL> CREATE USER jim
  2  IDENTIFIED BY student
  3  DEFAULT TABLESPACE users
  4  QUOTA 20M ON users
  5  PASSWORD EXPIRE;
用户已创建。
SQL> CONN jim/student;
  ERROR:
  ORA-28001: the password has expired
  更改 jim 的口令
  新口令：
  重新键入新口令：
  口令已更改
  已连接。
```

3. 使用 ACCOUNT LOCK 或者 ACCOUNT UNLOCK 选项

在 Oracle 数据库中创建新用户时，根据锁定或者解锁用户账号的需要，可以使用 ACCOUNT LOCK 或者 ACCOUNT UNLOCK 选项。

例如，创建新用户 lucy，指定用户口令为 student、默认表空间为 users、临时表空间为 hr，并使用 ACCOUNT LOCK 语句指定用户为锁定状态，代码如下：

```
SQL> CONN system/aaa;
已连接。
SQL> CREATE USER lucy
  2  IDENTIFIED BY student
  3  DEFAULT TABLESPACE users
  4  TEMPORARY TABLESPACE hr
```

```
   5 ACCOUNT LOCK;
用户已创建。
```

12.2.2 修改用户

若对自己创建的用户不满意，则可以使用 ALTER USER 语句进行修改，可以修改用户的口令、默认表空间、临时表空间、表空间的配额等。其语法格式如下：

```
ALTER USER user_name
IDENTIFIED BT password
[DEFAULT TABLESPACE tablespace|
TEMPORARY TABLESPACE tablespace|
PROFILE profile
QUOTA[integer K|M]
|UNLIMITED ON tablespace
|PASSOWRD EXPIRE
|ACCOUNT LOCK|UNLOCK];
```

1. 修改用户的口令

在 Oracle 系统中，可以通过 ALTER USER user_name IDENTIFIED BY 语句修改用户口令。例如，修改 tom 用户的口令为 teacher，代码如下：

```
SQL> ALTER USER tom IDENTIFIED BY teacher;
用户已更改。
```

在上面的修改用户口令语句中，关键字 BY 后面是新口令，该口令可以是任何字符串。

除此之外，还可以使用 GRANT 命令来实现用户口令的修改，代码如下：

```
SQL> GRANT CONNECT TO tom IDENTIFIED BY teacher;
用户已更改。
```

2. 修改默认表空间

修改默认表空间的语法格式如下：

```
ALTER USER user_name DEFAULT TABLESPACE;
```

例如，以 system 连接数据库，并创建表空间 myuser，然后修改 tom 用户的默认表空间为 myuser，代码如下：

```
SQL>ALTER USER tom
  2 DEFAULT TABLESPACE myuser;
用户已更改。
```

3. 修改表空间的配额

修改表空间配额的语法格式如下：

用户角色、权限与安全

ALTER USER user_name QUOTA 语句。

例如，为用户 tom 在 system 表空间中设一个最多使用 10MB 的空间，代码如下：

```
SQL>ALTER USER tom
  2  QUOTA 10M ON system;
用户已更改。
```

4．修改临时表空间

使用 ALTER USER...TEMPORARY TABLESPACE 语句可以对用户临时表空间进行修改。例如将用户 tom 的临时表空间改为 hr1，代码如下：

```
SQL>ALTER USER tom
  2  TEMPORARY TABLESPACE hr1;
用户已更改。
```

5．使用户口令失效

如果创建用户时没有指定 PASSWORD EXPIRE 子句，则创建用户后，可以在 ALTER USER 语句中使用 PASSWORD EXPIRE 选项，让用户口令失效。

例如，将用户 tom 的用户口令设置为失效，代码如下：

```
SQL>ALTER USER tom PASSWORD EXPIRE;
用户已更改。
```

6．锁定用户

使用 ALTER USER 语句设置 ACCOUNT 参数，可以实现用户的锁定，或者对已经锁定的用户解锁。

例如，把 tom 用户锁定，代码如下：

```
SQL>ALTER USER tom ACCOUNT LOCK;
用户已更改。
```

将上面锁定的用户 tom 解锁，代码如下：

```
SQL>ALTER USER tom ACCOUNT UNLOCK;
用户已更改。
```

> **提示** 若用户被锁定后，在使用该用户连接数据库时，Oracle 数据库将返回错误信息。只有数据库管理员对该用户解锁后，该用户才能重新使用。

12.2.3 删除用户

在 Oracle 数据库中，一般使用 DROP USER 语句来删除用户。如果用户在数据库上已经创建了对象，则必须使用 CASCADE 关键字。在删除该用户时，可以把该用户在数据库中所有的对象都删除。删除用户的语法格式如下：

```
SQL> DROP USER user_name [CASCADE];
```

例如，将上面创建的用户 tom 删除，如果没有使用 CASCADE 关键字，系统将会提示错误信息，具体操作如下：

```
SQL>DROP USER tom;
drop user tom
           *
ERROR at line 1;
ORA-01992: CASCADE must be specified to drop 'tom'
```

如果被删除的用户正在连接数据库，则必须在该用户退出系统后才能完成删除，否则系统也会提示错误信息，具体操作如下：

```
SQL>CONN tom/student;
    已连接。
SQL> DROP USER tom CASCADE
  DROP USER tom CASCADE
  *
ERROR at line 1;
ORA-01940: cannot drop a user that is currently connected
```

用 system 用户登录后删除用户 tom，具体操作如下：

```
SQL>CONN system/aaa;
    已连接。
SQL> DROP USER tom CASCADE;
用户已删除。
```

> **提示**　如果被删除的用户正在连接数据库，则必须在该用户退出系统后才能完成删除。删除用户时，系统将删除用户账号，以及从数据字典中删除该用户模式创建的对象。

12.2.4 管理用户会话

当用户连接到数据库后，如果在数据库实例中创建了一个会话，那么该会话对应于一个用户。一个会话是存在于实例中的逻辑实体。逻辑实体是一个表示唯一会话的内存数据结构的集合，用于执行 SQL、提交事务并运行服务器中存储过程等。为了查看当前数据库中用户的会话情况，保证数据库的安全运行，Oracle 提供了一系列相关的数据字典对用户会话进行监视，以防止用户无限制地使用系统资源。

1. 监视用户会话信息

通过动态视图 v$session 查看当前用户的用户名、活动状态、上次连接数据库的时间以及登录时使用计算机的名称等信息，代码如下：

```
SQL> SELECT sid,serial#,username,status,login_time,machine FROM
```

```
v$session WHERE
username IS NOT NULL;
SID    SERIAL#    USERNAME    STATUS    LOGON_TIME    MACHINE
-----  -------    --------    ------    ----------    -------
19     206        SYSTEM      ACTIVE    28-8月-12     WORKGROUP\ZR
```

其中，sid 和 serial#字段用于唯一标识一个会话信息；username 表示用户名；status 表示用户的活动状态；logon_time 表示用户登录数据库的时间；machine 表示用户登录数据库时使用的计算机名。

2．终止用户会话

由于 sid 和 serial #能标识一个会话，在终止会话时，可以使用这两个关键字对应的值来确定会话。终止会话可以使用 ALTER SYSTEM 语句，其语法格式如下：

```
ALTER SYSTEM KILL SESSION ' sid, serial #';
```

其中，sid 和 serial #的值可以通过查询动态视图 v$session 获得。

终止 system 模式下的空用户，代码如下：

```
SQL>    SELECT    sid,serial#,username,status,login_time,machine    FROM
v$session WHERE
username IS NULL;
SID    SERIAL#    USERNAME    STATUS    LOGON_TIME    MACHINE
-----  -------    --------    ------    ----------    -------
1      1                      ACTIVE    28-8月-12     ZR
2      1                      ACTIVE    28-8月-12     ZR
3      1                      ACTIVE    28-8月-12     ZR
   …
已选择 23 行。
SQL> ALTER SYSTEM KILL SESSION '1,1';
系统已更改。
```

12.3　用户配置文件

为了使用户更合理地使用数据库系统资源和数据资源，在安装 Oracle 的过程中，自动创建了一个名为 DEFAULT 的用户配置文件。用户配置文件是一个参数的集合，其功能是限制用户可使用的系统和数据库资源并管理口令。如果数据库没有创建用户配置文件，将使用默认的配置文件，默认用户配置文件指定对于所有用户资源没有限制。本节主要介绍如何创建用户配置文件以及对配置文件的管理。

12.3.1　创建用户配置文件

创建用户配置文件的用户必须拥有 CREATE PROFILE 的系统权限。在 Oracle 系统中，可以使用 CREATE PROFILE 语句创建用户配置文件，其语法格式如下：

```
CREATE PROFILE profile_name LIMIT
[SESSIONS_PER_USER number|UNLIMITED|DEFAULT ]
[CPU_PER_SESSION number|UNLIMITED|DEFAULT]
[CPU_PER_CALL number|UNLIMITED|DEFAULT]
[CONNECT_TIME number| UNLIMITED|DEFAULT]
[IDLE_TIME number|UNLIMITED|DEFAULT]
[LOGICAL_READS_PER_SESSION number|UNLIMITED|DEFAULT]
[LOGICAL_READS_PER_CALL number|UNLIMITED|DEFAULT]
[PRIVATE_SGA number|UNLIMITED|DEFAULT]
[COMPOSITE_LIMIT number|UNLIMITED|DEFAULT]
[FAILED_LOGIN_ATTEMPTS number|UNLIMITED|DEFAULT]
[PASSWORD_LIFE_TIME number|UNLIMITED|DEFAULT]
[PASSWORD_REUSE_TIME number|UNLIMITED|DEFAULT]
[PASSWORD_REUSE_MAX number|UNLIMITED|DEFAULT]
[PASSWORD_LOCK_TIME number|UNLIMITED|DEFAULT]
[PASSWORD_GRACE_TIME number|UNLIMITED|DEFAULT]
[PASSWORD_VERIFY_FUNCTION function_name|NULL|DEFAULT];
```

语法说明如下：

（1）profile_name：创建配置文件的名称。

（2）SESSIONS_PER_USER：每个用户可以拥有会话的数量。

（3）number|UNLIMITED|DEFAULT：设置参数值。UNLIMITED 表示没有限制；DEFAULT 表示使用默认值。

（4）CPU_PER_SESSION：每个会话可以占用 CPU 的总时间，其单位为百分之一秒。

（5）CPU_PER_CALL：每条 SQL 语句可以占用 CPU 的总时间，其单位为百分之一秒。

（6）CONNECT_TIME：用户可以连接到数据库的总时间，单位为分钟。

（7）IDLE_TIME：用户可以闲置的时间，单位为分钟。

（8）LOGICAL_READS_PER_SESSION：每个会话期间可以读取的数据库数量，包括从内存中读取的数据块和从磁盘中读取的数据块。

（9）LOGICAL_READS_PER_CALL：每条 SQL 语句可以读取的数据块数量。

（10）PRIVATE_SGA：在共享服务器模式下，该参数限定一个会话可以使用的内存 SGA 区的大小，单位为数据块。在专用服务器模式下，该参数不起作用。

（11）COMPOSITE_LIMIT：由多个资源限制参数构成的复杂限制参数，利用该参数可以对所有混合资源进行设置。

（12）FAILED_LOGIN_ATTEMPTS：用户登录数据时允许失败的次数。达到该次数时用户会被自动锁上，需要数据库管理员解锁才可以使用。

（13）PASSWORD_LIFE_TIME：用户口令的有效时间，单位为天。

（14）PASSWORD_REUSE_TIME：用户设置一个失效口令多少天之内不允许使用。

（15）PASSWORD_REUSE_MAX：用户设置一个已使用的口令被重新调用之前，口令必须被修改的次数。

用户角色、权限与安全

（16）PASSWORD_LOCK_TIME：用户登录失败的次数达到 FAILED_LOGIN_ATTEMPTS 该用户将被锁定的天数。

（17）PASSWORD_GRACE_TIME：当口令使用的时间达到 FAILED_LIFE_TIME 时，该口令还允许使用的"宽限时间"。在用户登录时，Oracle 会提示该时间。

（18）PASSWORD_VERIFY_FUNCTION：设置用户判断口令复杂性的函数，函数以使用自动创建的，也可以使用默认的或不使用。

例如，根据下面的要求创建配置文件 system_user。

（1）限制用户允许拥有的会话数为 1，对应的参数为 SESSION_PER_USER。

（2）限制用户执行的每条 SQL 语句可以占用的 CPU 总时间为 1/10s，对应的参数为 CPU_PER_CALL。

（3）保持 15min 的空闲状态后，会话自动断开，对应的参数为 IDLE_TIME。

（4）限制用户登录数据库时可以失败的次数为 5 次，对应的参数为 FAILED_LOGIN_ATTEMPTS。

（5）在 15d 之后才允许重复使用一个口令，对应的参数为 PASSWORD_LIFE_TIME。

（6）设置用户登录失败次数达到限制的要求时，用户被锁定的天数为 1d，对应的参数为 PASSWORD_LOCK_TIME。

（7）设置口令使用的时间达到有效时间之后，口令依然可以使用的"宽限时间"为 7d，对应的参数为 PASSWORD_GRACE_TIME。

创建配置文件 system_user 的具体代码如下：

```
SQL>CREATE PROFILE system_user LIMIT
2   SESSION_PER_USER 1
3   CPU_PER_CALL 10
4   IDLE_TIME 15
5   FAILED_LOGIN_ ATTEMPTS 5
6   PASSWORD_LIFE_TIME 15
7   PASSWORD_LOCK_TIME 1
8   PASSWORD_GRACE_TIME 7;
配置文件已创建
```

注意　对于在创建配置文件时没有指定的参数，其值将默认由 DEFAULT 配置文件提供。

12.3.2 使用配置文件

创建配置文件的方法是不一样的。在为用户创建配置文件时，可以在 CREATE USER 语句中只是用 PROFILE 子句为用户指定自定义配置文件，也可以使用 ALTER USER 语句为已创建的用户修改配置文件。

例如，为用户 scott 指定配置文件为 system_user，代码如下：

```
SQL> ALTER USER SCOTT PROFILE system_user;
```

用户已更改。

除了为用户指定配置文件之外，还需要修改参数 resource_limit 的值才能使配置文件生效，其值默认为 FALSE，需要将其值修改为 TRUE。

首先使用 SHOW PARAMETER 语句查看参数 resource_limit 的默认值，结果如下：

```
SQL> SHOW PARAMETER resource_limit;
NAME                                 TYPE        VALUE
------------------------------------ ----------- -------
resource_limit                       boolean     FALSE
```

然后使用 ALTER SYSTEM 语句修改该参数的值为 TRUE。代码如下：

```
SQL> ALTER SYSTEM SET resource_limit=TRUE;
系统已更改
```

12.3.3 查看配置文件信息

通过数据字典视图 dba_profiles，可以查看系统默认配置文件 DEFAULT 和自定义的用户配置文件的参数设置，代码如下：

```
SQL> SELECT profile,resource_name,limit
  2  FROM dba_profiles
  3  WHERE profile='DEFAULT';

PROFILE      RESOURCE_NAME           LIMIT
----------   --------------------    ----------------------------
DEFAULT      COMPOSITE_LIMIT         UNLIMITED
DEFAULT      SESSIONS_PER_USER       UNLIMITED
DEFAULT      CPU_PER_SESSION         UNLIMITED
...
DEFAULT      PASSWORD_GRACE_TIME
7
已选择 16 行。
```

上述执行代码中，profile 表示配置文件名；resource_name 表示参数名；limit 表示参数值。由上面的配置文件信息可以看出，用户配置文件实际上是对用户使用的资源进行限制的参数集。

12.3.4 修改与删除配置文件

当 Oracle 数据库中使用的配置文件已不符合用户自身的需要，则可以对配置文件进行修改和删除。

1. 修改配置文件

修改配置文件时要使用 ALTER PROFILE ... LIMIT 语句，使用形式与修改用户类似，可以针对配置文件的每个参数进行修改。

例如，修改配置文件 system_user 的 CPU_PER_CALL 参数，将用户执行的每条 SQL 语句可以占用的 CPU 总时间修改为百分之二十秒，代码如下：

```
SQL> ALTER PROFILE system_user LIMIT
  2  CPU_PER_CALL 20;
配置文件已更改
```

2．删除配置文件

删除配置文件时需要使用 DROP PROFILE 语句。如果要删除的配置文件已经被指定给某个用户，则必须在 DROP PROFILE 语句中使用 CASCADE 关键字。例如，删除 system_user 用户的配置文件，代码如下：

```
SQL> DROP PROFILE system_user CASCADE;
配置文件已删除。
```

如果用户指定的配置文件被删除了，则 Oracle 将自动为用户重新指定 DEFAULT 配置文件。

12.4 权限

权限是 Oracle 中控制用户操作的主要策略。当刚刚建立用户时，用户没有任何权限，也不能执行任何操作。所以，用户要是对数据库有所操作，使用权限是少不了的。不同的权限在数据库中所能执行的操作也是不一样的。本节主要介绍权限在使用数据库时的一系列作用，以及系统权限和对象权限的区别。

12.4.1 系统权限

系统权限是 Oracle 内置的、与具体对象无关的权限类型。系统权限是指执行特定类型 Sql 命令的权利，它用于控制用户可以执行的一个或是一组数据库操作。例如，当用户具有 CREATE TABLE 权限时，可以在当前模式中建表；当用户具有 CREATE ANY TABLE 权限时，可以在任何用户模式中建表。

1．Oracle 中的系统权限

通过数据字典视图 system_privilege_map 可以查看 Oracle 中的系统权限，常用的系统权限如表 12-1 所示。

表 12-1 Oracle 中常用的系统权限

系统权限	说明
CREATE SESSION	连接数据库
CREATE TABLESPACE	创建表空间
ALTER TABLESPACE	修改表空间
DROP TABLESPACE	删除表空间

续表

系统权限	说明
CREATE USER	创建用户
ALTER USER	修改用户
DROP USER	删除用户
CREATE TABLE	创建表
CREATE ANY TABLE	在任何用户模式中创建表
DROP AN TABLE	删除任何模式中的表
ALTER ANY TABLE	修改任何模式中的表
SELECT ANY TABLE	查询任何模式中基本表的记录
INSERT ANY TABLE	向任何模式中的表插入记录
UPDATE ANY TABLE	修改任何模式中表的记录
DELETE ANY TABLE	删除任何模式中表的记录
CREATE VIEW	创建视图
CREATE ANY VIEW	在任何用户模式中创建视图
DROP ANY VIEW	删除任何模式中的视图
CREATE ROLE	创建角色
ALTER ANT ROLE	修改任何角色
GRANT ANY ROLE	将任何角色授予其他用户
ALTER DATABASE	修改数据库结构
CREATE PROCEDURE	创建存储过程
CREATE ANY PROCEDURE	在任何模式中创建存储过程
ALTER ANY PROCEDURE	修改任何模式中的存储过程
DROP ANY PROCEDURE	删除任何模式中的存储过程
CREATE PROFILE	创建配置文件
ALTER PROFILE	修改配置文件
DROP PROFILE	删除配置文件

系统权限是针对用户来设置的，用户必须授予相应的系统权限，才可以连接到数据库中进行相应的操作，如图 12-2 所示。

图 12-2　系统权限

2．显示系统权限

在 Oracle 系统中，可以通过 3 个数据字典视图来查看系统权限信息，如表 12-2 所示。

用户角色、权限与安全

表 12-2 显示系统权限的数据字典

数据字典名称	说明
dba_sys_privs	包含了数据库中所有的系统权限信息
session_privs	包含了当前数据库用户可以使用的权限信息
system_privilege_map	包含了系统中所有系统权限信息

Oracle 提供了 100 多种系统权限，而且 Oracle 的版本越高，提供的系统权限就越多。在 Oracle 中查询数据字典视图 system_privilege_map，可以显示所有系统权限，结果如下：

```
SQL> SELECT * FROM system_privilege_map ORDER BY NAME;
PRIVILEGE          NAME                            PROPERTY
----------         --------------------------------  --------
-273               ANY SQL TUNING SET                  0
-227               RESOURCE MANAGER                    1
-327               SQL MANAGEMENT OBJECT               0
-272               SQL TUNING SET                      0
-263               ADVISOR                             0
-286               ALTER ANY ASSEMBLY                  0
…
-62                ALTER ANY CLUSTER                   0
-84                SYSOPER                             0
-213               UNDER ANY TABLE                     0
-186               UNDER ANY TYPE                      0
-209               UNDER ANY VIEW                      0
-15                UNLIMITED TABLESPACE                0
-313               UPDATE ANY CUBE                     0
-322               UPDATE ANY CUBE BUILD PROCESS       0
-326               UPDATE ANY CUBE DIMENSION           0
-49                UPDATE ANY TABLE                    0
已选择 208 行。
```

3．授予系统权限

在 Oracle 数据库中，用户 sys 和 system 都是数据库管理员，具有 DBA 所有的系统权限，包括 SELECT ANY DICTIONARY 权限。所以，system 和 sys 可以查询数据库字典中以 "DBA_" 开头的数据字典视图。如果用其他用户来授予系统权限，则要求该用户必须具有 GRANT ANY PRIVILEGE 的系统权限。在授予系统权限时，可以带有 WITH ADMIN OPTION 选项，这样，被授予权限的用户或角色还可以将该系统权限授予其他用户或角色。其语法格式如下：

```
GRANT system_privilege TO
PUBLIC|ROLE|user_name
[WITH ADMIN OPTION];
```

其中，system_privilege 表示系统权限；PUBLIC 表示全体用户；ROLE 表示用户角色；user_name 表示用户名；WITH ADMIN OPTION 表示用户可以将其所有系统权限授予其他用户。

例如，创建一个用户 ken 并为其分配权限，具体操作如下：

```
SQL> CREATE USER ken IDENTIFIED BY 123;
用户已创建。
SQL> GRANT CREATE SESSION,CREATE TABLE TO ken WITH ADMIN OPTION;
授权成功。
CONN ken/123;
已连接。
```

如果用户要创建一张表，则系统会再次出现错误。这是由于该用户虽然可以连接到数据库，但是还是缺少创建表的系统权限，具体操作如下：

```
SQL>CREATE TABLE table1(
  2  uid NUMBER(5) NOT NULL
  3  uname VARCHAR2(10)
  4 );
第一行出现错误：
ORA-01031：权限不足
```

此时，必须向用户 ken 授予创建表和创建视图的权限，具体操作如下：

```
SQL>GRANT CREATE TABLE ,CREATE VIEW TO ken;
授权成功。
```

4．撤销权限

一般情况下，撤销权限是 DBA 来完成的，如果其他用户来撤销权限，要求该用户必须具有相应系统权限及转授系统权限的选项（WITH ADMIN OPTION）。撤销权限使用 REVOKE 语句来完成。

用户的系统权限被收回后，经过传递获得权限的用户不受影响。例如，如果用户 A 将系统权限 D 授予了用户 B，用户 B 又将系统权限 D 授予了用户 C，那么删除用户 B 后或从用户 B 回收系统权限 D 后，用户 C 依然保留着系统权限 D，如图 12-3 所示。

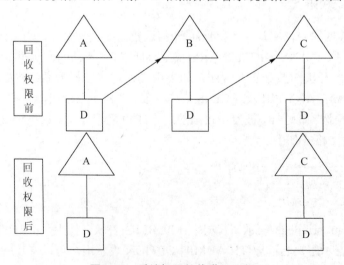

图 12-3　系统权限的传递及回收

当撤销了系统权限后，用户就不能执行相应的操作了。但是请注意，系统权限不是级联撤销的。撤销用户 ken 权限的具体操作如下：

```
SQL> REVOKE CREATE SESSION FROM ken;
撤销成功。
```

12.4.2 对象权限

对象权限指访问其他方案对象的权利，用户可以直接访问自己方案的对象。它同时指用户对数据库中对象的操作权限，如对某一个表的插入、修改和删除记录等权限。在 Oracle 数据库中，用户可以直接访问其模式对象，如果要访问其他模式对象，则必须拥有相应的对象权限。例如，用户访问模式对象中的表，如图 12-4 所示。

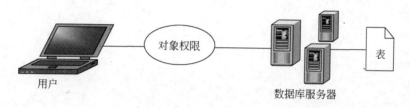

图 12-4　对象权限

1．对象权限的分类

根据不同的对象类型，Oracle 数据库设置了不同类型的对象权限。对象权限及对象之间的对应关系如表 12-3 所示。

表 12-3　对象及对象权限的对应关系

对象 权限	TABLE	VIEW	DIRECTORY	FUNCTION	PROCEDURE	PACKAGE	SEQUENCE
ALTER	√						√
DELETE	√	√					
EXECUTE				√	√	√	
INDEX	√						
INSERT	√	√					
RREAD			√				
REFERENCE	√						
SELECT	√	√					√
UPDATE	√	√					

表 12-3 中，"√"表示某种对象所具有的对象权限，空格表示该对象没有某种权限。

2．显示对象权限

为了方便用户查看对象权限信息，Oracle 提供了一些数据字典视图，如表 12-4 所示。

表 12-4 显示对象权限的数据字典

数据字典名称	说明
all_tab_privs_recd	显示用户所具有的对象权限
all_tab_privs_made	显示对象所有者或授权用户所授出的所有对象权限
all_col_privs_recd	显示用户或 PUBLC 组被授予的列权限
all_col_made	显示对象所有者或授权用户授出的所有列权限
dba_tab_privs	显示所有用户或角色的对象权限信息
dba_col_privs	显示所有用户或角色的列权限信息

通过 dba_tab_privs 数据字典视图查询 system 用户的所有对象权限,具体语句如下:

```
SQL> SELECT DISTINCT PRIVILEGE FROM  dba_tab_privs;
PRIVILEGE
-----------------------------------------
EXECUTE
FLASHBACK
DEQUEUE
ON COMMIT REFRESH
ALTER
DELETE
UPDATE
DEBUG
QUERY REWRITE
SELECT
READ
…
已选择 17 行。
```

在查询的对象权限中,ON COMMIT REFRESH 表示物化视图刷新方式;DEBUG 表示调试权限;SELECT 表示查询权限;UPDATE 表示修改权限;DETETE 表示删除权限。

3. 与对象权限相关的数据字典

Oracle 数据库主要提供了 4 个与对象权限相关的数据字典,如表 12-5 所示。

表 12-5 对象权限相关的数据字典

数据字典	字段	字段说明
user_tab_privs	grantee	权限所授予的用户
	table_name	权限所针对的对象
	grantor	授权者
	privilege	所授予的对象权限
	grantable	权限所授予的用户是否可以将该权限授予其他用户。其值为 YES 则表示是,为 NO 则表示不是
	hierarchy	权限是否构成层次关系。其值为 YES 则表示是,为 NO 则表示不是

用户角色、权限与安全

续表

数据字典	字段	字段说明
user_col_privs_made	grantee	权限所授予的用户
	table_name	权限所针对的对象
	column_name	权限所针对的列
	grantor	授权者
	privilege	所授予的对象权限
	grantable	权限所授予的用户是否可以将该权限授予其他用户
user_tab_privs_recd	owner	对象拥有者
	table_name	权限所针对的对象
	grantor	授权者
	privilege	所授予的对象权限
	grantable	权限所授予的用户是否可以将该权限授予其他用户
	hierarchy	权限是否构成层次关系
user_col_privs_recd	owner	对象拥有者
	table_name	权限所针对的对象
	column_name	权限所针对的列
	grantor	授权者
	privilege	所授予的对象权限
	grantable	权限所授予的用户是否可以将该权限授予其他用户

4．授予对象权限

在 Oracle 数据库中，对象权限由该对象的拥有者为其他用户授权，非对象的拥有者不得向其他用户授予对象授权。对象权限可以授予用户、角色和 PUBLIC。在授予对象权限时，如果带有 WITH GRANT OPTION 选项，则可以将该权限转授给其他用户，但是要注意 WITH GRANT OPTION 选项不能授予角色。授权对象权限所使用的 GRANT 语句的语法格式如下：

```
GRANT object_privilege [,…] | ALL [PRIVILEGES] ON <schema.>object_name
TO {user_name[,…]|role_name[,…]|PUBLIC}
[WITH GRANT OPTION];
```

语法说明如下：

（1）object_privilege：对象权限。在授予对象权限时，应该注意对象权限与对象之间的对应关系。

（2）ALL[PRIVILEGES]：使用 ALL 关键字，可以授予对象上的所有权限，也可以在 ALL 关键字后面添加 PRIVILEGES。

（3）shema：用户模式。

（4）WITH GRANT OPTION：允许用户将对象权限授予其他用户，与授予系统权限的 WITH GRANT OPTION 子句相类似。

对象权限不仅可以授予用户、角色，也可以授予 PUBLIC。将对象权限授予 PUBLIC 后，会使用户都具有该用户对象权限。授予对象权限时，可带有 WITH GRANT OPTION 选项，若是有该选项，被授予用户可以将对象权限转授给其他用户。

注意
WITH GRANT OPTION 选项不能授予角色。

以 system 用户连接数据库，试着把 scott 用户下的一张表的权限赋予另一个用户，再在另一用户下查找这张表。具体操作如下：

```
SQL> CONN system/aaa;
已连接。
SQL> GRANT SELECT ON SCOTT.dept
  2  TO hr;
授权成功。
SQL> CONN hr/aaa;
已连接。
SQL> SELECT * FROM scott.dept;
    DEPTNO DNAME          LOC
---------- -------------- -------------
        10 ACCOUNTING     NEW YORK
        20 RESEARCH       DALLAS
        30 SALES          CHICAGO
        40 OPERATIONS     BOSTON
```

在 Oracle 数据库中，一个用户在直接被赋予对象权限时，这个用户可以访问对象的所有列。在向用户授予对象权限时，还可以控制用户对模式对象的访问。

只能在 INSERT、UPDATE 和 REFERENCES 上授予权限。

5．撤销对象权限

一般情况下，对象权限的回收是由对象的拥有者完成的。如果以其他用户身份回收对象权限，则要求该用户必须是权限授予者。

在用户回收对象权限时，经过传递获得对象权限的用户将会受到影响。例如，如果用户 A 将对象权限 D 授予了用户 B，用户 B 又将对象权限 D 授予了用户 C，那么删除用户 B 后或从用户 B 回收对象权限 D 后，用户 C 将不再具有对象权限 D，并且用户 B 和 C 中与对象权限 D 有关的对象都变成无效，如图 12-5 所示。

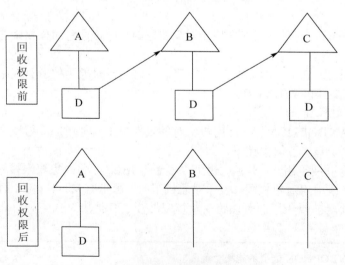

图 12-5　对象权限的传递及回收

用户角色、权限与安全

撤销对象权限也需要使用 REVOKE 语句，其语法格式如下：

```
REVOKE{object_pri[,object_pri]…|ALL[PRIVILEGES]}
ON [schema.]object
FROM {user|role|PUBLIC}
[CASCADE CONSTRAINTS];
[cascade constraints];
```

例如，将 hr 用户查询 scott 用户 dept 表的权限收回，具体操作如下：

```
SQL> CONN system/aaa;
已连接。
SQL> REVOKE SELECT ON scott.dept
  2  FROM hr;
撤销成功。
```

12.5 角色

Oracle 中的权限比较多，利用 GRANT 命令为用户分配权限是一件非常耗时的工作。为方便用户权限的管理，Oracle 数据库允许将一组相关的权限授予某个角色，所以角色是一组权限的集合

在 Oracle 中，可以首先创建一个角色，该角色包括多种权限；然后将角色分配给多个用户，从而在最大程度上实现复用性。本节除了介绍几种系统预定义角色之外，还详细介绍如何创建角色和对角色的管理操作。

12.5.1 角色概述

对于 Oracle 数据库中管理权限而言，角色只是一个工具。角色能被授予另一个角色或者用户，用户可以通过角色继承权限。由于角色集合了 Oracle 数据库中的多种权限，所以为用户授予某个角色时，相当于为用户授予多种权限。这样就避免了向用户逐一授权，从而简化了用户权限的管理。

假如两个用户，用户 A 和用户 B，为这两个用户授予 4 个不同的权限，在未使用角色时，需要 8 次操作才能完成。如果使用角色，将这 4 个权限组成一个角色，然后将这个角色授予用户 A 和用户 B，只需要两次操作就能完成，如图 12-6 所示。

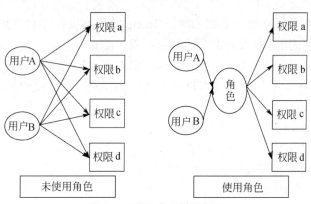

图 12-6 使用角色管理权限

12.5.2 系统预定义角色

在安装 Oracle 数据库时，系统会根据需要自动创建一些常用的角色，这些角色由系统授予了相对应的权限。管理员不再需要先创建预定义角色，就可以将它们授予用户。下面主要介绍 Oracle 数据库中常用的系统预定义角色及作用。

1. CONNECT 角色

CONNECT 角色是在建立数据库时，由脚本 SQL.BSQ 自动创建的角色。这个角色中有开发人员用到的最多系统权限，是授予最终用户的典型权利。它具有以下权限：

（1）ALTER SESSION：修改会话。
（2）CREATE CLUSTER：建立聚簇。
（3）CREATE DATABASE LINK：建立数据库连接。
（4）CREATE SEQUENCE：建立序列。
（5）CREATE SESSION：建立会话。
（6）CREATE SYNONYM：建立同义词。
（7）CREATE VIEW：建立视图。
（8）CREATE TABLE：建立表。

2. DBA 角色

DBA 角色也是建立数据库时，Oracle 数据库执行脚本 SQL.DSQ 自动创建的角色。该角色具有所有系统权限和 WITH ADMIN OPTION 选项。默认 DBA 用户为 system，该用户可以将系统权限授予其他用户。

> **注意**
> DBA 角色不具备 SYSDBA 和 SYSOPER 特权，而 SYSDBA 特权自动具有 DBA 角色的所有权限。

3. RESOURCE 角色

RESOURCE 角色是在建立数据库时，Oracle 数据库执行脚本 SQL.BSQ 自动创建的角色。该角色具有应用开发人员需要的其他权限，如建立存储过程、表等。建立数据库用户后，一般情况下只要给用户授予 CONNECT 和 RESOURCE 角色就足够了。RESOURCE 角色除了具有 UNLIMITED TABLESPACE 系统权限外，还具有以下系统权限：

（1）CREATE CLUSTER：建立聚簇。
（2）CREATE PROCEDURE：建立过程。
（3）CREATE SEQUENCE：建立序列。
（4）CREATE TABLE：建立表。

（5）CREATE TRIGGER：建立触发器。
（6）CREATE TYPE：建立类型。

4. EXP_FULL_DATABASE 角色

EXP_FULL_DATABASE 角色是安装数据字典时，执行脚本 CATEX.SQL 创建的角色。该角色用于执行数据库导出操作，具有以下权限：

（1）BACKUP ANY TABLE：备份任何表。
（2）EXECUTE ANY PROCEDURE：执行任何过程、函数和包。
（3）SELECT ANY TABLE：查询任何表。
（4）EXECUTE ANY TYPE：执行任何对象类型。
（5）ADMINISTER_RESOURCE_MANAGER：管理资源管理器。
（6）EXECUTE CATALOG_ROLE：执行任何 PL/SQL 系统包。
（7）SELECT_CATALOG_ROLE：查询任何数据字典。

5. RECOVERY_CATALOG_OWNER 角色

RECOVERY_CATALOG_OWNER 角色为恢复目录所有者提供了系统权限。该角色具有以下权限：

（1）CREATE SESSION：建立会话。
（2）ALTER SESSION：修改会话参数设置。
（3）CREATE SYNONYM：建立同义词。
（4）CREATE VIEW：建立视图。
（5）CREATE DATABASE LINK：建立数据连接。
（6）CREATE TABLE：建立表。
（7）CREATE CLUSTER：建立簇。
（8）CREATE SEQUENCE：建立序列。
（9）CREATE TRIGGER：建立触发器。
（10）CREATE PROCEDURE：建立过程、函数和包。

6. IMP_FULL_DATABASE 角色

IMP_FULL_DATABASE 角色用于执行数据库导入操作，它包含了 EXECUTE_CATALOG_ROLE、SELECT_CATALOG_ROLE 角色和大量的系统权限。

7. EXECUTE_CATALOG_ROLE 角色

EXECUTE_CATALOG_ROLE 角色具有从数据字典中执行部分存储过程和函数的权利。

8. DELETE_CATALOG_ROLE 角色

DELETE_CATALOG_ROLE 角色是 Oracle 8i 新增加的。如果授予用户这个角色，用户可以从 SYS.AUD$ 表中删除记录。SYS.AUD$ 表中记录着审计后的记录，使用这个角色可以简化审计踪迹管理。

9. SELECT_CATALOG_ROLE 角色

SELECT_CATALOG_ROLE 角色提供了对所有数据字典（DBA_XXX）上的 SELECT 对象权限。

12.5.3 创建角色

创建角色需要使用 CREATE ROLE 语句，并要求用户具有 CREATE ROLE 权限。角色创建后，会以对象的形式存储在数据库中，并可以在数据字典中获得其信息。创建角色的语法格式如下：

```
CREATE ROLE role_name
[NOT IDENTIFIED|IDENTIFIED BY password];
```

其中，role_name 表示创建角色名；NOT IDENTIFIED|IDENTIFIED BY password 表示可以为角色设置口令，默认口令为 NOT IDENTIFIED，即无口令。

例如，创建一个自定义角色 newrole，并指定在修改角色时必须提供口令，然后将角色授予 scott 用户。具体操作步骤如下：

（1）创建角色，代码如下：

```
SQL> CONN system/aaa;
已连接。
SQL> CREATE ROLE newrole
2   IDENTIFIED BY newrole;
角色已创建。
```

（2）为角色授权，代码如下：

```
SQL> GRANT CREATE session,CREATE table ,CREATE view
2   TO newrole WITH ADMIN OPEN;
授权成功。
```

（3）将角色授予用户，代码如下：

```
SQL>GRANT newrole to scott;
授权成功。
```

（4）以授权用户连接数据库，代码如下：

```
SQL>CONN scott/aaa;
已连接
```

用户连接数据库后，可以查询数据字典 role_sys_privs，查看用户所具有的角色以及该角色所包含的系统权限。

查看用户 scott 的角色以及所包含的系统权限，具体操作如下：

用户角色、权限与安全

```
SQL> CONN scott/aaa;
已连接。
SQL> SELECT * FROM role_sys_privs;

ROLE                           PRIVILEGE                        ADM
------------------------------ -------------------------------- ----
NEWROLE                        CREATE TABLE                     NO
RESOURCE                       CREATE SEQUENCE                  NO
RESOURCE                       CREATE TRIGGER                   NO
NEWROLE                        CREATE SESSION                   NO
RESOURCE                       CREATE CLUSTER                   NO
RESOURCE                       CREATE PROCEDURE                 NO
RESOURCE                       CREATE TYPE                      NO
CONNECT                        CREATE SESSION                   NO
RESOURCE                       CREATE OPERATOR                  NO
RESOURCE                       CREATE TABLE                     NO
RESOURCE                       CREATE INDEXTYPE                 NO
已选择 11 行。
```

12.5.4 为角色授予权限

为角色授权的语法格式和为用户授权的语法格式相同。例如，为角色 newrole 授予查询 scott.dept 表数据、创建会话和创建表的对象权限，代码如下：

```
SQL> GRANT SELECT ON scott.dept TO newrole;
授权成功。
SQL> GRANT CREATE SESSION,CREATE TABLE
2 TO newrole;
授权成功。
```

将角色授予用户，代码如下：

```
SQL> GRANT newrole TO scott;
授权成功。
```

以用户 scott 连接数据库，代码如下：

```
SQL> conn scott/aaa;
已连接。
```

12.5.5 修改用户的默认角色

在 Oracle 数据库中，将角色授予某个用户后，这些角色都属于这个用户的默认角色。如果用户不需要这些角色，可以使用 REVOKE 语句来撤销或删除该用户所创建的角色。

修改用户的默认角色需要用到 ALTER USER 语句，其语法格式如下：

```
ALTER USER user_name DEFAULT ROLE
```

```
{
    DEFAULT ROLE role_name[,…]
|ALL [EXCEPT role_name[,…]]
|NONE
};
```

其中，DEFAULT ROLE 表示默认角色；role_name 表示角色的名称；ALL 表示将用户的所有值设置为默认角色；EXCEPT 表示将用户除某些角色以外的所有角色设置为默认角色；NONE 表示将用户所有的角色都设置为非默认角色。

例如，用 system 用户身份连接数据库，将 scott 的默认角色设置为 newrole，代码如下：

```
SQL> CONN system/aaa;
已连接。
SQL> ALTER USER scott
  2  DEFAULT ROLE ALL EXCEPT newrole;
用户已更改。
```

1. 设置用户角色失效

如果用户需要将角色设置为失效，可以使用 ALTER USER user_name DEFAULT ROLE NONE 语句。用户的角色失效后，该用户角色中的权限将全部丢失。该用户不再连接数据库，使用其连接数据库时，将出现错误。

例如，将用户 scott 的所有默认角色失效，语句如下：

```
SQL>ALTER USER scott DEFAULE ROLE NONE;
用户已更改
```

2. 设置用户角色生效

设置用户角色生效时，可以使用 ALTER USER user_name DEFAULT ROLE role_name|ALL 语句，生效后即可以启用该用户的相应角色。

将上面 scott 用户的所有角色设为生效，语句如下：

```
SQL>ALTER USER scott DEFAULT ROLE ALL;
用户已更改。
```

12.5.6 管理角色

为方便用户的操作，Oracle 提供了用于设置角色口令、为角色添加或删除权限、禁用与启动角色、删除角色的语句。

1. 禁用与启动角色

当用户登录数据库时，会话会自动加载当前用户的角色信息。为了控制所有拥有该角色用户的相关权限的使用，数据库管理员可以禁用与启动角色。角色被禁用后，用户不再具备该角色的权限。用户可以根据自己的需要启动角色，如该角色设置有口令，则需要提供口令。禁用与启动角色的语法格式如下：

```
SET ROLE
{
    role_name[IDENTIFIED BY password]
    [,…]
    |ALL[EXCEPT role_name[,…]]
    |NONE
};
```

执行语句中，IDENTIFIED BY 表示启动用户时，为角色提供的口令；ALL 表示启动所有的角色，要求所有角色不能有口令；EXCEPT 表示启动除某些角色以外的所有角色；NONE 表示禁用所有角色。

例如，使用 system 用户连接数据库，禁用 newrole 角色，具体代码如下：

```
SQL> CONN system/aaa;
已连接。
SQL> SET ROLE ALL EXCEPT newrole;
角色集
```

2. 修改角色

修改角色同样需要 ALTER ROLE 语句来完成，对角色的修改其实就是设置是否需要验证密码，其语法格式如下：

```
ALTER ROLE role_name
[NOT IDENTIFIED|
IDENTIFIED BY password
];
```

其中，NOT IDENTIFIED 表示不需要口令就可以启动或修改角色；IDENTIFIED BY 表示通过指定口令才能启动或修改角色。

例如，用 system 用户连接数据库，并将角色修改为非验证方式，代码如下：

```
SQL> CONN system/aaa;
已连接。
SQL> ALTER ROLE newrole
2  NOT IDENTIFIED;
角色已丢弃。
```

这样修改角色 newrole 时，不需要提供正确的密码就可以实现角色的修改。

3. 删除角色

用户根据自己的需要，可以将不用的角色用 DROP ROLE 语句来删除，其语法格式如下：

```
DROP ROLE role_name;
```

对于使用该角色的用户来说，角色被删除后，相应的权限同时也被回收。

> 必须以 system 用户身份连接数据库，然后进行角色管理操作。

4. 角色的延伸——继承

一个角色可以继承其他角色的权限集合，角色的继承为某些角色的实现提供了更加简捷的途径。

例如，角色 role_1 已经具备了表 scott.emp 的增删改查权限。现在创建一个新角色 role_new，该角色除了具有表 scott.emp 的增删改查权限之外，还需要有创建会话（create session）和创建表（create table）的权限，则可以利用已有的角色 role_1 来实现新角色。具体操作如下：

```
SQL>CREATE ROLE role_new;
Role created

SQL>GRANT role_1 TO role_new;
Grant successes

SQL>GRANT create session,create table TO role_new;
Grant successed
```

其中，CREATE ROLE role_new 用于创建新角色 role_new；GRANT role_1 TO role_new 用于将角色 role_1 分配给 role_new，实际是实现了角色 role_new 继承角色 role_1 的权限信息；GRANT create session，create table TO role_new 表示为角色 role_new 添加系统权限 create session 和 create table。

12.5.7 查看角色信息

在 Oracle 数据库中，可以用一些数据字典来实现对一个用户所拥有的角色信息进行查询。一些与角色相关的数据字典如表 12-6 所示。

表 12-6 与角色相关的数据字典

数据字典	字段	字段说明
user_role_privs	username	该角色所授予的用户名
	granted_role	授予该用户的角色名
	admin_option	该用户是否可以将该角色授予其他用户或角色。其值为 YES 或 NO
	default_role	该角色是否为默认角色。其值为 YES 或 NO
	os_granted	该角色是否由操作系统授予。其值为 YES 或 NO

续表

数据字典	字段	字段说明
role_sys_privs	role	角色名
	privilege	授予该角色的系统权限
	admin_option	授予该系统权限时是否使用了 WITH ADMIN OPTION 选项。其值为 YES 或 NO
role_tab_privs	role	对象权限所授予的角色
	owner	对象拥有者
	table_name	对象权限所针对的对象
	column_name	对象权限所针对的列
	privilege	对象权限
	grantable	授予该系统权限时是否使用了 WITH ADMIN OPTION 选项。其值为 YES 或 NO

例如，以 system 用户连接数据库，通过 dba_roles 数据字典视图来查询数据库中的所有角色，结果如下：

```
SQL> CONN system/aaa;
已连接。
SQL> SELECT * FROM dba_roles;
ROLE                           PASSWORD       AUTHENTICAT
------------------------------ -------------- -----------
CONNECT                        NO             NONE
RESOURCE                       NO             NONE
DBA                            NO             NONE
SELECT_CATALOG_ROLE            NO             NONE
EXECUTE_CATALOG_ROLE           NO             NONE
DELETE_CATALOG_ROLE            NO             NONE
EXP_FULL_DATABASE              NO             NONE
IMP_FULL_DATABASE              NO             NONE
LOGSTDBY_ADMINISTRATOR         NO             NONE
DBFS_ROLE                      NO             NONE
AQ_ADMINISTRATOR_ROLE          NO             NONE
...
已选择 56 行。
```

通过 dba_role_privs 数据字典视图来查看 scott 用户所拥有的角色，结果如下：

```
SQL> SELECT * FROM dba_role_privs
  2  WHERE GRANTEE='SCOTT';

GRANTEE                        GRANTED_ROLE          ADM DEF
------------------------------ --------------------- --- ---
SCOTT                          RESOURCE              NO  YES
SCOTT                          NEWROLE               NO  NO
SCOTT                          CONNECT               NO  YES
```

12.6 练习 12-1：创建用户并修改密码

使用 system 身份连接数据库，创建一个新用户 newuser，并对这个用户赋予权限口令 pwduser，默认表空间为 users。创建成功后试着将用户的口令修改为 pwd。

首先以 system 登录，然后按要求创建用户，具体代码如下：

```
SQL> CREATE USER newuser
  2  IDENTIFIED BY pwduser
  3  QUOTA 20M ON USERS;
用户已创建。
```

修改用户 newuser 的口令，具体代码如下：

```
SQL> ALTER USER newuser IDENTIFIED BY pwd;
用户已更改。
```

12.7 练习 12-2：为新用户 newuser 创建配置文件

以新用户 newuser 登录，然后创建一个名为 profile_user 的配置文件。限制用户会话只有一次，这个会话占用 CPU 的时间为百分之五秒，用户可以连接数据库的总时间是 60min，再将该用户口令有效时间设置为 15d，若该用户登录失败次数达到 5 次时，该用户将被锁定 1d。

按照上面所给的条件，首先要查找用户创建配置文件的关键语句，其具体代码如下：

```
SQL> CREATE PROFILE profile_user LIMIT
  2  SESSION_PER_USER 1
  3  CPU_PER_SESSION 5
  4  CONNECT_TIME 60
  5  PASSWORD_LIFE_TIME 15
  6  FAILED_LOGIN_ATTEMPTS 5
  7  PASSWORD_LOCK_TIME 1;
配置文件已创建
```

注 意

创建配置文件时要注意无效或冗余的资源。

12.8 练习 12-3：为新用户 newuser 创建对象权限

用 system 用户连接数据库，并将 scott 用户下的 emp 表的权限赋予新用户 newuser；然后用新用户连接数据库，查询 scott 用户中 emp 表的所有数据；创建成功后将此权限回收。

首先以 system 身份连接数据库，然后为新用户赋予查询 scott 用户中 emp 表数据的权限。其具体代码如下：

```
SQL> CONN system/aaa;
已连接。
SQL> GRANT SELECT ON scott.emp
  2  TO newuser;
授权成功。
```

用新用户连接数据库，查询 scott 用户中 emp 表的数据，查询完成后将为用户 newuser 创建的权限撤销。其具体代码如下：

```
SQL>CONN newuser/pwduser;
已连接
SQL> SELECT * FROM scott.emp;
EMPNO     ENAME     JOB         MGR      HIREDATE       SAL      COMM    DEPTNO
-----     ------    ------      ------   -----------    -----    -----   ------
7369      SMITH     CLERK       7902     17-12月-80     800      600     20
7499      ALLEN     SALESMAN    7698     20-2月 -81     1600     300     30
7521      WARD      SALESMAN    7698     22-2月 -81     1250     500     30
7566 J    ONES      MANAGER     7839     02-4月 -81     2975     1000    20
7654      MARTIN    SALESMAN    7698     28-9月 -81     1250     1400    30
SQL> REVOKE SELECT ON scott.emp
  2  FROM newuser;
撤销成功。
```

12.9 扩展练习

1. 创建新用户并对此用户实行管理操作

创建新用户 tom，修改用户 system 的默认角色，并为用户 system 创建新角色，将角色赋予新用户 tom。为用户 tom 创建一个会话次数为 1，用户口令有效时间为 7d 的配置文件。

实现思路：首先以 system 身份登录，创建新用户 tom；然后使用 CREATE ROLE 语句创建新的角色，并将该角色赋予新用户 tom。

2. 授予用户一定的权限

假设用户 tom 在公司工作中具有对工资表 pay_table 进行查询和更新的权限，而这些权限不直接授予 tom，而是构造一个角色 worker，这个角色恰好适合于 tom，再将角色授予 tom，但角色在激活时需要口令，该口令不对 tom 公开。每个用户需要一个默认的角色，是用户连接到 ORACLE 时的默认角色，这个角色只有 CONNECT 权限，假设为 defaultrole。

具体实现思路如下：
（1）设定各种角色及其权限。
（2）创建用户 tom。
（3）对 tom 用户授权。
（4）设定用户 tom 默认的角色。
（5）注册过程，此时用户只有其默认角色的权限。
（6）激活用户 tom 中的角色。

第 13 章　SQL 语句优化

内容摘要 | Abstract

一个数据库系统的生命周期可以分为设计、开发和获得成品 3 个阶段。在设计阶段进行数据库性能优化，也就是通过优化 SQL 语句来改进性能，所需要的成本最低，收益最大。SQL 语句的优化就是将性能较低的 SQL 语句转换成达到同样目的的性能优异的 SQL 语句。

本章将介绍不同情况下 SQL 语句的优化方式，例如，对于一般的 SQL 语句，都有哪些优化技巧；在执行表的连接时，对于 FROM 子句和 WHERE 子句，如何制定表的顺序，以及如何有效地使用索引来优化 SQL 语句等。

学习目标 | Objective

- 熟练掌握 SELECT 子句的优化
- 熟练掌握 WHERE 子句的优化
- 了解 COMMIT 语句的使用
- 掌握使用表连接替代多个查询
- 掌握 EXISTS 操作符的合理应用
- 熟练掌握表的连接优化
- 掌握索引的优化

13.1　一般的 SQL 语句优化技巧

由于 Oracle 可以存储更多更复杂的数据，这就使得数据的查询效率显得更为重要，低效率的查询给实际应用带来的麻烦是不可估量的。对 Oracle SQL 语句进行优化，首先应该注意一些最基本的 SQL 语句编写技巧，其中包括对关键字的选择，以及控制对表的查询次数等。

13.1.1　SELECT 语句中避免使用 "*"

在使用 SELECT 语句查询一个表的所有列信息时，可以使用动态 SQL 列引用 "*"，用来表示表中所有的列。使用 "*" 替代所有的列，可以降低编写 SQL 语句的难度，减少 SQL 语句的复杂性，但是却降低了 SQL 语句执行的效率。实际上，Oracle 在解析的过程中，会将 "*" 依次转换为所有的列名，这个工作是通过查询数据字典来完成的，这意味着将耗费更多的时间。

下面通过 SQL 语句的执行过程，来了解 SQL 语句的执行效率。当一条 SQL 语句从客户端进程传递到服务器端进程后，Oracle 需要执行以下几个步骤：

（1）在共享池中搜索 SQL 语句是否已经存在。
（2）验证 SQL 语句的语法是否准确。
（3）执行数据字典来验证表和列的定义。
（4）获取对象的分析锁，以便在语句的分析过程中对象的定义不会改变。
（5）检查用户是否具有相应的操作权限。
（6）确定语句的最佳执行计划。
（7）将语句和执行方案保存到共享的 SQL 区。

由上述 SQL 语句的执行步骤可以发现，SQL 语句执行的前 4 步都是对 SQL 语句进行分析与编译，这需要花费很长的一段时间。显然，SQL 语句的编译是非常重要的，耗时的长短与 SQL 语句的结构清晰程度是密切相关的。

例如，查询 stuinfo 表中所有列的信息，该表共包含 4 列，分别为 id、name、age 和 sex。首先使用 SET TIMING ON 语句显示执行时间，然后分别使用 "*" 和具体的列名来查询该表中的数据，具体代码如下：

```
SQL> SET TIMING ON
SQL> SELECT * FROM stuinfo;
        ID NAME              AGE       SEX
---------- ---------------- ---------- -------
         1 王丽丽             22        女
         2 张小强             22        男
         3 殷小鹏             22        男
已用时间： 00: 00: 00.07

SQL> SELECT id,name,age,sex FROM stuinfo;
        ID NAME              AGE       SEX
---------- ---------------- ---------- -----
         1 王丽丽             22        女
         2 张小强             22        男
         3 殷小鹏             22        男
已用时间： 00: 00: 00.01
```

由执行结果可以看出，在 SELECT 语句中使用 "*" 来标识所有的列名与指定要查询的列名相比较，后者执行的速度快。这是因为 Oracle 系统需要通过数据字典将语句中的 "*" 转换成 stuinfo 表中的所有列名，然后再执行与第二条语句同样的查询操作，这自然要比直接使用列名花费更多的时间。

> **提示**
> 如果再次执行这两条语句，会发现执行时间减少。这是因为所执行的语句被暂时保存在共享池中，Oracle 会重用已解析过的语句的执行计划和优化方案，所以执行时间也就减少了。

13.1.2　WHERE 条件的合理使用

在 SELECT 语句中，使用 WHERE 子句过滤行，使用 HAVING 子句过滤分组，也就是在行分组之后才执行过滤。因为行被分组需要一定的时间,所以应该尽量使用 WHERE 子句过滤行,减少分组的行数,也就减少了分组时间,从而提高了语句的执行效率。

例如,对 hr 用户下的 employees 表进行操作,获取各个部门员工的平均工资,并使用 HAVING 子句过滤 department_id 列的值小于 200 的记录信息。其具体代码如下:

```
SQL> SET TIMING ON
SQL> SELECT department_id,AVG(salary) FROM employees
  2  GROUP BY department_id
  3  HAVING department_id<200;
DEPARTMENT_ID      AVG(SALARY)
-------------      -----------------
          100      7658.28571
           30      4150
           20      9500
           70      10000
           90      19333.3333
          110      10154
           50      3475.55556
           40      6500
           80      8955.88235
           10      4400
           60      5760
已选择 11 行。
已用时间:  00: 00: 00.42
```

再使用 WHERE 子句替代 HAVING 子句,实现同样的执行结果,SQL 语句如下:

```
SQL> SELECT department_id,AVG(salary) FROM employees
  2  WHERE department_id<200
  3  GROUP BY department_id;
DEPARTMENT_ID      AVG(SALARY)
-------------      -----------------
          100      7658.28571
           30      4150
           20      9500
           70      10000
           90      19333.3333
          110      10154
           50      3475.55556
           40      6500
           80      8955.88235
           10      4400
           60      5760
已选择 11 行。
已用时间:  00: 00: 00.01
```

在某种特定的情况下,虽然 WHERE 子句与 HAVING 子句都可以用来过滤数据行,但 HAVING 子句会在检索出所有记录后才对结果集进行过滤,而使用 WHERE 子句就会减少这方面的开销。因此,一般的过滤条件应该尽量使用 WHERE 子句实现。

SQL 语句优化

> **提示** HAVING 子句一般用于对一些集合函数执行结果的过滤，如 COUNT()、AVG()等。除此之外，一般的检索条件应该写在 WHERE 子句中。

13.1.3 使用 TRUNCATE 替代 DELETE

删除一个表的数据行可以使用 DELETE 语句，也可以使用 TRUNCATE 语句。其中，使用 DELETE 语句删除表中所有数据时，Oracle 会对数据逐行删除，并且使用回滚段来记录删除操作，如果用户在没有使用 COMMIT 命令提交之前使用 ROLLBACK 命令进行回滚操作，则 Oracle 会将表中的数据恢复到删除之前的状态；使用 TRUNCATE 语句删除表中的所有数据行时，Oracle 不会在撤销表空间中记录删除操作，这就提高了语句的执行速度，而且这种删除是一次性的，也就是执行一次 TRUNCATE 语句，所有的数据行是在同一时间被删除的。

> **提示** 通过上面的介绍可以发现两个问题，比较明显的问题是，在使用 DELETE 进行删除时，Oracle 需要花费时间去记录删除操作；而另一个问题则不是那么明显，那就是 DELETE 删除采取的是逐行删除的形式，也就是说所有的数据行并不是在同一时间被删除的，这就要求在数据行的删除过程中，Oracle 系统不能出现什么意外情况导致删除操作中止。

如果确定要删除表中的所有行，建议使用 TRUNCATE 语句。其语法格式如下：

```
TRUNCATE TABLE table_name [DROP | REUSE STORAGE];
```

语法说明如下：

（1）table_name：表名。
（2）DROP STORAGE：收回被删除的空间。默认选项。
（3）REUSE STORAGE：保留被删除的空间供表的新数据使用。

使用 TRUNCATE 语句删除数据后，使用 ROLLBACK 命令不能将删除的数据恢复。

下面用一个示例来演示使用 TRUNCATE 语句替代 DELETE 语句删除表数据的优势。

例如，创建一个表 student，向该表中添加 100 条数据，然后使用 DELETE 语句对这 100 条数据执行删除操作，代码如下：

```
SQL> SET TIMING ON
SQL> DELETE FROM student;
已删除100行。
已用时间：  00: 00: 02.42
```

同样的条件，使用 TRUNCATE 语句执行删除操作，执行时间却缩短了很多，代码如下：

```
SQL> TRUNCATE TABLE student;
表被截断。
已用时间: 00: 00: 01.57
```

由执行结果可以看出，TRUNCATE 语句执行删除操作的时间小于 DELETE 语句的执行时间。

> **提 示**
>
> TRUNCATE 语句只能实现删除表中的全部数据，如果需要删除某一条记录，还需要使用 DELETE 语句进行操作。

13.1.4 在确保完整性的情况下多用 COMMIT 语句

当用户执行 DML 操作后，如果不使用 COMMIT 命令进行提交，则 Oracle 会在回滚段中记录 DML 操作，以便用户再使用 ROLLBACK 命令对数据进行恢复。Oracle 实现这种数据回滚功能，自然需要花费相应的时间与空间资源。因此，在确保数据完整性的情况下，尽量及时地使用 COMMIT 命令对 DML 操作进行提交。这样程序的性能得到提高，需求也会因为 COMMIT 所释放的资源而减少。COMMIT 所释放的资源如下：

（1）回滚段上用于恢复数据的信息。
（2）被程序语句获得的锁。
（3）REDO LOG BUFFER 中的空间。
（4）Oracle 为管理上述 3 种资源中的内部花费。

13.1.5 尽量减少表的查询次数

尽量减少表的查询次数，主要是指能使用一次查询获得的数据尽量不要去通过两次或更多次的查询获得。一般来说，从多个相关表中检索数据时，执行表连接比使用多个查询的效率更高。在执行每条查询语句时，Oracle 内部执行了许多工作——解析 SQL 语句、估算索引的利用率、绑定变量，以及读取数据块等。因此，要尽量减少访问 SQL 语句的执行次数。

例如，对 hr 用户下的 employees 表和 departments 表进行操作，在 SELECT 语句中嵌套子查询，获得所在 Finance 部门的所有员工编号、姓名和工资等信息。其执行语句和执行时间如下：

```
SQL> SET TIMING ON
SQL> SELECT employee_id,first_name,salary,department_id
  2  FROM employees
  3  WHERE department_id = (
  4  SELECT department_id FROM departments WHERE department_name
='Finance');
EMPLOYEE_ID        FIRST_NAME          SALARY              DEPARTMENT_ID
---------------    ----------------    ----------------    --------------
```

```
207             XiangLin              2000                    100
108             Nancy                 12008                   100
109             Daniel                9000                    100
110             John                  8200                    100
111             Ismael                7700                    100
112             Jose Manuel           7800                    100
113             Luis                  6900                    100
已选择 7 行。
已用时间:  00: 00: 00.10
```

如上述 SQL 语句所示，首先在 WHERE 子句中使用子查询语句从 departments 表中获取部门名称为 Finance 的部门编号，将值传递给外部的 WHERE 子句；然后再由外部的 SELECT 语句从 employees 表中获取该部门编号所对应的员工编号、姓名和工资等信息。这个过程中，使用了两次查询语句。

下面再使用另外一种查询方式，在 SELECT 语句中使用表的连接实现同样的查询功能。

```
SQL>SELECT
emp.employee_id,emp.first_name,emp.salary,emp.department_id,dept.dep
artment_name
  2  FROM employees emp INNER JOIN departments dept
  3  ON emp.department_id=dept.department_id
  4  WHERE dept.department_name='Finance';
EMPLOYEE_ID     FIRST_NAME       SALARY     DEPARTMENT_ID    DEPARTMENT_NAME
------------    ------------    --------    --------------   ---------------
207             XiangLin         2000       100              Finance
108             Nancy            12008      100              Finance
109             Daniel           9000       100              Finance
110             John             8200       100              Finance
111             Ismael           7700       100              Finance
112             Jose Manuel      7800       100              Finance
113             Luis             6900       100              Finance
已选择 7 行。
已用时间:  00: 00: 00.07
```

如上述示例，通过表的连接查询方式同样可以检索出需要的数据，但是查询语句只使用了一次，这就减少了对表的查询次数。

13.1.6 使用 EXISTS 替代 IN

IN 操作符用于检查一个值是否包含在列表中。EXISTS 与 IN 不同，EXISTS 检查行的存在性，而 IN 检查实际的值。在子查询中，EXISTS 提供的性能通常比 IN 提供的性能要好。因此，在 Oracle 系统中，经常需要使用 EXISTS 操作符替代 IN 操作符的使用、使用 NOT EXISTS 操作符替代 NOT IN 操作符的使用来提高查询的执行效率。

例如，对 hr 用户下的 employees 表和 departments 表进行操作，使用 IN 操作符检索所在部门为 Finance 的员工信息。其具体代码如下：

```
SQL> SELECT employee_id,first_name,salary,department_id
  2  FROM employees
  3  WHERE department_id IN (
  4  SELECT department_id FROM departments WHERE department_name
    ='Finance');
EMPLOYEE_ID     FIRST_NAME      SALARY      DEPARTMENT_ID    DEPARTMENT_NAME
-----------     ----------      ------      -------------    ---------------
07              XiangLin        2000        100              Finance
108             Nancy           12008       100              Finance
109             Daniel          9000        100              Finance
110             John            8200        100              Finance
111             Ismael          7700        100              Finance
112             Jose Manuel     7800        100              Finance
113             Luis            6900        100              Finance
已选择 7 行。
已用时间: 00: 00: 00.10
```

下面使用 EXISTS 操作符来替代 IN 操作符的使用，实现员工信息的查询。

```
SQL> SELECT employee_id,first_name,salary,department_id
  2  FROM employees
  3  WHERE EXISTS(
  4  SELECT 1 FROM departments WHERE departments.department_id
    =employees.department_id
  5  AND department_name='Finance');
EMPLOYEE_ID     FIRST_NAME      SALARY      DEPARTMENT_ID    DEPARTMENT_NAME
-----------     ----------      ------      -------------    ---------------
207             XiangLin        2000        100              Finance
108             Nancy           12008       100              Finance
109             Daniel          9000        100              Finance
110             John            8200        100              Finance
111             Ismael          7700        100              Finance
112             Jose Manuel     7800        100              Finance
113             Luis            6900        100              Finance
已选择 7 行。
已用时间: 00: 00: 00.04
```

由执行时间可以看出，使用 EXISTS 操作符来替代 IN 操作符的使用，SQL 语句的执行效率更高一些。

13.1.7　使用 EXISTS 替代 DISTINCT

当提交一个包含一对多表信息（如部门信息表和员工信息表）的查询时，避免在 SELECT 子句中使用 DISTINCT，一般可以考虑使用 EXISTS 来替代。

例如，查询员工所在的部门编号和部门名称信息，其中部门编号不可重复。首先使用 DISTINCT 来实现，SQL 语句如下：

```
SQL> SET TIMING ON
SQL> SELECT DISTINCT e.department_id,department_name
  2  FROM departments d,employees e
  3  WHERE d.department_id=e.department_id;
DEPARTMENT_ID        DEPARTMENT_NAME
-------------        ------------------------------
100                  Finance
50                   Shipping
70                   Public Relations
30                   Purchasing
90                   Executive
10                   Administration
110                  Accounting
40                   Human Resources
20                   Marketing
60                   IT
80                   Sales
已选择 11 行。
已用时间: 00: 00: 00.8
```

下面使用 EXISTS 操作符来替代 DISTINCT 关键字的使用，同样实现上面的查询结果。

```
SQL> SELECT department_id,department_name
  2  FROM departments d
  3  WHERE EXISTS(SELECT 1 FROM employees e WHERE e.department_id=d.
     department_id);
DEPARTMENT_ID        DEPARTMENT_NAME
-------------        ------------------------------
10                   Administration
20                   Marketing
30                   Purchasing
40                   Human Resources
50                   Shipping
60                   IT
70                   Public Relations
80                   Sales
90                   Executive
100                  Finance
110                  Accounting
已选择 11 行。
已用时间: 00: 00: 00.02
```

由上述两条 SQL 语句的执行结果可以看出，EXISTS 操作符使 SQL 查询更为迅速。这是因为 RDBMS 核心模块将在子查询的条件一旦满足后，立刻返回结果。

13.1.8 使用"<="替代"<"

"<="与"<"的作用并不陌生,前者用来表示小于等于某个值,后者用来表示小于某个值。很多时候,这两个比较运算符可以替换着使用,如 employee_id<=200 和 employee_id<201 的检索结果是一样的。

例如,对 hr 用户下的 employees 表进行操作,在 WHERE 条件中分别指定 employee_id<=200 和 employee_id<201,SQL 语句如下:

```
SQL> SET TIMING ON
SQL> SELECT employee_id,first_name,department_id FROM employees
  2  WHERE employee_id<=200;                         --使用<=比较运算符
EMPLOYEE_ID            FIRST_NAME              DEPARTMENT_ID
-----------            ----------------------  -------------
        100            Steven                             90
        101            Neena                              90
        102            Lex                                90
...
        198            Donald                             50
        199            Douglas                            50
        200            Jennifer                           10
已选择 101 行。
已用时间: 00: 00: 00.15

SQL> SELECT employee_id,first_name,department_id FROM employees
  2  WHERE employee_id<201;                          --使用<比较运算符
EMPLOYEE_ID            FIRST_NAME              DEPARTMENT_ID
-----------            ----------------------  -------------
        100            Steven                             90
        101            Neena                              90
        102            Lex                                90
...
        198            Donald                             50
        199            Douglas                            50
        200            Jennifer                           10
已选择 101 行。
已用时间: 00: 00: 00.09
```

提示　这里只介绍了使用"<="替代"<"的情况,同样,">="与">"的情况也是如此。

13.1.9 使用完全限定的列引用

在查询中包含多个表时,为每个表指定表别名,并且为所引用的每列都显式地指定合适的别名,这称为完全限定的列引用。这样,数据库不需要查询所操作的表中包含了哪些列,也就减少了解析列的时间,以及由列歧义引起的语法错误。

> **提示**
> 列歧义是指 SQL 语句中不同的数据表中具有相同的列名,当 SQL 语句中出现这个列时,SQL 解析器无法判断这个列属于哪个表,因此就容易产生列歧义。

例如,对 hr 用户下的 employees 表和 departments 表进行操作,这两个表中都包含共同的列 department_id,如果不指定表别名,就会出现以下错误:

```
SQL> SELECT employee_id,first_name,department_id,department_name
  2  FROM employees,departments;
SELECT employee_id,first_name,department_id,department_name
                               *
第 1 行出现错误:
ORA-00918: 未明确定义列
已用时间:  00: 00: 02.50
```

再使用指定表别名的形式重写上述 SQL 语句,具体代码如下:

```
SQL> SELECT emp.employee_id,emp.first_name,emp.department_id,dept.department_name
  2  FROM employees emp,departments dept;
EMPLOYEE_ID        FIRST_NAME            DEPARTMENT_ID         DEPARTMENT_NAME
-----------        ------------------    ------------------    ------------------
...
188                Kelly                 50                    SSS
189                Jennifer              50                    SSS
190                Timothy               50                    SSS
191                Randall               50                    SSS
192                Sarah                 50                    SSS
193                Britney               50                    SSS
194                Samuel                50                    SSS
195                Vance                 50                    SSS
196                Alana                 50                    SSS
197                Kevin                 50                    SSS
已选择 3024 行。
已用时间:  00: 00: 02.32
```

在具体应用中,尽量使用上述第二条 SELECT 语句替代第一条 SELECT 语句,不但能提高执行效率,还可以避免解析错误。

13.2 合理连接表

表连接是一种基本的关系运算,通过匹配数据表之间相关列的内容而形成数据行。在 Oracle 数据库中,可以连接两个表,也可以连接多个表。当连接多个表时,就必须要考虑效率问题。提高多表连接的效率主要体现在两个方面：合理安排 FROM 子句中表的顺序和合理安排 WHERE 子句中的条件顺序。

13.2.1 选择最有效率的表名顺序

Oracle 的解析器按照从右到左的顺序处理 FROM 子句中的表名，也就是说，FROM 子句中最后指定的表将被 Oracle 首先处理，Oracle 将它作为基础表（Driving Table），并对该表的数据进行排序，然后再处理倒数第二个表；最后将所有从第二个表中检索出来的记录与第一个表中的合适记录进行合并。因此，在 FROM 子句中包含多个表的情况下，需要选择记录行数最少的表作为基础表，也就是将它作为 FROM 子句中的最后一个表。

> **注意**
> 如果是 3 个以上的表进行连接查询，则需要将被其他表所引用的表作为基础表。例如，在考试科目信息表中引用了学生表中的学生学号，在成绩表中也引用了学生表中的学生学号，则需要将学生表作为连接查询的基础表。

例如，对 hr 用户下的 employees 表和 departments 表进行操作，在 FROM 子句中，先指定 departments 表，再指定 employees 表，执行语句和执行时间如下：

```
SQL> SELECT employee_id,first_name,salary,emp.department_id
  2  FROM departments,employees emp;
EMPLOYEE_ID         FIRST_NAME          SALARY            DEPARTMENT_ID
-----------         ----------          ------            -------------
...
197                 Kevin               3000              50
197                 Kevin               3000              50
197                 Kevin               3000              50
197                 Kevin               3000              50
197                 Kevin               3000              50
197                 Kevin               3000              50
197                 Kevin               3000              50

已选择 3024 行。
已用时间：  00: 00: 02.37
```

接着再在 FROM 子句中，先指定 employees 表，后指定 departments 表，执行语句和执行时间如下：

```
SQL> SELECT employee_id,first_name,salary,emp.department_id
  2  FROM employees emp,departments;
EMPLOYEE_ID         FIRST_NAME          SALARY            DEPARTMENT_ID
-----------         ----------          ------            -------------
...
197                 Kevin               3000              50
197                 Kevin               3000              50
197                 Kevin               3000              50
197                 Kevin               3000              50
```

197	Kevin	3000	50
197	Kevin	3000	50
197	Kevin	3000	50

已选择 3024 行。
已用时间: 00: 00: 02.22

> **提示**
>
> hr 用户下的 employees 表中含有 107 条记录，而 departments 表中只含有 27 条记录，也就是说 employees 表中的记录数远远大于 departments 表中的记录数，所以两次 SELECT 语句的执行时间不同，即将 departments 表作为基础表的连接查询执行的时间比较短。

13.2.2 WHERE 子句的条件顺序

在执行查询的 WHERE 子句中，可以指定多个检索条件。Oracle 采用从右至左（自下向上）的顺序解析 WHERE 子句。根据这个顺序，表之间的连接应该写在其他 WHERE 条件之前，将可以过滤掉最大数量记录的条件写在 WHERE 子句的末尾。

例如，对 hr 用户的 employees 表进行操作，在 WHERE 子句中指定多个检索条件，查询 Finance 部门中的所有员工信息。其具体代码如下：

```
SQL> SET TIMING ON
SQL> SELECT employee_id,first_name,salary,emp.department_id
  2  FROM employees emp,departments
  3  WHERE departments.department_name='Finance'
  4  AND
  5  departments.department_id=emp.department_id;

EMPLOYEE_ID  FIRST_NAME             SALARY     DEPARTMENT_ID
-----------  ---------------------  ---------  -------------
207          XiangLin               2000       100
108          Nancy                  12008      100
109          Daniel                 9000       100
110          John                   8200       100
111          Ismael                 7700       100
112          Jose Manuel            7800       100
113          Luis                   6900       100
```

已选择 7 行。
已用时间: 00: 00: 00.04

上述语句将连接条件放在了 WHERE 子句的末尾，将部门名称为 Finance 的条件放在了连接条件之前。下面将这两个检索条件进行交换，同样检索 Finance 部门中的所有员工信息。

```
SQL> SELECT employee_id,first_name,salary,emp.department_id
  2  FROM employees emp,departments
  3  WHERE departments.department_id=emp.department_id
  4  AND departments.department_name='Finance';
```

```
EMPLOYEE_ID            FIRST_NAME            SALARY          DEPARTMENT_ID
-----------            ----------            ------          -------------
207                    XiangLin              2000            100
108                    Nancy                 12008           100
109                    Daniel                9000            100
110                    John                  8200            100
111                    Ismael                7700            100
112                    Jose Manuel           7800            100
113                    Luis                  6900            100
已选择 7 行。
已用时间: 00: 00: 00.01
```

由上述两条 SQL 语句的执行消耗时间可以看出，第二条 SQL 语句的执行效率要比第一条 SQL 语句的执行效率高。这是因为 departments 表中 department_name 列值为 Finance 的数据行只有一条，而满足 departments.department_id = employees.department_id 条件的 employees 表数据却有多条。将 departments.department_name='Finance'条件放在 WHERE 子句的末尾时，解析器会先解析该条件语句，而又因为满足该条件语句的数据只有一条，所以可以过滤最大数量记录的条数为 1，故执行效率高。

13.3 有效使用索引

索引是表的概念部分，用来提高检索数据的效率。通常，使用索引查询数据比全表扫描要快得多。当 Oracle 查找执行 SELECT 和 UPDATE 语句的最佳路径时，Oracle 优化器将使用索引，同样在连接多个表时使用索引也可以提高效率。本节将主要介绍如何有效地使用索引来提高 SQL 语句的执行效率。

13.3.1 使用索引来提高效率

索引有助于提高表的查询效率，这也是索引的最主要用途。实际上，Oracle 使用了一个复杂的自平衡 B 树结构，通过索引查询数据要比全表扫描快得多。Oracle 除了在执行 SELECT、UPDATE 语句和连接多个表时使用索引可以提高效率以外，另一个使用索引的好处是，提供了主键（Primary Key）的唯一性验证。

除了 LONG 或 LONG RAW 数据类型的列，可以在任意列上添加索引。通常，在大型表中使用索引特别有效。

虽然使用索引能得到查询效率的提高，但是也必须注意到它的代价。索引需要占据存储空间，需要进行定期维护，每当表中有记录增减或索引列被修改时，索引本身也会被修改，这就意味着每条记录的 INSERT、DELETE、UPDATE 操作都要使用更多的磁盘 I/O。因为索引需要额外的存储空间和处理操作，所以那些不必要的索引反而会影响查询效率。因此，有效地使用索引是很有必要的。

> **提示**：在实际应用中，对索引进行定期重建相当必要。具体的重建操作请参考本书第 11 章节中与索引管理相关的内容。

13.3.2 使用索引的基本原则

在使用索引时，应该注意什么情况下使用它。一般，创建索引有以下几个基本原则：
（1）对于经常以查询关键字为基础的表，并且该表中的数据行是均匀分布的。
（2）以查询关键字为基础，表中的数据行随机排序。
（3）表中包含的列数相对比较少。
（4）表中的大多数查询都包含相对简单的 WHERE 子句。

除了需要知道什么情况下使用索引以外，还需要知道在创建索引时应该注意的一些问题。一般，在创建索引时，需要对相应的表进行认真的分析，主要从以下几个基本原则进行考虑：
（1）对于经常以查询关键字为基础的表，并且该表中的数据行是均匀分布的。
（2）经常在表连接查询中用于表之间连接的列。
（3）不宜将经常修改的列作为索引列。
（4）不宜将经常在 WHERE 子句中使用，但与函数或操作符相结合的列作为索引列。
（5）对于取值较少的列，应考虑建立位图索引，而不应该采用 B 树索引。

提示　除了所查询的表没有索引，或者需要返回表中的所有行时，Oracle 会进行全表扫描以外，如果对索引列使用了函数或操作符（如 LIKE），Oracle 同样会对全表进行扫描。

13.3.3 避免对索引列使用 NOT 关键字

在查询语句中使用 NOT 关键字，可以为查询条件取反。但是，通常情况下，需要避免在索引列上使用 NOT 关键字。因为，当 Oracle 检测到 NOT 时，会停止使用索引，而进行全表扫描，从而降低了执行效率。

例如，在 WHERE 子句中使用小于号（<）获取员工编号小于 120 的所有员工信息，执行语句和执行时间如下：

```
SQL> SET TIMING ON
SQL> SELECT employee_id,first_name,salary,department_id FROM employees
  2  WHERE employee_id<120;
EMPLOYEE_ID          FIRST_NAME              SALARY        DEPARTMENT_ID
-----------          --------------------    ----------    -------------
100                  Steven                  24000         90
101                  Neena                   17000         90
102                  Lex                     17000         90
103                  Alexander               9000          60
104                  Bruce                   6000          60
105                  David                   4800          60
106                  Valli                   4800          60
107                  Diana                   4200          60
```

```
108              Nancy                 12008              100
...
118              Guy                   2600               30
119              Karen                 2500               30
```
已选择 20 行。
已用时间: 00: 00: 00.03

下面采用在索引列上使用 NOT 关键字的方式，获取员工编号小于 120 的所有员工信息。

```
SQL> SELECT employee_id,first_name,salary,department_id FROM employees
  2  WHERE NOT employee_id>=120;
EMPLOYEE_ID      FIRST_NAME            SALARY             DEPARTMENT_ID
-----------      ----------            ------             -------------
100              Steven                24000              90
101              Neena                 17000              90
102              Lex                   17000              90
103              Alexander             9000               60
104              Bruce                 6000               60
105              David                 4800               60
106              Valli                 4800               60
107              Diana                 4200               60
108              Nancy                 12008              100
...
118              Guy                   2600               30
119              Karen                 2500               30
```
已选择 20 行。
已用时间: 00: 00: 00.15

由上述两条 SQL 语句可以看出，无论使用 NOT 关键字，还是小于号，都能实现同样的查询效果，但是两者的执行效率却是不一样的。由于 employee_id 列是主键列，所以该列上有索引，如果使用小于号的形式实现查询，Oracle 会使用索引进行查询；而如果在索引列上使用 NOT 关键字，Oracle 会进行全表扫描。

> **提示**
> 在索引列上使用 NOT 关键字，与在索引列上使用函数一样，都会导致 Oracle 进行全表扫描。实际上，索引的作用是快速地告诉用户在表中有什么数据，而不能用来告诉用户在表中没有什么数据。所以，类似的 "!=" 等操作符也应该避免在索引列上使用。

13.3.4 避免对唯一索引列使用 IS NULL 或 IS NOT NULL

使用 UNIQUE 关键字可以为列添加唯一索引，也就是说列的值不允许有重复值。但是，多个 NULL 值却可以同时存在，因为 Oracle 认为两个空值是不相等的。避免在索引列中使用任何可以为 NULL 的列，Oracle 将无法使用该索引。对于单列索引，如果列包含 NULL 值，索引中将不存在此记录。对于复合索引，如果每个列都为 NULL 值，索引中同样不存在此记录。如果至少有一个列不为 NULL 值，则记录存在于索引中。

例如，如果唯一性索引建立在表的 A 列和 B 列上，并且表中存在一条记录的 A、B 值为 111、NULL，Oracle 将不接受下一条具有相同 A、B 值的记录插入。然而，如果所有的索引列都为空，Oracle 将认为整个键值为空，而 NULL 不等于空，因此可以插入 1000 条具有相同键值的记录，当然它们必须都是空值。这是因为空值不存在于索引列中，所以 WHERE 子句中对索引列进行空值比较时，Oracle 将停止使用该索引。

下面的示例演示了在 WHERE 子句中使用 IS NOT NULL 和不等号检索数据的比较。具体步骤如下：

（1）当前的 student 表中的数据如下：

```
SQL> SELECT * FROM student;
ID          NAME           AGE           SEX
----------  ------------   -------------  ------
1                          22            男
2                          22            男
3                          22            男
4           王丽丽          22            女
5           殷国朋          22            男
```

其中，student 表中的 id 列为主键，自增；name 列为唯一列。

（2）使用 IS NOT NULL 和不等号（<>）来获取 name 列有值的所有学生信息，具体代码如下：

```
低效：
SQL> SELECT * FROM student
  2  WHERE name IS NOT NULL;
ID          NAME           AGE           SEX
----------  ------------   --------------  -------
4           王丽丽          22            女
5           殷国朋          22            男
已用时间： 00: 00: 00.08

高效：
SQL> SELECT * FROM student
  2  WHERE name<>' ';
ID          NAME           AGE           SEX
----------  ------------   ------------   -------
4           王丽丽          22            女
5           殷国朋          22            男
已用时间： 00: 00: 00.02
```

在第一条 SQL 语句中，采用了在唯一索引列 name 上使用 IS NOT NULL 的形式来进行查询，则 Oracle 将停止使用该索引，因此使用不等号（<>）的形式进行查询时效率较高。

13.3.5 选择复合索引主列

索引不仅可以基于单独的列,还可以基于多个列,在多个列上创建的索引称为复合索引。

在创建复合索引时,不可避免地要面对多个列的前后顺序,这个顺序并不是随意的,它会影响索引的使用效率。一般,在创建复合索引时,应该注意以下几个原则:

(1)选择经常在 WHERE 子句中使用且由 AND 操作符连接的列作为复合索引列。
(2)选择 WHERE 子句中使用频率相对较高的列作为复合索引的主列。

例如,为 hr 用户的 admin 表(新创建的表)中的 uname 和 upwd 列创建复合索引 uname_upwd_index,语句如下:

```
SQL> CREATE INDEX uname_upwd_index ON admin(uname,upwd);
索引已创建。
```

注意

只有当复合索引中的第一列,也就是 uname 列,被 WHERE 子句使用时,Oracle 才会使用该复合索引。例如,如果在 WHERE 子句中只使用了 upwd 列,则 Oracle 不会使用上面创建的复合索引 uname_upwd_index。

另外,在使用复合索引时,WHERE 子句中列的顺序应该与复合索引中索引列的顺序保持一致,如下面的两条 SELECT 语句:

```
SQL> SELECT * FROM admin
  2  WHERE upwd LIKE '_a%' AND uname='admin';
ID         UNAME           UPWD            AGE              SEX
---------- --------------- --------------- ---------------- ----
1          admin           maxianglin      22               女
2          admin           wanglili        22               女
已用时间: 00: 00: 00.04


SQL> SELECT * FROM admin
  2  WHERE uname='admin' AND upwd LIKE '_a%';
ID         UNAME           UPWD            AGE              SEX
---------- --------------- --------------- ---------------- ----
1          admin           maxianglin      22               女
2          admin           wanglili        22               女
已用时间: 00: 00: 00.01
```

上述两条 SELECT 语句仅仅在 WHERE 子句部分有点不同,也就是列的顺序不同,这并不会影响查询结果,但却会影响查询效率。合理的 WHERE 子句应该与上述第二条 SELECT 语句中的 WHERE 子句相类似,也就是保持 WHERE 子句中列的顺序与复合索引中列的顺序一致。

13.3.6 监视索引是否被使用

因为不必要的索引会对表的查询效率起负作用,所以在实际应用中应该经常检查索引是否被使用,这需要用到索引的监视功能。

> **提示** 监视索引后,可以通过数据字典视图来了解索引的使用状态,如果确定索引不再需要使用,可以删除该索引。

例如,使用 ALTER INDEX 语句指定 MONITORING USAGE 子句,监视创建的 uname_upwd_index 索引,代码如下:

```
SQL> ALTER INDEX uname_upwd_index MONITORING USAGE;
索引已更改。
```

然后通过 v$object_usage 视图来了解 uname_upwd_index 索引的使用状态,代码如下:

```
SQL> SELECT table_name,index_name,monitoring FROM v$object_usage;
TABLE_NAME                      INDEX_NAME                MON
------------------------        ----------------          ----------------
ADMIN                           UNAME_UPWD_INDEX          YES
```

其中,table_name 字段表示索引所在的表名称;index_name 字段表示索引名称;monitoring 字段表示索引是否处于激活状态,值为 YES,表示处于激活状态。

> **注意** 处于激活状态的索引会影响对表的检索,因此,如果确定索引不再需要使用,可以使用 DROP INDEX index_name 语句删除该索引。

13.4 扩展练习

1. 使用 EXISTS 替代 IN 优化 SQL 语句

由于业务需求,现需要获取 Finance 部门下的所有员工信息(暂时无工号的员工除外)。下面的 SQL 语句是采用 IN 操作符来实现的,而该条 SQL 语句的执行时间为 00:00:01.30,执行效率较低。请使用 EXISTS 替代 IN 实现同样的功能,以优化 SQL 语句。

```
SQL> SET TIMING ON
SQL> SELECT employee_id,first_name,last_name,salary,department_id
  2  FROM employees
  3  WHERE employee_id>0 AND department_id IN
  4  (
  5  SELECT department_id FROM departments WHERE department_name=
'Finance'
```

```
  6  );
EMPLOYEE_ID       FIRST_NAME          LAST_NAME          SALARY     DEPARTMENT_ID
-----------       ------------------  ------------------ ---------- -------------
207               XiangLin            Ma                 2000       100
108               Nancy               Greenberg          2008       100
109               Daniel              Faviet             9000       100
110               John                Chen               8200       100
111               Ismael              Sciarra            7700       100
112               Jose Manuel         Urman              7800       100
113               Luis                Popp               6900       100
```
已选择 7 行。
已用时间: 00: 00: 01.30

2. 列出员工号为 122 或 123 的员工信息

使用高效的方法编写 SQL 语句，尽量减少访问数据库的次数，检索出员工号为 122 或 123 的员工信息。执行结果如下：

```
EMPLOYEE_ID       FIRST_NAME          SALARY     DEPARTMENT_ID
-----------       ------------------  ---------- -------------
122               Payam               7900       50
123               Shanta              6500       50
```

3. 获取指定学生的教师名字

例如，有两个表：学生表 student 和教师表 teacher，其中在 student 表中包含一个 tid 列，该列引用 teacher 表中的主键列 tid。现在需要知道某个学生（stuname）的教师名字（tname），可以通过两种方式实现，一种是先从学生表中查询出这个学生所对应的教师编号（tid），然后从教师表中查询出这个教师编号所对应的教师名字，代码如下：

```
SQL> SELECT tname FROM teacher
  2  WHERE tid = (SELECT tid FROM student WHERE stuname = '王丽丽');
TNAME
----------------------
张俊
```

另外一种是表的连接查询方式，通过表的连接查询方式同样可以检索出需要的数据，但是查询语句只使用一次，从而减少了对表的查询次数，提高了执行效率。

下面请使用表的连接查询方式获取学生"王丽丽"的教师名字。

第 14 章　数据加载与传输

内容摘要 Abstract

为了方便地使用异构数据环境中的数据，从 Oracle Database 10g 开始提供了一整套的数据传输和数据转换的工具。使用这些工具可以高效地完成所需要的数据传输和数据转换。使用数据泵技术中的 Data Pump Export 可以将一些数据导出，而使用数据泵技术中的 Data Pump Import 可以恢复由 Data Pump Export 产生的文件。

学习目标 Objective

- 了解 Data Pump 工具
- 熟练掌握 Data Pump Export 工具的使用
- 熟练掌握 EXPDP 命令
- 熟练掌握 Data Pump Import 工具的使用
- 熟练掌握 IMPDP 命令
- 了解 SQL*Loader 工具
- 掌握使用 SQL*Loader 工具加载外部数据

14.1　Data Pump 工具

使用 Data Pump 工具，不仅可以将数据从一个数据库转移到其他数据库，还可以对数据进行备份处理。

14.1.1　Data Pump 工具概述

Data Pump 工具中包含 Data Pump Export（数据泵导出）和 Data Pump Import（数据泵导入），所使用的命令行客户程序为 EXPDP 和 IMPDP。

1. Data Pump 工具的作用

Data Pump 工具主要用于实现逻辑备份和逻辑恢复、在数据库用户之间移动对象、在数据库之间移动对象、表空间迁移等。

2. Data Pmp 工具的特点

与原有的 Export 和 Import 实用程序相比，Oracle 的 Data Pump 工具的功能特性如下：
（1）在导出或导入作业中，能够控制用于此作业的并行线程的数量。
（2）支持在网络上进行导出或导入，而不需要使用转储文件集。

(3) 如果作业失败或停止,能够重启一个 Data Pump 作业,并且能够挂起和恢复导出导入作业。

(4) 通过一个客户端程序能够连接或脱离一个运行的作业。

(5) 空间估算能力,而不需要实际执行导出。

(6) 可以指定导出或导入对象的数据库版本。允许对导出和导入对象进行版本控制,以使与低版本的数据库兼容。

> **提示**:转储文件集(Dump File Set)是指由一个或多个包含元数据、数据和控制信息的磁盘文件构成,并按照一种专有的二进制格式写入。

14.1.2 与数据泵相关的数据字典视图

Oracle 数据库提供了一些与数据泵有关的数据字典视图,通过这些视图可以查看数据泵的工作情况,这些视图如表 14-1 所示。

表 14-1 与数据泵有关的数据字典视图

视图名称	说明
dba_datapump_jobs	显示当前数据泵作业的信息
dba_datapump_sessions	提供数据泵作业会话级的信息
datapump_paths	提供一系列有效的对象类型,可以将其与 EXPDP 或者 IMPDP 的 INCLUDE 或 EXCLUDE 参数关联起来
dba_directories	提供一系列已定义的目录

例如,使用 dba_datapump_jobs 视图,查看该视图中的一些字段信息,代码如下:

```
SQL>SELECT owner_name,job_name,state
FROM dba_datapump_jobs;
OWNER_NAME      JOB_NAME                STATE
-----------     ----------------------  --------
SYSTEM          SYS_EXPORT_FULL_01      NOT RUNNING
SYSTEM          SYS_EXPORT_FULL_02      NOT RUNNING
SYS             SYS_EXPORT_FULL_01      NOT RUNNING
```

14.1.3 使用 Data Pump 工具前的准备

使用 Data Pump 工具时,Data Pump 要求为将要创建和读取的数据文件和日志文件创建目录,用来指向将使用的外部目录。在 Oracle 中创建目录对象时,可以使用 CREATE DIRECTORY 语句。

> **提示**
>
> 在 Oracle Database 10g 和 11g 默认安装中，创建了一个名为 DATA_PUMN_DIR 的目录对象，并且该对象指向目录$ORACLE_BASE\admin\database_name\dpdump，其中 database_name 是数据库实例名，如目录\admin\orcl\dpdump。

在使用 Data Pump 工具操作之前，需要进行以下 3 个操作：

（1）在环境变量中对目录进行配置。默认情况下，安装 Oracle 数据库时，自动配置了相应的环境变量，如 D:\app\Administrator\product\11.2.0\dbhome_1\。

（2）在 Oracle 安装路径的文件夹中，确定 expdp.exe 和 impdp.exe 文件的存在。

（3）创建一个外部目录。

在 Oracle 中创建目录对象时，需要使用 CREATE DIRECTORY 语句，其语法格式如下：

```
CREATE DIRECTORY directory_name AS directory_path;
```

其中，directory_name 表示目录对象的名称；directory_path 表示所创建目录的路径以及名称。

例如，在操作系统目录 D:\app\Administrator\admin\orcl\dpdump 下，创建一个文件夹 dataport 目录，然后为该目录创建一个目录对象 myport，代码如下：

```
SQL> CREATE DIRECTORY myport
  2  AS
  3  'D:\app\Administrator\admin\orcl\dpdump\dataport';
目录已创建。
```

如果要访问 Data Pump 文件，用户必须拥有该目录的 READ 和 WRITE 权限。将该目录上的 READ 和 WRITE 权限授予用户 system，代码如下：

```
SQL> GRANT READ,WRITE ON directory myport TO system;
授权成功。
```

授权成功后，system 用户可以对 Data Pump 作业使用 myport 目录。文件系统目录 \dpdump\dataport 可以存在于源服务器、目标服务器或网络上的任何服务器，只要服务器可以访问此目录，且此目录上的权限允许 Oracle 用户读写访问即可。

14.2 Data Pump Export 工具

Data Pump Export 工具简称 Export，使用该工具可以将数据和元数据转存到转存文件集的一组操作系统文件中。在操作系统中使用 EXPDP 命令来启动 Data Pump Export。

> **提示**
>
> 元数据（Data About Data，关于数据的数据）被定义为是描述数据及其环境的数据。

14.2.1 Data Pump Export 选项

Oracle 数据泵导出实用程序（EXPDP）在使用方面类似于 EXP 实用程序。本小节将介绍 EXPDP 实用程序的使用参数、导出模式以及在交互界面中所使用的命令。

1. EXPDP 命令的参数

在使用 Data Pump Export 技术对数据进行导出时，需要使用的命令行客户程序是 EXPDP。使用 EXPDP 命令时可以带有的参数如表 14-2 所示。

表 14-2 使用 EXPDP 命令可以带有的参数

参数	说明
HELP	显示用于导出的联机帮助，默认为 N
COMPRESS	指定要压缩的数据，可选值有 ALL、DATA_ONLY、METADATA_ONLY 和 NONE
CONTENT	筛选导出的内容，可选值有 ALL、DATA_ONLY 和 METADATA_ONLY
DATA_OPTIONS	如果该参数设置为 XML_CLOBS，则对导出的 XMLType 列不进行压缩
DIRECTORY	指定用于日志文件和转储文件集的目的目录
DUMPFILE	为转储文件指定名称和目录
ENCRYPTION	输出的加密级别，可选值有 ALL、DATA_ONLY、ENCRYPTED_COLUMNS_ONLY、ETADATA_ONLY 和 NONE
ENCRYPTION_ALGORITHM	执行加密使用的加密方法：AES128、AES192 或 AES256
ENCRYPTION_MODE	生成加密密钥的方法，可选值有 dual、password 和 transparent
ESTIMATE	确定用于估计转储文件大小的方法（BLOCKS 或 STATSTICS）
ESTIMATE_ONLY	一个 Y/N 标记，用于向 Data Pump 指定是否应该导出数据或者只是进行估计
EXCLUDE	排除导出的对象和数据
FILESIZE	规定每个导出转储文件的最大文件尺寸
FLASHBACK_SCN	用于数据库在导出过程中闪回的系统更改号（SCN）
FLASHBACK_TIME	用于数据库在导出过程中闪回的时间戳，FLASHBACK_TIME 和 FLASHBACK_SCN 是互斥的
INCLUDE	规定用于导出的对象和数据的标准
JOB_NAME	为作业指定一个名字，默认情况下是系统生成的
LOGFILE	导出日志的名字和可选的目录名
NEWWORK_LINK	为一个导出远程数据库的 Data Pump 作业指定源数据库链接

续表

参数	说明
PARFILE	指定参数文件
PARALLEL	为 Data Pump Export 作业设置工作进程的数量
QUERY	在导出过程中从表中筛选行
REMAP_DATA	指定能够转换数据中一列或多列的函数，以便测试或屏蔽敏感数据
REUSE_DUMPFILES	覆盖已有的转储文件
SAMPLE	支持数据块的百分比，以便轻松地从每个表中选择一定百分比的行
STATUS	显示 Data Pump 作业的详细状态
ATTACH	将一个客户会话连接到一个当前运行的 Data Pump Export 作业上
VERSION	规定将创建的数据库对象的版本，以便转储的文件集可以和早期版本的 Oracle 兼容。可选值有 COMPATIBLE、LATEST 和数据库版本号（不低于 9.2）
TRANSPORTABLE	只为表模式导出而导出元数据
FULL	在一个 FULL 模式导出下通知 Data Pump 导出所有的数据和元数据
SCKEMAS	要导出的模式的列表
TABLES	列出将用于一个 Table 模式导出而导出的表和分区
TABLESPACES	列出将导出的表空间
TRANSPORT_TABLESPACES	指定一个 Transportable Tablespace 模式导出
TRANSPORT_FULL_CHECK	指定是否首先应该验证正在导出的表空间是一个自包含集

在命令提示符窗口中，进入 Oracle 的目录，然后就可以使用 EXPDP 命令了。例如，使用 HELP 参数显示程序有效的参数信息，具体操作如下：

```
D:\app\Administrator\product\11.2.0\dbhome_1\>EXPDP HELP=Y;
Export: Release 11.2.0.1.0 - Production on 星期一 9月 10 14:44:03 2012
Copyright (c) 1982, 2009, Oracle and/or its affiliates.  All rights reserved.
数据泵导出实用程序提供了一种用于在 Oracle 数据库之间传输
数据对象的机制。该实用程序可以使用以下命令进行调用：
   示例: expdp scott/tiger DIRECTORY=dmpdir DUMPFILE=scott.dmp
您可以控制导出的运行方式。具体方法是：在 'expdp' 命令后输入
各种参数。要指定各参数，请使用关键字：
   格式:  expdp KEYWORD=value 或 KEYWORD=(value1,value2,...,valueN)
   示例: expdp scott/tiger DUMPFILE=scott.dmp DIRECTORY=dmpdir SCHEMAS
   =scott
            或 TABLES=(T1:P1,T1:P2), 如果 T1 是分区表
USERID 必须是命令行中的第一个参数。
------------------------------------------------
```

以下是可用关键字和它们的说明。方括号中列出的是默认值。
ATTACH
连接到现有作业。
例如，ATTACH=job_name。
COMPRESSION
减少转储文件大小。
有效的关键字值为：ALL, DATA_ONLY, [METADATA_ONLY] 和 NONE。
DUMPFILE
指定目标转储文件名的列表 [expdat.dmp]。
例如，DUMPFILE=scott1.dmp, scott2.dmp, dmpdir:scott3.dmp。
ENCRYPTION
加密某个转储文件的一部分或全部。
有效的关键字值为：ALL, DATA_ONLY, ENCRYPTED_COLUMNS_ONLY, METADATA_ONLY 和 NONE。
PARFILE
指定参数文件名。
QUERY
用于导出表的子集的谓词子句。
例如，QUERY=employees:"WHERE department_id > 10"。
STOP_JOB
按顺序关闭作业执行并退出客户机。
有效的关键字值为：IMMEDIATE。

2．数据泵导出的 5 种模式

在 Oracle 数据库中，根据要导出的对象类型，从单个表到整个数据库，Data Pump Export 可以使用 5 种不同的模式来转存数据，如表 14-3 所示。

表 14-3　数据泵导出的 5 种模式

模式	使用的参数	说明	操作角色
Full（全库）	full	导出整个数据库	必须拥有 exp_full_database 角色来导出整个数据库
Schema（模式）	schemas	导出一个或多个用户模式中的数据和元数据	如果拥有 exp_full_database 角色，可以导出任何模式否则只能导出自己的模式
Table（表）	tables	导出一组特定的表	如果拥有 exp_full_database 角色，可以导出任何模式的表
Tablespace（表空间）	tablespaces	导出一个或多个表空间的数据	必须拥有 exp_full_database 角色，才能导出整个表空间
Transportable Tablespace（可移动表空间）	transport_tablespaces	为了迁移表空间，需要导出一个或多个表空间中对象的元数据	导出表空间中对象的元数据

3．EXPDP 交互模式中的命令列表

EXPDP 交互模式可以在后台运行时对作业进行管理，或者从作业中分离出来，而作

业可以继续进行。通过 EXPDP 交互模式，可以将传统的操作转变为数据库内部的任务，从而实现对任务的终止与重新启动。

在 Oracle 数据泵操作中，使用【Ctrl+C】快捷键，可以将数据泵操作转移到后台执行，然后 Oracle 会将 EXPDP 设置为交互模式。

在将 EXPDP 设置为交互模式后，可以在 Data Pump 的界面执行表 14-4 中的命令。

表 14-4　EXPDP 交互模式下的操作命令

参数	说明
ADD_FILE	将转储文件添加到转储文件集
CONTINUE_CLIENT	返回到事件记录模式。如果处于空闲状态，将重新启动作业
EXIT_CLIENT	退出客户机会话并使作业保持运行状态
FILESIZE	用于后续 ADD_FILE 命令的默认文件大小（字节）
HELP	汇总交互命令
KILL_JOB	分离并删除作业
PARALLEL	更改当前作业的活动 worker 的数量
REUSE_DUMPFILES	覆盖目标转储文件（如果文件存在）[N]
START_JOB	启动或恢复当前作业，有效的关键字值为 SKIP_CURRENT
STATUS	监视作业状态的频率，其中默认值[0]表示只要有新状态可用，就立即显示新状态
STOP_JOB	按顺序关闭作业执行并退出客户机，有效的关键字值为 IMMEDIATE

14.2.2　使用 Data Pump Export

使用 EXPDP 程序来启动一项 Data Pump Export 作业。在命令提示符窗口中，进入 Oracle 的目录，然后使用 EXPDP 命令，根据执行结果查看执行过程，具体操作如下：

```
D:\app\Administrator\product\11.2.0\dbhome_1\>EXPDP system/oracle
DUMPFILE=MYPORT.DMP;
Export: Release 11.2.0.1.0 - Production on 星期一 9月 10 15:38:23 2012
Copyright (c) 1982, 2009, Oracle and/or its affiliates.  All rights
 reserved.
连接到: Oracle Database 11g Enterprise Edition Release 11.2.0.1.0
- Production
With the Partitioning, OLAP, Data Mining and Real Application Testing
 options
启动 "SYSTEM"."SYS_EXPORT_SCHEMA_01":  system/******** DUMPFILE=MYPORT.
DMP;
正在使用 BLOCKS 方法进行估计...
处理对象类型 SCHEMA_EXPORT/TABLE/TABLE_DATA
使用 BLOCKS 方法的总估计: 320 KB
处理对象类型 SCHEMA_EXPORT/USER
处理对象类型 SCHEMA_EXPORT/SYSTEM_GRANT
处理对象类型 SCHEMA_EXPORT/ROLE_GRANT
```

```
. . 导出了 "SYSTEM"."REPCAT$_AUDIT_ATTRIBUTE"         6.328 KB      2 行
. . 导出了 "SYSTEM"."DEF$_AQCALL"                         0 KB      0 行
已成功加载/卸载了主表 "SYSTEM"."SYS_EXPORT_SCHEMA_01"
******************************************************************
SYSTEM.SYS_EXPORT_SCHEMA_01 的转储文件集为：
  D:\APP\ADMINISTRATOR\ADMIN\ORCL\DPDUMP\MYPORT.DMP;
作业 "SYSTEM"."SYS_EXPORT_SCHEMA_01" 已于 15:40:06 成功完成
```

在上述命令的执行过程中，可以使用 Ctrl+C 快捷键切换到 Data Pump Export 作业的交互模式。切换到交互模式后，Data Pump 将返回 EXPORT 提示符，在该提示符下，就可以使用 EXPDP 的交互模式操作命令了。

1. 使用不同的导出模式

数据泵导出可以有 5 种模式，下面使用不同的执行命令，实现不同的导出模式。

1) 导出数据库的所有对象（Full 模式）

使用 EXPDP 命令时指定 FULL 参数，将导出数据库的所有对象，包括数据库元数据、数据和所有对象的转储。

例如，使用 EXPDP 命令导出整个数据库、数据和所有对象的转储，其转储的文件名为 full.dmp，具体操作如下：

```
D:\app\Administrator\product\11.2.0\dbhome_1\>EXPDP system/oracle
DIRECTORY=myport  DUM
PFILE=full.dmp  FULL=Y
处理对象类型 DATABASE_EXPORT/TABLESPACE
处理对象类型 DATABASE_EXPORT/PROFILE
. 导出了 "SYSMAN"."MGMT_JOB_PARAMETER"                9.218 KB      7 行
. 导出了 "SYSMAN"."MGMT_JOB_SQL_PARAMS"               6.937 KB     10 行
. 导出了 "SYSMAN"."MGMT_SWLIB_REVISION_PARAMETERS"   54.91 KB    728 行
. . 导出了 "SYSMAN"."MGMT_FAILED_CONFIG_ACTIVITIES"     0 KB      0 行
. . 导出了 "SYSTEM"."REPCAT$_USER_AUTHORIZATIONS"       0 KB      0 行
已成功加载/卸载了主表 "SYSTEM"."SYS_EXPORT_FULL_01"
******************************************************************
SYSTEM.SYS_EXPORT_FULL_01 的转储文件集为：
  D:\APP\ADMINISTRATOR\ADMIN\ORCL\DPDUMP\DATAPORT\FULL.DMP
作业 "SYSTEM"."SYS_EXPORT_FULL_01" 已于 17:13:21 成功完成
```

2) 导出用户数据（Schema 模式）

使用 EXPDP 命令时指定 SCHEMAS 参数，将导出指定模式中的所有对象信息。例如，使用 EXPDP 命令导出 scott 模式的数据，具体操作如下：

```
D:\app\Administrator\product\11.2.0\dbhome_1\>EXPDP system/oracle
DIRECTORY=myport DUMP
FILE=schema.dmp SCHEMAS=SCOTT NOLOGFILE=Y;
Export: Release 11.2.0.1.0 - Production on 星期一 9月 10 17:37:00 2012
Copyright (c) 1982, 2009, Oracle and/or its affiliates. All rights
```

```
reserved.
连接到: Oracle Database 11g Enterprise Edition Release 11.2.0.1.0
- Production
With the Partitioning, OLAP, Data Mining and Real Application Testing
 options
启动 "SYSTEM"."SYS_EXPORT_SCHEMA_01": system/******** DIRECTORY=myport
 DUMPFILE
=schema.dmp SCHEMAS=SCOTT NOLOGFILE=Y;
正在使用 BLOCKS 方法进行估计...
处理对象类型 SCHEMA_EXPORT/TABLE/TABLE_DATA
使用 BLOCKS 方法的总估计: 192 KB
处理对象类型 SCHEMA_EXPORT/USER
处理对象类型 SCHEMA_EXPORT/TABLE/STATISTICS/TABLE_STATISTICS
. . 导出了 "SCOTT"."DEPT"                          5.937 KB        4 行
. . 导出了 "SCOTT"."EMP"                           8.570 KB       14 行
. . 导出了 "SCOTT"."BONUS"                             0 KB        0 行
已成功加载/卸载了主表 "SYSTEM"."SYS_EXPORT_SCHEMA_01"
******************************************************************
SYSTEM.SYS_EXPORT_SCHEMA_01 的转储文件集为:
  D:\APP\ADMINISTRATOR\ADMIN\ORCL\DPDUMP\DATAPORT\SCHEMA.DMP
作业 "SYSTEM"."SYS_EXPORT_SCHEMA_01" 已于 17:38:22 成功完成
```

3) 导出特定的表（Table 模式）

使用 EXPDP 命令时指定 TABLES 参数，将导出指定表中的所有信息。

例如，使用 EXPDP 命令导出 scott 模式中的 dept 表，具体操作如下：

```
D:\app\Administrator\product\11.2.0\dbhome_1\>EXPDP system/oracle
DIRECTORY=myport DUMP
FILE=table.dmp TABLES=scott.dept
处理对象类型 TABLE_EXPORT/TABLE/TABLE
处理对象类型 TABLE_EXPORT/TABLE/STATISTICS/TABLE_STATISTICS
. . 导出了 "SCOTT"."DEPT"                          5.937 KB        4 行
已成功加载/卸载了主表 "SYSTEM"."SYS_EXPORT_TABLE_01"
******************************************************************
SYSTEM.SYS_EXPORT_TABLE_01 的转储文件集为:
  D:\APP\ADMINISTRATOR\ADMIN\ORCL\DPDUMP\DATAPORT\TABLE.DMP
作业 "SYSTEM"."SYS_EXPORT_TABLE_01" 已于 17:44:57 成功完成
```

4) 导出表空间的数据（Tablespace 模式）

使用 EXPDP 命令时指定 TABLESPACES 参数，将导出指定表空间中的所有对象信息。例如，使用 EXPDP 命令从 users 表空间中导出数据，具体操作如下：

```
D:\app\Administrator\product\11.2.0\dbhome_1\>EXPDP system/oracle
DIRECTORY=myport DUMP
FILE=tablespace.dmp TABLESPACES=users NOLOGFILE=Y;
处理对象类型 TABLE_EXPORT/TABLE/TABLE_DATA
使用 BLOCKS 方法的总估计: 960 KB
处理对象类型 TABLE_EXPORT/TABLE/TABLE
```

```
. . 导出了 "OE"."PURCHASEORDER"              243.9 KB          132 行
. . 导出了 "OE"."CATEGORIES_TAB"              14.15 KB           22 行
. . 导出了 "SH"."DIMENSION_EXCEPTIONS"            0 KB            0 行
已成功加载/卸载了主表 "SYSTEM"."SYS_EXPORT_TABLESPACE_01"
******************************************************************************
SYSTEM.SYS_EXPORT_TABLESPACE_01 的转储文件集为:
  D:\APP\ADMINISTRATOR\ADMIN\ORCL\DPDUMP\DATAPORT\TABLESPACE.DMP
作业 "SYSTEM"."SYS_EXPORT_TABLESPACE_01" 已于 18:06:03 成功完成
```

5）使用可移动表空间模式（Transportable Tablespace 模式）

使用 EXPDP 命令时指定 TRANSPORT_TABLESPACES 参数，将导出一个或多个表空间中的元数据。

例如，导出与 users 表空间相关联的元数据，具体操作如下：

首先，设置 users 表空间为只读状态。

```
SQL> ALTER TABLESPACE users READ ONLY;
表空间已更改。
```

然后，使用 EXPDP 命令导出与 users 表空间相关联的元数据。

```
D:\app\Administrator\product\11.2.0\dbhome_1\>EXPDP system/oracle
 DIRECTORY=myport DUMP
FILE=trans.dmp TRANSPORT_TABLESPACES=users NOLOGFILE=Y;
处理对象类型 TRANSPORTABLE_EXPORT/TYPE/TYPE_SPEC
处理对象类型 TRANSPORTABLE_EXPORT/TYPE/TYPE_BODY
已成功加载/卸载了主表 "SYSTEM"."SYS_EXPORT_TRANSPORTABLE_01"
******************************************************************************
SYSTEM.SYS_EXPORT_TRANSPORTABLE_01 的转储文件集为:
  D:\APP\ADMINISTRATOR\ADMIN\ORCL\DPDUMP\DATAPORT\TRANS.DMP
******************************************************************************
可传输表空间 USERS 所需的数据文件:
  F:\ORACLE11G\ORCL\USERS01.DBF
作业 "SYSTEM"."SYS_EXPORT_TRANSPORTABLE_01" 已于 18:32:25 成功完成
```

2. 使用 EXCLUDE 参数

如果要实现从 Data Pump Export 中排除表集合，需要在 EXPDP 命令中使用参数 EXCLUDE，可以按照类型和名称来排除对象。如果排除了一个对象，也将排除所有与它相关的对象。

使用 EXCLUDE 参数的语法格式如下：

```
EXCLUDE=object_type[:name_clause][,...]
```

其中，object_type 可以是任何 Oracle 对象类型，包括授权、索引和表等；name_clause 用于限制返回的值。

如果 object_type 值为 CONSTRAINT，将排除除 NOT NULL 外的所有约束；如果 object_type 值为 USERS，将排除用户定义，但是仍将导出用户模式中的对象；如果 object_type 值为 SCHEMA，将排除一个用户以及该用户所有的对象；如果 object_type

值为 GRANT，将排除所有的对象授权和系统特权。

例如，导出 users 表空间，并排除 emp 表和 dept 表，具体操作如下：

```
D:\app\Administrator\product\11.2.0\dbhome_1\>EXPDP system/oracle DIRE
CTORY=myport DUMPFILE=exclude.dmp TABLESPACES=users EXCLUDE=TABLE:
"IN('emp')" EXCLUDE=TABLE:"IN('dept')"
正在使用 BLOCKS 方法进行估计...
处理对象类型 TABLE_EXPORT/TABLE/TABLE_DATA
使用 BLOCKS 方法的总估计: 960 KB
处理对象类型 TABLE_EXPORT/TABLE/CONSTRAINT/REF_CONSTRAINT
处理对象类型 TABLE_EXPORT/TABLE/STATISTICS/TABLE_STATISTICS
. . 导出了 "OE"."PURCHASEORDER"                243.9 KB      132 行
. . 导出了 "OE"."CATEGORIES_TAB"               14.15 KB       22 行
. . 导出了 "SCOTT"."BONUS"                         0 KB        0 行
已成功加载/卸载了主表 "SYSTEM"."SYS_EXPORT_TABLESPACE_01"
******************************************************************************
SYSTEM.SYS_EXPORT_TABLESPACE_01 的转储文件集为:
 D:\APP\ADMINISTRATOR\ADMIN\ORCL\DPDUMP\DATAPORT\EXCLUDE.DMP
作业 "SYSTEM"."SYS_EXPORT_TABLESPACE_01" 已于 09:14:06 成功完成
```

3. 使用 INCLUDE 参数

如果在 Data Pump Export 中使用 INCLUDE 参数，仅仅导出符合标准的对象，其他所有对象均被排除，INCLUDE 和 EXCLUDE 参数是相互排斥的。

使用 INCLUDE 参数的语法格式如下：

```
INCLUDE = object_type[:name_clause],[,...]
```

其中，object_type 可以是任何 Oracle 对象类型，包括授权、索引和表等；name_clause 用于限制返回的值。

例如，导出 users 表空间的 emp 表，具体操作如下：

```
D:\app\Administrator\product\11.2.0\dbhome_1\BIN>EXPDP    system/oracle
DIRECTORY=MYPORT DUMPFILE=include.dmp TABLESPACES=users INCLUDE=TABLE:
"IN('emp')"
正在使用 BLOCKS 方法进行估计...
处理对象类型 TABLE_EXPORT/TABLE/TABLE_DATA
使用 BLOCKS 方法的总估计: 960 KB
处理对象类型 TABLE_EXPORT/TABLE/TABLE
. . 导出了 "SCOTT"."EMP"                        8.570 KB       14 行
已成功加载/卸载了主表 "SYSTEM"."SYS_EXPORT_TABLESPACE_01"
```

4. 使用 QUERY 参数

对于满足 EXCLUDE 和 INCLUDE 标准的对象，将会导出该对象的所有行，这时可以使用 QUERY 参数来限制返回的行。使用 QUERY 参数的语法格式如下：

```
QUERY =[schema.][table_name:] query_clause
```

其中，schema 用于指定表所属的用户名，或者所属的用户模式名；table_name 用于指定表名；query_clause 用于指定限制条件。

例如，选择 scott 用户的 dept 表，导出 deptno 列的值为 30 的记录，具体操作如下：

```
D:\app\Administrator\product\11.2.0\dbhome_1\>EXPDP system/oracle
DIRECTORY=myport DUMPFILE=query.dmp Tables=scott.dept  QUERY=\"WHERE
deptno=30\"
处理对象类型 TABLE_EXPORT/TABLE/TABLE_DATA
使用 BLOCKS 方法的总估计：64 KB
处理对象类型 TABLE_EXPORT/TABLE/STATISTICS/TABLE_STATISTICS
. . 导出了 "SCOTT"."DEPT"                               5.867 KB       1 行
已成功加载/卸载了主表 "SYSTEM"."SYS_EXPORT_TABLE_01"
******************************************************************************
SYSTEM.SYS_EXPORT_TABLE_01 的转储文件集为：
  D:\APP\ADMINISTRATOR\ADMIN\ORCL\DPDUMP\DATAPORT\QUERY.DMP
作业 "SYSTEM"."SYS_EXPORT_TABLE_01" 已于 10:19:55 成功完成
```

14.3 练习 14-1：导出产品价格表

有一个产品价格表 pro_price，现在需要创建一个目录对象 myprice，其指向存储文件的目录为 D:\app\Administrator\admin\orcl\dpdump\dataport，使用命令行客户程序 EXPDP 将 pro_price 表中的数据以及相关的元数据导出到 mypro_price.dmp 的转储文件集中，然后再使用命令行客户程序 IMPDP 将转储文件集 mypro_price.dmp 中的数据导入到数据库中。下面详细介绍操作过程。

（1）使用 CREATE DIRECTORY 语句创建目录对象 myprice，代码如下：

```
SQL> CREATE DIRECTORY myprice
  2 AS
  3 'D:\app\Administrator\admin\orcl\dpdump\dataport';
目录已创建。
```

（2）使用 EXPDP 命令指定 TABLES 参数，将 pro_price 表中的数据导出到 mypro_price.dmp 的转储文件集，具体操作如下：

```
D:\app\Administrator\product\11.2.0\dbhome_1\BIN>EXPDP system/oracle
DIRECTORY=myprice DUMPFILE=mypro_price.dmp TABLES=pro_price
处理对象类型 TABLE_EXPORT/TABLE/TABLE_DATA
使用 BLOCKS 方法的总估计：64 KB
处理对象类型 TABLE_EXPORT/TABLE/TABLE
处理对象类型 TABLE_EXPORT/TABLE/PRE_TABLE_ACTION
. . 导出了 "SYSTEM"."PRO_PRICE"                         5.859 KB       3 行
已成功加载/卸载了主表 "SYSTEM"."SYS_EXPORT_TABLE_02"
```

（3）使用 IMPDP 命令将转储文件集 mypro_price.dmp 中的数据导入到数据库中，具体操作如下：

```
D:\app\Administrator\product\11.2.0\dbhome_1\BIN>IMPDP system/oracle
 DIRECTORY=myprice DUMPFILE=mypro_price.dmp TABLES=pro_price
Import: Release 11.2.0.1.0 - Production on 星期三 9月 12 15:30:53 2012
Copyright (c) 1982, 2009, Oracle and/or its affiliates.  All rights
 reserved.
连接到: Oracle Database 11g Enterprise Edition Release 11.2.0.1.0
- Production
With the Partitioning, OLAP, Data Mining and Real Application Testing
options
已成功加载/卸载了主表 "SYSTEM"."SYS_IMPORT_TABLE_01"
```

14.4　Data Pump Import 工具

在实际应用中，有时需要把一个 Oracle 数据库的数据移动到另外一个 Oracle 数据库中，有时需要把第三方数据库产品（如 SQL Server）中的数据导入到 Oracle 中，有时需要把文本文件导入到 Oracle 中。与 Oracle 数据的导出方法一样，Oracle 数据的导入方法也主要分成两大类：使用 Oracle 自己的导入工具和使用第三方的导入工具。第三方的导入工具是对 Oracle 导入工具的补充。Oracle 一直使用的导入工具是"Import"，到了 Oracle 10g，Oracle 公司推出一个新的导入工具——Data Pump Import。这个工具和 Data Pump Export 联合使用，能够实现数据的快速移动。

14.4.1　Data Pump Import 选项

Data Pump Import 是 Oracle 10g 推出的最新的数据导入工具，它能把利用 Data Pump Export 导出生成的文件导入到数据库中。特别注意的是，Data Pump Import 只能导入由 Data Pump Export 生成的文件。Data Pump Import、Data Pump Export 和 Oracle 以前的导入/导出工具不兼容。在操作系统命令行通过使用 IMPDP 命令来启动导入。IMPDP 的功能包括将数据加载到整个数据库、特定的模式、特定的表空间或特定的表，在将表空间传输到数据库中时也要使用 IMPDP 命令。

1．IMPDP 命令的参数

在 IMPDP 实用程序中，可以使用表 14-5 所示的参数。

表 14-5　IMPDP 命令的参数

参数	说明
HELP	显示用于导入的联机帮助
CONTENT	指定要加载的数据。有效的关键字为[ALL]、DATA_ONLY 和 METADATA_ONLY

续表

参数	说明
DATA_OPTIONS	数据层选项标记。有效的关键字为 SKIP_CON STRAINT_ERRORS
DIRECTORY	用于转储文件，日志文件和 SQL 文件的目录对象
DUMPFILE	要从中导入的转储文件的列表[expdat.dmp]。例如，DUMPFILE=scott1.dmp,scott2.dmp,dmpdir:scott3.dmp
ENCRYPTION_PASSWORD	用于访问转储文件中的加密数据的口令密钥。对于网络导入作业无效
ESTIMATE	计算作业估计值。有效的关键字为[BLOCKS]和 STATISTICS
EXCLUDE	排除特定对象类型。例如，EXCLUDE=SCHEMA:"='HR'"
FLASHBACK_SCN	用于重置会话快照的 SCN
FLASHBACK_TIME	用于查找最接近的相应 SCN 值的时间
INCLUDE	包括特定对象类型。例如，INCLUDE=TABLE_DATA
JOB_NAME	要创建的导入作业的名称
LOGFILE	日志文件名[import.log]
NETWORK_LINK	源系统的远程数据库链接的名称
NOLOGFILE	不写入日志文件[N]
PARALLEL	更改当前作业的活动 worker 的数量
PARTITION_OPTIONS	指定应如何转换分区。有效的关键字为 DEPARTITION、MERGE 和[NONE]
QUERY	用于导入表的子集的谓词子句。例如，QUERY=employees:"WHEREdepartment_id>10"
REMAP_DATAFILE	在所有 DDL 语句中重新定义数据文件引用
REMAP_SCHEMA	将一个方案中的对象加载到另一个方案
REMAP_TABLE	将表名重新映射到另一个表。例如，REMAP_TABLE=EMP.EMPNO:REMAPPKG.EMPNO
REMAP_TABLESPACE	将表空间对象重新映射到另一个表空间
REUSE_DATAFILES	如果表空间已存在，则将其初始化[N]
SKIP_UNUSABLE_INDEXES	跳过设置为"索引不可用"状态的索引
SOURCE_EDITION	用于提取元数据的版本
SQLFILE	将所有的 SQL DDL 写入指定的文件
STATUS	监视作业状态的频率，其中默认值[0]表示只要有新状态可用，就立即显示新状态
STREAMS_CONFIGURATION	启用流元数据的加载
TABLE_EXISTS_ACTION	导入对象已存在时执行的操作。有效的关键字为 APPEND、REPLACE、[SKIP]和 TRUNCATE
FULL	在一个 Full 模式导入所有的数据和元数据
SCHEMAS	指定一个导入的模式
TABLES	标识要导入的表的列表。例如，TABLES=HR.EMPLOYEES,SH.SALES:SALES_1995
TABLESPACES	标识要导入的表空间的列表
TRANSPORT_TABLESPACES	要从中加载元数据的表空间的列表，仅在 NETWORK_LINK 模式导入操作中有效
TRANSFORM	要应用于适用对象的元数据转换。有效的关键字为 OID、PCTSPACE、SEGMENT_ATTRIBUTES 和 STORAGE

第14章 数据加载与传输

续表

参数	说明
TRANSPORTABLE	用于选择可传输数据移动的选项。有效的关键字为 ALWAYS 和[NEVER]。仅在 NETWORK_LINK 模式导入操作中有效
TRANSPORT_DATAFILES	按可传输模式导入的数据文件的列表
TRANSPORT_FULL_CHECK	验证所有表的存储段[N]
TRANSPORTTABLE	指定是否应该将可移动选项与表模式导入一同使用
VERSION	要导入的对象的版本。有效的关键字为 [COMPATIBLE、LATEST 或任何有效的数据库版本。仅对 NETWORK_LINK 和 SQLFILE 有效

在 DOS 命令窗口中，进入到 D:\app\Administrator\product\11.2.0\dbhome_1\目录下，使用 HELP 参数查看 IMPDP 命令的参数信息，具体操作如下：

```
D:\app\Administrator\product\11.2.0\dbhome_1\>IMPDP HELP=Y;
Import: Release 11.2.0.1.0 - Production on 星期二 9月 11 11:11:59 2012
Copyright (c) 1982, 2009, Oracle and/or its affiliates.  All rights
 reserved.
数据泵导入实用程序提供了一种用于在 Oracle 数据库之间传输
数据对象的机制。该实用程序可以使用以下命令进行调用：
   示例: impdp scott/tiger DIRECTORY=dmpdir DUMPFILE=scott.dmp
您可以控制导入的运行方式。具体方法是：在 'impdp' 命令后输入
各种参数。要指定各参数，请使用关键字：
   格式: impdp KEYWORD=value 或 KEYWORD=(value1,value2,...,valueN)
   示例: impdp scott/tiger DIRECTORY=dmpdir DUMPFILE=scott.dmp
USERID 必须是命令行中的第一个参数。
------------------------------------------------------
以下是可用关键字和它们的说明。方括号中列出的是默认值。
ATTACH
连接到现有作业。
例如, ATTACH=job_name。
CONTINUE_CLIENT
返回到事件记录模式。如果处于空闲状态，将重新启动作业。
STATUS
监视作业状态的频率，其中
默认值 [0] 表示只要有新状态可用，就立即显示新状态。
STOP_JOB
按顺序关闭作业执行并退出客户机。
有效的关键字为: IMMEDIATE。
```

2. Import 导入的 5 种模式

与 EXPDP 中的导出方式相对应，数据泵导入也有 5 种模式：Full、Schema、Table、Tablespace 和 Transporttable Tablespace，如表 14-6 所示。

表 14-6 Data Dump Import 的 5 种模式

模式	使用的参数	说明
Full（全库）	full	导入整个数据库

续表

模式	使用的参数	说明
Schema（模式）	schemas	导入一个或多个用户模式中的数据和元数据
Table（表）	tables	导入一组特定的表
Tablespace（表空间）	tablespaces	导入表空间的数据和元数据
Transportable Tablespace（可移动表空间）	transport_tablespaces	为了从源数据库移动一个表空间，而导入特定表空间的元数据

如果创建要使用的导出转储文件，需要 EXP_FULL_DATABASE 权限；如果使用 FULL 参数完成导入，则执行导入的用户必须拥有 IMP_FULL_DATABASE 权限。在其他大多数情况下，用户只需要拥有与创建转储文件用户相同的权限。

3．IMPDP 交互模式中的命令列表

与 EXPDP 一样，使用 Ctrl+C 快捷键，可以将数据泵操作转移到后台执行，然后 Oracle 会将 IMPDP 设置为交互模式。在将 IMPDP 设置为交互模式后，可以在 Data Pump 的界面中执行表 14-7 中的命令。

表 14-7　Data Pump Import 的操作命令

参数	说明
CONTINUE_CLIENT	返回到事件记录模式。如果处于空闲状态，重新启动作业
EXIT_CLIENT	退出客户机会话并使作业保持运行状态
HELP	汇总交互命令
KILL_JOB	分离并删除作业
PARALLEL	更改当前作业的活动 worker 的数量
START_JOB	启动或恢复当前作业。有效的关键字为 SKIP_CURRENT
STATUS	监视作业状态的频率，其中默认值[0]表示只要有新状态可用，就立即显示新状态
STOP_JOB	按顺序关闭作业执行并退出客户机。有效的关键字为 IMMEDIATE

14.4.2　使用 Data Pump Import

使用 IMPDP 程序启动一项 Data Pump Import 作业。在命令提示符窗口中进入 Oracle 的目录，之后使用 IMPDP 命令，将之前导出的 myport.dmp 导入到数据库，具体操作如下：

```
D:\app\Administrator\product\11.2.0\dbhome_1\BIN>IMPDP system/oracle
DUMPFILE=myport.dmp
Import: Release 11.2.0.1.0 - Production on 星期二 9月 11 15:02:02 2012
Copyright (c) 1982, 2009, Oracle and/or its affiliates.  All rights
reserved.
连接到: Oracle Database 11g Enterprise Edition Release 11.2.0.1.0
- Production
```

```
With the Partitioning, OLAP, Data Mining and Real Application Testing
options
已成功加载/卸载了主表 "SYSTEM"."SYS_IMPORT_FULL_02"
启动 "SYSTEM"."SYS_IMPORT_FULL_02":  system/******** DUMPFILE=myport.
dmp
处理对象类型 SCHEMA_EXPORT/USER
处理对象类型 SCHEMA_EXPORT/SYSTEM_GRANT
```

1. 导入不同的数据信息

下面通过简单的示例，使用 IMPDP 命令来说明对整个数据库的导入、表空间的导入、只导入数据和特定数据库对象类型的导入。

1）导入整个数据库

使用 IMPDP 命令时指定 FULL 参数，将导入数据库的所有对象，包括数据库元数据、数据和所有对象的转储。

例如，使用 EXPDP 命令导出了整个数据库，其目标对象为 myport，转储文件为 full.dmp，现在使用 IMPDP 命令将该文件中的内容导入进来，具体操作如下：

```
D:\app\Administrator\product\11.2.0\dbhome_1\BIN>IMPDP system/oracle
DIRECTORY=MYPORT DUMPFILE=full.dmp FULL=Y;
```

2）导入表空间

使用 IMPDP 命令时指定 TABLESPACES 参数，将导入指定表空间中的所有对象信息。

例如，使用 EXPDP 命令导出了 users 空间的数据，其目标对象为 myport，转储文件为 tablespace.dmp，现在使用 IMPDP 命令将该文件的内容导入到 users 表空间中，具体操作如下：

```
D:\app\Administrator\product\11.2.0\dbhome_1\BIN>IMPDP system/oracle
DIRECTORY=yport DUMPFILE=tablespace.dmp TABLESPACES=users;
已成功加载/卸载了主表 "SYSTEM"."SYS_IMPORT_TABLESPACE_01"
启动 "SYSTEM"."SYS_IMPORT_TABLESPACE_01":  system/******** DIRECTORY=
myport DUM
FILE=tablespace.dmp TABLESPACES=users;
作业 "SYSTEM"."SYS_IMPORT_TABLESPACE_01" 已于 15:42:48 成功完成
```

3）导入特定表数据

导入特定表数据需要使用 CONTENT 参数，该参数表示只将数据导入到数据库中。例如：

```
IMPDP system/oracle DIRECTORY=myport DUMPFILE=table.dmp CONTENT
=DATA_ONLY TABLES=scott.dept;
```

2. 转换导入的对象

在导入过程中，除改变或选择模式、表空间、数据文件和数据行之外，还可以使用

TRANSFORM 选项改变属性和存储要求。该选项的语法格式如下：

```
TRANSFORM = transform_name:value[:object_type]
```

其中，transform_name 表示指定转换名，取值可以为用于标识段属性的 SEGMENT_ATTRIBUTES 和用于标识段存储属性的 STORAGE；value 表示包含或排除段属性；object_type 用于指定对象类型，有以下几个可选值：CLUSTER、CONSTRAINT、INC_TYPE、INDEX、ROLLBACK_SEGMENT、TABLE、TABLESPACE 和 TYPE。

例如，在导入过程中可能要改变对象存储要求，比如使用 QUERY 选项限制导入的行，或者可能只是导入不带表数据的元数据。为了从导入的表中排除导出的存储子句，可以使用以下语句：

```
F:\app\Administrator\product\11.2.0\dbhome_1\BIN>IMPDP system/oracle DIRECTORY=myp
ort DUMPFILE=query.dmp TRANSFORM=storage:n:table
```

3. 生成 SQL 语句

可以为对象生成 SQL 语句，并将信息存储在操作系统的指定文件中，该文件的目录与文件名由 SQLFILE 选项指定，该选项的语法格式如下：

```
SQLFILE=[directory_object:]file_name
```

其中，directory_object 用于指定目录对象名；file_name 用于指定转储文件名。

例如，使用 SQLFILE 选项，生成存储 SQL 语句的文件为 sql.txt，具体操作如下：

```
D:\app\Administrator\product\11.2.0\dbhome_1\BIN>IMPDP system/oracle
DIRECTORY=myport DUMPFILE=table.dmp  SQLFILE=sql.txt
Import: Release 11.2.0.1.0 - Production on 星期二 9月 11 16:59:31 2012
Copyright (c) 1982, 2009, Oracle and/or its affiliates.  All rights
 reserved.
连接到: Oracle Database 11g Enterprise Edition Release 11.2.0.1.0
- Production
With the Partitioning, OLAP, Data Mining and Real Application Testing
 options
已成功加载/卸载了主表 "SYSTEM"."SYS_SQL_FILE_FULL_01"
启动 "SYSTEM"."SYS_SQL_FILE_FULL_01":  system/******** DIRECTORY=myport
 DUMPFILE=table.dmp SQLFILE=sql.txt
处理对象类型 TABLE_EXPORT/TABLE/TABLE
作业 "SYSTEM"."SYS_SQL_FILE_FULL_01" 已于 16:59:38 成功完成
```

执行上述命令后，在目录 D:\app\Administrator\admin\orcl\dpdump\dataport 下产生一个 sql.txt 文件，如图 14-1 所示。

使用 SQLFILE 输出的是一个纯文本文件，因此可以编辑该文件，在 SQL*Plus 或 SQL Developer 中使用它，或者将其保存为应用程序的数据库结构文档。

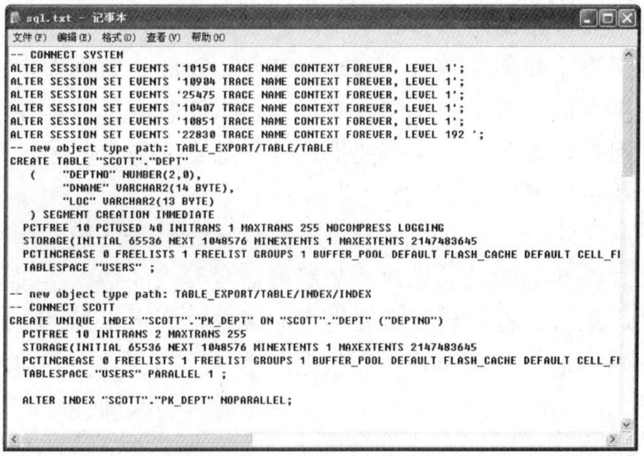

第14章 数据加载与传输

图 14-1 生成的 SQL 文件

14.5 SQL*Loader

Data Pump 以 Oracle 的专用格式来读、写文件，这种格式用于在数据库中导入和导出数据以及在数据库之间转移数据。但是，在很多情况下，需要批量上载某些第三方系统生成的数据集。因此，SQL*Loader 应运而生。输入文件可以任意生成，只要 SQL*Loader 能够理解这种布局，就可以成功地上载数据。DBA 的任务是配置一个能够解释输入数据文件内容的 SQL*Loader 控制文件。随后，SQL*Loader 既可以使用直接路径也可以通过数据库高速缓存区（采用与 Data Pump 相似的样式）来插入数据。使用 SQL*Loader 工具的缺点是速度比较慢，另外处理 BLOB 等类型的数据比较麻烦。

14.5.1 SQL*Loader 概述

要使用 SQL*Loader，必须编辑一个控制文件（.ctl）和一个数据文件（.dat）。其中，控制文件用于描述要加载的数据信息，包括数据文件名、数据文件中数据的存储格式、文件中的数据要存储到哪一个字段、哪些表和列要加载数据以及数据的加载方式等；数据文件用于保存数据库的数据信息。

SQL*Loader 具有以下优势：

（1）可以直接被前台应用程序调用。例如，开源的 COMPIERE 企业管理应用系统，其就是采用 Oracle 的数据库系统。在 COMPIERE 这个应用系统中，有一项很强大的功能，就是数据导入功能。其不但可以按现有的模板导入数据，而且用户还可以自定义导入的格式。这对于系统在基础数据导入的时候非常有用。但是，这个功能的开发却很简单，因为其基本上都是直接调用后台数据库系统中的 SQL*Loader 模块。命令行模式的导入模块可以直接被前台的应用程序调用，这是其最大的优势。

（2）可以从既定文件中大量导入数据。利用 SQL*Loader 工具，可以将既定文件（如逗号分隔符文件或固定宽度的文件）中的大量记录按照一定的规则导入到 Oracle 数据库系统中。这个导入的效率相比图形界面来说，也要高得多。

（3）可以实现把多个数据文件合并成一个文件。Oracle 数据库中，可以把一个数据库应用所需要的数据存放在多个数据文件中，以追求比较高的数据库性能，以及比较高的数据库安全性。但是，有时也可能需要把这几个数据文件合并为一个文件，此时，就可以采用 SQL*Loader 工具对它们进行合并。

（4）修复、分离坏的记录。有时需要导入的数据跟 Oracle 数据库系统的数据表可能会存在一些冲突，导致数据导入的失败。如可能需要导入的数据字段太长，超过了数据表的最大长度限制，此时，就会导致数据导入的失败。利用 SQL*Loader 导入工具，可以把这些不符合规则的记录分离出来，存放在一个独立的文件中，而符合规则的数据，则可以被正常的导入。这样的话，就可以提高数据导入的准确性。

在 SQL*Loader 执行结束后，系统会自动产生一些文件。这些文件包括日志文件、坏文件和丢掉文件，具体介绍如下：

（1）日志文件：存储了在加载数据过程中的所有信息。

（2）坏文件：包含了 SQL*Loader 或 Oracle 拒绝加载的数据。

（3）丢掉文件：记录了不满足加载条件而被滤出的数据。

用户可以根据这些文件的信息，了解加载的结果是否成功。

调用 SQL*Loader 的命令为 SQLLDR，在 DOS 命令窗口中，输入 SQLLDR 命令，输出结果如下：

```
C:\Documents and Settings\Administrator>SQLLDR
SQL*Loader: Release 11.2.0.1.0 - Production on 星期二 9月 11 18:21:39 2012
Copyright (c) 1982, 2009, Oracle and/or its affiliates.  All rights
reserved.
用法: SQLLDR keyword=value [,keyword=value,...]
有效的关键字:
    userid -- ORACLE 用户名/口令
   control -- 控制文件名
       log -- 日志文件名
       bad -- 错误文件名
      data -- 数据文件名
   discard -- 废弃文件名
discardmax -- 允许废弃的文件的数目          (全部默认)
      skip -- 要跳过的逻辑记录的数目        (默认 0)
      load -- 要加载的逻辑记录的数目        (全部默认)
    errors -- 允许的错误的数目              (默认 50)
      rows -- 常规路径绑定数组中或直接路径保存数据间的行数
              (默认: 常规路径 64, 所有直接路径)
  bindsize -- 常规路径绑定数组的大小 (以字节计)    (默认 256000)
    silent -- 运行过程中隐藏消息 (标题,反馈,错误,废弃,分区)
    direct -- 使用直接路径                         (默认 FALSE)
   parfile -- 参数文件: 包含参数说明的文件的名称
  parallel -- 执行并行加载                         (默认 FALSE)
      file -- 要从以下对象中分配区的文件
skip_unusable_indexes -- 不允许/允许使用无用的索引或索引分区    (默认 FALSE)
```

```
skip_index_maintenance -- 没有维护索引，将受到影响的索引标记为无用
                                                              (默认 FALSE)
commit_discontinued -- 提交加载中断时已加载的行           (默认 FALSE)
  readsize -- 读取缓冲区的大小                              (默认 1048576)
external_table -- 使用外部表进行加载；NOT_USED, GENERATE_ONLY, EXECUTE
                                                          (默认 NOT_USED)
columnarrayrows -- 直接路径列数组的行数                    (默认 5000)
streamsize -- 直接路径流缓冲区的大小（以字节计）          (默认 256000)
multithreading -- 在直接路径中使用多线程
 resumable -- 启用或禁用当前的可恢复会话                   (默认 FALSE)
resumable_name -- 有助于标识可恢复语句的文本字符串
resumable_timeout -- RESUMABLE 的等待时间（以秒计）       (默认 7200)
date_cache -- 日期转换高速缓存的大小（以条目计）          (默认 1000)
no_index_errors -- 出现任何索引错误时中止加载             (默认 FALSE)
PLEASE NOTE: 命令行参数可以由位置或关键字指定。
前者的例子是 'sqlldr
scott/tiger foo'; 后一种情况的一个示例是 'sqlldr control=foo
userid=scott/tiger'。位置指定参数的时间必须早于
但不可迟于由关键字指定的参数。例如，
允许 'sqlldr scott/tiger control=foo logfile=log', 但是
不允许 'sqlldr scott/tiger control=foo log', 即使
参数 'log' 的位置正确。
```

提示 在使用 SQL*Loader 加载数据时，可以使用系统提供的一些参数（即上述结果中的关键字）来控制数据加载的方法。

14.5.2 数据加载示例

SQL*Loader 是 Oracle 的数据加载工具，通常用来将操作系统文件迁移到 Oracle 数据库中。使用 SQL*Loader 加载数据的关键是编写控制文件，控制文件中包含描述输入数据的信息（如输入数据的布局、数据类型等），另外还包含有关目标表的信息，甚至还可以包含要加载的数据。控制文件决定要加载的数据格式。根据数据文件的格式，也可以将控制文件分为自由格式与固定格式。本小节将详细介绍如何使用这两种格式来加载数据。

1. 固定格式加载数据

固定格式加载数据是指数据文件中的数据是按一定规律排列，而控制文件将通过数据的固定长度来对数据进行分割。

这里的固定格式是以 Excel 数据为例，通过 SQL*Loader 加载 Excel 中的数据。Excel 保存数据的一种格式为"CSV（逗号分隔）（*.csv）", 该文件类型通过逗号（，）分隔符隔离各列的数据，这就为使用 SQL*Loader 工具加载 Excel 中的数据提供了可能。

将 Excel 表格中员工信息导入到一个 employee 表中，具体实现步骤如下：

(1) 创建一个表 employee，用来存储要加载的数据。创建该表的语句如下：

```
SQL> CREATE TABLE employee(
  2  id NUMBER(4),
  3  name VARCHAR2(10),
  4  age NUMBER(3),
  5  sal NUMBER(10)
  6  );
表已创建。
```

(2) employee 表创建成功后，创建一个 Excel 文件，并在该文件中输入一些数据，数据信息与 employee 表中的列一一对应，如表 14-8 所示。

表 14-8 Excel 文件中的数据

id	name	age	sal
1	张梦	24	5000
2	曹磊	28	8000
3	高松	36	16000
4	周璐	23	3800
5	王艳	27	6000

保存 Excel 文件为 employee.csv，其中选择保存文件的格式为"CSV（逗号分隔）(*.csv)"，文件所在目录为 F:\Oracle11g。

(3) 在 F:\Oracle11g 目录下，使用文本工具（如记事本）创建一个控制文件，确定加载数据的方式。将该文件保存为 employee.ctl，文件内容如下：

```
LOAD DATA
INFILE 'F:\Oracle11g\employee.csv'
INSERT INTO TABLE employee
FIELDS TERMINATED BY ','
(id,name,age,sal)
```

上述语句中各参数的含义如下：

① LOAD DATA：控制文件标识。

② INFILE：要输入的数据文件。

③ INSERT：向 employee 表中添加记录，要求表中的数据为空。

④ FIELDS TERMINATED BY：指定数据文件中的分隔符为逗号。

(4) 调用 SQL*Loader 加载数据，指定所创建的控制文件，代码如下：

```
C:\Documents and Settings\Administrator>SQLLDR system/oracle CONTROL
=F:\Oracle11g\employee.ctl
SQL*Loader: Release 11.2.0.1.0 - Production on 星期三 9 月 12 10:51:57 2012
Copyright (c) 1982, 2009, Oracle and/or its affiliates.  All rights
reserved.
达到提交点 - 逻辑记录计数 5
```

（5）加载数据后，连接到 SQL*Plus 中，查询 employee 表中的数据信息，结果如下：

```
SQL> SELECT *
  2  FROM EMPLOYEE;
    ID   NAME            AGE         SAL
---------- ---------- ---------- ----------
     1   张梦             24        5000
     2   曹磊             28        8000
     3   高松             36       16000
     4   周璐             23        3800
     5   王艳             27        6000
```

2．自由格式加载数据

下面以记事本为例，介绍通过 SQL*Loader 工具加载自由格式的数据文件。

（1）创建一个名为 student 的表，建表语句如下：

```
SQL> CREATE TABLE student(
  2  id NUMBER(4),
  3  name VARCHAR2(10),
  4  age NUMBER(3),
  5  s_class VARCHAR2(20)
  6  );
表已创建。
```

（2）在 F:\Oracle11g 目录下，使用文本工具（如记事本）创建一个数据文件 student.txt，文件的内容如下：

```
LOAD DATA
INFILE 'F:\Oracle11g\student.txt'
INSERT INTO TABLE student
(id POSITION(01:04) INTEGER,
name POSITION(05:15) CHAR,
age POSITION(18:21) INTEGER,
s_class POSITION(22:35) CHAR)
```

（3）在 F:\Oracle11g 目录下，使用文本工具（如记事本）创建一个控制文件 student.ctl，用来确定加载数据的方式，该文件的内容如下：

```
1    王洁     19    java1班
2    张浩     20    java2班
3    赵琦     20    信管1班
4    刘婷婷   19    信管2班
```

（4）调用 SQL*Loader 加载数据，代码如下：

```
C:\Documents and Settings\Administrator>SQLLDR system/oracle CONTROL
=F:\Oracle11g\student.ctl
SQL*Loader: Release 11.2.0.1.0 - Production on 星期三 9月 12 11:55:19 2012
```

```
Copyright (c) 1982, 2009, Oracle and/or its affiliates. All rights
reserved.
达到提交点 - 逻辑记录计数 4
```

（5）加载数据后，连接到 SQL*Plus 中，查询 student 表中的数据信息，结果如下：

```
SQL> SELECT *
  2  FROM student;
        ID NAME              AGE S_CLASS
---------- ---------- ---------- --------------------
         1 王洁                19 java1班
         2 张浩                20 java2班
         3 赵琦                20 信管1班
         4 刘婷婷              19 信管2班
```

14.6　练习 14-2：导入用户信息到 user 表中

在 F:\Oracle11g 目录下有一个名为 user.csv 的 Excel 文件，该文件的内容如表 14-9 所示。

表 14-9　Excel 文件内容

id	Name	age	Address
1	王紫逸	18	北京市朝阳区
2	李勤	37	上海市徐汇区
3	王芬	29	郑州市金水区
4	张宇	22	上海市徐汇区
5	赵阳阳	18	江苏省昆山市
6	何东	32	北京市朝阳区

使用 SQL*Loader 将该文件中的数据导入到 users 表中，具体实现步骤如下：

（1）在 F:\Oracle11g 目录下，使用文本工具创建一个控制文件，并将该文件保存为 users.ctl，文件的内容如下：

```
LOAD DATA
INFILE 'F:\Oracle11g\users.csv'
INSERT INTO TABLE users
FIELDS TERMINATED BY ','
(id,name,age,address)
```

上述代码指定了数据文件中的分隔符为逗号 "，"，(id,name,age,address)定义对应列的顺序。

（2）调用 SQL*Loader 加载数据，指定所创建的控制文件，代码如下：

```
C:\Documents and Settings\Administrator>SQLLDR  system/oracle CONTROL
=F:\Oracle11g\users.ctl
SQL*Loader: Release 11.2.0.1.0 - Production on 星期三 9月 12 16:23:36 2012
```

```
Copyright (c) 1982, 2009, Oracle and/or its affiliates.  All rights
reserved.
达到提交点 - 逻辑记录计数 6
```

（3）加载数据后，连接到 SQL*Plus 中，查询 users 表中的数据，结果如下：

```
SQL> SELECT *
  2  FROM users;
    ID     NAME         AGE     ADDRESS
---------- ---------- -------- --------
     1     王紫逸        18      北京市朝阳区
     2     李勤          37      上海市徐汇区
     3     王芬          29      郑州市金水区
     4     张宇          22      上海市徐汇区
     5     赵阳阳        18      江苏省昆山市
     6     何东          32      北京市朝阳区
已选择 6 行。
```

由上述结果来看，users 表中的数据插入成功。

14.7 扩展练习

1．导入导出表空间

使用 CREATE DIRECTORY 语句创建一个目录对象，然后使用 EXPDP 和 IMPDP 命令导入导出 users 表空间。

2．加载图书信息数据到 books 表中

现有一个名为 books.csv 的 Excel 文件，该文件的内容如表 14-10 所示。

表 14-10 Excel 文件内容

id	bookname	price
1	轻松学 Java	50.0
2	Oracle 从入门到精通	46.8
3	Struts2 详解	78.0
4	学通 Java Web	69.9

第一列为图书编号，第二列为图书名，第三列为图书价格。要求根据该 Excel 文件创建一个与该文件的列一一对应的表 books，并使用 SQL*Loader 加载数据，将 Excel 文件中的数据加载到 books 表中。

第 15 章　使用 RMAN 工具备份与恢复

内容摘要 | Abstract

恢复管理器（Recovery Manager）是随 Oracle 服务器软件一同安装的 Oracle 工具软件，可以用来备份和还原数据库文件、归档日志和控制文件，也可以用来执行完全或不完全的数据库恢复。

本章将详细介绍如何通过 RMAN 对数据库进行备份，并进行不同形式的恢复。

学习目标 | Objective

- 了解 RMAN 的特点和组件
- 掌握 RMAN 备份数据库的基本操作
- 掌握 BACKUP 命令
- 熟练掌握使用 RMAN 实现恢复
- 掌握使用 RMAN 移动数据文件到新的位置
- 了解表空间的恢复

15.1　RMAN 简介

RMAN 是一种用于备份、还原和恢复数据库的 Oracle 工具，与用户管理的手动备份和恢复相比，RMAN 提供了更多的备份和恢复实现形式。

15.1.1　RMAN 的特点

与传统的备份和恢复方式相比，RMAN 具有以下特点：

（1）支持增量备份。在传统的备份工具（如 EXP 或 EXPDP）中，只能实现一个完整备份而不能增量备份，RMAN 采用备份级别实现增量备份。在一个完整备份的基础上，采用增量备份，和传统备份方式相比，可以减少备份的数据量。

（2）自动管理备份文件。RMAN 备份的数据是 RMAN 自动管理的，包括文件名称、备份文件存储目录，以及识别最近的备份文件，搜索恢复时需要的表空间、模式或数据文件等备份文件。

（3）自动化备份与恢复。在备份和恢复操作时，使用简单的指令就可以实现备份与恢复，且执行过程完全由 RMAN 自己维护。

（4）不产生重做信息。与用户管理的联机备份不同，使用 RMAN 的联机备份不产生重做信息。

（5）恢复目录。RMAN 的自动化备份与恢复功能应该归功于恢复目录的使用，RMAN 直接在其中保存了备份和恢复脚本。

（6）支持影像拷贝。使用 RMAN 也可以实现影像拷贝，影像是以操作系统上的文件格式存在的，这种拷贝方式类似于用户管理的脱机备份方式。

（7）新块的比较特性。这是 RMAN 支持增量备份的基础，这种特性使得在备份时，跳过数据文件中从未使用过的数据块的备份，备份数据量的减少直接导致了备份存储空间需求和备份时间的减少。

（8）备份的数据文件压缩处理。RMAN 提供一个参数，说明是否对备份文件进行压缩，压缩的备份文件以二进制文件格式存在，可以减少备份文件的存储空间。

（9）备份文件有效性检查功能。这种功能验证备份的文件是否可用，在恢复前往往需要验证备份文件的有效性。

15.1.2 RMAN 组件

RMAN 是一个以客户端方式运行的备份与恢复工具。最简单的 RMAN 可以只包含两个组件：RMAN 命令执行器和目标数据库。DBA 就是在 RMAN 命令执行器中执行备份与恢复操作的，然后由 RMAN 命令执行器对目标数据库进行相应的操作。在比较复杂的 RMAN 中会涉及更多的组件，图 15-1 显示了一个典型的 RMAN 运行时所使用的各个组件。

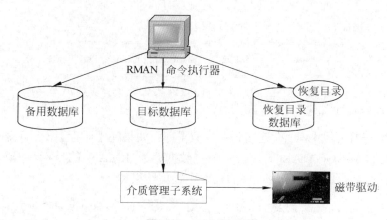

图 15-1　RMAN 组件

1. RMAN 命令执行器

RMAN 命令执行器（RMAN Executable）用来对 RMAN 实用程序进行访问，允许 DBA 输入执行备份和恢复操作所需的命令，DBA 可以使用命令行或图形用户界面（GUI）与 RMAN 交互。开始一个 RMAN 会话时，系统将为 RMAN 创建一个用户进程，并在 Oracle 服务器上启动两个默认进程，分别用于提供与目标数据库的连接和监视远程调用。除此之外，根据会话期间执行的操作命令，系统还会启动其他进程。

启动 RMAN 命令执行器最简单的方法是从操作系统中运行 RMAN，步骤如下：

（1）在 Windows 操作系统中执行【开始】|【运行】命令，在【运行】窗口中输入

RMAN,如图 15-2 所示。单击【确定】按钮,将打开 rman.exe 窗口,并且显示 RMAN>提示符。

图 15-2 【运行】窗口

也可以在 DOS 命令窗口中输入 RMAN 命令,进入到 RMAN 提示符,代码如下:

```
C:\Documents and Settings\Administrator>RMAN
恢复管理器: Release 11.2.0.1.0 - Production on 星期一 9 月 3 10:40:34 2012
Copyright (c) 1982, 2009, Oracle and/or its affiliates.  All rights
reserved.
RMAN>
```

(2)在 RMAN>提示符后,输入 SHOW ALL 命令,便可以查看 RMAN 的配置,结果如下:

```
RMAN> SHOW ALL;
RMAN-00571: ===========================================
RMAN-00569: =============== ERROR MESSAGE STACK FOLLOWS
RMAN-00571: ===========================================
RMAN-03002: show 命令 (在 09/03/2012 10:48:22 上) 失败
RMAN-06171: 没有连接到目标数据库
```

出现上述结果的原因是没有连接到目标数据库。如果在【运行】窗口中输入 RMAN TARGET SYSTEM/NOCATALOG,表示指定数据库为 RMAN 的目标数据库。当输入 SHOW ALL 命令后,将显示实用程序的当前配置,结果如下:

```
恢复管理器: Release 11.2.0.1.0 - Production on 星期一 9 月 3 10:56:28 2012
Copyright (c) 1982, 2009, Oracle and/or its affiliates.  All rights
reserved.
连接到目标数据库: ORCL (DBID=1319000637)
RMAN> SHOW ALL;
使用目标数据库控制文件替代恢复目录
db_unique_name 为 ORCL 的数据库的 RMAN 配置参数为:
CONFIGURE RETENTION POLICY TO REDUNDANCY 1; # default
CONFIGURE BACKUP OPTIMIZATION OFF; # default
CONFIGURE DEFAULT DEVICE TYPE TO DISK; # default
CONFIGURE CONTROLFILE AUTOBACKUP OFF; # default
CONFIGURE CONTROLFILE AUTOBACKUP FORMAT FOR DEVICE TYPE DISK TO '%F'; #
default
```

```
CONFIGURE DEVICE TYPE DISK PARALLELISM 1 BACKUP TYPE TO BACKUPSET; #
default
CONFIGURE DATAFILE BACKUP COPIES FOR DEVICE TYPE DISK TO 1; # default
CONFIGURE ARCHIVELOG BACKUP COPIES FOR DEVICE TYPE DISK TO 1; # default
CONFIGURE MAXSETSIZE TO UNLIMITED; # default
CONFIGURE ENCRYPTION FOR DATABASE OFF; # default
CONFIGURE ENCRYPTION ALGORITHM 'AES128'; # default
CONFIGURE COMPRESSION ALGORITHM 'BASIC' AS OF RELEASE 'DEFAULT' OPTIMIZE
FOR LO
D TRUE ; # default
CONFIGURE ARCHIVELOG DELETION POLICY TO NONE; # default
CONFIGURE SNAPSHOT CONTROLFILE NAME TO 'D:\ORACLE\PRODUCT\11.2.0\DBHOME
_1\DATAB
SE\SNCFORCL.ORA'; # default
```

提示 可以在 RMAN 窗口中输入 EXIT 或 QUIT 命令,关闭(或退出)RMAN 执行器实用程序。

2. 目标数据库

目标数据库(Target Database)即指想要备份、还原与恢复的数据库。

RMAN 可执行程序一次只能连接一个数据库,目标数据库的控制文件存储了 RMAN 所需的信息(存储仓库使用控制文件时),RMAN 通过读取控制文件来确定目标数据库的物理结构、要备份的数据文件的位置、归档信息等,在使用 RMAN 时会对控制文件进行更新。

3. RMAN 恢复目录

可以将目标数据库的备份恢复,元数据等相关信息写入到一个单独的数据库,这个单独的数据库即为 RMAN 恢复目录(RMAN Recover Catalog)。

恢复目录可以存储 RMAN 脚本,而非恢复目录情况下,则备份恢复脚本存储为操作系统文件。恢复目录的内容通常包括数据文件、归档日志备份集、备份片、镜像副本、RMAN 存储脚本,永久的配置信息等。

4. RMAN 资料档案库

在使用 RMAN 进行备份与恢复操作时,需要使用到的管理信息和数据称为 RMAN 资料档案库(RMAN Repository)。资料档案库可以包括以下信息:

备份集:备份操作的所有输出文件,包括文件创建的日期和时间。
备份段:备份集中的各个文件。
镜像副本:数据库文件的镜像副本。
目标数据库结构:目标数据库的控制文件、日志文件和数据文件信息。
配置设置:在覆盖备份集之前应该记录备份集存储的时间等。

5. 介质管理子系统

介质管理子系统（Media Management Subsystem）由介质管理软件和存储设备组成。RMAN 利用介质管理软件，可以将数据库备份到类似磁带的存储设备中。

6. 备用数据库

备用数据库（Standby Database）是对目标数据库的一个精确复制，通过不断地由目标数据库对应用生成归档重做日志，可以保持备用数据库与目标数据库的同步。

7. 恢复目录数据库

恢复目录数据库（Recover Catalog Database）用来保存 RMAN 恢复目录的数据库，它是一个独立于目标数据库的 Oracle 数据库。

15.1.3 保存 RMAN 资料档案库

RMAN 资料档案库可以保存在目标数据库的控制文件中，也可以保存在 RMAN 恢复目录中。默认情况下，RMAN 资料档案库保存在目标数据库的控制文件中。

1. 保存在恢复目录中

恢复目录是 RMAN 的一个可选组件，它存放在一个独立于目标数据库的 Oracle 数据库中，RMAN 利用目标数据库控制文件中的信息不断地对恢复目录进行更新。在执行备份与恢复操作时，RMAN 将直接从恢复目录中获取所需的信息，而不是再从目标数据库的控制文件中获取信息。

创建恢复目录的具体步骤如下：

（1）使用 DBA 身份登录数据库，代码如下：

```
SQL> CONN SYSTEM/oracle AS SYSDBA
已连接。
```

（2）创建恢复目录数据库。在创建恢复目录之前，需要先为 RMAN 创建一个数据库，即恢复目录数据库。在恢复目录数据库中创建恢复目录所用的表空间，代码如下：

```
SQL> CREATE TABLESPACE rman_tabs
  2  DATAFILE 'F:\Oracle11g\rman_tabs.dbf' SIZE 125M
  3  AUTOEXTEND ON NEXT 50M MAXSIZE 500M;
表空间已创建。
```

上述语句创建了一个大小为 125MB、名称为 rman_tabs 的表空间，允许自动扩展，每次扩展大小为 50MB，最大为 500MB。

（3）在恢复目录数据库中创建恢复目录所用的临时表空间，代码如下：

```
SQL> CREATE TEMPORARY TABLESPACE rman_temp
  2  TEMPFILE 'F:\Oracle11g\rman_temp.dbf' SIZE 30M;
```

表空间已创建。

（4）在恢复目录数据库中创建用户 user_rman，并授予 RECOVER_CATALOG_OWNER 权限，代码如下：

```
SQL> CREATE USER user_rman IDENTIFIED BY rman
  2  DEFAULT TABLESPACE rman_tabs
  3  TEMPORARY TABLESPACE rman_temp;
用户已创建。
SQL> GRANT CONNECT,RESOURCE TO user_rman;
授权成功。
SQL> GRANT recovery_catalog_owner TO user_rman;
授权成功。
```

（5）首先在【运行】窗口中输入 RMAN TARGET SYSTEM/NOCATALOG 来启动 RMAN。在恢复目录数据库中创建恢复目录，语句如下：

```
RMAN> CONNECT CATALOG user_rman/rman;
连接到恢复目录数据库
RMAN> CREATE CATALOG;
恢复目录已创建
```

将 RMAN 资料档案库保存在恢复目录中具有一些优势，如可以存储脚本、记录较长时间的备份恢复操作等。但是必须建立至少两个独立的数据库（目标数据库和恢复目录数据库）。如果无法满足这个基本条件，那么只能将 RMAN 资料档案库保存在目标数据库的控制文件中。

2．保存在控制文件中

在使用控制文件存储 RMAN 资料档案库时，目标数据库的控制文件中将包含以下两种类型的记录：

（1）不可循环使用的记录：用来记录一些关键性的但是又不会经常发生变化的信息，如数据库的结构信息。

（2）可循环使用的记录：用来记录非关键性的信息，这些信息在写满之后可以被重新覆盖写入。

可循环使用的记录通常在数据库运行过程中不断生成，如日志历史信息、归档重做日志文件、已建立的备份信息和脱机表空间的信息等，都是以循环使用的形式保存在控制文件中的。

在控制文件中为可循环使用的记录分配的存储空间是有限的，如果这些空间全部用完，在生成新的可循环使用记录时，Oracle 只有增加控制文件的大小，或者覆盖那些已经过期的、旧的可循环使用记录。

当将信息添加到控制文件时，首先使用可用的存储空间，然后再覆盖 CONTROL_FILE_RECORD_KEEP_TIME 参数标识为过期的数据，如果仍然没有足够的可用空间，才会增加控制文件的尺寸。

如果控制文件的所有副本都不可用，那么与 RMAN 备份有关的任何信息都将丢失。

因此，Oracle 建议将 RMAN 配置为执行控制文件的自动备份，这样，无论何时使用备份命令，或者数据库的结构发生了变化，RMAN 都会备份控制文件。

启用自动备份的命令如下：

```
连接到目标数据库：ORCL (DBID=1319000637)
RMAN> CONFIGURE CONTROLFILE AUTOBACKUP ON;
使用目标数据库控制文件替代恢复目录
新的 RMAN 配置参数：
CONFIGURE CONTROLFILE AUTOBACKUP ON;
已成功存储新的 RMAN 配置参数
```

> **注意**：如果将 RMAN 资料档案库完全保存在控制文件中，那么将无法使用 RMAN 的以下功能：存储 RMAN 脚本、利用 PUTFILE 命令备份操作系统文件，以及在丢失或损坏所有控制文件的情况下无法进行恢复。

15.1.4 配置 RMAN

RMAN 具有一套配置参数，这类似于操作系统中的环境变量。这些默认配置将被自动应用于所有的 RMAN 会话，通过 SHOW ALL 命令可以查看当前所有的默认配置。DBA 可以根据自己的需求，使用 CONFIGURE 命令对 RMAN 进行配置。

RMAN 在执行数据库备份与操作时，都要使用服务器进程，启动服务器进程是通过分配通道（RMAN 是通过与数据库服务器的会话建立连接的，通道代表这个连接，它指定了备份或恢复数据库的备份集所在的设备，如磁盘或磁带）来实现的。每分配一个通道，RMAN 就会相应地启动一个服务器进程，如图 15-3 所示。

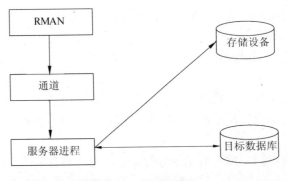

图 15-3　通道的使用

对 RMAN 的配置主要是针对其通道进行设置，一个通道是与一个设备相关联的，RMAN 可以使用的通道设备包括磁盘（DISK）和磁带（TAPE）。通道的分配可以为自动分配通道和 RUN 命令手动分配通道。

1. 手动分配通道

手动分配通道时需要使用 RUN 命令,该命令的语法格式如下:

```
RUN {order;}
```

其中,order 表示命令。

例如,连接到目标数据库后,手动分配一个名为 ch1 的通道,通过这个通道创建的文件都具有统一的名称格式,即 F:\Oracle11g\backup\%u_%c,利用这个通道对前面创建的表空间 rman_tbs 进行备份,代码如下:

```
RMAN> RUN {
2> ALLOCATE CHANNEL ch1 DEVICE TYPE DISK
3> FORMAT = 'F:\Oracle11g\rman\backup\%u_%c';
4> BACKUP TABLESPACE rman_tbs CHANNEL ch1;
5> }
分配的通道: ch1
通道 ch1: SID=140 设备类型=DISK
启动 backup 于 06-9月 -12
通道 ch1: 正在启动全部数据文件备份集
通道 ch1: 正在指定备份集内的数据文件
输入数据文件: 文件号=00028 名称=F:\ORACLE11G\RMAN\RAMN_TBS.DBF
通道 ch1: 正在启动段 1 于 06-9月 -12
通道 ch1: 已完成段 1 于 06-9月 -12
段句柄=F:\ORACLE11G\RMAN\BACKUP\0ENKGSKT_1 标记=TAG20120906T104444 注释=NONE
通道 ch1: 备份集已完成, 经过时间:00:00:03
完成 backup 于 06-9月 -12
启动 Control File and SPFILE Autobackup 于 06-9月 -12
段 handle=D:\ORACLE\FLASH_RECOVERY_AREA\ORCL\AUTOBACKUP\2012_09_06\O1_MF_S_79327
7090_84J3K3Y8_.BKP comment=NONE
完成 Control File and SPFILE Autobackup 于 06-9月 -12
释放的通道: ch1
```

在 RMAN 中,RUN 命令会被优先执行,如果 DBA 手动分配了通道,则 RMAN 将不再使用任何自动分配通道。

2. 自动分配通道

在下面两种情况下,如果没有手动为 RMAN 分配通道,RMAN 将利用预定义的设置来自动分配通道。

(1) 在 RUN 命令块外部使用 BACKUP、RESTORE 和 DELETE 命令。

(2) 在 RUN 命令块内部执行 BACKUP 等命令之前,未使用 ALLOCATE CHANNEL 命令手动分配通道。

提示 在 RMAN 执行每一条 BACKUP、COPY、RESTORE、DELETE 或 RECOVER 命令时，要求每条命令至少使用一个通道。

例如，在 RUN 命令块外部使用 BACKUP 命令，代码如下：

```
RMAN>BACKUP TABLESPACE rman_temp;
2>RUN {RESTORE TABLESPACE rman_tabs;}
```

在这种情况下，用户通过下面的语句进行指定通道设置，RMAN 为 BACKUP 命令自动分配一个具有指定配置的通道。

(1) CONFIGURE DEVICE TYPE sbt/disk PARALLELISM n：设置自动通道个数。
(2) CONFIGURE DEFAULT DEVICE TYPE TO disk/sbt：指定自动通道的默认设备。
(3) CONFIGURE CHANNEL DEVICE TYPE：指定某一个通道的配置。
(4) CONFIGURE CHANNEL n DEVICE TYPE：指定某一个通道的配置。

例如，为 RMAN 分配 2 个磁盘通道和 3 个磁带通道，代码如下：

```
RMAN> CONFIGURE DEVICE TYPE DISK PARALLELISM 2;
RMAN> CONFIGURE DEVICE TYPE SBT PARALLELISM 3;
```

提示 在指定自动通道个数时，各通道个数的取名格式为 ora_devicetype_n。其中，devcietype 为设备类型；n 为通道号。

例如，上面分配的 2 个磁盘通道中，第一个磁盘通道名称为 ora_disk_1，第二个磁盘通道名称为 ora_disk_2。

当数据库使用磁盘备份时，可以使用以下设置：

```
RMAN> CONFIGURE DEFAULT DEVICE TYPE TO DISK;
```

例如，为通道 ora_disk_2 设置参数，代码如下：

```
RMAN> CONFIGURE CHANNEL 2 DEVICE TYPE sbt FORMAT='%u_%c.dbf' MAXPIECESIZE 100M;
```

其中，format 用于指定备份集的存储目录及格式；MAXPIECESIZE 用于指定每个备份集的最大字节数。

清除自动分配通道设置，将通道清除为默认状态的语句如下：

- CONFIGURE DEVICE TYPE DISK CLEAR;
- CONFIGURE DEFAULT DEVICE TYPE CLEAR;
- CONFIGURE CHANNER DEVICE TYPE disk/sbt CLEAR;

上面 3 条语句的作用是等价的，都是清除通道的设备类型。

使用 RMAN 工具备份与恢复

3．通道配置参数

无论是手动分配的通道还是自动分配的通道，每个通道都可以设置一些参数，以控制通道备份时备份集的大小。通道配置参数包括以下几个：

（1）FILESPERSET 参数：用于限制 BACKUP 时备份集的文件个数。

例如，分配一个自动通道，并限制该通道每 3 个文件备份成为一个备份集，代码如下：

```
RMAN> BACKUP DATABASE FILESPERSET=3;
```

（2）CONNECT 参数：用于设置数据库实例，RMAN 允许连接到多个不同的数据库实例上。

例如，定义 2 个磁盘通道，分别连接 2 个数据库实例 orcl1 和 orcl2，代码如下：

```
RMAN>CONFIGURE CHANNEL 1 DEVICE TYPE DISK CONNECT='system/oracle@orcl1';
RMAN>CONFIGURE CHANNEL 1 DEVICE TYPE DISK CONNECT='system/oracle@orcl2';
```

（3）FORMAT 参数：用于设置备份文件存储格式，以及备份文件的存储目录。FORMAT 格式字符串以及各字符的意义如表 15-1 所示。

表 15-1 FORMAT 格式字符串

字符串	说明
%c	表示备份段中的文件备份段号
%D	以 DD 格式显示日期
%Y	以 YYYY 格式显示年度
%n	在数据库名右边添加若干字母，构成 8 个字符长度的字符串
%s	备份集号，此数字是控制文件中随备份集增加的一个计数器，从 1 开始
%T	指定年、月、日，格式为 YYYYMMDD
%U	指定一个便于使用的、由%u_%p_%c 构成的、确保不会重复的备份文件名称，RMAN 默认使用%U 格式
%d	指定数据库名
%M	以 MM 格式显示月份
%F	结合数据库标识 DBID、日、月、年及序列，构成唯一的自动产生的字符串名字
%p	文件备份段号，在备份集中的备份文件片编码，从 1 开始每次增加 1
%t	指定备份集的时间戳，是一个 4 字节值的秒数值，%t 与%s 结合构成唯一的备份集名称
%u	指定备份集编码以及备份集创建的实践构成的 8 个字符的文件名称
%%	指定字符串%

（4）参数 RATE：用于设置通道的 I/O 限制。自动分配通道时，可以按以下语句设置。

```
RMAN>CONFIGURE CHANNEL 1 DEVICE TYPE DISK RATE 100M;
RMAN>BACKUP(TABLESPACE system CHANNEL 1);
```

上面设置通道 1 的 I/O 限制为 100MB。

（5）MAXSETSIZE 参数：用于配置备份集的最大尺寸。

例如，设置自动通道的备份集最大为 1GB，代码如下：

```
RMAN> CONFIGURE MAXSETSIZE TO 1G;
新的 RMAN 配置参数:
CONFIGURE MAXSETSIZE TO 1 G;
已成功存储新的 RMAN 配置参数
```

（6）MAXPIECESIZE 参数：默认情况下一个备份集包含一个备份段，通过配置备份段的最大值，可以将一个备份集划分为几个备份段。MAXPIECESIZE 参数用于配置备份段的最大尺寸。

```
RMAN> CONFIGURE CHANNEL DEVICE TYPE DISK MAXPIECESIZE 200M;
新的 RMAN 配置参数:
CONFIGURE CHANNEL DEVICE TYPE DISK MAXPIECESIZE 200 M;
已成功存储新的 RMAN 配置参数
```

（7）OPTIMIZATION 参数：如果某个文件的完全相同的备份已经存在，那么当激活备份优化时会跳过对该文件的备份。该备份只针对 BACKUP DATABASE、BACKUP ARCHIVELOG ALL 和 BACKUP BACKUPSET ALL 命令。

```
RMAN> CONFIGURE BACKUP OPTIMIZATION ON;
新的 RMAN 配置参数:
CONFIGURE BACKUP OPTIMIZATION ON;
已成功存储新的 RMAN 配置参数
```

15.2 RMAN 的基本操作

RMAN 命令执行器是一个命令行方式的工具，它具有自己的命令。使用 RMAN 命令可以完成数据库的备份和恢复，同时也可以连接到目标数据库。本节将介绍 RMAN 中的常用命令，以及 RMAN 操作。

15.2.1 RMAN 命令

常用的 RMAN 命令如表 15-2 所示。

表 15-2 常用的 RMAN 命令

RMAN 命令	说明
@	在@后指定的路径名处运行 RMAN 脚本。如果没有指定路径，则假定路径为调用 RMAN 所用的目录
STARTUP	启动目标数据库。相当于 SQL*Plus 中的 STARTUP 命令
RUN	运行"{"和"}"之间的一组 RMAN 语句，在执行该组语句时，允许重写默认的 RMAN 参数
SET	为 RMAN 会话过程设置配置信息
SHOW	显示所有的或单个的 RMAN 配置
SHUTDOWN	从 RMAN 关闭目标数据库。相当于 SQL*Plus 中的 SHUTDOWN 命令
SQL	运行那些使用标准的 RMAN 命令不能直接或间接完成的 SQL 命令
ADVISE FAILURE	显示针对所发现故障的修复选项

续表

RMAN 命令	说明
BACKUP	执行带有或不带有归档重做日志的 RMAN 备份。备份数据文件、数据文件副本或执行增量 0 级或 1 级备份。备份整个数据库或一个单独的表空间或数据文件。使用 VALIDATE 子句来验证要备份的数据库
CATALOG	将有关文件副本和用户管理备份的信息添加到存储库
CHANGE	改变 RMAN 存储库中的备份状态。可以用于显式地从还原或恢复操作中排除备份，或者将操作系统命令删除了备份文件的操作通知 RMAN
CONFIGURE	为 RMAN 配置持久化参数。在接下来的每个 RMAN 会话中这些配置参数都是有效的，除非显式地清除或修改它们
CONVERT	为跨平台传送表空间或整个数据库而转换数据文件个数
CREATE CATALOG	为一个或多个目标数据库创建包含 RMAN 元数据的存储库目录。强烈建议不要将该目录存储在其中的一个目标数据库中
CROSSCHECK	对照磁盘或磁带上的实际文件，检查 RMAN 存储库中的备份记录。将对象标识为 EXPIRED、AVAILABLE、UNAVAILABLE 或 OBSOLETE。如果对象对 RMAN 是不可用的，那么把它标识为 UNAVAILABLE
DELETE	删除备份文件或副本，并在目标数据库控制文件中将它们标识为 DELETED。如果使用了存储库，将清除备份文件的记录
DROP DATABASE	从磁盘删除目标数据库，并反注册数据库
DUPLICATE	使用目标数据库的备份来创建副本数据库
FLASHBACK	执行 FLASHBACK DATABASE（闪回数据库）操作
LIST	显示在目标数据库控制文件或存储库中记录的有关备份集和映像副本的信息
RECOVER	对数据文件、表空间或者整个数据库执行完全的或不完全的恢复。还可以将增量备份应用到一个数据文件映射副本，以便在时间上向前回滚该副本
REGISTER DATABASE	在 RMAN 存储库中注册目标数据库
REPAIR FAILURE	修复自动诊断存储库中记录的一个或多个故障
REPORT	对 RMAN 存储库进行详尽的分析
RESTORE	通常在存储介质失效后，将文件从映像副本或备份集恢复到磁盘上
TRANSPORT TABLESPACE	为一个或多个表空间的备份创建可移植的表空间集
VALIDATE	检查备份集并报告它的数据是否原样未动，以及是否一致

15.2.2 连接到目标数据库

连接到目标数据库是指建立 RMAN 和目标数据库之间的连接。在 RMAN 中，可以建立两种类型的数据库连接，即在有恢复目录下和无恢复目录下连接到目标数据库。

1. 无恢复目录

使用无恢复目录的 RMAN 连接到数据库时，可以使用以下几种连接方式。

（1）使用 RMAN TARGET 语句，代码如下：

```
C:\Documents and Settings\Administrator>RMAN TARGET/
恢复管理器: Release 11.2.0.1.0 - Production on 星期三 9月 5 09:01:42 2012
Copyright (c) 1982, 2009, Oracle and/or its affiliates.  All rights
reserved.
连接到目标数据库: ORCL (DBID=1319000637)
```

（2）使用 RMAN NOCATALOG 语句，代码如下：

```
C:\Documents and Settings\Administrator>RMAN NOCATALOG
恢复管理器: Release 11.2.0.1.0 - Production on 星期三 9月 5 09:06:41 2012
Copyright (c) 1982, 2009, Oracle and/or its affiliates.  All rights
reserved.
```

（3）使用 RMAN TARGET...NOCATALOG 语句，代码如下：

```
C:\Documents and Settings\Administrator>RMAN TARGET system/oracle
NOCATALOG
恢复管理器: Release 11.2.0.1.0 - Production on 星期三 9月 5 09:09:26 2012
Copyright (c) 1982, 2009, Oracle and/or its affiliates.  All rights
reserved.
连接到目标数据库: ORCL (DBID=1319000637)
使用目标数据库控制文件替代恢复目录
```

接下来注册目标数据库，使用的语句为 REGISTER DATABASE，代码如下：

```
C:\Documents and Settings\Administrator>RMAN TARGET / CATALOG user_rman
/rman@orcl;
恢复管理器: Release 11.2.0.1.0 - Production on 星期三 9月 5 09:14:41 2012
Copyright (c) 1982, 2009, Oracle and/or its affiliates.  All rights
reserved.
连接到目标数据库: ORCL (DBID=1319000637)
连接到恢复目录数据库
RMAN> REGISTER DATABASE;
注册在恢复目录中的数据库
正在启动全部恢复目录的 resync
完成全部 resync
```

注册数据库就是将目标数据库的控制文件存储到恢复目录中。同一个恢复目录中只能注册一个目标数据库。

2. 有恢复目录

在创建了恢复目录之后，需要使用以下步骤注册目标数据库。

（1）在【运行】窗口中输入 cmd，然后单击【确定】按钮，进入 DOS 命令窗口。

（2）进入 DOS 命令窗口后，在提示符后输入 RMAN TARGET system/oracle CATALOG user_rman/rman，建立与恢复目录的连接，代码如下：

```
C:\Documents and Settings\Administrator>RMAN TARGET system/oracle
CATALOG user_rman/rman;
恢复管理器: Release 11.2.0.1.0 - Production on 星期三 9月 5 10:51:35 2012
Copyright (c) 1982, 2009, Oracle and/or its affiliates.  All rights
reserved.
连接到目标数据库: ORCL (DBID=1319000637)
连接到恢复目录数据库
```

（3）注册目标数据库。在 RMAN>提示符后输入 REGISTER DATABASE 语句，代码如下：

```
RMAN> REGISTER DATABASE;
注册在恢复目录中的数据库
正在启动全部恢复目录的 resync
完成全部 resync
```

（4）为了维护恢复目录与目标数据库控制文件之间的同步，在 RMAN 连接到目标数据库之后，需要使用 RESYNC CATALOG 命令，将目标数据库的同步信息输入到恢复目录，代码如下：

```
RMAN> RESYNC CATALOG;
正在启动全部恢复目录的 resync
完成全部 resync
```

15.2.3　取消注册数据库

RMAN 恢复目录与目标数据库连接成功后，如果需要取消已注册的数据库信息，可以使用以下两种方式：

（1）使用 UNREGISTER 命令，代码如下：

```
RMAN> UNREGISTER DATABASE;
数据库名为 "ORCL" 且 DBID 为 1319000637
是否确实要注销数据库 (输入 YES 或 NO)?
```

根据上述提示，在输入"YES"后，Oracle 将自动执行注销操作。

```
是否确实要注销数据库 (输入 YES 或 NO)? YES
已从恢复目录中注销数据库
```

（2）使用存储过程。该方式需要查询数据字典 DB，获取 DB_KEY 与 DB_ID，然后连接到 RMAN 恢复目录数据库，执行 DBMS_RCVCAL.UNREGISTERDATABASE 过程注销数据库，实现过程如下：

首先连接到拥有恢复目录的用户模式，代码如下：

```
SQL> CONNECT user_rman/rman;
已连接。
SQL> SELECT *
  2  FROM DB;
    DB_KEY      DB_ID              CURR_DBINC_KEY
    ----------  ----------         --------------
       241      1319000637              242
```

使用 SELECT 语句检索数据字典视图 DB，获得 DB_KEY 为 241、DB_ID 为 1319000637，然后执行 DBMS_RCVCAT.UNREGISTERDATABASE 过程，取消目标数据库的注册，代码如下：

```
SQL> EXEC DBMS_RCVCAT.UNREGISTERDATABASE(241,1319000637);
PL/SQL 过程已成功完成。
```

15.3 使用 RMAN 备份数据库

所谓备份，就是把数据库复制到转储设备的过程。其中，转储设备是指用于放置数据库拷贝的磁带或磁盘。通常也将存放于转储设备中的数据库的拷贝称为原数据库的备份或转储。在 RMAN 中，DBA 可以对数据库进行不同形式的备份操作，如全数据库、表空间或数据文件等备份形式。本节将介绍 RMAN 支持的不同备份策略，以及备份的具体实现。

15.3.1 RMAN 备份类型

在使用 RMAN 进行备份时，可以进行的备份类型包括完全备份、增量备份、联机备份和脱机备份等。

1. 完全备份

在进行完全备份时，RMAN 会将数据文件中除空白的数据块之外，所有的数据块都复制到备份集中。在进行完全备份之后，并不会对后续的任何备份操作产生影响。

> **提示** 在 RMAN 中，可以对数据文件进行完全备份或增量备份，但是对控制文件和日志文件只能进行完全备份。

2. 增量备份

在进行增量备份时，RMAN 会读取整个数据文件，但是仅仅会将那些与前一次备份相比发生变化的数据块复制到备份集中。在 RMAN 中，可以为单独的数据文件、表空间或整个数据库进行增量备份。

在 RMAN 中建立的增量备份可以具有不同的级别（Level），每个级别都是用一个不小于 0 的整数来标识，如级别 0、级别 1 等。级别为 0 的增量备份是所有增量备份的基础，因为在进行级别为 0 的备份时，RMAN 会将数据文件中所有已使用的数据块都复制到备份集中，类似于建立完全备份；级别大于 0 的增量备份将只包含与前一次备份相比发生了变化的数据块。

3．增量备份的方式

增量备份的级别是一个 0～4 之间的整数，进行增量备份时，数据检查点存储在目标数据库控制文件中，随后的增量备份决定了需要复制哪些与以前的增量备份级别相关而且发生在检查点时间的数据块，备份级别 0 是全集备份级别，是其他级别增量备份的基础。

增量备份又分为差异型备份和累积型备份：差异型备份是指备份上一次进行的同级或低级备份以来所有变化的数据块；累积型备份是指备份上次低级增量备份以来所有的数据块。

这两种方式的详细说明如表 15-3 表示。

表 15-3　增量备份的两种方式

方式	关键字	默认	说明
差异型备份	DIFFERENTIAL	是	将备份上一次进行的统计或低级备份以来所有变化的数据块
累积型备份	CUMULATIVE	否	将备份上次低级备份以来所有的数据块

默认情况下，RMAN 创建的增量备份是差异型备份方式。

典型的备份部署方案一般是在周末进行增量级别为 0 的备份。然后，在整个星期内，需要进行不同的级别为 1 或 2 的备份。这样每周循环可以使每周都有一个基准增量备份以及每周内的少量增量备份。下面分别使用差异型和累积型备份方式，实现不同的备份效果。

（1）使用差异型增量备份的方式，备份效果如图 15-4 所示。

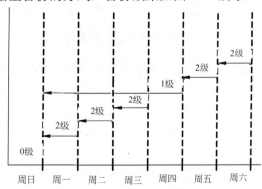

图 15-4　差异型增量备份

在该备份策略中，一周之内各天的备份方法如下：

① 周日进行一次 0 级增量备份，RMAN 将数据文件中所有非空白的数据块都复制到备份集中。

② 周一进行级别为 2 的差异型增量备份，由于不存在任何最近一次建立的级别为 2 或级别为 1 的差异型增量备份，RMAN 将会对周日建立的 0 级增量备份相比较，将发生变化的数据块保存到备份集中，即备份周日以后发生变化的数据。

③ 周二进行级别为 2 的差异型增量备份，将备份周一以后发生变化的数据。

④ 周三进行一次级别为 2 的差异型增量备份，RMAN 将对那些与周二建立的级别为 2 的备份进行比较，保存发生变化的数据，即备份从周二开始发生变化的数据。

⑤ 周四进行级别为 1 的差异型增量备份，RMAN 将与周日建立的级别为 0 的增量备份相比，对那些发生变化的数据块保存到备份集中。

⑥ 周五进行一次级别为 2 的差异型增量备份，RMAN 只备份从周四开始发生变化的数据。

⑦ 周六进行一次级别为 2 的差异型增量备份，RMAN 只备份从周五开始发生变化的数据。

使用上述差异型增量备份的好处：如果周五发生故障，则只需要利用周四的 1 级备份和周日的 0 级备份，即可完成对数据库的恢复。

（2）使用累积型增量备份的方式，备份效果如图 15-5 所示。

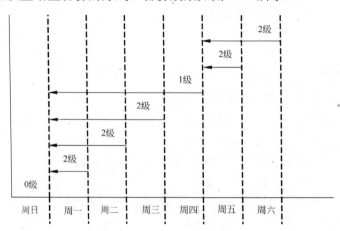

图 15-5　累积型增量备份

① 周日进行一次级别为 0 的累积型增量备份，RMAN 将数据文件中所有非空白数据块保存在备份集中。

② 周一进行级别为 2 的累积型增量备份，由于不存在任何最近一次建立的 1 级增量备份，RMAN 以周日的 0 级增量备份作为基准，将发生变化的数据块保存到备份集中，即只备份从周日以来发生变化的数据。

③ 周二进行级别为 2 的累积型增量备份，RMAN 将备份从周日开始发生变化的数据。

④ 周三进行一次级别为 2 累积型增量备份，由于不存在任何最近一次建立的 1 级增量备份，RMAN 将以周日建立的 0 级增量备份为基准，即备份从周日以来发生变化的

数据。

⑤ 周四进行级别为 1 的累积型增量备份，RMAN 将以周日建立的 0 级增量备份为基准，将之后发生变化的数据块保存到备份集中。

⑥ 周五进行级别为 2 的累积型增量备份，RMAN 将备份从周四以来发生变化的数据。

⑦ 周六进行级别为 2 的累积型增量备份，RMAN 将以周四建立的 1 级备份为基准，将之后发生变化的数据块复制到备份集中，即备份周四以来发生变化的数据。

采用累积型备份还是差异型备份，在一定程度上取决于 CPU 周期的时间，以及磁盘的可用空间。使用累积型备份意味着备份文件将会变得日益庞大，并花费更长的时间，但是在一次还原与恢复程中，只需要两个备份集；使用差异型备份只记录从上次备份以来的变化，但是如果从多个备份集进行恢复，这种操作可能会花费更长的时间。

15.3.2 BACKUP 命令

在执行 BACKUP 命令创建备份集之前，需要保证已经完成了下面两项工作。

1. 目标数据库已经被加载或被打开

如果目标数据运行在归档模式下，RMAN 允许在数据库打开时建立不一致的备份。

2. 为 BACKUP 命令手动分配了通道

如果不想通过手动方式来分配通道，那么必须对 RMAN 中的自动通道进行了适当的配置。

在进行 RMAN 备份时，需要使用 BACKUP 命令，该命令的语法格式如下：

```
BACKUP [FULL | INCREMENTAL LEVEL [=] integer]
{backup_type option};
```

其中，FULL 表示完全备份；INCREMENTAL 表示增量备份；LEVEL 表示增量备份的级别，取值共有 4 级（1、2、3、4），0 级增量备份是完全备份，LEVEL[=]integer 中的等号（=）可有可无，如 level=0 或 level0。

backup_type 是备份对象，BACKUP 命令可以备份的对象包括以下几种：

（1）DATABASE：备份全部数据库，包括所有数据文件和控制文件。
（2）TABLESPACE：备份表空间，可以备份一个或多个指定的表空间。
（3）DATAFILE：备份数据文件。
（4）ARCHIVELOG [ALL]：备份归档日志文件。
（5）CURRENT CONTROLFILE：备份控制文件。
（6）DATAFILECOPY [TAG]：使用 COPY 命令备份的数据文件。
（7）CONTROLFILECOPY：使用 COPY 命令备份的控制文件。
（8）BACKUPSET [ALL]：使用 BACKUP 命令备份的所有文件。

option 为可选项，主要参数如下：

（1）TAG：指定一个标记。
（2）FORMAT：文件存储格式。
（3）INCLUDE CURRENT CONTROLFILE：备份控制文件。

（4）FILESPERSET：每个备份集所包含的文件。
（5）CHANNEL：指定备份通道。
（6）DELETE[ALL] INPUT：备份结束后删除归档日志。
（7）MAXSETSIZE：指定备份集的最大尺寸。
（8）SKIP[OFFLINE | READONLY | INACCESSIBLE]：可以选择的备份条件。

15.3.3 备份数据库

BACKUP 命令只能对数据文件、归档重做日志文件和控制文件进行备份。如果要对其他重要的数据文件进行备份，则可以在操作系统中对其进行物理备份。在使用 BACKUP 命令备份数据文件时，可以为其设置参数，定义备份段的文件名、文件数和每个输入文件的通道。

1. 完全数据库备份

对 DBA 来说，经常要做的备份操作就是对整个数据库进行备份。要备份整个数据库，需要在注册后的数据库上完成以下操作：

（1）在数据库实例中配置参数。例如，设置文件 7 天后才能被覆盖，存储设备设置为磁盘，控制文件为自动备份，通道为磁盘设备，代码如下：

```
CONFIGURE RETENTION POLICY TO RECOVERY WINDOW OF 7 DAYS;
CONFIGURE DEFAULT DEVICE TYPE TO DISK;
CONFIGURE CONTROLFILE AUTOBACKUP ON;
CONFIGURE CHANNEL DEVICE TYPE DISK FORMAT 'F:\Oracle11g\backup\%d_DB
_%u_%s_%p';
```

（2）使用以下命令对数据库进行全库备份：

```
RMAN>RUN {
2>ALLOCATE CHANNEL ch1 TYPE DISK;
3>BAKPUP FULL
4>TAG full_db_backup
5>FORMAT F:\Oracle11g\backup\%d_DB_%u_%s_%p
6>(database);
7>RELEASE CHANNEL ch1;
8>}
```

其中，ALLOCATE CHANNEL ch1 TYPE DISK 表示打开通道；RELEASE CHANNEL ch1 表示关闭通道，也即是释放通道。

（3）对完全数据库做同步工作，确保数据库结构的变化与新归档被记录，代码如下：

```
RMAN> resync catalog;
正在启动全部恢复目录的 resync
完成全部 resync
```

（4）在 RMAN 中执行 LIST 命令，查看建立的备份集与备份段信息，代码如下：

```
RMAN> LIST BACKUP OF DATABASE;
备份集列表
===================
BS 关键字      类型      LV 大小      设备类型      经过时间           完成时间
-------  --------  --------  --------  --------------  ------------
164       Full       3.84M      DISK      00:00:01         06-9月 -12
   BP 关键字:166 状态:AVAILABLE    已压缩:   NO 标记: TAG20120906T104444
段名:F:\ORACLE11G\RMAN\BACKUP\0ENKGSKT_1
   备份集 164 中的数据文件列表
   文件    LV 类型     CkpSCNCkp    时间          名称
   ----   --------   --------   -----------   --------
   28      Full       2066363    06-9月 -12    F:\ORACLE11G\RMAN\RAMN_TBS.DBF
BACKUPFULLDATABASETAGbackup_full_dbFORMAT'F:\Oracle11g\rman\backup\
bak_%U';
```

2. 备份表空间

在数据库中创建一个表空间后,或者在对表空间执行修改操作后,立刻对表空间进行备份,可以在以后出现介质失效时,缩短恢复表空间所花费的时间。

在 RMAN 中对表空间进行备份的操作步骤如下:

(1)启动 RMAN 并连接到目标数据库后,执行 BACKUP TABLESPACE 命令。例如,使用手动分配的通道 ch1 对表空间 tabspace 进行备份,代码如下:

```
RMAN> RUN {
2> ALLOCATE CHANNEL ch1 TYPE DISK;
3> BACKUP
4> TAG tbs_rman_read_only
5> FORMAT "F:\Oracle11g\rman\backup\tas_rman_t%t_s%s"
6> (TABLESPACE tabspace);
7> }
分配的通道: ch1
通道 ch1: SID=21 设备类型=DISK
启动 backup 于 06-9月 -12
通道 ch1: 正在启动全部数据文件备份集
通道 ch1: 正在指定备份集内的数据文件
输入数据文件: 文件号=00029 名称=F:\ORACLE11G\RMAN\TABSPACE.DBF
通道 ch1: 正在启动段 1 于 06-9月 -12
通道 ch1: 已完成段 1 于 06-9月 -12
段句柄=F:\ORACLE11G\RMAN\BACKUP\TAS_RMAN_T793281408_S17 =TBS_RMAN_READ
_ONLY
注释=NONE
通道 ch1: 备份集已完成, 经过时间:00:00:01
完成 backup 于 06-9月 -12
启动 Control File and SPFILE Autobackup 于 06-9月 -12
段 handle=D:\ORACLE\FLASH_RECOVERY_AREA\ORCL\AUTOBACKUP\2012_09_06\O1_
MF_S_79328
```

```
1410_84J7R3PY_.BKP comment=NONE
完成 Control File and SPFILE Autobackup 于 06-9月-12
释放的通道: ch1
```

（2）执行 LIST BACKUP TABLESPACE 命令，查看建立的表空间备份信息，代码如下：

```
RMAN>LIST BACKUP OF TABLESPACE 'tabspace';
```

3. 备份控制文件

在 RMAN 中对控制文件进行备份，最简单的方法是设置 CONFIGURE CONTROLFILE AUTOBACKUP 为 ON，这样将启动 RMAN 的自动备份功能，代码如下：

```
RMAN> CONFIGURE CONTROLFILE AUTOBACKUP ON;
```

启动控制文件的自动备份功能后，当在 RMAN 中执行 BACKUP 或 COPY 命令时，RMAN 都会对控制文件进行一次自动备份。

如果没有启动自动备份功能，那么必须利用手动方式对控制文件进行备份。手动备份控制文件的方法有以下两种：

（1）通过 BACKUP CURRENT CONTROLFILE 命令手动执行备份命令，代码如下：

```
RMAN> BACKUP CURRENT CONTROLFILE;
```

（2）执行 BACKUP 命令时指定 INCLUDE CURRENT CONTROLFILE 子句手动执行备份命令，代码如下：

```
RMAN> BACKUP TABLESPACE rman_space INCLUDE CURRENT CONTROLFILE;
```

> **注意**：以手动方式对控制文件进行备份，备份的控制文件中仅包含与当前相关的管理信息，并且 RMAN 不会利用备份的控制文件进行自动修改。

在完成对数据库文件的备份后，可以使用 LIST BACKUP OF CONTROLFILE 命令来查看包含控制文件的备份集与备份段的信息，代码如下：

```
RMAN>LIST BACKUP OF CONTROLFILE;
```

4. 备份数据文件

在 RMAN 中可以使用 BACKUP DATAFILE 命令对单独的数据文件进行备份。备份数据文件时既可以使用其名称指定数据文件，也可以使用其在数据库中的编号指定数据文件。

备份数据文件的语句如下：

```
RMAN>BACKUP DATAFILE 1,2,3 FILESPERSET 3;
```

查看备份结果的语句如下：

```
RMAN>LIST BACKUP OF DATAFILE1,2,3;
```

5. 归档模式备份

如果需要备份的目标数据库是以归档模式运行，则可以直接在 RMAN 中使用 BACKUP 命令进行备份，代码如下：

```
RMAN>RUN {
2>ALLOCATE CHANNEL ch1 TYPE DISK
3>FORMAT 'F:\Oracle11g\rman\backup\%d\%d_%m%d_%s_%p';
4>BACKUP DATABASE PLUS ARCHIVELOG CURRENT CONTROLFILE;
5>RELEASE CHANNEL ch1;
6>}
```

6. 非归档模式备份

如果需要备份的目标数据库是以非归档模式运行，则使用 MOUNT 方式启动数据库实例，然后在 RMAN 中使用 BACKUP 命令进行备份，代码如下：

```
RMAN>RUN {
2>ALLOCATE CHANNEL ch1 TYPE DISK
3>FORMAT 'F:\Oracle11g\rman\backup\%d\%d_%m%d_%s_%p';
4>BACKUP DATABASE PLUS ARCHIVELOG CURRENT CONTROLFILE;
5>SHUTDOWN IMMEDIATE;
6>STARTUP MOUNT;
7>BACKUP DATABASE;
8>BACKUP CURRENT CONTROLFILE;
9>ALTER DATABASE OPEN;
10>}
```

7. 备份归档重做日志

归档重做日志是成功进行介质恢复的关键，因此有必要对归档重做日志文件进行备份。

在 RMAN 中对归档重做日志文件进行备份时，可以使用 BACKUP ARCHIVELOG 命令，或者在对数据文件、控制文件进行备份时，使用 BACKUP PLUS ASRCHIVELOG 命令。

例如，使用 BACKUP ARCHIVELOG ALL 命令对所有的归档重做日志进行备份，代码如下：

```
RMAN> RUN {
2> ALLOCATE CHANNEL ch1 TYPE DISK;
3> SQL "ALTER system ARCHIVE LOG CURRENT";
4> BACKUP
5> FORMAT "F:\Oracle11g\rman\backup\log_t%t_s%s_p%p"
6> (ARCHIVELOG ALL DELETE INPUT);
7> RELEASE CHANNEL ch1;
```

```
8> }
分配的通道: ch1
通道 ch1: SID=145 设备类型=DISK
sql 语句: ALTER system ARCHIVE LOG CURRENT
启动 backup 于 06-9月 -12
当前日志已存档
通道 ch1: 正在启动归档日志备份集
通道 ch1: 正在指定备份集内的归档日志
输入归档日志线程=1 序列=38 RECID=1 STAMP=793286315
输入归档日志线程=1 序列=39 RECID=2 STAMP=793293699
输入归档日志线程=1 序列=40 RECID=3 STAMP=793293702
通道 ch1: 正在启动段 1 于 06-9月 -12
通道 ch1: 已完成段 1 于 06-9月 -12
...
完成 Control File and SPFILE Autobackup 于 06-9月 -12
释放的通道: ch1
```

如果不进行参数设置,上述执行命令也可以简写为以下语句:

```
RMAN> BACKUP ARCHIVELOG ALL;
启动 backup 于 06-9月 -12
当前日志已存档
使用通道 ORA_DISK_1
使用通道 ORA_DISK_2
通道 ORA_DISK_1: 正在启动归档日志备份集
通道 ORA_DISK_1: 正在指定备份集内的归档日志
输入归档日志线程=1 序列=41 RECID=4 STAMP=793293933
通道 ORA_DISK_1: 正在启动段 1 于 06-9月 -12
...
handle=D:\ORACLE\FLASH_RECOVERY_AREA\ORCL\AUTOBACKUP\2012_09_06\O1_MF_
S_79329
4005_84JN1PTV_.BKP comment=NONE
完成 Control File and SPFILE Autobackup 于 06-9月 -12
```

如果在 BACKUP ARCHIVELOG 命令中使用 DELETE…INPUT 选项,在完成备份后,RMAN 会删除已经备份的归档重做日志文件,以释放更多的磁盘空间。

例如,在备份归档日志文件后,删除所有归档重做日志文件,代码如下:

```
RMAN> BACKUP ARCHIVELOG ALL DELETE ALL INPUT;
```

另外,也可以限制备份的归档重做日志文件的范围。例如,对一周以来生成的归档重做日志文件进行备份,代码如下:

```
RMAN> BACKUP ARCHIVELOG FROM TIME 'sysdate-8'
2> UNTIL TIME 'sysdate-1';
```

在完成对归档日志的备份后,可以使用 LIST BACKUP OF ARCHIVELOG ALL 命令查看包含归档重做日志的备份集与备份段信息,代码如下:

```
RMAN>LIST BACKUP OF ARCHIVELOG ALL;
```

15.3.4 多重备份

使用 BACKUP 命令备份数据库对象时,可以一次备份多份,多份数据可以存储到不同的物理磁盘,这样做的好处是防止在灾难性故障中同时导致数据库和备份的丢失,这种备份即是多重备份。

在 RMAN 中,可以通过以下 3 种命令形式对数据库进行多重数据备份。

(1) 使用 COPIES 选项指定多重备份。
(2) 在 RUN 命令块中使用 SET BACKUP COPIES 命令设置多重备份。
(3) 通过 CONFIGURE...BACKUP COPIES 命令设置多重备份。

例如,使用 BACKUP COPIES 命令,对表空间 tabspace 在指定的磁盘目录中备份两套备份集,代码如下:

```
RMAN> BACKUP COPIES 2 TABLESPACE tabspace
2> FORMAT 'F:\Oracle11g\backup\oracle11g_%d_%c.dbf',
3> 'E:\Oracle11g\backup\oracle11g_%d_%c.dbf';
启动 backup 于 06-9月 -12
使用通道 ORA_DISK_1
使用通道 ORA_DISK_2
通道 ORA_DISK_1: 正在启动全部数据文件备份集
通道 ORA_DISK_1: 正在指定备份集内的数据文件
输入数据文件: 文件号=00029 名称=F:\ORACLE11G\RMAN\TABSPACE.DBF
通道 ORA_DISK_1: 正在启动段 1 于 06-9月 -12
通道 ORA_DISK_1: 已完成段 1 于 06-9月 -12, 有 2 个副本和标记 TAG20120906T
162156
...
完成 Control File and SPFILE Autobackup 于 06-9月 -12
```

CONFIGURE...BACKUP COPIES 命令用于配置自动通道的备份数量。使用该设置方式时,首先需要对所用的设备备份次数进行设置,代码如下:

```
CONFIGURE DEVICE TYPE DISK PARALLELISM 1;
CONFIGURE DEFAULT DEVICE TYPE TO DISK;
CONFIGURE DATAFILE BACKUP COPIES FOR DEVICE TYPE DISK TO 2;
CONFIGURE ARCHIVELOG BACKUP COPIES FOR DEVICE TYPE DISK TO 2;
```

使用 LIST BACKUP SUMMARY 命令查看所有备份集的信息时,可以查看各备份段的副本数量。

15.3.5 镜像复制

RMAN 可以使用 COPY 命令创建数据文件的准确副本,即镜像副本。COPY 命令可以复制数据文件、归档日志文件和控制文件。因为 COPY 命令复制了所有的数据块,所以只能在 0 级增量备份创建。COPY 命令的基本语法格式如下:

```
COPY [FULL | INCREMENTAL LEVEL [=] 0]
 input_file TO location_name;
```

其中，input_file 表示被备份的文件，主要包括 DATAFILE、ARCHIVELOG 和 CURRENT CONTROLFILE；location_name 表示复制后的文件。

> **技巧**
> 镜像副本可以作为一个完全备份，也可以是增量备份策略中的 0 级增量备份。如果没有指定备份类型，则默认为 FULL。

使用 COPY 命令备份数据库时，需要管理员指定每个需要备份的数据库，并且设置镜像副本的名称，操作步骤如下：

（1）在 RMAN 中使用 REPORT 获取需要备份的数据文件信息，代码如下：

```
RMAN> REPORT SCHEMA;
db_unique_name 为 ORCL 的数据库的数据库方案报表
永久数据文件列表
===========================
文件大小 (MB)    表空间        回退段数据文件名称
------   -------- ----------   ------------------------------------
1        710      SYSTEM       YES  D:\ORACLE\ORADATA\ORCL\SYSTEM01.DBF
2        580      SYSAUX       NO   D:\ORACLE\ORADATA\ORCL\SYSAUX01.DBF
3        95       UNDOTBS1     YES  D:\ORACLE\ORADATA\ORCL\UNDOTBS01.DBF
临时文件列表
=====================
文件大小 (MB)    表空间        最大大小 (MB)  临时文件名称
--------  ----  ----------   ------------------------------------
1        29       TEMP         32767   D:\ORACLE\ORADATA\ORCL\TEMP01.DBF
2        10       TEMPSPACE    32767   F:\ORACLE11G\TEMPSPACE.DBF
3        30       RMAN_TEMP    30      F:\ORACLE11G\RMAN_TEMP.DBF
```

（2）使用 COPY 命令对列出的永久数据文件列表进行备份，代码如下：

```
RMAN> COPY DATAFILE 1 TO 'F:\Oracle11g\backup\rman_tbs1.dbf',
2> DATAFILE 2 TO 'F:\Oracle11g\backup\rman_tbs1.dbf',
3> DATAFILE 3 TO 'F:\Oracle11g\backup\rman_tbs1.dbf',
4> DATAFILE 4 TO 'F:\Oracle11g\backup\rman_tbs1.dbf';
```

上述代码第 1 行中，使用 COPY...TO 语句，将数据文件 1 备份在 F:\Oracle11g\backup 目录下，备份后的文件名为 rman_tbs1.dbf。其他的数据文件和控制文件也都备份在 F:\Oracle11g\backup 目录下，只是文件名有所不同。

15.4 练习 15-1：备份整个数据库

为了防止数据库发生错误造成数据丢失，经常要做的备份操作就是对整个数据库进行备份。备份整个数据库的步骤如下：

（1）在数据库实例中配置参数。设置文件 5 天后才能被覆盖，存储设备设置为磁盘，控制文件为自动备份，通道为磁盘设备，代码如下：

```
CONFIGURE RETENTION POLICY TO RECOVERY WINDOW OF 5 DAYS;
CONFIGURE DEFAULT DEVICE TYPE TO DISK;
CONFIGURE CONTROLFILE AUTOBACKUP ON;
CONFIGURE CHANNEL DEVICE TYPE DISK FORMAT 'F:\Oracle11g\backup\%d_DB_%u_%s_%p';
```

（2）使用以下命令对数据库进行全库备份：

```
RMAN>RUN {
2>ALLOCATE CHANNEL ch1 TYPE DISK;
3>BAKPUP FULL
4>TAG full_db_backup
5>FORMAT F:\Oracle11g\backup\%d_DB_%u_%s_%p
6>(database);
7>RELEASE CHANNEL ch1;
8>}
```

其中，ALLOCATE CHANNEL ch1 TYPE DISK 表示打开通道；RELEASE CHANNEL ch1 表示关闭通道。

（3）对完全数据库做同步工作，确保数据库结构的变化与新归档被记录。代码如下：

```
RMAN> resync catalog;
正在启动全部恢复目录的 resync
完成全部 resync
```

到此，整个数据库就备份成功了。如果需要查看建立的备份集与备份段信息，可以在 RMAN 中执行 LIST 命令，这里就不再做详细介绍了。

15.5 RMAN 恢复

在使用数据库的过程中，有可能导致数据库出现一些小错误，如检索某些表时运行速度很慢、查询不到符合条件的数据等。出现这些情况的原因往往是数据库有些损坏或索引不完整。在使用 RMAN 实现正确的备份后，如果 Oracle 数据库文件出现介质错误，可以通过 RMAN 不同的恢复模式将数据库恢复到某个状态。

15.5.1 RMAN 恢复机制

使用 RMAN 恢复数据库时，一般情况下需要进行修复数据库和恢复数据库两个过程。下面详细介绍这两个过程。

1．修复数据库

RMAN 在进行修复数据库操作时，将启动一个服务器进程，通过恢复目录和目标数据库的控制文件获取所有的备份,包括备份集和镜像副本的信息,并从中选择最合适的备份来完成修复操作。

修复数据库时,需要使用 RESTORE 命令,其语法格式如下:

```
RESTORE object_name option;
```

其中,object_name 表示要修复的数据文件对象,可以修复的对象包括以下几种:

(1) DATAFILE:修复数据文件。
(2) TABLESPACE:修复一个表空间。
(3) DATABASE:修复整个数据库。
(4) CONTROLFILE TO:将控制文件的备份修复到指定的目录。
(5) ARCHIVELOG ALL:将全部的归档日志复制到指定的目录,用于后续的 RECOVER 命令对数据库实施修复。

option 选项包括以下几方面:

(1) CHANNEL=channel_id:修复指定的通道。
(2) PARMS='channel_parms':设置磁带参数,磁盘通道不使用此参数。
(3) FROM BACKUPSET| DATAFILECOPY:指定是从备份集还是镜像副本中进行修复。
(4) UNTILCLAUSE:修复的终止条件。
(5) FROM TAG='tag_name:指定修复文件的标记。
(6) VALIDATE:是否检查文件的有效性。
(7) device_type:指定通道设备类型。

> **注意**
> 在使用 RMAN 进行数据库修复时,可以根据出现的故障,选择修复整个数据库、单独的表空间、单独的数据文件、控制文件或归档重做日志文件。

2. 恢复数据库

恢复数据库主要是指数据文件的介质恢复,即为修复后的数据文件应用联机或归档重做日志,从而将修复的数据库文件更新到当前时刻或指定时刻下的状态。恢复数据库时,需要使用 RECOVER 命令,其语法格式如下:

```
RECOVER device_type object_name option
```

其中,device_type 用于指定通道设备的类型;object_name 表示要恢复的对象类型,包括 DATAFILE(恢复数据文件)、TABLESPACE(恢复表空间)、DATABASE(恢复整个数据库)。(option 选项)的取值如下:

(1) DELETE ARCHIELOG:数据库恢复后删除归档日志。
(2) CHECK READONLY:数据库恢复时对只读表空间进行检查。
(3) NOREDO:非归档模式下的数据库恢复。
(4) FROM TAG:指定备份文件的标记。

（5）ARCHIVELOG TAG='tag_name'：指定归档日志标记。

15.5.2 数据库非归档恢复

当数据库设置为非归档模式运行时，如果出现介质故障，则在最后一次备份之后对数据库所做的任何操作都将丢失。通过 RMAN 进行恢复时，只需要执行 RESTORE 命令将数据库文件修复到正确的位置，然后就可以打开数据库了。

下面是非归档模式下备份和恢复数据库的操作步骤。

（1）使用 DBA 身份登录到 SQL*Plus 并确认数据库处于 NOARCHIVELOG 模式，如果不是，需要将模式切换为 NOARCHIVELOG。

```
SQL> SELECT LOG_MODE
  2  FROM V$DATABASE;
LOG_MODE
------------
NOARCHIVELOG
```

由上述结果可以看出，当前数据库运行在非归档模式下。

（2）运行 RMAN，并连接到目标数据库，代码如下：

```
C:\Documents and Settings\Administrator>RMAN TARGET system/oracle NOCATALOG;
恢复管理器: Release 11.2.0.1.0 - Production on 星期四 9月 6 17:52:34 2012
Copyright (c) 1982, 2009, Oracle and/or its affiliates.  All rights reserved.
连接到目标数据库: ORCL (DBID=1319000637)
使用目标数据库控制文件替代恢复目录
```

（3）备份整个数据库，代码如下：

```
RMAN> RUN{
2> ALLOCATE CHANNEL ch1 DEVICE TYPE DISK;
3> BACKUP DATABASE
4> FORMAT 'F:\Oracle11g\backup\oracle_%d_%c.bak';
5> }
使用目标数据库控制文件替代恢复目录
分配的通道: ch1
通道 ch1: SID=143 设备类型=DISK
启动 backup 于 07-9月 -12
通道 ch1：正在启动全部数据文件备份集
通道 ch1：正在指定备份集内的数据文件
输入数据文件：文件号=00001 名称=D:\APP\ADMINISTRATOR\ORADATA\ORCL\SYSTEM01.DBF
输入数据文件：文件号=00002 名称=D:\APP\ADMINISTRATOR\ORADATA\ORCL\SYSAUX01.DBF
...
备份集内包括当前控制文件
```

备份集内包括当前的 SPFILE
通道 ch1：正在启动段 1 于 07-9月 -12
释放的通道：ch1

（4）为了演示介质故障，关闭数据库后，通过操作系统删除 USERS01.DBF 数据文件。

（5）启动数据库。因为 Oracle 无法找到数据文件 USERS01.DBF，所以会出现以下错误信息：

```
SQL> STARTUP
ORACLE 例程已经启动。
Total System Global Area     431038464 bytes
Fixed Size                     1375088 bytes
Variable Size                255853712 bytes
Database Buffers             167772160 bytes
Redo Buffers                   6037504 bytes
数据库装载完毕。
ORA-01157: 无法标识/锁定数据文件 4 - 请参阅 DBWR 跟踪文件
ORA-01110: 数据文件 4: 'D:\APP\ADMINISTRATOR\ORADATA\ORCL\USERS01.DBF'
```

（6）当 RMAN 使用控制文件保存恢复信息时，必须使目标数据库处于 MOUNT 状态才能访问控制文件，代码如下：

```
RMAN>STARTUP MOUNT
```

（7）执行 RESTORE 命令，让 RMAN 确定最新的有效备份集，然后将文件复制到正确的位置，代码如下：

```
RMAN> RUN {
2> ALLOCATE CHANNEL ch1 TYPE DISK;
3> ALLOCATE CHANNEL ch2 TYPE DISK;
4> RESTORE DATABASE;
5> }
使用目标数据库控制文件替代恢复目录
分配的通道：ch1
通道 ch1: SID=10 设备类型=DISK
分配的通道：ch2
通道 ch2: SID=135 设备类型=DISK
启动 restore 于 07-9月 -12
通道 ch1: 正在开始还原数据文件备份集
通道 ch1: 正在指定从备份集还原的数据文件
通道 ch1: 将数据文件 00001 还原到 D:\APP\ADMINISTRATOR\ORADATA\ORCL\SYST
EM01.DBF
通道 ch1: 将数据文件 00002 还原到 D:\APP\ADMINISTRATOR\ORADATA\ORCL\SYSA
UX01.DBF
通道 ch1: 将数据文件 00003 还原到 D:\APP\ADMINISTRATOR\ORADATA\ORCL\UNDO
TBS01.DB
F
通道 ch1: 将数据文件 00004 还原到 D:\APP\ADMINISTRATOR\ORADATA\ORCL\US
ERS01.DBF
```

通道 ch1: 将数据文件 00005 还原到 D:\APP\ADMINISTRATOR\ORADATA\ORCL\EXAMPLE01.DBF
通道 ch1: 正在读取备份片段 F:\ORACLE11G\BACKUP\ORACLE_ORCL_1.BAK
通道 ch1: 段句柄 = F:\ORACLE11G\BACKUP\ORACLE_ORCL_1.BAK 标记 = TAG20120907T150313
通道 ch1: 已还原备份片段 1
通道 ch1: 还原完成，用时: 00:01:15
完成 restore 于 07-9月 -12
释放的通道: ch1
释放的通道: ch2
```

（8）恢复数据库后，使用 ALTER DATABASE OPEN 命令打开数据库，代码如下：

```
SQL>ALTER DATABASE OPEN;
数据库已更改。
```

15.5.3 数据库归档恢复

完全恢复处于 ARCHIVELOG 模式的数据库与恢复 NOARCHIVELOG 模式的数据库的区别：恢复处于 ARCHIVELOG 模式的数据库时，管理员还需要将归档重做日志文件的内容应用到数据文件上。在恢复过程中，RMAN 会自动确定恢复数据库所需要的归档重做日志文件。

恢复 ARCHIVELOG 模式下的数据库，操作步骤如下：

（1）使用 DBA 身份登录到 SQL*Plus 后，查看数据库是否处于 ARCHIVELOG 模式下，如果不是，则将模式切换为 ARCHIVELOG，代码如下：

```
SQL> conn system/oracle as sysdba;
已连接。
SQL> SELECT LOG_MODE
  2  FROM V$DATABASE;
LOG_MODE
------------
NOARCHIVELOG
SQL> SHUTDOWN IMMEDIATE;
数据库已经关闭。
已经卸载数据库。
ORACLE 例程已经关闭。
SQL> STARTUP MOUNT;
ORACLE 例程已经启动。
Total System Global Area  431038464 bytes
Fixed Size                  1375088 bytes
Variable Size             255853712 bytes
Database Buffers          167772160 bytes
Redo Buffers                6037504 bytes
```
```

数据库装载完毕。
SQL> ALTER DATABASE ARCHIVELOG;
数据库已更改。
SQL> ALTER DATABASE OPEN;
数据库已更改。

（2）启动 RMAN，并连接到目标数据库。
（3）备份整个数据库。
（4）启动数据库到 MOUNT 状态，代码如下：

RMAN>STARTUP MOUNT

（5）执行 RESTORE 命令，恢复数据库，代码如下：

```
RMAN> RUN {
2> ALLOCATE CHANNEL ch1 TYPE DISK;
3> ALLOCATE CHANNEL ch2 TYPE DISK;
4> RESTORE DATABASE;
5> }
使用目标数据库控制文件替代恢复目录
分配的通道: ch1
通道 ch1: SID=10 设备类型=DISK
分配的通道: ch2
通道 ch2: SID=135 设备类型=DISK
启动 restore 于 07-9月 -12
通道 ch1: 正在开始还原数据文件备份集
通道 ch1: 正在指定从备份集还原的数据文件
通道 ch1: 将数据文件 00001 还原到 D:\APP\ADMINISTRATOR\ORADATA\ORCL\
SYSTEM01.DBF
完成 restore 于 07-9月 -12
释放的通道: ch1
释放的通道: ch2
```

（6）恢复数据库后，使用 ALTER DATABASE OPEN 命令打开数据库，代码如下：

SQL>ALTER DATABASE OPEN;
数据库已更改。

在恢复 ARCHIVELOG 模式数据库时，可以使用以下形式的 RESTORE 命令修复数据库。

（1）restore datafile：修复数据文件。
（2）restore tablespace：修复一个表空间。
（3）restore database：修复整个数据库中的文件。
（4）restore controlfile to：将控制文件的备份修复到指定的目录。
（5）restore archivelog all：将全部的归档日志复制到指定的目录，以便后续的 RECOVER 命令对数据库实施修复。

使用 RECOVER 命令恢复数据库的命令形式如下：

（1）recover datafile：恢复数据文件。
（2）recover tablespace：恢复表空间。
（3）recover database：恢复整个数据库。

15.5.4 移动数据文件到新的位置

在 RMAN 恢复过程中，可以实现将数据文件移动到新的位置，然后将位置更新到控制文件。

将数据文件移动到新位置的实现过程如下：

（1）需要以 DBA 身份将相应的表空间处于脱机状态，并使用 SET NEWNAME FOR DATAFILE...TO...语句指定数据文件到新位置。

（2）使用 RESTORE 命令将数据文件移动到新位置。

（3）使用 SWITCH 命令将数据文件的位置更新到控制文件中。

（4）使用 RECOVE 命令来更新所移动的文件内容，以确保对表空间应用归档重做日志文件。

以下示例将演示如何通过 RMAN 将 USERS01.DBF 数据文件移动到一个新位置。

（1）运行 RMAN 并连接到目标数据库。

（2）以 DBA 身份登录到 SQL*Plus，将表空间 users 设置为脱机状态，代码如下：

```
SQL>CONN system/oracle as sysdba;
已连接。
SQL>ALTER TABLESPACE users OFFLINE;
表空间已更改。
```

（3）在 RMAN 中执行以下命令：

```
RMAN> RUN {
2> SET NEWNAME FOR DATAFILE
3> 'D:\app\Administrator\oradata\orcl\users01.dbf'
4> TO 'F:\Oracle11g\orcl\users01.dbf';
5> RESTORE TABLESPACE users;
6> SWITCH DATAFILE ALL;
7> RECOVER TABLESPACE users;
8> }
正在执行命令: SET NEWNAME
启动 restore 于 07-9月 -12
使用通道 ORA_DISK_1
通道 ORA_DISK_1: 正在开始还原数据文件备份集
输入数据文件副本 RECID=3 STAMP=793383184 文件名=F:\ORACLE11G\ORCL\USERS01.DBF
启动 recover 于 07-9月 -12
使用通道 ORA_DISK_1
正在开始介质的恢复
介质恢复完成, 用时: 00:00:01
完成 recover 于 07-9月 -12
```

（4）移动数据文件后，使表空间 users 联机，代码如下：

```
SQL> ALTER TABLESPACE users ONLINE;
表空间已更改。
```

15.6 练习 15-2：备份和恢复 userinfo 表空间

用户注册的所有数据都创建在 userinfo 表空间中，对应的数据文件为 userinfo.dbf。现在要对 userinfo 表空间进行备份和恢复，使用的操作用户为 system。具体实现步骤如下：

（1）使用 DBA 身份连接数据库，确定数据库处于归档模式，代码如下：

```
SQL> SELECT LOG_MODE
  2  FROM V$DATABASE;
LOG_MODE
------------
ARCHIVELOG
```

（2）启动 RMAN，并连接到目标数据库。

（3）执行 BACKUP 命令，备份 userinfo 表空间，备份文件的保存路径为 F:\Oracle11g\backup，代码如下：

```
BACKUP TAG userinfo
FORMAT 'F:\Oracle11g\backup\userinfo_t%t_s%s'(TABLESPACE userinfo)
RMAN> BACKUP TAG userinfo
2> FORMAT 'F:\Oracle11g\backup\userinfo_t%t_s%s'(TABLESPACE userinfo);
启动 backup 于 08-9月 -12
分配的通道: ORA_DISK_1
通道 ORA_DISK_1: SID=146 设备类型=DISK
通道 ORA_DISK_1: 正在启动全部数据文件备份集
通道 ORA_DISK_1: 正在指定备份集内的数据文件
输入数据文件: 文件号=00006 名称=F:\ORACLE11G\USERINFO.DBF
通道 ORA_DISK_1: 正在启动段 1 于 08-9月 -12
通道 ORA_DISK_1: 已完成段 1 于 08-9月 -12
段句柄=F:\ORACLE11G\BACKUP\USERINFO_T793448656_S15 标记=USERINFO 注释
=NONE
通道 ORA_DISK_1: 备份集已完成, 经过时间:00:00:01
完成 backup 于 08-9月 -12
```

（4）在 userinfo 表空间中包含用户注册表 user，这时对 user 表进行操作会出现错误，因此需要使用 RESTORE 命令和 RECOVER 命令，对 userinfo 表空间进行恢复操作，代码如下：

```
RMAN>RESTORE TABLESPACE userinfo;
RMAN>RECOVER TABLESPACE userinfo;
```

（5）验证表空间是否恢复成功。对 user 表进行查询操作，如果执行的结果正常，则表示恢复成功，否则恢复失败。

15.7 扩展练习

1．备份和恢复 users 表空间

首先使用 DBA 身份连接数据库，确定数据库处于归档模式；接着启动 RMAN，并连接到目标数据库；然后执行 BACKUP 命令，备份 userinfo 表空间；最后使用 RESTORE 命令和 RECOVER 命令对 users 表空间进行恢复操作。

2．将数据文件移动到新的位置

在 F:\Oracle11g 目录下有一个名为 datafile.dbf 的数据文件，把该数据文件移动到目录 E:\Oracle 下。首先以 DBA 身份将相应的表空间处于脱机状态，并使用 SET NEWNAME FOR DATAFILE...TO...语句指定数据文件到新位置；然后使用 RESTORE 命令将数据文件移动到新位置；紧接着使用 SWITCH 命令将数据文件的位置更新到控制文件中；最后使用 RECOVE 命令来更新所移动的文件内容，以确保对表空间应用归档重做日志文件。

第 16 章　ATM 自动取款机系统数据库设计

内容摘要 | Abstract

ATM 自动取款机是由计算机控制的持卡人自我服务型的金融专用设备。ATM 是英文 Automatic Teller Machine 的缩写，是最普通的自助银行设备，可以提供最基本的银行服务之一，即出钞交易。在 ATM 自动取款机上也可以进行账户查询、修改密码和转账的业务。作为自助式金融服务终端，除了提供金融业务功能之外，ATM 自动取款机还具有维护、测试、事件报告、监控和管理等多种功能。

ATM 自动取款机系统是一个由终端机、ATM 系统和数据库组成的应用系统，系统功能包括用户在 ATM 机上存取现金、查询账户余额、修改密码及转账功能。

学习目标 | Objective

- 掌握表空间的创建以及应用
- 掌握用户的创建及授权
- 了解在 Oracle 数据库中进行数据库设计
- 了解同义词的使用
- 熟练掌握视图和索引的创建
- 熟练掌握存储过程的创建及使用
- 熟练掌握程序包的创建及使用

16.1　系统分析

ATM 自动取款机系统向用户提供了一个方便、简单、及时、随时随地存取款的互联的现代计算机化的网络系统。它可以大大减少工作人员，节约人力资源的开销，同时由于手续程序减少也可以减轻业务员的工作负担，有效地提高了整体的工作效率和精确度，减少了用户办理业务的等待时间。

在 ATM 自动取款机系统中，要为每个用户建立一个账户，账户中存储用户的个人信息、存款信息、取款信息和余额信息。根据账号，用户可以通过 ATM 自动取款机系统进行存款、取款、查询余额、转账等操作，这些操作的具体实现分析如下：

（1）开户：根据用户输入的身份证号自动生成一个随机的数字组合，作为用户的卡号。

（2）修改密码：根据用户输入的卡号和原密码，对账户的真实度进行验证。如果存在该账户，则将对密码进行修改操作。

（3）挂失账户：当银行卡丢失或不能正常使用时，用户可以对账户进行挂失操作。

（4）存取现金：根据用户输入的交易类型进行存款或取款的业务办理。如果用户选择的交易类型为"支取"，则表示要办理取款业务，系统将检验用户输入的密码是否正确，如果正确，即可取出相应余额的现金。

（5）余额查询：根据用户输入的账号和密码，对用户信息进行验证。如果存在该用户，则显示该用户的余额。

（6）转账：用户可以通过该操作将自己账户上的金额转到其他账户。

（7）销户：用户可以对自己的账户进行撤销操作。

ATM 自动取款机系统的结构分析如图 16-1 所示。

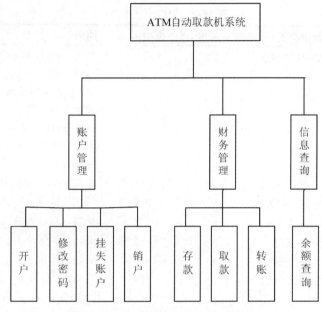

图 16-1　ATM 自动取款机系统结构图

16.2　数据库设计

通过对 ATM 自动取款机系统的需求分析，应该为该系统设计 3 个表，分别为用户信息表（userInfo）、银行卡信息表（cardInfo）和交易信息表（transInfo）。

1．用户信息表

用户信息表用于存储用户的基本信息，包括用户的编号、开户名、身份证号、联系电话和家庭住址等信息。其表结构如表 16-1 所示。

表 16-1　用户信息表

字段名	数据类型	长度	说明	约束
customerID	NUMBER	4	用户编号	主键，自动增长，从 1 开始
customerName	VARCHAR2	20	开户名	必填
PID	VARCHAR2	18	身份证号	必填，只能是 18 位或 15 位，身份证号唯一约束
telephone	VARCHAR2	13	联系电话	必填，格式必须为 xxxx-xxxxxxxx 或手机号 13 位
address	VARCHAR2	50	家庭住址	无

2. 银行卡信息表

银行卡信息表用于存储与银行卡相关的信息，主要包括卡号、存储的货币类型、存款方式、开户时间、开户金额、余额、银行卡密码、是否挂失和用户编号等信息。其表结构如表 16-2 所示。

表 16-2 银行卡信息表

字段名称	数据类型	长度	说明	约束
cardID	VARCHAR2	20	卡号	必填，主健，银行的卡号规则和电话号码一样，一般前 8 位代表特殊含义，如某总行某支行等。假定该行要求其营业厅的卡号格式为 1010 3576 xxxx xxxx，每 4 位号码后有空格，卡号一般是随机产生的（使用后续的存储过程完成）
curType	VARCHAR2	10	货币种类	必填，默认为 RMB
savingType	VARCHAR2	8	存款类型	活期/定活两便/定期
openDate	DATATIME		开户日期	必填，默认为系统当前日期
openMoney	NUMBER	8	开户金额	必填，不低于 1 元
balance	NUMBER	8	余额	必填，不低于 1 元，否则将销户
pass	VARCHAR2	6	密码	必填，6 位数字，开户时默认为 6 个 "8"
IsReportLoss	VARCHAR2	2	是否挂失	必填，是/否值，默认为 "否"
customerID	NUMBER	4	用户编号	外键，必填，表示该卡对应的用户编号，一位用户允许办理多张银行卡

3. 交易信息表

交易信息表用于存储用户的交易记录，主要包括交易日期、卡号、交易类型、交易金额等信息。其表结构如表 16-3 所示。

表 16-3 交易信息表

字段名称	数据类型	长度	说明	约束
transDate	DATETIME		交易日期	必填，默认为系统当前日期
cardID	VARCHAR2	20	卡号	必填，外健，可重复索引
transType	VARCHAR2	4	交易类型	必填，只能是存入/支取
transMoney	NUMBER	4	交易金额	必填，大于 0
remark	VARCHAR2	50	备注	无

通过上面的数据库设计，可以看出用户信息表、银行卡信息表和交易信息表 3 表之间是有一定联系的，它们的 E-R 图如图 16-2 所示。

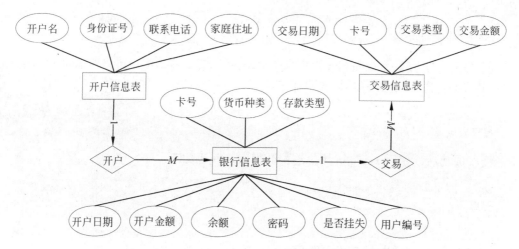

图 16-2　ATM 自动取款机系统的数据库设计 E-R 图

16.3 创建系统数据表

通过前面对 ATM 自动取款机系统的分析已经为该系统设计了数据表的基本结构，本节将使用 SQL*Plus 来创建这些数据表，以及相关的表空间，并为数据表添加相应的约束。

16.3.1 创建表空间和用户

本章所要实现的 ATM 自动取款机系统使用 Oracle 数据库的默认数据库 orcl。在 orcl 数据库中，创建一个表空间和用户，以便于对表空间中的表和数据文件进行管理。

使用 system 用户连接数据库后，创建表空间 space_xianglin，指定数据文件为 D:\ATMBank.dbf，代码如下：

```
SQL> CREATE TABLESPACE space_xianglin
  2  DATAFILE 'D:\ATMBank.dbf' SIZE 50M
  3  AUTOEXTEND ON NEXT 5M MAXSIZE UNLIMITED;

表空间已创建。
```

当表空间创建成功之后，在 D 盘会出现名为 ATMBank.dbf 的文件，该文件即为 space_xianglin 表空间的数据文件。

接着创建用户 xianglin，指定该用户的密码为 accp，代码如下：

```
SQL> CREATE USER xianglin
  2  IDENTIFIED BY accp                          --指定密码为 accp
  3  DEFAULT TABLESPACE space_xianglin           --指定表空间
  4  TEMPORARY TABLESPACE temp                   --指定临时表空间
  5  QUOTA 20M ON space_xianglin;
```

用户已创建。

创建用户成功后，为 xianglin 用户授予 DBA 的权限，使该用户可以对 space_xianglin 表空间中的对象进行任何操作，代码如下：

```
SQL> GRANT DBA TO xianglin;
授权成功。
```

授权成功后，使用 xianglin 用户连接数据库，代码如下：

```
SQL> CONNECT xianglin/accp;
已连接。
```

16.3.2 创建用户信息表

用户信息表保存了用户的基本信息，该表的创建语句如下：

```
SQL> CREATE TABLE userInfo
  2  (
  3    customerID NUMBER(4) NOT NULL,
  4    customerName VARCHAR2(20) NOT NULL,
  5    PID VARCHAR2(18) NOT NULL,
  6    telephone VARCHAR2(13) NOT NULL,
  7    address VARCHAR2(50)
  8  )
  9  --根据身份证 ID 创建散列分区
 10  PARTITION BY HASH(PID)
 11  (
 12    PARTITION pid1,
 13    PARTITION pid2,
 14    PARTITION pid3
 15  );
表已创建。
```

如上述语句所示，在 userInfo 表中包含用户编号（customerID）、开户名（customerName）、身份证号（PID）、联系电话（telephone）和家庭住址（address）。其中，customerID 为主键，自增（从 1 开始）；PID 只能是 18 位或 15 位，并且是唯一的；telephone 必须为 xxxx-xxxxxxxx 的格式或 13 位的手机号码。

为 userInfo 表添加约束条件，代码如下：

```
SQL> ALTER TABLE userInfo
  2    ADD CONSTRAINT PK_customerID PRIMARY KEY(customerID)
  3    ADD CONSTRAINT UK_PID UNIQUE(PID)          --唯一约束
  4    ADD CONSTRAINT CK_PID CHECK(LENGTH(PID)=18 OR LENGTH(PID)=15)
  5    ADD CONSTRAINT CK_telephone CHECK(
  6      telephone LIKE '[0-9][0-9][0-9][0-9]-[0-9][0-9][0-9][0-9]
         [0-9][0-9][0-9][0-9]' OR
```

ATM 自动取款机系统数据库设计

```
  7          LENGTH(telephone)=13);
```

表已更改。

创建可以自动生成自增主键的序列 customerid_seq，用于向 userInfo 数据表中插入数据时，自动生成主键列 customerID 的值，代码如下：

```
SQL> CREATE SEQUENCE customerid_seq
  2  START WITH 1
  3  INCREMENT BY 1
  4  NOCACHE;
```

序列已创建。

提 示

customerid_seq 序列的初始值为 1，每次增长 1。

16.3.3 创建银行卡信息表

银行卡信息表保存了有关银行卡的基本信息，该表的创建语句如下：

```
SQL> CREATE TABLE cardInfo
  2  (
  3      cardID VARCHAR2(20) NOT NULL,
  4      curType VARCHAR2(10) NOT NULL,
  5      savingType VARCHAR2(8) NOT NULL,
  6      openDate DATE NOT NULL,
  7      openMoney NUMBER(8) NOT NULL,
  8      balance NUMBER(8) NOT NULL,
  9      pass VARCHAR2(6) NOT NULL,
 10      IsReportLoss VARCHAR2(2) NOT NULL,
 11      customerID NUMBER(4) NOT NULL
 12  )
 13  --根据开户日期创建表分区
 14  PARTITION BY RANGE(openDate)(
 15      PARTITION openDate_p1 VALUES LESS THAN(TO_DATE('01/01/2007','dd/mm/yyyy')),
 16      PARTITION openDate_p2 VALUES LESS THAN (to_date('01/04/2007','dd/mm/yyyy')),
 17      PARTITION openDate_p3 VALUES LESS THAN(to_date('01/07/2007','dd/mm/yyyy')),
 18      PARTITION openDate_p4 VALUES LESS THAN(to_date('01/10/2007','dd/mm/yyyy')),
 19      PARTITION openDate_p5 VALUES LESS THAN(to_date('01/01/2008','dd/mm/yyyy')),
 20      PARTITION openDate_p6 VALUES LESS THAN(to_date('01/04/2008','dd/mm/yyyy')),
```

```
21      PARTITION openDate_p7 VALUES LESS THAN(to_date('01/07/2008','
        dd/mm/yyyy')),
22      PARTITION openDate_p8 VALUES LESS THAN(to_date('01/10/2008','
        dd/mm/yyyy')),
23      PARTITION openDate_p9 VALUES LESS THAN(to_date('01/01/2009','
        dd/mm/yyyy')),
24      PARTITION openDate_p10 VALUES LESS THAN(to_date('01/04/2009','
        dd/mm/yyyy')),
25      PARTITION openDate_p11 VALUES LESS THAN(to_date('01/07/2009','
        dd/mm/yyyy')),
26      PARTITION openDate_p12 VALUES LESS THAN(maxvalue)
27   );
表已创建。
```

银行卡信息表（cardInfo）中包含了卡号（cardID）、货币种类（curType）、存款类型（savingType）、开户日期（openDate）、开户金额（openMoney）、余额（balance）、密码（pass）、是否挂失（IsReportLoss）和用户编号（customerID）的信息。其中，cardID 为主键，必须为 1010 3576 xxxx xxxx 的格式；curType 默认为 RMB；savingType 必须为"活期/定活两便/定期"三者中之一；openDate 默认为系统当前日期；openMoney 必能低于 1 元；balance 也不能低于 1 元；pass 默认为 88888888；IsReportLoss 的值必须是"是/否"中之一，默认为"否"；customerID 为外键，引用 userInfo 表中的 customerID 列。

为 cardInfo 表添加约束条件，代码如下：

```
SQL> ALTER TABLE cardInfo
  2    ADD CONSTRAINT PK_cardID PRIMARY KEY(cardID)
  3    ADD CONSTRAINT CK_cardID CHECK(
  4    TRANSLATE(cardID,'0123456789 ','xxxxxxxxxx ')='xxxx xxxx xxxx
       xxxx' AND
  5     INSTR(cardID,'1010 3576 ')=1)
  6    ADD CONSTRAINT CK_sav CHECK(
  7    savingType IN ('活期','定活两便','定期'))
  8    ADD CONSTRAINT CK_openMoney CHECK (openMoney>=1)
  9    ADD CONSTRAINT CK_pass CHECK(LENGTH(pass)=6)
 10    ADD CONSTRAINT CK_IsReportLoss CHECK(IsReportLoss IN ('是','否'
       ))
 11  ADD CONSTRAINT FK_customerID FOREIGN KEY(customerID) REFERENCES
       userInfo(customerID)
 12       MODIFY(curType DEFAULT 'RMB')
 13       MODIFY(openDate DEFAULT sysdate)
 14       MODIFY(pass DEFAULT 888888)
 15       MODIFY(IsReportLoss DEFAULT '否');

表已更改。
```

16.3.4 创建交易信息表

交易信息表保存了银行账号的交易记录，该表的创建语句如下：

```
SQL> CREATE TABLE transInfo
  2  (
  3      transDate DATE NOT NULL,
  4      cardID VARCHAR2(20) NOT NULL,
  5      transType VARCHAR2(4) NOT NULL,
  6      transMoney NUMBER(4) NOT NULL,
  7      remark VARCHAR2(50)
  8  )
  9  --根据交易时间创建表分区
 10  PARTITION BY RANGE(transDate)
 11  (
 12      PARTITION transDate_p1 VALUES LESS THAN(to_date('01/01/2007','dd/mm/yyyy')),
 13      PARTITION transDate_p2 VALUES LESS THAN(to_date('01/04/2007','dd/mm/yyyy')),
 14      PARTITION transDate_p3 VALUES LESS THAN(to_date('01/07/2007','dd/mm/yyyy')),
 15      PARTITION transDate_p4 VALUES LESS THAN(to_date('01/10/2007','dd/mm/yyyy')),
 16      PARTITION transDate_p5 VALUES LESS THAN(to_date('01/01/2008','dd/mm/yyyy')),
 17      PARTITION transDate_p6 VALUES LESS THAN(to_date('01/04/2008','dd/mm/yyyy')),
 18      PARTITION transDate_p7 VALUES LESS THAN(to_date('01/07/2008','dd/mm/yyyy')),
 19      PARTITION transDate_p8 VALUES LESS THAN(to_date('01/10/2008','dd/mm/yyyy')),
 20      PARTITION transDate_p9 VALUES LESS THAN(to_date('01/01/2009','dd/mm/yyyy')),
 21      PARTITION transDate_p10 VALUES LESS THAN(to_date('01/04/2009','dd/mm/yyyy')),
 22      PARTITION transDate_p11 VALUES LESS THAN(to_date('01/07/2009','dd/mm/yyyy')),
 23      PARTITION transDate_p12 VALUES LESS THAN(maxvalue)
 24  );
```

表已创建。

交易信息表（transInfo）中包含了 5 个字段，分别为 transDate（交易日期）、cardID（卡号）、transType（交易类型）、transMoney（交易金额）和 remark（备注）。其中，transDate 默认为系统当前日期；cardID 为外键，引用 cardInfo 表中的 cardID 列，可重复；transType 只能是"存入/支取"中之一；transMoney 必须大于 0。

为 transInfo 表添加约束条件，代码如下：

```
SQL> ALTER TABLE transInfo
  2      ADD CONSTRAINT FK_cardID FOREIGN KEY(cardID) REFERENCES cardInfo
         (cardID)
  3      ADD CONSTRAINT CK_transType CHECK(transType IN ('存入','支取'))
  4      ADD CONSTRAINT CK_transMoney CHECK(transMoney>0)
  5      MODIFY(transDate DEFAULT sysdate);

表已更改。
```

16.4 模拟常规业务操作和创建视图

视图是一种常用的数据库对象，是从一个或多个基表中导出的表，其结构和数据是对数据表进行查询的结果。视图被定义后便存储在数据库中，通过视图看到的数据只是存放在基表中的数据。本节将使用视图的方式来获取银行账号挂失的用户信息、本周开户的卡号，以及当前交易金额最高的卡号。

16.4.1 模拟常规业务操作

当用户在银行办理处开通账户以后，就可使用 ATM 自动取款机系统来进行一些常规的业务操作了。ATM 系统一次只能服务一名用户，必须向用户提供以下服务：

（1）用户可以做一次取款（取款金额必须是 100 元人民币的整数倍），在现金被提取之前，必须得到银行的许可。

（2）用户可以做一次存款（存款金额也必须是 100 元人民币的整数倍）。

（3）用户可以进行一次详细账户信息查询。

（4）用户通过有效验证后可以更改密码。

（5）在银行卡丢失后，用户通过有效验证后可以申请挂失。

1. 用户开户

假设现有 4 个用户要开户，分别为王丽丽、张芳、李辉和马玲，他们的信息如下：

（1）王丽丽开户，身份证：445125199002218524，电话：0371-67898978，家庭住址：郑州市中原区，开户金额：1000，存款类型：活期，卡号：1010 3576 1234 8567。

（2）张芳开户，身份证：452185198705022258，电话：0371-67898698，家庭住址：郑州市二七区，开户金额：8000，存款类型：活期，卡号：1010 3576 1234 5678。

（3）李辉开户，身份证：452185197610135548，电话：0371-68956478，家庭住址：郑州市金水区，开户金额：20000，存款类型：定期，卡号：1010 3576 8978 6892。

（4）马玲开户，身份证：452185195503215548，电话：0371-68953595，家庭住址：郑州市金水区，开户金额：5000，存款类型：活期，卡号：1010 3576 8888 6666。

分别向用户信息表（userInfo）和银行卡信息表（cardInfo）中插入数据，具体代码如下：

```sql
--王丽丽开户
SQL> INSERT INTO userInfo (customerId,customerName,PID,telephone,
address)
  2 VALUES(customerid_seq.nextval,'王丽丽','445125199002218524','0371-
    67898978','郑州市中原区');
已创建 1 行。
SQL> INSERT INTO cardInfo(cardID,savingType,openMoney,balance,
customerID)
  2 VALUES('1010 3576 1234 8567','活期',1000,1000,2);
已创建 1 行。

--张芳开户
SQL> INSERT INTO userInfo (customerId,customerName,PID,telephone,
address)
  2 VALUES(customerid_seq.nextval,'张芳','452185198705022258','0371-
    67898698','郑州市二七区');
已创建 1 行。
SQL> INSERT INTO cardInfo(cardID,savingType,openMoney,balance,
customerID)
  2 VALUES('1010 3576 1234 5678','活期',8000,8000,3);
已创建 1 行。

--李辉开户
SQL> INSERT INTO userInfo (customerId,customerName,PID,telephone,
address)
  2 VALUES(customerid_seq.nextval,'李辉','452185197610135548','0371-
    68956478','郑州市金水区');
已创建 1 行。
SQL> INSERT INTO cardInfo(cardID,savingType,openMoney,balance,
customerID)
  2 VALUES('1010 3576 8978 6892','定期',20000,20000,4);
已创建 1 行。

--马玲开户
SQL> INSERT INTO userInfo (customerId,customerName,PID,telephone,
address)
  2 VALUES(customerid_seq.nextval,'马玲','452185195503215548','0371-
    68953595','郑州市金水区');
已创建 1 行。
SQL> INSERT INTO cardInfo(cardID,savingType,openMoney,balance,
customerID)
  2 VALUES('1010 3576 8888 6666','活期',5000,5000,5);
已创建 1 行。
```

上述代码分别向 userInfo 表和 cardInfo 表中插入了 4 条数据，开通了 4 个用户的账户。下面分别查询这两个表中的数据，检测是否成功插入。SELECT 查询语句如下：

```
SQL> SELECT * FROM userInfo;
CUSTOMERID  CUSTOMERNAME    PID                TELEPHONE          ADDRESS
----------- --------------- ------------------ ------------------ ----------
4           李辉            452185197610135548 0371-68956478      郑州市金水区
2           王丽丽          445125199002218524 0371-67898978      郑州市中原区
3           张芳            452185198705022258 0371-67898698      郑州市二七区
5           马玲            452185195503215548 0371-68953595      郑州市金水区

SQL> SELECT * FROM cardInfo;
CARDID                CURTYPE     SAVINGTY   OPENDATE        OPENMONEY     BALANCE
PASS                  ISREPORTLOSS           CUSTOMERID
-------------------- ------------ --------- --------------- ------------ -----------
1010 3576 1234 8567   RMB         活期       11-9月 -12      1000          11000
888888                否                     2
1010 3576 1234 5678   RMB         活期       11-9月 -12      8000          8000
888888                否                     3
1010 3576 8978 6892   RMB         定期       11-9月 -12      20000         20000
888888                否                     4
1010 3576 8888 6666   RMB         活期       11-9月 -12      5000          5000
888888                否                     5
```

2. 用户取款

假设王丽丽（卡号为 1010 3576 1234 8567）需要从自己的账户中取款 200 元，要求保存交易记录，以便用户查询和银行业务统计。

当用户办理取款业务时，需要向交易信息表（transInfo）中添加一条交易记录，同时应更新银行卡信息表（cardInfo）中的现有余额（如减少 200 元）。编写两条 SQL 语句，完成王丽丽的取款业务办理，具体代码如下：

```
--交易信息表插入交易记录
SQL> INSERT INTO transInfo(transType,cardID,transMoney)
  2 VALUES('支取','1010 3576 1234 8567',200);
已创建 1 行。


--更新银行卡信息表中的现有余额
SQL> UPDATE cardInfo SET balance=balance-200
  2 WHERE cardID='1010 3576 1234 8567';
已更新 1 行。
```

3. 用户存款

假设马玲（卡号为 1010 3576 8888 6666）要向自己的账户中存入 2000 元，同样要求保存交易记录，以便客户查询和银行业务统计。

当用户要向自己的账户中存款时，同样需要向交易信息表（transInfo）中添加一条交易记录，同时应更新银行卡信息表（cardInfo）中的现有余额（如增加 2000 元）。编写两条 SQL 语句，完成马玲的存款业务办理，具体代码如下：

```
--交易信息表插入交易记录
SQL> INSERT INTO transInfo(transType,cardID,transMoney)
  2  VALUES('存入','1010 3576 8888 6666',2000);
已创建 1 行。

--更新银行卡信息表中的现有余额
SQL> UPDATE cardInfo SET balance=balance+2000
  2  WHERE cardID='1010 3576 8888 6666';
已更新 1 行。
```

4. 更改密码

假设张芳（卡号为 1010 3576 1234 5678）需要修改银行卡密码为 101368，李辉（卡号为 1010 3576 8978 6892）需要修改银行卡密码为 123789，编写两条 UPDATE 语句，对 cardInfo 数据表中的 pass 字段进行修改，具体代码如下：

```
--办理张芳的银行卡密码修改业务
SQL> UPDATE cardInfo SET pass='101368'
  2  WHERE cardID='1010 3576 1234 5678';
已更新 1 行。

--办理李辉的银行卡密码修改业务
SQL> UPDATE cardInfo SET pass='123789'
  2  WHERE cardID='1010 3576 8978 6892';
已更新 1 行。
```

5. 挂失账号

假设王丽丽（卡号为 1010 3576 1234 8567）的银行卡丢失，需要挂失该卡号，编写一条 UPDATE 语句，将 cardInfo 数据表中的 IsReportLoss 字段值修改为"是"，具体代码如下：

```
SQL> UPDATE cardInfo SET IsReportLoss='是'
  2  WHERE cardID='1010 3576 1234 8567';
已更新 1 行。
```

16.4.2 创建视图

视图是数据库中一个"不可见的表"，是一种基于表的关于数据库数据的查询，其内容由查询的结果来定义。对于数据库用户来说，视图似乎是一个真实的表，它具有一组命名的数据列和行。但是，与真实的表不同，在视图中没有存储任何数据，仅仅是一种较简单的访问数据库中其他表中数据的方式，因此称为"虚表"。而数据的物理存储位置仍然在表中，这些表称作视图的基表。

视图大大简化了用户对数据的操作。因为在定义视图时，若视图本身就是一个复杂查询的结果集，这样在每一次执行相同的查询时，不必重新写这些复杂的查询语句，只要一条简单的查询视图语句即可。可见，视图向用户隐藏了表与表之间的复杂的连接操作。

下面在 ATM 自动取款机系统的数据库中创建多个视图，来获取银行账号挂失的用户信息、本周开户的卡号信息和当前交易金额最高的卡号信息。

1. userInfo 表的视图

为 userInfo 表中的字段定义别名，创建 userInfo 表的视图 userInfo_vw，语句如下：

```
SQL> CREATE OR REPLACE VIEW userInfo_vw
  2  AS
  3      SELECT customerID AS 用户编号,customerName AS 用户名称,PID AS 身份
         证号,telephone AS 联系电话,address AS 家庭住址
  4      FROM userInfo;

视图已创建。
```

使用 SELECT 语句查询 userInfo_vw 视图中的数据，字段名称将全部显示为中文，结果如下：

```
SQL> SELECT * FROM userInfo_vw;

用户编号    用户名称    身份证号              联系电话          家庭住址
----------  ----------  --------------------  ----------------  --------
4           李辉        452185197610135548    0371-68956478     郑州市金水区
2           王丽丽      445125199002218524    0371-67898978     郑州市中原区
3           张芳        452185198705022258    0371-67898698     郑州市二七区
5           马玲        452185195503215548    0371-68953595     郑州市金水区
```

2. cardInfo 表的视图

为 cardInfo 表中的字段定义别名，创建 cardInfo 表的视图 cardInfo_vw，语句如下：

```
SQL> CREATE OR REPLACE VIEW cardInfo_vw
  2  AS
  3      SELECT cardID AS 银行卡号,curType AS 货币类型,savingTYpe AS 存款类
         型,openDate AS 开户日期,openMoney AS 开户金额,balance AS 余额,pass AS 密
         码,IsReportLoss AS 是否挂失,customerID AS 用户编号
  4      FROM cardInfo;

视图已创建。
```

使用 SELECT 语句查询 cardInfo_vw 视图中的数据，字段名称将全部显示为中文，结果如下：

```
SQL> SELECT * FROM cardInfo_vw;

银行卡号              货币类型  存款   开户日期    开户    余额    密码      是否  用户
                              类型              金额                    挂失  编号
------------------- -------- ----- --------- ------ ------ -------- ---- ----
1010 3576 1234 8567   RMB    活期   11-9月-12  1000   800    888888    是    2
1010 3576 1234 5678   RMB    活期   11-9月-12  8000   8000   101368    否    3
1010 3576 8978 6892   RMB    定期   11-9月-12  20000  20000  123789    否    4
1010 3576 8888 6666   RMB    活期   11-9月-12  5000   7000   888888    否    5
```

3. transInfo 表的视图

为 transInfo 表中的字段定义别名,创建 transInfo 表的视图 transInfo_vw,语句如下:

```
SQL> CREATE OR REPLACE VIEW transInfo_vw
  2  AS
  3    SELECT transDate AS 交易日期,cardID AS 卡号,transType AS 交易类
       型,transMoney AS 交易金额,remark AS 备注
  4    FROM transInfo;

视图已创建。
```

使用 SELECT 语句查询 transInfo_vw 视图中的数据,字段名称将全部显示为中文,结果如下:

```
SQL> SELECT * FROM transInfo_vw;

交易日期          卡号                     交易    交易金额      备注
-------------  ---------------------   ------  -----------  ---------------
11-9月 -12     1010 3576 1234 8567     支取     200
11-9月 -12     1010 3576 8888 6666     存入     2000
```

4. 挂失的用户信息视图

银行卡信息表(cardInfo)中的 IsReportLoss 列记录了该银行卡是否已经挂失的信息,并且在 cardInfo 表中也引用了用户信息表(userInfo)中的主键 customerID,即表明通过该列可以获取挂失的用户信息。例如,创建视图 userInfo_IsReportLoss_vw,获取银行账号挂失的用户信息,语句如下:

```
SQL> CREATE OR REPLACE VIEW userInfo_IsReportLoss_vw
  2  AS
  3    SELECT u.customerID AS 用户编号,u.customerName AS 开户名,
  4    u.pid AS 身份证号,u.telephone AS 联系电话,u.address AS 家庭住址
  5    FROM userInfo u
  6    INNER JOIN cardInfo c ON u.customerID=c.customerID
  7    WHERE IsReportLoss='是';

视图已创建。
```

通过查询 userInfo_IsReportLoss_vw 视图，可以获取银行账号已经挂失的用户编号、开户名、用户的身份证号、用户的联系电话、用户的家庭住址，如下面的执行结果：

```
SQL> SELECT * FROM userInfo_IsReportLoss_vw;

用户编号    开户名       身份证号              联系电话         家庭地址
--------   ---------   ------------------   -------------   ---------------
2          王丽丽       445125199002218524   0371-67898978   郑州市中原区
```

5．本周开户的卡号信息视图

通过银行卡信息表（cardInfo）中的开户日期 openDate 可以获取本周开户的卡号信息。例如，创建视图 query_week_information_vw，使用 SELECT 语句查询 cardInfo 表中的数据，并在 WHERE 子句中使用 BETWEEN ...AND ...操作符获取本周开户的银行卡信息，语句如下：

```
SQL> CREATE OR REPLACE VIEW query_week_information_vw
  2  AS
  3      SELECT cardID AS 卡号,curType AS 货币类型,
  4             savingType AS 存款类型,openDate AS 开户日期,
  5             openMoney AS 开户金额,balance AS 余额,pass AS 密码,
  6             IsReportLoss AS 是否挂失,customerID AS 用户编号
  7      FROM cardInfo
  8      WHERE openDate BETWEEN TRUNC(sysdate,'day') AND sysdate;
```

视图已创建。

通过查询视图 query_week_information_vw，可以获取本周开户的银行卡号、存储的货币类型、存款类型、开户日期、开户金额、现有余额、银行卡密码、是否挂失和用户编号的信息，如下面的执行结果：

```
SQL> SELECT * FROM query_week_information_vw;
```

卡号	货币类型	存款类型	开户日期	开户金额	余额	密码	是否挂失	用户编号
1010 3576 1234 8567	RMB	活期	11-9月-12	1000	800	888888	是	2
1010 3576 1234 5678	RMB	活期	11-9月-12	8000	8000	101368	否	3
1010 3576 8978 6892	RMB	定期	11-9月-12	20000	20000	123789	否	4
1010 3576 8888 6666	RMB	活期	11-9月-12	5000	7000	888888	否	5

6．当前交易金额最高的卡号信息视图

通过在 WHERE 子句中使用子查询，并在子查询中使用 MAX()函数获取交易信息表中交易金额的最高值，从而获取交易金额最高的卡号信息。top_balance_vw 视图的创建语句如下：

```
SQL> CREATE OR REPLACE VIEW top_balance_vw
  2  AS
  3      SELECT DISTINCT cardID AS 交易最高的卡号,transMoney AS 交易金额
  4      FROM transInfo
  5      WHERE  transMoney=(SELECT Max(transMoney) FROM transInfo);
```

视图已创建。

通过查询 top_balance_vw 视图，可以获取当前交易金额最高的卡号和交易金额的值，如下面的执行结果：

```
SQL> SELECT * FROM top_balance_vw;

交易最高的卡号              交易金额
-------------------     ----------
1010 3576 8888 6666         2000
```

16.5 业务办理

ATM 自动取款机系统是银行业务流程过程中十分重要且必备的环节之一，在银行业务流程当中起着承上启下的作用，其重要性不言而喻。但是，目前许多银行在具体的一些业务流程处理过程中仍然使用手工操作的方式来实施，不仅费时、费力，效率低下，而且无法达到理想的效果。然而，ATM 自动取款机系统不但为银行节省了大量的财力人力，还为广大城市用户带来便捷。

ATM 自动取款机系统主要需要满足用户的需求，用户可以使用 ATM 机进行密码修改、存款、取款、余额查询和转账等操作。

16.5.1 更新账号

用户的银行卡一旦被开户后，该银行卡的卡号是不能更改的。因此，可以为银行信息表（cardInfo）创建一个 BEFORE UPDATE 触发器，一旦对 cardInfo 表中的 cardID 列进行 UPDATE 操作，将触发该触发器，抛出异常，具体代码如下：

```
SQL> CREATE OR REPLACE TRIGGER trg_cardInfo_cardID_notUpdate
  2  BEFORE UPDATE OF cardID
  3  ON cardInfo
  4  FOR EACH ROW
  5  BEGIN
  6    RAISE_APPLICATION_ERROR(-20001,'账号不允许修改！');
  7  END;
  8  /
```

触发器已创建。

> **提示** 一旦 trg_cardInfo_cardID_notUpdate 触发器创建成功，则无法对账号进行修改。

编写一条 UPDATE 语句，对 cardInfo 表中的 cardID 列进行修改操作，将 1010 3576 8888 6666 账号修改为 1010 3576 8888 6669，检测 trg_cardInfo_cardID_notUpdate 触发器是否有效，代码如下：

```
SQL> UPDATE cardInfo SET cardID='1010 3576 8888 6669'
  2  WHERE cardID='1010 3576 8888 6666';
UPDATE cardInfo SET cardID='1010 3576 8888 6669'
       *
第 1 行出现错误：
ORA-20001: 账号不允许修改!
ORA-06512: 在 "XIANGLIN.TRG_CARDINFO_CARDID_NOTUPDATE", line 2
ORA-04088: 触发器 'XIANGLIN.TRG_CARDINFO_CARDID_NOTUPDATE' 执行过程中出错
```

16.5.2 实现简单的交易操作

当用户办理取款或存款业务时，不仅需要向交易信息表（transInfo）中添加一条交易记录，还需要修改当前账户中的余额（如果办理取款业务，则将当前账户中的余额减去支取金额；如果办理存款业务，则将当前账户中的金额加上存入金额）。

在交易信息表（transInfo）中包含一个名为 transType 的字段，该字段用于表示交易类型，取值范围必须是"存入"或"支取"，因此可以为 transInfo 表创建 BEFORE INSERT 触发器。根据要办理的交易类型判断出当前的交易类型，如果 transType 字段值为"支取"，则表示要办理取款业务，检测当前余额是否大于或等于要支取的金额，如果满足该条件，则修改 cardInfo 表中的 balance 字段值，将该字段值减去交易金额（transMoney）；如果 transType 字段值为"存入"，则表示要办理存款业务，修改 cardInfo 表中的 balance 字段值，将该值加上交易金额（transMoney）。具体的触发器创建语句如下：

```
SQL> CREATE OR REPLACE TRIGGER trig_trans
  2  BEFORE INSERT OR UPDATE
  3  ON transInfo
  4  FOR EACH ROW
  5  DECLARE
  6    my_balance NUMBER;
  7    rate_exception EXCEPTION;
  8  BEGIN
  9    SELECT balance INTO my_balance FROM cardInfo
 10    WHERE cardID=:NEW.cardID;
 11    IF :NEW.transType='支取' THEN
 12        IF my_balance<:NEW.transMoney-1 THEN
 13            DBMS_OUTPUT.PUT_LINE('对不起，您的余额不足！');
 14            RETURN;
 15        ELSIF my_balance>:NEW.transMoney-1 THEN
```

第16章 ATM自动取款机系统数据库设计

```
16                    UPDATE cardInfo SET balance=balance-:NEW.transMoney
17                    WHERE cardID=:NEW.cardID;
18              END IF;
19          ELSIF :NEW.transType='存入' THEN
20              UPDATE cardInfo SET balance=balance+:NEW.transMoney
21              WHERE cardID=:NEW.cardID;
22          END IF;
23          DBMS_OUTPUT.PUT_LINE('交易成功！');
24      EXCEPTION
25          WHEN rate_exception THEN
26              RAISE_APPLICATION_ERROR(-20001,'交易失败！');
27      END;
28  /

触发器已创建
```

> **提示** 一旦 trig_trans 触发器创建成功，则对 transInfo 表执行 INSERT 语句时，将触发该触发器，对 cardInfo 表中的 balance 列进行修改操作。

假设马玲（账号为 1010 3576 8888 6666）要办理存款业务，那么需要向 transInfo 表添加一条交易记录，具体代码如下：

```
SQL> SET SERVEROUT ON
SQL> INSERT INTO transInfo(transdate,cardID,transType,transMoney)
  2  VALUES(sysdate,'1010 3576 8888 6666','存入',1000);
交易成功！
已创建 1 行。

SQL> COMMIT;
提交完成。
```

接着使用 SELECT 语句分别对 cardInfo_vw 视图和 transInfo_vw 视图执行查询操作，检测 trig_trans 触发器是否有效，结果如下：

```
SQL> SELECT * FROM cardInfo_vw;
银行卡号              货币类型   存款    开户日期    开户    余额     密码      是否   用户
                              类型                金额                    挂失   编号
------------------- --------  -----  ---------  ------  ------  -------  ----  ----
1010 3576 1234 8567   RMB     活期    11-9月-12   1000    800    888888    是    2
1010 3576 1234 5678   RMB     活期    11-9月-12   8000    8000   101368    否    3
1010 3576 8978 6892   RMB     定期    11-9月-12   20000   20000  123789    否    4
1010 3576 8888 6666   RMB     活期    11-9月-12   5000    8000   888888    否    5

SQL> SELECT * FROM transInfo_vw;
交易日期       卡号                    交易类型    交易金额    备注
-----------  ---------------------  ---------  ---------  -----
11-9月 -12    1010 3576 1234 8567     支取        200
11-9月 -12    1010 3576 8888 6666     存入        2000
11-9月 -12    1010 3576 8888 6666     存入        1000
```

由上面的执行结果可以看出，当向 transInfo 表中插入一条交易记录时，不仅在 transInfo 表中添加了一条新的记录，同时也更改了 cardInfo 表中 balance 字段的值。

16.5.3 用户开户

假设某银行的卡号格式必须为 1010 3576 xxxx xxxx，即每 4 位号码后会有一个空格，后 8 位是随机产生的，那么办理一张该银行的银行卡（开户），则首先需要生成卡号。

然后根据身份证号查询此人是否在该行开过户，为了万无一失，还需要查询生成的卡号是否已经被使用，如果这两个条件都符合要求（此人从未在该行开过户，生成的卡号也无人使用），则向 userInfo 表中插入开户人的基本信息记录，并根据开户人的身份证号获取该用户的编号，从而向 cardInfo 表中也插入一条银行卡信息记录，同时还需要将生成的卡号显示给开户人。如果生成的卡号已经被使用，则提示用户"开户失败！"；如果当前的开户人已经在此行开过户，则提示用户"此身份证已开有账号！"。

开户的实现代码如下：

```
--产生随机的卡号
SQL> CREATE OR REPLACE FUNCTION random_cardId
  2  RETURN VARCHAR2
  3  AS
  4    card_id VARCHAR2(20):='1010 3576';
  5    tem CHAR(5);
  6    re_card_id_count NUMBER:=0;
  7  BEGIN
  8    LOOP
  9       tem:=to_char(dbms_random.value(1000,9999),'0000');
 10       card_id:=card_id||tem;
 11       tem:=to_char(dbms_random.value(1000,9999),'0000');
 12       card_id:=card_id||tem;
 13       SELECT COUNT(*) INTO re_card_id_count FROM cardInfo
 14       WHERE cardID=card_id;
 15       EXIT WHEN re_card_id_count=0;
 16    END LOOP;
 17    RETURN card_id;
 18  END;
 19  /
函数已创建。

--开户的存储过程
SQL> CREATE OR REPLACE PROCEDURE proc_openUser
  2  (
  3    uname VARCHAR2,          --开户姓名
  4    p_id VARCHAR2,           --身份证号
  5    tel VARCHAR2,            --联系电话
  6    address VARCHAR2,        --家庭住址
  7    savingType VARCHAR2,     --存款类型
```

```
8       curType VARCHAR2,          --货币类型
9       openMoney NUMBER,          --开户金额
10      pass VARCHAR2              --开户密码
11  )
12  AS
13      cid VARCHAR2(20);          --卡号
14      customer_id NUMBER;        --用户编号
15      i NUMBER;
16      c NUMBER;
17  BEGIN
18      --调用函数生成卡号
19      cid:=random_cardId;
20      --查询此人是否在此行开过户
21      SELECT count(*) INTO i FROM userInfo WHERE PID=p_id;
22      --查询卡号是否已经有人使用
23      SELECT count(*) INTO c FROM cardInfo WHERE cardID=cid;
24      IF i=0 THEN
25              IF c=0 THEN
26                      INSERT INTO userInfo VALUES(
27                      customerid_seq.nextval,uname,p_id,tel,address);
28                      --根据身份证号获取用户编号
29                      SELECT customerId INTO customer_id FROM userInfo
30                      WHERE PID=p_id;
31                      INSERT INTO cardInfo(cardId,curType,Savingtype,
                        Openmoney,balance,pass,customerId)
32                      VALUES(cid,curType,savingType,openMoney,open
                        Money,pass,customer_id);
33                      DBMS_OUTPUT.PUT_LINE('您已成功开户！');
34                      DBMS_OUTPUT.PUT_LINE('您的卡号为： '||cid);
35              ELSIF c>0 THEN
36                      DBMS_OUTPUT.PUT_LINE('开户失败！');
37              END IF;
38      ELSIF i>0 THEN
39              DBMS_OUTPUT.PUT_LINE('此身份证已开有账号！');
40      END IF;
41      EXCEPTION
42              WHEN OTHERS THEN
43                      DBMS_OUTPUT.PUT_LINE('开户失败！');
44  END;
45  /
过程已创建。
```

假设用户马向林要开户，身份证号：410521198902126678，联系电话：0372-68596475，家庭住址：安阳市龙峰区，存款类型：活期，开户金额：2000，开户密码：888888。调用开户的存储过程proc_openUser，实现开户操作，具体代码如下：

```
SQL> EXEC proc_openUser('马向林','410521198902126678','0372-68596475','
安阳市龙
峰区','活期', 'RMB',2000, '888888');
您已成功开户！
您的卡号为：1010 3576 8609 4995

PL/SQL 过程已成功完成。
```

由执行结果可以看出，马向林已经开户成功，其卡号为 1010 3576 8609 4995。

> **提示** 可以使用 SELECT 语句查询 cardInfo 表和 userInfo 表中的数据，检测是否有新的用户和新的银行账号存在。

16.5.4 修改密码

一个银行账号对应一个密码，因此当用户输入的卡号和原密码相对应时，可以为该银行卡设置新的密码。修改密码的实现代码如下：

```
SQL> CREATE OR REPLACE PROCEDURE proc_updateUserPass
  2  (
  3      temp_cardid VARCHAR2,       --卡号
  4      oldpass VARCHAR2,           --原密码
  5      newpass VARCHAR2            --新密码
  6  )
  7  AS
  8      i NUMBER;                   --卡号是否存在
  9      pass_i VARCHAR2(6);         --卡号相对应的密码
 10  BEGIN
 11      --检查账号是否存在
 12      SELECT count(*) INTO i FROM cardInfo
 13      WHERE cardID=temp_cardid;
 14      --获取卡号相对应的密码
 15      SELECT pass INTO pass_i FROM cardInfo
 16      WHERE cardID=temp_cardid;
 17      IF i=0 THEN
 18          DBMS_OUTPUT.PUT_LINE(temp_cardid||'卡号不存在！');
 19      ELSIF i>0 THEN
 20          IF pass_i=oldpass THEN
 21              UPDATE cardInfo SET pass=newpass
 22              WHERE cardID=temp_cardid;
 23              DBMS_OUTPUT.PUT_LINE('密码更改成功！');
 24          ELSE
 25              DBMS_OUTPUT.PUT_LINE('旧密码不正确！');
```

ATM 自动取款机系统数据库设计

```
26              END IF;
27          END IF;
28          COMMIT;
29          EXCEPTION
30              WHEN OTHERS THEN
31                  DBMS_OUTPUT.PUT_LINE('密码更改失败！');
32  END;
33  /
```

过程已创建。

假设马向林（卡号为 1010 3576 8609 4995）要将密码修改为 666888，则调用 proc_updateUserPass 存储过程的语句如下：

```
SQL> EXEC proc_updateUserPass('1010 3576 8609 4995','888888','666888');
密码更改成功！
PL/SQL 过程已成功完成。
```

为了确保密码已经被修改为 666888，使用 SELECT 语句查询 cardInfo 表中的数据，查看账号为 1010 3576 8609 4995 的银行卡信息，结果如下：

```
SQL> SELECT * FROM cardInfo
  2  WHERE cardID='1010 3576 8609 4995';
CARDID                  CURTYPE       SAVINGTY    OPENDATE      OPENMONEY    BALANCE
--------------------    ----------    --------    ----------    ----------   --------
PASS                    ISREPORTLOSS  CUSTOMERID
--------------------    ----------    --------    ----------    ----------   --------
1010 3576 8609 4995     RMB           活期        11-9月-12     2000         2000
666888                  否            6
```

16.5.5 账号挂失

当用户的银行卡丢失后，可以对该卡进行挂失。ATM 自动取款机需要验证用户的真实性，当用户输入的银行卡号和密码相对应时，才可对该卡进行挂失操作，即修改 cardInfo 表中的 IsReportLoss 列为"是"，否则提示"无权挂失！"。账号挂失的存储过程代码如下：

```
SQL> CREATE OR REPLACE PROCEDURE proc_lostCard
  2  (
  3      card_id VARCHAR2,
  4      pass2 VARCHAR2
  5  )
  6  AS
  7      x CHAR(2);      --是否挂失
  8      i NUMBER;       --是否存在要挂失的账户
  9  BEGIN
 10      SELECT count(*) INTO i FROM cardInfo
```

```
11          WHERE cardID=card_id AND pass=pass2;
12      IF i>0 THEN
13          SELECT IsReportLoss INTO x FROM cardInfo
14          WHERE cardID=card_id AND pass=pass2;
15          IF x='是' THEN
16              DBMS_OUTPUT.PUT_LINE('此卡已经挂失！');
17          ELSE
18              UPDATE cardInfo SET IsReportLoss='是'
19              WHERE cardID=card_id;
20              DBMS_OUTPUT.PUT_LINE ('该卡已成功挂失,请带相关证件到柜台去
                    办理恢复该卡！');
21          END IF;
22      ELSE
23          DBMS_OUTPUT.PUT_LINE('挂失失败！请核实卡号是否正确！');
24      END IF;
25  END;
26  /
```

过程已创建。

假设马向林（账号为 1010 3576 8609 4995，密码为 666888）需要办理银行卡挂失业务，则调用 proc_lostCard 存储过程的语句如下：

```
SQL> EXEC proc_lostCard('1010 3576 8609 4995','666888');
该卡已成功挂失,请带相关证件到柜台去办理恢复该卡！

PL/SQL 过程已成功完成。
```

当再次挂失卡号为 1010 3576 8609 4995 的银行卡时，则无法完成挂失操作，提示用户"此卡已经挂失"，如下面的语句：

```
SQL> EXEC proc_lostCard('1010 3576 8609 4995','666888');
此卡已经挂失！

PL/SQL 过程已成功完成。
```

16.5.6 办理存取款业务

当用户输入银行卡的账号和密码后，则可选择要办理的业务（取款或存款）和输入要交易的金额。如果用户办理的是取款业务，则需要根据输入的账号获取该账号对应的密码，并与输入的密码进行核对，如果核对通过，则向交易信息表（transInfo）中添加一条交易记录，同时会触发之前创建的 trig_trans 触发器，更改 cardInfo 表中的 balance 字段值；如果用户办理的是存款业务，则不需要对用户进行真实性验证，直接向 transInfo 表中添加一条交易记录即可。

存取款业务办理的实现代码如下：

ATM 自动取款机系统数据库设计

```sql
SQL> CREATE OR REPLACE PROCEDURE proc_takeMoney
  2  (
  3      temp_cardId VARCHAR2,           --卡号
  4      temp_transType VARCHAR2,        --交易类型
  5      temp_pass VARCHAR2,             --密码
  6      temp_transMoney NUMBER,         --交易金额
  7      temp_remark VARCHAR2            --备注
  8  )
  9  AS
 10      temp_pwd VARCHAR2(6);
 11  BEGIN
 12      IF temp_transType='支取' THEN      --取款
 13          SELECT pass INTO temp_pwd FROM cardInfo
 14          WHERE cardID=temp_cardId;
 15          IF temp_pwd=temp_pass THEN
 16              INSERT INTO transInfo(transType,cardID,transMoney,
                  remark)
 17              VALUES(temp_transType,temp_cardId,temp_transMoney,
                  temp_remark);
 18          ELSE
 19              DBMS_OUTPUT.PUT_LINE('密码错误,请重新输入!');
 20          END IF;
 21      ELSE
 22      INSERT INTO transInfo(transType,cardID,transMoney,remark)
 23      VALUES('存入',temp_cardId,temp_transMoney,temp_remark);
 24      END IF;
 25  END;
 26  /

过程已创建。
```

假设李辉(卡号为 1010 3576 8978 6892,密码为 123789)要办理取款业务,支取现金 500 元,则调用 proc_takeMoney 存储过程的语句如下:

```sql
SQL> EXEC proc_takeMoney('1010 3576 8978 6892','支取','123789',500,' ');
交易成功!
PL/SQL 过程已成功完成。
```

假设张芳(卡号为 1010 3576 1234 5678,密码为 101368)要办理存款业务,存入金额 2000 元,则可以使用以下方式来调用 proc_takeMoney 存储过程:

```sql
SQL> EXEC proc_takeMoney('1010 3576 1234 5678','存入','101368',2000,' ');
交易成功!
PL/SQL 过程已成功完成。
```

当 proc_takeMoney 存储过程执行成功之后,可以通过查询 cardinfo_vw 视图和 transinfo_vw 视图来观察数据是否有了新的改变,结果如下:

```
SQL> SELECT * FROM cardinfo_vw;
银行卡号              货币类型   存款    开户日期    开户     余额    密码      是否   用户
                              类型              金额                     挂失   编号
------------------- -------- ------ ---------- ------ ------ ------    ----  ----
1010 3576 8609 4995   RMB     活期   11-9月-12   2000   2000   666888     是    6
1010 3576 1234 8567   RMB     活期   11-9月-12   1000    800   888888     是    2
1010 3576 1234 5678   RMB     活期   11-9月-12   8000  10000   101368     否    3
1010 3576 8978 6892   RMB     定期   11-9月-12  20000  19500   123789     否    4
1010 3576 8888 6666   RMB     活期   11-9月-12   5000   8000   888888     否    5
SQL> SELECT * FROM transinfo_vw;
交易日期           卡号                       交易      交易金额      备注
----------  -----------------------       ------   -----------   ------
12-9月-12    1010 3576 1234 5678           存入        2000
12-9月-12    1010 3576 8978 6892           支取         500
11-9月-12    1010 3576 1234 8567           支取         200
11-9月-12    1010 3576 8888 6666           存入        2000
11-9月-12    1010 3576 8888 6666           存入        1000
```

由上述的执行结果可以看出,卡号为 1010 3576 8978 6892 的用户余额已经由 20000 修改为 19500,卡号为 1010 3576 1234 5678 的用户余额已经由 8000 修改为 10000。这说明,当调用 proc_takeMoney 存储过程后,系统会向 transInfo 表中添加一条交易记录,从而触发 trig_trans 触发器,将会对 cardInfo 表中的 balance 字段值进行修改操作。

16.5.7 余额查询

用户可以使用 ATM 自动取款机系统办理余额查询的业务,系统要求用户输入银行卡的账号和密码,当用户输入的账号和密码都合法时,系统将查询该用户的账户余额,否则将提示用户"账号或密码错误!"。余额查询的实现代码如下:

```
SQL> CREATE OR REPLACE PROCEDURE pro_query_balance
  2  (
  3     card_id VARCHAR2,              --账号
  4     card_pass VARCHAR2             --密码
  5  )
  6  AS
  7     i NUMBER:=0;                   --是否存在该用户
  8     not_data_found EXCEPTION;      --异常
  9     user_balance NUMBER(8);        --余额
 10  BEGIN
 11     SELECT count(*) INTO i FROM cardInfo
 12     WHERE cardID=card_id AND pass=card_pass;
 13     IF i=0 THEN
 14          RAISE not_data_found;     --抛出异常
 15     ELSE
 16          SELECT balance INTO user_balance FROM cardInfo
```

```
17              WHERE cardID=card_id AND pass=card_pass;
18              DBMS_OUTPUT.PUT_LINE('您账户余额为: '||user_balance);
19      END IF;
20      EXCEPTION
21              WHEN not_data_found THEN
22                  DBMS_OUTPUT.PUT_LINE('账号或密码错误!');
23      END;
24      /

过程已创建。
```

假设张芳（账号为 1010 3576 1234 5678，密码为 101368）要查询自己账户上的余额，则可以使用以下语句调用 pro_query_balance 存储过程：

```
SQL> EXEC pro_query_balance('1010 3576 1234 5678','101368');
您账户余额为: 10000
PL/SQL 过程已成功完成。
```

16.5.8 办理转账业务

使用 ATM 自动取款机系统办理转账业务时，要求用户输入正确的用于转账的卡号和密码，以及获得转账的卡号和转账金额。系统将根据用户输入的卡号和密码检测该银行卡是否存在；如果存在，则判断该银行卡余额是否大于要转账的金额；如果大于，则向 transInfo 表中插入两条交易记录，一条为支取的记录，一条为存入的记录，并提示用户"转账成功!"。如果用户输入的卡号和密码不正确，则提示"您的卡号或密码有误!"

转账业务办理的实现代码如下：

```
SQL> CREATE OR REPLACE PROCEDURE pro_transfer
  2  (
  3      from_cardID VARCHAR2,          --要进行转账的卡号
  4      from_cardPass VARCHAR2,        --要进行转账的密码
  5      to_cardID VARCHAR2,            --获得转账的卡号
  6      money NUMBER,                  --转账金额
  7      remark VARCHAR2                --备注
  8  )
  9  AS
 10      i NUMBER:=0;
 11      not_data_found EXCEPTION;
 12      card_money NUMBER(8);
 13  BEGIN
 14      --检测用户输入的卡号和密码是否存在
 15      SELECT count(*) INTO i FROM cardInfo
 16      WHERE cardID=from_cardID AND pass=from_cardPass;
 17      IF i>0 THEN
 18          --获取账户余额
```

```
19            SELECT balance INTO card_money FROM cardInfo
20            WHERE cardID=from_cardID AND pass=from_cardPass;
21            IF card_money>money THEN
22                 INSERT INTO transInfo(cardID,transType,transMoney,
                   remark)
23                 VALUES(from_cardID,'支取',money,remark);
24                 INSERT INTO transInfo(cardID,transType,transMoney,
                   remark)
25                 VALUES(to_cardID,'存入',money,remark);
26                 DBMS_OUTPUT.PUT_LINE('转账成功!转账金额为: '||money);
27                 DBMS_OUTPUT.PUT_LINE('要转入的账号为: '||to_cardID);
28                 COMMIT;
29            ELSE
30                 DBMS_OUTPUT.PUT_LINE('卡上余额不足,交易失败!');
31                 RETURN;
32            END IF;
33      ELSE
34            RAISE not_data_found;               --抛出异常
35      END IF;
36      EXCEPTION
37            WHEN not_data_found THEN
38                 DBMS_OUTPUT.PUT_LINE('您的卡号或密码有误!');
39                 ROLLBACK;
40 END;
41 /
```

过程已创建。

假设张芳(卡号为 1010 3576 1234 5678,密码为 101368)要办理转账业务,转账金额为 2500 元,接收转账金额的是李辉(卡号为 1010 3576 8978 6892)。则调用 pro_transfer 存储过程的语句如下:

```
SQL> EXEC pro_transfer('1010 3576 1234 5678','101368','1010 3576 8978
6892',2500,' ');
交易成功!
交易成功!
转账成功!转账金额为: 2500
要转入的账号为: 1010 3576 8978 6892

PL/SQL 过程已成功完成。
```

注意 当办理转账业务时,系统不仅会向 transInfo 表中插入交易记录,也会修改相应的用户余额,上述执行结果中的"交易成功!"即为 trig_trans 触发器的执行结果。

16.5.9 统计银行的资金流通余额和盈利结算

银行的管理人员可以统计银行的资金流通余额和盈利结算（资金流通金额=总存入金额-总支出金额；盈利结算=总支出金额×8% - 总存入金额×3%），其实现代码如下：

```
SQL> CREATE OR REPLACE PROCEDURE pro_money_bankroll
  2  IS
  3    deposit_money NUMBER(8);        --总存入金额
  4    get_money NUMBER(8);            --总支出金额
  5    total NUMBER(8);                --银行流通金额
  6    payoff NUMBER(8);               --盈利结算金额
  7  BEGIN
  8    SELECT sum(transMoney) INTO deposit_money FROM transInfo
  9    WHERE transType='存入';
 10    SELECT sum(transMoney) INTO get_money FROM transInfo
 11    WHERE transType='支取';
 12    total:=deposit_money-get_money; --银行流通金额总计
 13    payoff:=(deposit_money*0.003)-(get_money*0.008);
 14    DBMS_OUTPUT.PUT_LINE('银行流通金额总计为：'||total||'RMB');
 15    DBMS_OUTPUT.PUT_LINE('盈利结算为：'||payoff||'RMB');
 16  END;
 17  /
```

过程已创建。

调用 pro_money_bankroll 存储过程，统计银行的资金流通金额和盈利结算，结果如下：

```
SQL> EXEC pro_money_bankroll;
银行流通金额总计为：4300RMB
盈利结算为：-3RMB
PL/SQL 过程已成功完成。
```

16.5.10 撤户

当用户不再需要使用某张银行卡时，可去银行办理撤户操作。撤户操作需要用户输入正确的卡号和密码，系统将根据用户输入的数据对该银行卡进行验证，如果该银行卡存在，则需要将卡上的余额全部取出，并删除该卡在 cardInfo 表中的记录，以及在 transInfo 表中的所有交易记录。

撤户的实现代码如下：

```
SQL> CREATE OR REPLACE PROCEDURE proc_delAll
  2  (
  3    temp_cardID VARCHAR2,           --卡号
  4    temp_pass VARCHAR2              --密码
  5  )
```

```
 6    AS
 7       temp_balance NUMBER(8);          --余额
 8       not_data_found EXCEPTION;
 9       num NUMBER:=0;
10    BEGIN
11       SELECT count(*) INTO num FROM cardInfo
12       WHERE cardID=temp_cardID AND pass=temp_pass;
13       IF num>0 THEN
14          SELECT balance INTO temp_balance FROM cardInfo
15             WHERE cardID=temp_cardID AND pass=temp_pass;
16          IF temp_balance>1 THEN
17              DBMS_OUTPUT.PUT_LINE('卡号: '||temp_cardID);
18              DELETE FROM transInfo WHERE cardID=temp_cardID;
19              DELETE FROM cardInfo WHERE cardID=temp_cardID;
20              DBMS_OUTPUT.PUT_LINE('撤户成功!');
21              COMMIT;
22          ELSE
23              DBMS_OUTPUT.PUT_LINE('你卡上的余额: '||temp_
                    balance||'RMB,请全部取出!');
24              RETURN;
25          END IF;
26       ELSE
27           RAISE not_data_found;
28       END IF;
29       EXCEPTION
30            WHEN not_data_found THEN
31                DBMS_OUTPUT.PUT_LINE('该账户不存在!');
32    END;
33    /
```

过程已创建。

假设马玲（账号为 1010 3576 8888 6666，密码为初始密码）要求撤户，则调用 proc_delAll 存储过程的语句如下：

```
SQL> EXEC proc_delAll('1010 3576 8888 6666','888888');
卡号: 1010 3576 8888 6666
撤户成功!
PL/SQL 过程已成功完成。
```

当用户再次办理撤户操作时，系统将提示错误信息，代码如下：

```
SQL> EXEC proc_delAll('1010 3576 8888 6666','888888');
该账户不存在!
PL/SQL 过程已成功完成。
```